개정3판

디지털 논리회로 설계

이상회·홍안의 공저

普文堂

개정3판
디지털 논리회로 설계

2006년 3월 15일 1판 1쇄 발행
2020년 3월 5일 2판 1쇄 발행
2021년 3월 5일 3판 1쇄 발행
2022년 3월 5일 개정3판 1쇄 발행

지은이 | 이상회 · 홍안의
발행인 | 김 병 계
발행처 | 도서출판 보문당
등 록 | 1990년 6월 15일(제 1-1066호)
주 소 | 서울시 마포구 토정로 222 한국출판콘텐츠센터 422호
전 화 | 704-7025 / 704-0635
팩 스 | 704-2324
홈페이지 | http://www.bomoondang.co.kr
전자우편 | bmdpub@naver.com

값 25,000 원

ISBN : 978-89-8413-237-5 (93560)

이 도서의 국립중앙도서관 출판예정도서목록(CIP)은
서지정보유통지원시스템 홈페이지(http://seoji.nl.go.kr)와
국가자료종합목록 구축시스템(http://kolis-net.nl.go.kr)에서
이용하실 수 있습니다. (제어번호: CIP2020005444)

머리말

본 저서는 기존의 디지털 논리회로설계(2판) 부분을 증보 개정하여 디지털공학의 기초가 되는 디지털회로와 시스템 설계 관련 [DIGITAL LOGIC & SYSTEM DESIGN]과 기존 출간된 [디지털논리와 시스템 설계], [디지털논리회로설계], [디지털 전자공학실험] 등을 종합 재정리하고, 특별히 실험 실습부분을 부록에 추가하였습니다. 이러한 것들은 각종 공공시험과 기사시험 및 취업시험 등에 많은 도움을 줄 수 있을 것으로 생각합니다. ICT 기기 설계분야의 기본과목인 디지털공학을 학습하는 공학도들과 이들 분야에 종사하는 산업체 근무자들에게 디지털 논리회로를 기초에서 설계에 이르기까지 단계적이고, 체계적으로 교재를 구성하여 설명하였으며, 필요한 예제를 통하여 학습 이해를 돕도록 하였습니다.

디지털공학은 4차 산업혁명시대를 맞아 이동통신기기, 디스플레이, 가전기기, 컴퓨터기기와 네트워크 기기, 의료기기 분야 산업에 이르기까지 디바이스 기기분야에 기초가 되는 기술로 사용되고, SoC 반도체회로 설계를 위한 기초분야로도 발전하고, 시스템 설계를 위한 종합 기초과목입니다. 이러한 중요성은 현재 대한민국 산업의 1/3 이상을 차지하는 ICT기기와 부품분야에서 디지털 논리회로 설계라는 기본기술이 뒷받침하고 있습니다.

본 교재는 총 11장과 부록으로 구성하고 있습니다.

1, 2, 3장에서 수의 체계와 신호에 대한 부분을 이해하도록 구성하고, 4, 5, 6, 7장에서 조합회로 설계 부분, 8, 9, 10장에서 순차회로 설계 부분, 11장에서 AD/DA변환 원리를 제시하였으며, 부록1, 2, 3에서는 실험실습을 위한 장으로 구성하였습니다.

구체적으로 살펴본다면

- 제1장: 전자공학의 정의를 넓은 의미와 좁은 의미에서 정의를 했고, 또 전자공학의 발달과정을 상세히 설명하였습니다.
- 제2장: 디지털 신호와 아날로그 신호를 서로 비교 설명함으로써 디지털의 의미를 확실히 이해하도록 하였습니다.
- 제3장: 수의 체계와 부호화에 관한 내용으로서 보다 광범위하고 깊이 있게 다루었으며 부정공자들은 부호의 코드화에서 8421코드, 3초과코드 및 그레이코드만 학습해도 될 것입니다.
- 제4장: 기본 게이트의 동작상태, 기호 및 논리식을 이해하고 이 기본 게이트를 응용한 논리회로를 구성하는 방법을 제시하였습니다. 또한 표준게이트인 NAND와 NOR게이트의 활용법을 다루었습니다.
- 제5장: 부울 대수와 논리함수의 간략화법에 관하여 설명하였으며, 이에 대한 숙달을 통해 쉽게 디지털회로를 간략화와 설계할 수 있도록 할 것입니다.
- 제6장: 가산기, 감산기, 코드 변환기, 패리티 발생기와 같은 조합회로의 구성법을 익히기 위해 많은 예제를 두고 있습니다.
- 제7장: 디지털논리회로의 기본 구성인 인코더와 디코더, 멀티플렉서와 디멀티플렉서, 기억장치인 MSI와 LSI회로 설계법에 관하여 상세히 다루었습니다.
- 제8장: 랫치와 플립플롭으로 구분하여 상세히 다루고 많은 예제를 통하여 동작상태를 이해하도록 하였습다.
- 제9장: 카운터 회로에서는 클럭펄스 인가방식과 계수방식으로 크게 둘로 분류했습니다. 클럭 펄스 인가 방식에서는 동기, 비동기 그리고 결합방식으로 분류하고, 계수방식에서는 2n진, N진, 시프트 카운터로 분류했다. 이들에 대한 카운터 회로 해석과 설계방법에 대하여 예를 들어 자세하게 설명하였습니다.
- 제10장: 시프트레지스터는 데이터의 입출력방식과 데이터의 이동방식으로 분류하고 입출력 방식에는 4가지, 이동방식에서 3가지로 분류하여 설명하였습니다.
- 제11장: 디지털기기에서 신호의 생성과 디지털신호의 변환을 주는 ADC 개념과 DAC 개념의 기초를 AD/DA 변환 원리를 바탕으로 설명하였습니다.
- 부록: 부록1은 디스플레이부분으로 LED와 7-세그먼트의 동작을 제시하고, 특별히 부록2에서는 각 장별 필요한 실습을 총 17개 부분으로 나누어 제시하였으며, 부록3은 TTL칩의 데이터를 제공하였습니다.

이상으로 본 교재의 내용과 특색 및 학습 방법을 소개하였습니다. 필자가 더 강조하고 싶은 것은 산업체나 연구소에서 근무하고 있는 분들이나 장차 근무하게 될 학생들에게 디지털 논리회로설계 과목은 기초 과목으로 매우 중요합니다. 따라서 폭넓고 깊이 있는 디지털공학의 기초를 통하여 무한히 확장되는 과목이라고 생각합니다.

부디 디지털공학을 입문하시는 분들에게 본 교재의 내용을 학습함으로 보다 이론적인 이해뿐만 아니라 실습을 통한 학습 이해를 기대하는 바입니다.

끝으로 본 교재 디지털논리회로 설계(3판) 출판을 지원해 주신 도서출판 보문당 김병계 사장님을 비롯한 관계자 여러분들께 깊은 감사를 드립니다.

2022년 2월

저자일동

차 례

CHAPTER 01 디지털 전자공학의 발달

CHAPTER 02 디지털 신호

CHAPTER 03 수의 체계와 부호화

CHAPTER 04 기본 논리게이트와 그 응용

CHAPTER 05 부울 대수와 논리게이트 및 변수 간략화

CHAPTER 06 조합논리회로

CHAPTER 07 MSI와 LSI 회로 설계

CHAPTER 08 순차논리회로

CHAPTER 09 카운터 회로 설계

CHAPTER 10 레지스터

CHAPTER 11 D/A 변환기와 A/D 변환기

Chapter 01

디지털 전자 공학의 발달

1-1 디지털 전자공학

1-2 전자공학의 시대적 분류

1-3 전자 소자 및 기기 개발

연습 문제

Chapter 01

디지털 전자공학의 발달

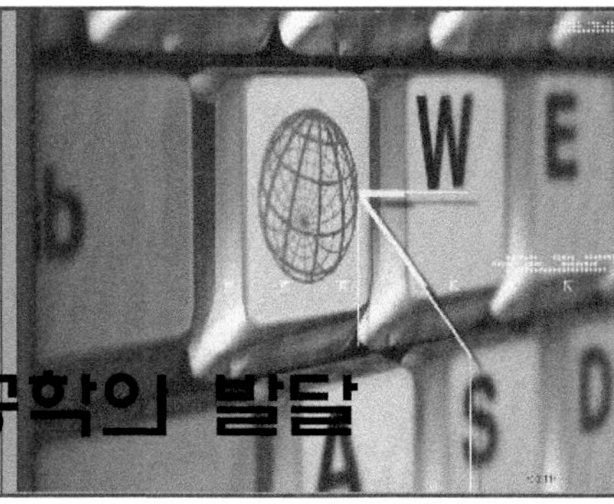

1-1 디지털 전자공학

디지털이라는 의미는 손가락(digitus)이라는 말에서 비롯되었다. 사람의 손가락이 왼손과 오른손가락을 합쳐 열개이므로 10진수에 익숙하게 되어 10진법을 사용하게 된 것이다.

이 손가락이라는 개념이 수문자(digit)라는 의미를 거쳐 계수형(digital) 이라는 의미를 제2장에서 아날로그와 디지털을 어원, 양(quantity), 형태 및 기능적으로 자세히 비교하겠지만 결론적으로는 아날로그는 연속성을 띠고 있는데 반해 디지털은 펄스파 신호와 같이 불연속성을 띠고 있다. 그렇다면 디지털 전자공학의 의미는 무엇인가? 전자공학의 폭넓은 의미는 진공, 도체 그리고 기체를 이용할 때 전기 현상이 발생한다. 이 전기 현상을 연구하는 학문이 전자공학이라고 한다. 다만 공학의 정의는 제품화 되었을 때, 상업적인 가치가 있을 때만이 공학이라고 한다.

전자공학의 또다른 의미는 전공하는 사람들의 입장에서 설명할 수 있다. 보다 전문성을 띠고 설명하면 능동소자와 수동소자로 회로를 구성할 때 전기 현상이 발생한다.

이 때 전기현상을 연구하는 학문을 전자공학이라고 정의한다. 그런데 여기서 말하는 능동소자란 진공관, 다이오드, 트랜지스터, IC 및 SCR 등이고 수동소자란 저항, 코일 그리고 콘덴서를 의미한다. 따라서 전자공학의 정의를 폭넓고 일반적인 의미로 설명할 수 있고 전공자를 위해 전문적이고 구체적인 의미로 설명할 필요가 있다.

그런데 디지털 전자공학의 시초는 펜실바니아 대학교수들에 의해 1946년 진공관 회로로 구성된 전자계산기인 ENIAC(Electronic Numerical Intergrator and Computer)가 세계 최초로 개발 됨으로써 시작되었다.

디지털 전자공학의 분야는 오랫동안 계산기 시스템에 응용되어 오다가 최근에는 전화시스템 · 통신 · 자료처리 등의 정보처리 · 미사일 · 레이더 · 각종 계측기 및 제어기 · 의료기구 및 의료진단기, 또는 컴퓨터와 TV 및 통신을 합친 멀티미디어와 같은 새로운 종합 정보시스템을 구축하기에 이르렀다. 오늘날과 같은 첨단 산업의 핵심이 디지털 공학이라고 하겠다.

1-2 전자공학의 시대적 분류

희랍의 탈레스(Thales)가 BC 600년경 마찰전기를 발견한 것이 인류 최초의 전기발견이었다.

1780년 이태리의 갈바니(L.Galvani)가 전류를 발견했고 1785년 불란서의 큐롬(Coulomb)의 법칙, 1827년에는 독일의 옴(ohm)이 옴법칙을 발견하였다.

그후 많은 과학자들에 의해 전기에 관한 기초 이론과 자기에 관한 기초 이론을 제안해 왔다.

이러한 전기와 자기에 관한 현상을 기초로 하여 이들 결과를 체계적이고 종합적인 전기 자기 현상을 지배하는 멕스웰(Maxwell) 방정식을 세움으로서 1864년 이후 전자공학을 총괄하게 되었다.

1889년 독일의 헬즈(H.R Herz)는 전자파를 발견했고 1890년에는 영국의 톰손(J.J Thomson)에 의해 전자(electron)를 발견함으로써 전자공학에 대한 연구가 본격화되기 시작한 것이다. 1895년 이태리의 말코니(G. Marconi)에 의해 무선전신의 발명으로 전자 산업시대가 시작된 것이다.

1920년 대를 라디오 시대라고 하며 그 이전의 시대를 전자 산업시대라고 한다.

1920년대 이후 전자공학의 혁명이라고 말 할 수 있는 것이 텔레비전의 개발이었다. 텔레비젼이 개발되기 이전까지는 음성으로만 송수신이 되던 시대였다.

그러나 라디오시대로부터 30년이 지나, 영상과 음성이 동시에 가능해진 텔레비젼의 시대를 맞게 된 것이다. 1950년대를 흑백 TV 시대라 한다. 그리고 약 10년의 연구 끝에 자연 그대로의 모습을 볼 수 있는 칼라 TV 시대가 열렸다. 그리하여 1960년대 이후를 칼라 TV 시대라고 부르고 있다.

1940년대 개발된 컴퓨터는 1960년대 이후 트랜지스터의 IC회로 집적화가 가능해 개인용 컴퓨터가 개발되어 1980년대 이후를 컴퓨터 시대라고 한다.

이러한 전산시대는 컴퓨터 소자의 개발과 통신기기, 화상 등의 멀티미디어를 이용한 정보화 시대가 21세기 접어 들면서 본격화 된 것이다. 앞으로도 IT와 BT의 개발이 계속될 것이고 로보트 산업도 급진전할 것으로 본다.

1-3 전자 소자 및 기기 개발

1890년 톰손(J.J. Thomson)이 전자(electron)를 발견하였다. 이러한 전자의 발견은 곧 전자공학의 발전에 힘을 실어준 것이고 이러한 힘의 원동력에 의해 1895 말코니(G. Marconi)에 의해 무선전신의 발견과 1902년 프레밍(J. Ambrose Fleming)에 의해 2극진공관, 1904년에는 검파기 까지 제작하는데 성공하였다. 2극진공관의 개발은 검파기 뿐만 아니라 정류기로도 쓰이고 있다. 그후 2년이 지난 1906년 포리스트(Lee. De. Forest)에 의해 3극관이 개발되었고 랭미르(Langmuir)에 의해 진공관 속에 수은을 넣어 완성시키는데 성공하였다.

이와 같이 2극진공관과 3극진공관이 개발됨으로써 검파작용과 정류작용 그리고 증폭작용이 가능하게 되었다.

이러한 개발에 힘입어 1914년 하트레이(Hartley)에 의해 고주파 발생기를 개발하였다. 이와 같이 3극진공관을 이용한 하트레이 발진기는 미국 동부에서 서부까지 통신하는데 성공한 것이다. 이와 같은 고주파 발진기를 이용하여 미국의 최초의 방송국 케이디케이에이(KDKA)가 1920년에 방송을 시작한 것이 세계 최초의 방송국

이었다.

그 후 5년이 지나 일본에서도 방송을 시작했으며 한국은 1957년 방송을 시작하여 1961년 12월에 지금의 KBS가 발족된 것이다.

헤테로다인(Heterodyne) 수신기는 1918 개발되어 송수신이 함께 가능하게 된 것이다. 그런데 이와 같은 진공관식 소자는 부피를 많이 차지하는 것이 항상 문제점으로, 컴퓨터(computer)도 개발은 했지만 부피가 너무 커 실제 사용함에는 어려움이 따랐다. 그러나 반도체로 다이오드와 트랜지스터가 개발됨으로써 전자공학의 새로운 혁명이 시작되었다.

트랜지스터의 개발은 1939년 모트 쇼트키(Mott-Schottky)에 의해 모델을 제시함으로서 퍼듀대학의 벤저(Benjer)교수가 두 개의 게르마늄 전극 사이에 전압을 가하여 전류의 흐름을 도표로 제시하였다.

브라틴(Brateen)은 3개의 전극에 전압을 가하여 증폭현상을 1947년에 발견하였다. 이러한 사실들을 체계적으로 실험하고 제작하여 이론가지 완성한 것은 Schokley에 의해 1948년에 완성시켜 전자공학의 혁명을 이룩한 것이다.

그 후 계속적인 연구로 트랜지스터를 집적화한 IC는 400억불이나 투자하여 1959년에 텍사스 인스트루먼트(Texas Instrument) 연구소에서 개발하는데 성공하여 오늘날과 같은 전자공학의 소자혁명을 이룩한 것이다.

1. 제1세대 소자와 디지털기기

ENIAC(1946)

AVIDAC(1946)

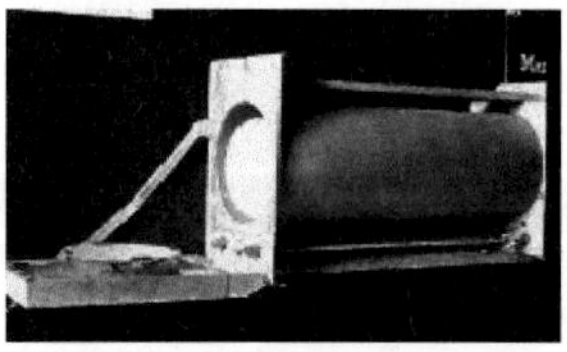

진공관(1947)

IBM SCEC(1948)

EDSAC(1949)

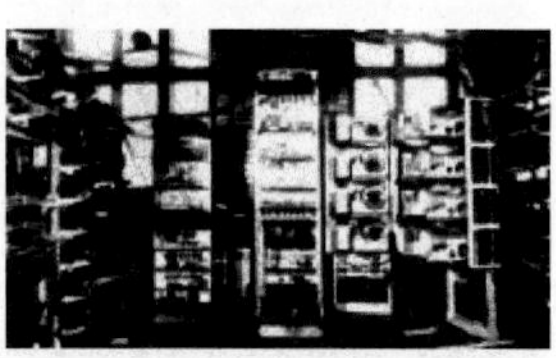

Manchester Mark I (1949)

SEAC(1950)

UNIVAC(1951)

MIT Whirlwind (1951)

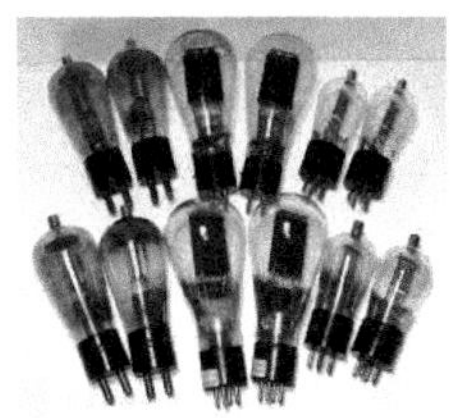

electric tube(진공관)

2. 제2세대 소자와 디지털기기

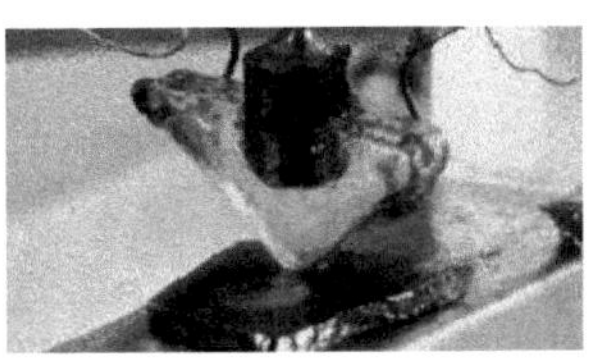

point contact TR(1947)

메모리드럼(1950)

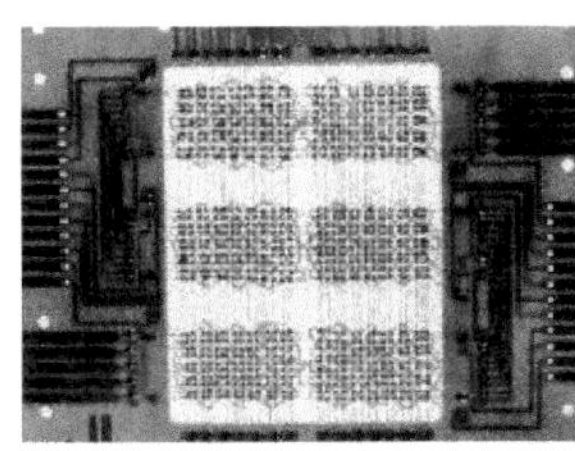

코어메모리(1953)

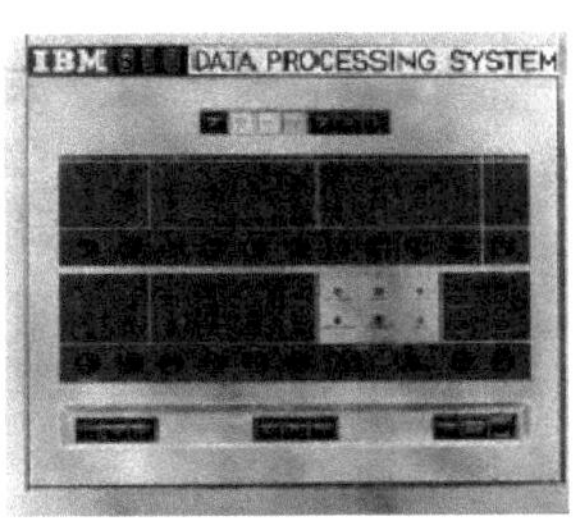

IBM650 (1954)

TRADIC(1955)

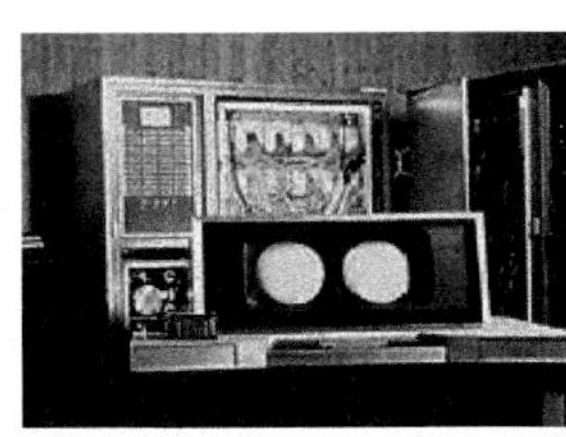

IBM STRETCH(1959)

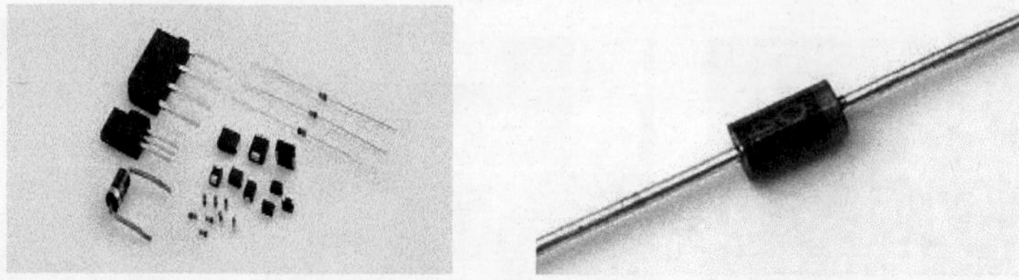

diode(다이오드)

transistor(트랜지스터)

3. 제3세대 소자와 디지털기기

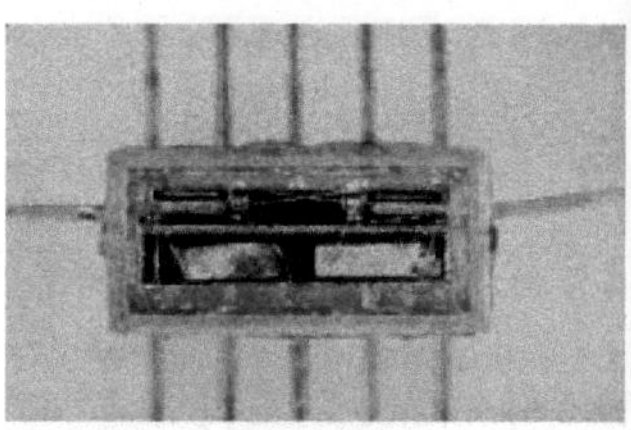

Killy IC (1958)

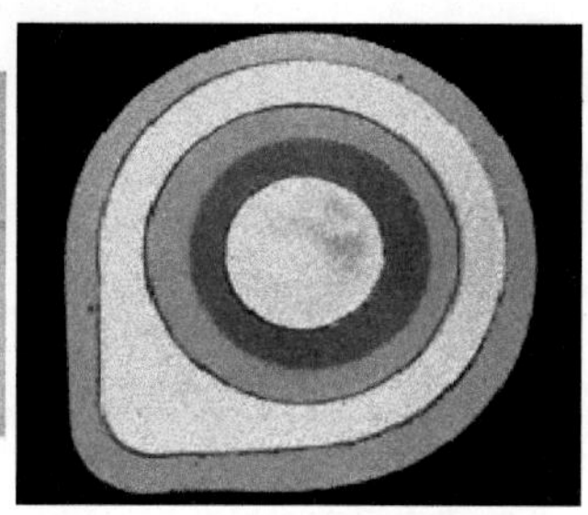

Silicon IC (1959)

DEC PDP-1 (1960)

IBM1401 (1961)

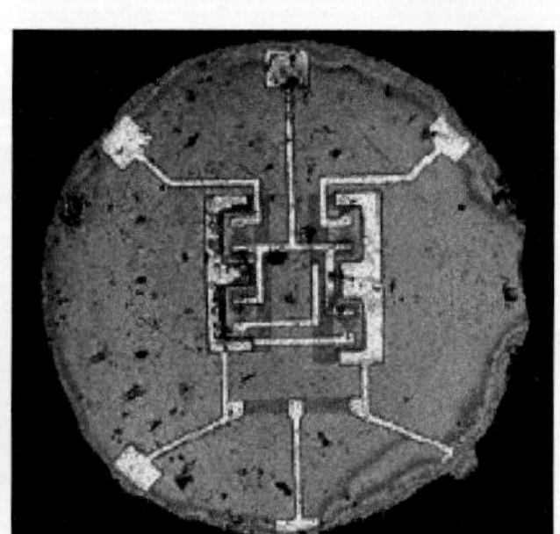

RTL IC (1961)

IBM System360 (1964)

DEC PDP8 (1965)

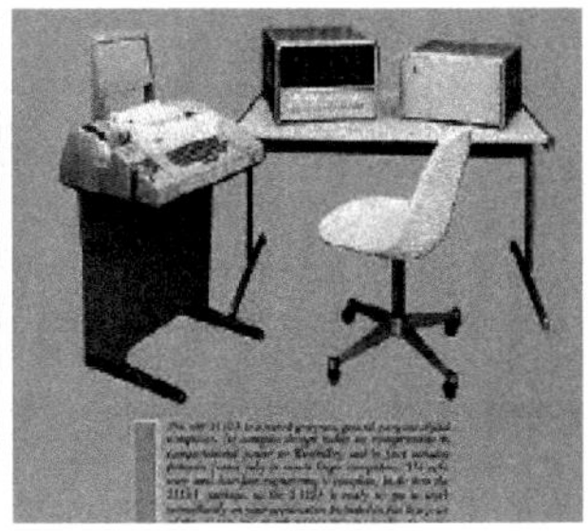

HP 2115 (1966)

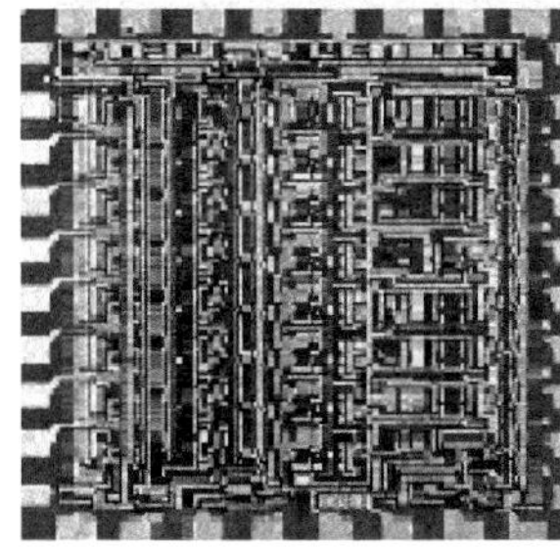

MOS-IC (1967)

4. 제4세대 소자와 디지털기기

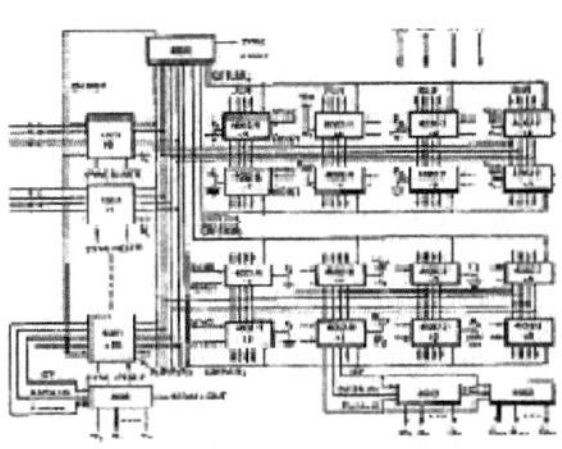

INTEL 4004 (1971)

Kenbak-1 PC (1971)

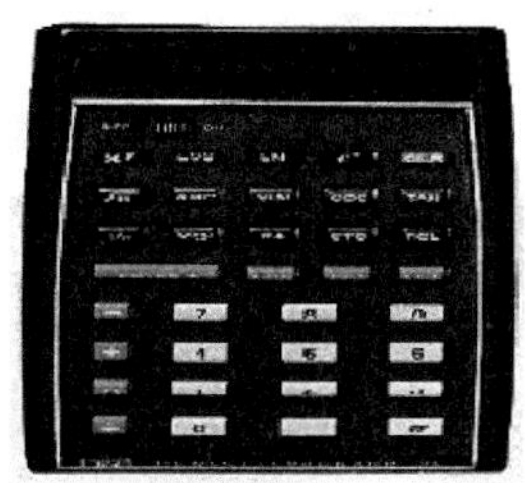

HP35 (1972)

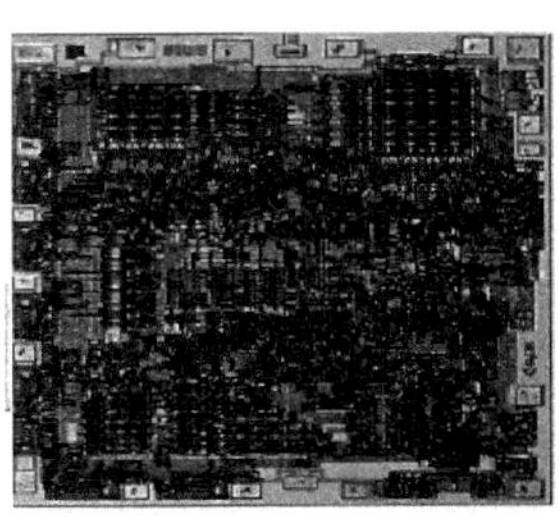

INTEL 8008 (1972)

APPLE II (1977)

Floppy 5 1/4" (1978)

5. 제5세대 소자와 디지털기기 및 이후 AI 디지털기기

CRAY I (1976)

VAX 11/780 (1978)

IBM PS/2 (1987)

ALLAPA II (1995)

AI-IBM 왓슨(2019)

그림 1-1 디지털기기와 소자

연습문제

1-1 넓은 의미에서 본 디지털 전자공학 의미를 정의하여 보자.

1-2 보다 구체적적이고 전문적인 의미에서본 전자공학의 의미를 정의하여 보자.

1-3 공학도가 보는 디지털 전자공학을 시대별로 분류하여라.

1-4 2극진공관과 3극진공관을 다이오드와 트랜지스터에 비교 분석하여 보자.

1-5 방송국의 발달과정과 방송매체로서의 역할기능을 생각하여 보자.

1-6 트랜지스터와 IC가 개발됨으로써 오늘날 정보통신 시대를 맞아 산업체와 가정에 미치는 영향을 구체적으로 논해보자.

Chapter 02

디지털 신호

2-1 디지털 신호의 개념

2-2 논리신호(Logic Signal)

2-3 디지털 소자

2-4 패키지 형식(Package Style)

연습 문제

Chapter 02

디지털 신호

2-1 디지털 신호의 개념

1. 디지털 신호와 아날로그 신호의 비교

디지털이라는 의미는 손가락(digitus)이라는 말에서 비롯되었다. 사람의 손가락이 왼손과 오른손 손가락을 합쳐 열개 이다. 따라서 10진수에 익숙하고 10진법을 사용하게 되었다. 이 손가락이라는 개념이 수 문자(digit)라는 의미를 거쳐 계수형(digital)이라는 뜻으로 변형되어 폭 넓게 쓰이게 되었다.

이와 같이 오늘날 디지털 공학의 의미의 유래를 간단히 설명하였고, 디지털 공학의 시초는 펜실베니아 대학교수들에 의하여 1946년 진공관회로로 구성된전자계산기 인 ENIAC(Electronic Numerical Intergrator and Computer)가 세계 최초로 개발됨으로써 시작되었다.

디지털 전자공학의 분야는 오랫동안 계산기 시스템에 응용되어 오다가, 최근에는 전화시스템 · 통신 · 자료처리 등의 정보처리 · 미사일 · 레이더 · 각종 계측기 및 제어기, 의료기구 및 의료진단기, 또는 컴퓨터와 TV 및 통신을 합친 멀티미디어와 같은 새로운 종합 정보시스템을 구축하기에 이르렀다. 오늘날과 같은 첨단 산업의 핵심이 디지털공학이라고 생각하면 되겠다.

그러나 디지털(digital)이라는 의미의 정확한 개념을 잡기 위해서는 반대 개념을 함께 생각하면 이해가 한층 빠르다. 따라서 디지털의 반대인 아날로그(analog)와 서로 비교해 가면서 개념을 파악하기로 한다.

첫째, 어원을 비교하면 아날로그는 아날로고스(analogous), 즉 유사한 또는 상사형이라는 의미에서 비롯되었고 어넬로고스는 아날로기(analogy)를 거쳐 아날로그라는 말이 생기게 되었다.

둘째, 양(quantity)적인 의미에서 서로 비교하면 아날로그는 연속적인 양(continuous quantity) 예를 들면 길이, 넓이, 질량, 부피, 속도, 밀도, 온도, 조도, 각도, 농도, 전압, 전류, 파장, 음량, 시간, 음정등과 같은 연속성을 의미하고있는 반면, 디지털의 양은 이산적인 양(discrete quantity) 즉 책상수, 걸상수, 차량 대수, 별의수, 학과목의 수, 학점 수, 친구 수, 남학생 수, 여학생 수와같은 이산적인 의미를 갖게되어 서로 비교되고 있다.

셋째, 형태를 보면 소리음과 같은 연속적인 형태가 아날로그 형태인 반면, 가로수와같이 일정한 거리를 두고 독립된 형태로 존재한다면 그형태는 디지털의 형태가

▌표 2-1 ▌ 아날로그와 디지털의 비교

분류 \ 구분	아날로그(analog)	디지털(digital)
어 원	analogous → analogy →analog(유사한, 상사형)	digitus → digit → digital(계수형)
양(quantity)	연속적인 양(Continuous Quantity) 예 : 길이, 넓이, 질량, 부피, 속도, 밀도, 온도, 조도, 각도, 농도, 전압, 전류, 파장, 음량, 시간, 음정	이산적인 양(Discrete Quantity) 예 : 책상 수, 걸상 수, 차량 대수, 별의 수, 학과목의 수, 학점 수, 창문수, 형광등 수, 남학생수, 여학생수, 학교 수
형 태	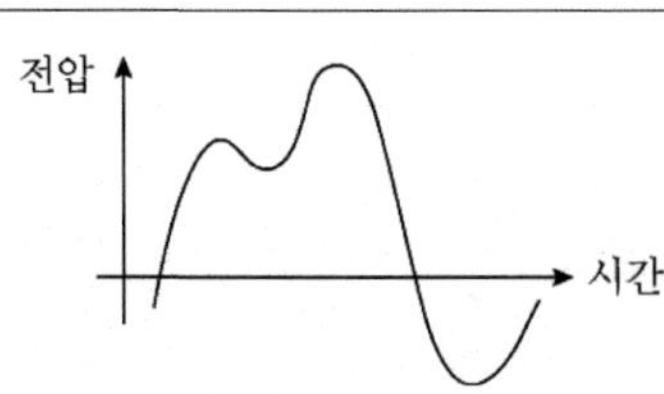	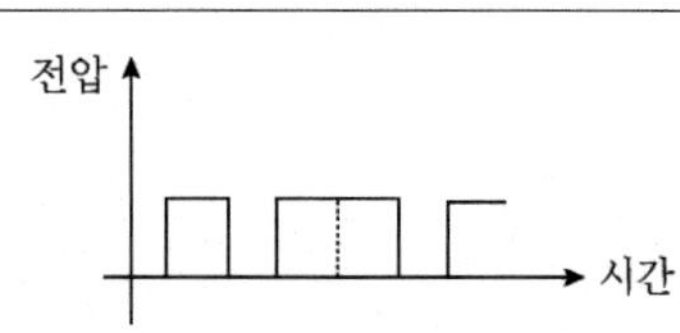
기능 및 작용	연속적인 변화 작용	ON, OFF 작용(switching 작용) 기억작용
결 론	연속성	불연속성

된다.

넷째, 기능이나 작용으로 볼 때 연속적인 변화 작용은 아날로그에 속하나 전기 스위치(switch)와 같이ON, OFF작용이나 기억 능력을 발휘한다면 디지털의 기능이나 작용에 속한다.

이러한 면을 종합적으로 나타내면 〈표 2-1〉과 같다.

2. 디지털 소자 특성

두 가지 또는 그 이상의 안정된 상태(stable state)를 가지고 다른 상태로 변화될 수 있어야 한다. 보다 구체적으로 설명하면 상태의 변화(switching)와 기억(memory) 중 어느 하나를 가지고 있어야 디지털 소자라고 말할 수 있다.

디지털 소자에는 switching소자와 기억 소자 두가지가 있다.

첫째, switching소자란 기계적인 스위치(mechanical switch)로는 벨(bell)용, 푸쉬 버튼 스위치(push botton switch)와 같은 스위치가 있고, 전자 스위치(electronic magnetic switch)에는 릴레이(relay)와 같은 것이 있으며 끝으로 전자 스위치(electronic switch)에는 다이오드(diode)나 트랜지스터(transistor)와 같은 스위치가 여기에 속한다.

[그림 2-1] (a)는 트랜지스터를 이용한 스위치이고 (b)는 다이오드를 이용한 스위치다.

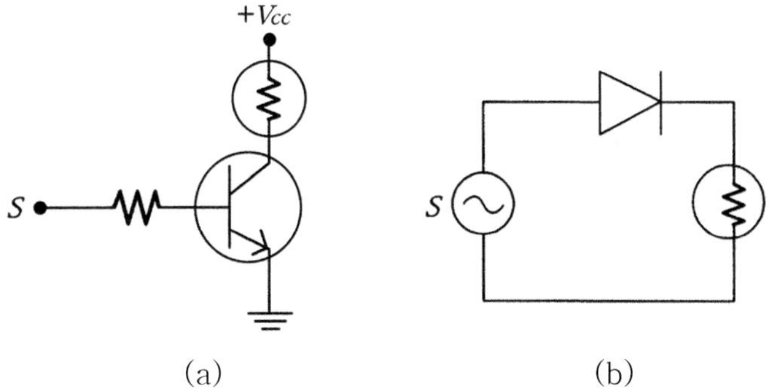

그림 2-1 트랜지스터와 다이오드를 이용한 스위치

둘째, 디지털 소자를 두 번째로 분류하면 기억소자(memory device)이다. 이 기억 소자에는 텀블러 스위치(tumbler switch)와 풀 스위치(pull switch) 같이 입력을 제거해도 상태를 그대로 유지하는 스위치가 여기에 속한다. 그외 플립플롭(flip－flop)과 잔유자기를 이용한 메모리 코아(memory core) 또는 자기 테이프, 디스크 드럼(disk drum)이 이러한 기억소자에 속한다.

3. 디지털 신호

디지털 신호를 세분하면 두 가지로 분류할 수 있는데, 그 하나는 디지털 신호이고, 다른 하나는 펄스신호(pulse signal)다.

2-2 논리신호(Logic Signal)

아날로그(Analog)와는 달리 디지털 장치에 사용되는 신호는 물론, 전원 전압도 기본적으로 2개의 전압 레벨을 갖는다. 별도로 설명을 하지 않는 한 디지털 장치에 공급되는 전원으로 접지전압이 아니면 플러스 전압(positive voltage) 레빌을 고려하기만 하면 된다. 이러한 논리를 정논리(positive logic)라고 부른다.

디지털 신호가 어떤 점에서든 접지 레벨에 있을 때에는 논리 0이 아니면 단지 0이라고 말한다. 이와는 반대로 신호 레벨이 플러스 전원전압과 같다면 논리 1 또는 논리 1로 간주하거나 아니면 1이라고 말한다. 이와 같은 논리 0과 1의 레벨은 다음과 같이 다른 의미로도 사용되어 왔다.

즉, 논리 0 → 낮은 레벨(Low level), 거짓(false), 꺼짐(OFF)
즉, 논리 1 → 높은 레벨(High level), 참(true), 켜짐(ON)

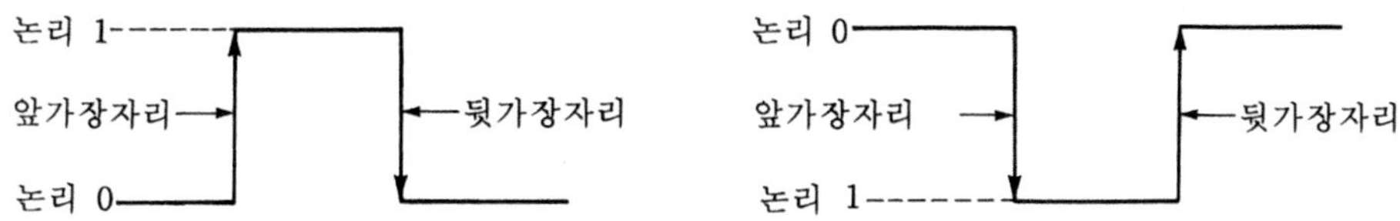

(a) 정의 펄스(positive pulse) (b) 부의 펄스(Negative pulse)

그림 2-2 디지털 신호

비록 0 전압(ground) 레벨이 0, 논리 0, 낮은 레벨, 거짓 또는 꺼짐(OFF)이라고 부른다 하더라도 실제로는 플러스 전원전압(상대 레벨)에 대응하는 논리 레벨이라고 부를 때 정확한 대응 용어를 사용하지 않으면 안 된다.

예를 들면 논리 0이라는 용어를 쓰면 켜짐(ON), 높은 레벨(high) 또는 참(true)이라는 말 대신 논리 1이라는 용어를 역시 써야만 한다.

결론적으로 0과 1, 논리 0과 논리 1, Low와 High, 거짓과 참, 또는OFF와ON과 같이 논리신호를 하나의 쌍(짝)으로 표현해야 한다.

그림 2-2(a)는 논리 0에서 논리 1로 왔다가 논리 0상태로 되돌아가는 디지털 신호를 나타낸것이다. 이러한 신호를 정의 펄스(positive pulse)라고 부르며, 평상시는 논리 0상태에 있다.

반대로 그림 2-2(b)에 나타낸 부의 펄스(Negative pulse)는 평상시 논리 1의 상태에서 논리 0으로 하강했다가 다시 논리 1로 되돌아갈 때 발생된다.

각 펄스의 특성은 앞가장자리(leading edge)와 뒷가장자리(trailing edge)를 가지고 있다. 정의 펄스(positive pulse)일 때는 앞가장자리는 논리 0에서 논리 1로 바뀔 경우이고, 뒷가장자리는 논리 1에서 0으로 바뀔 경우이다. 부의 펄스(negative pulse)에서는 그 상태가 반대이다.

2-3 디지털 소자

1. TTL 소자(Devices)

가장 널리 사용되고 있는 로직 패밀리(logic family)는 그 기본적인 내부소자가 바이폴라 트랜지스터(bipolar transistor)인 TTL(Transistor－Transistor Logic)이다.

디지털 기술이 발달함에 따라 TTL 소자는 소비전력과 전파속도면에서 유리한 TTL로 세분화 되어 왔다. 그러나 모든 TTL 로직 패밀리는 +5[V] 전원을 갖고 동작한다는 공통점이 있다.

결론적으로 논리 0은 접지이고 한편 논리 1은 +5[V]이다. 일반적으로 5[V] 레벨은 5[%]만큼의 편차를 가지고 있으므로 TTL 장치는 4.75~5.25[V]의 전원전압으로 동작하게 된다. 현재 가장 널리 사용되고 있는 TTL 패밀리가 5가지가 있다.

(a) 표준 TTL(Standard Transistor－Transistor Logic)
(b) 고전력 TTL(High Power Transistor－Transistor Logic)
(c) 저전력 TTL(Low Power Transistor－Transistor Logic)
(d) 쇼트키 TTL(Schottky Transistor－Transistor Logic)
(e) 저전력 쇼트키 TTL(Low Power Schottky TTL)

또 이들에 대한 특성을 〈표 2－2〉에 나타내고 있다.

▌표 2-2 ▌ TTL 게이트의 특성

종 류	속 도	전파지연[ns]	게이트당 소비 전력[mW]	최대동작 주파수[MHz]	약 자
표준 TTL	보통	10	10	35	TTL
고전력 TTL	고속도	6	22	50	H. TTL
저전력 TTL	저속도	33	1	3	L. TTL
쇼트키 TTL	고속도	3	19	125	S. TTL
저전력 쇼트키 TTL	보통	9.5	2	45	LS. TTL

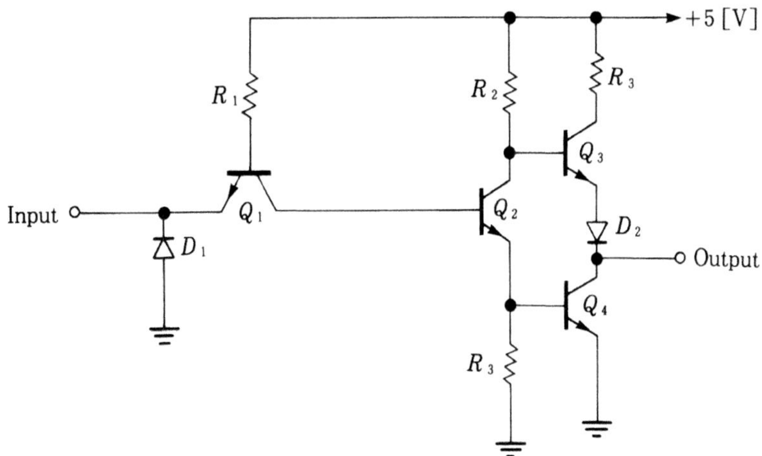

그림 2-3 TTL 인버터 회로

이들 패밀리 중 표준TTL과 저전력 쇼트키TTL이 가장 많이 사용되고 있으므로 이들 두 가지의 소자들에 대해 설명하기로 한다.

a) 표준 TTL

표준 TTL은 정규 TTL(regular TTL) 또는 단순히 TTL이라고도 하는데 가장 오래되고, 가격도 가장 저렴하고, 가장 많이 사용되는 로직 패밀리(logic family)이다.

[그림 2-3]은 TTL 인버터(inverter)에 대한 회로이다. 여기서는 이 회로가 어떻게 동작하는 지를 이해하는 것은 중요하지 않으며 단지 4개의 NPN 트랜지스터와 두 개의 다이오드 그리고 4개의 저항으로 구성될 필요가 있다는 것을 아는 데 있다. 이러한 기본적인 구성으로부터 보다 복잡한 다른 논리기능을 구성하게 된다.

b) 저전력 쇼트키 TTL(Low Power Schottky TTL)

흔히 LS TTL이라고 부르는 저전력 쇼트키TTL은 저전력 소비용으로 사용된다.

LS TTL 인버터 등가회로는 그림 1-3에 나타낸 표준 TTL 인버터와 같은데 그 외에 쇼트키 다이오드(schottky diode)가 보통 다이오드 대신에 들어가 있다. 그리고 4개의 저항은 표준 TTL 회로에서 사용된 것보다 더 비싸고 동작 중에 전류를 줄임으로해서 그 결과 소비전력이 감소된다. 그러나 소비전력을 줄임으로해서 결점이 생긴다. 즉 논리 레벨이 변하는 스위칭 타임(switching time)이 걸리는 시간이 증가된다. 따라서 LS TTL은 표준 TTL보다 소비전력은 감소되나 동작속도를 줄이는 결과가 된다.

c) 디커플링 콘덴서(Decoupling Capacitor)

일반적으로 모든 TTL 소자는 그 회로에서의 출력이 어떤 상태에서 다른 상태로 변화할 때 전원 라인(power supply line)에 커다란 충격전류가 발생된다. 이러한 오동작을 일으키는 불필요한 충격파를 제거하기 위하여 충격제거 콘덴서를 가능하면 IC칩에 가까운 곳으로서 플러스 전원과 접지사이에다 선을 가장 짧게 하여 연결한다. 이러한 충격을 제거하는 콘덴서의 용량은 대체적으로 0.01～0.1[μF]의 것을 사용한다.

일반적으로 3～4개의 논리 게이트 패키지마다 한 개의 디커플링 콘덴서를 사용하며, 한편 두개의 DIP 타입 패키지에는 한 개의 콘덴서를 사용한다.

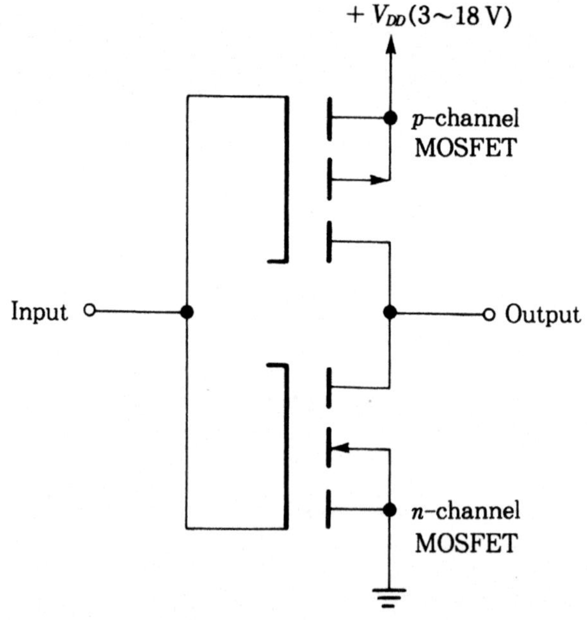

그림 2-4 CMOS 인버터 회로

2. CMOS 소자

[그림 2－4]의 CMOS 인버터 회로와 같이 CMOS 소자는 기본소자로서 바이폴라(bipolar) 트랜지스터가 아니라 P 채널과 N 채널 MOS FET를 상보대칭으로 사용한 소자이다. 결론적으로 이 논리 패밀리는 소비전력이 매우 적지만 동작속도는 표준 TTL보다 떨어진다. 그러나 어떤 TTL 논리 패밀리와 달리 전원이나 논리 레벨이 5[V]와 같은 고정전압으로 제한되어 있지 않으며, 3~18[V]의 동작전압 범위를 갖는다.

CMOS 디바이스는 이와 같은 넓은 동작전압 범위와 낮은 소비전력 특성을 갖고 있어 값싼 배터리(battery)를 사용한 휴대용으로 설계된 회로에 적합하다.

2-4 패키지 형식(Package Style)

실제로 대부분 디지털 집적회로 소자는 DIP(dual in－line package)라고 부르는 핀이 양쪽으로 배열된 패키지에 들어 있다. 이 패키지는 [그림 2－5]와 같이 양쪽에 지네다리 모양을 한 단자 핀이 나와 있다.

패키지의 종류에 따라 8, 14, 16, 18, 24, 28 및 40핀으로 된 것이 있다. 예를 들어 14핀 패키지는 한 쪽에 핀이 7개가 나와 있으며 칩의 좌측 상단 코너에서부터 시계 반대방향으로 1번에서 14번까지 번호가 새겨져 있다.

DIP는 한쪽 코너에 점이나 한쪽 끝에 잘려진 반원모양이 있거나 아니면 둘 다 있는 것도 있다. 결론적으로 한쪽 끝이 다른 쪽과는 다소 차이점이 있다. 점이나 반원 모양이 있는 쪽을 톱(top)이라고 부르며, 톱의 왼쪽이 1번 핀이며 이와 같이 1번 핌을 찾아내는 것은 다른 핀 번호를 찾아낼 수 있기 때문에 매우 중요하다. 만일 핀 접속을 잘못하여 뒤바뀌어진 상태에서 전원접속을 하거나 다른 신호를 공급하면 패키지가 파괴된다.

패키지마다 윗면에 일반적으로 두 개의 번호가 있다. 하나는 소자의 형 번호이고 다른 하나는 제조일자를 말한다.

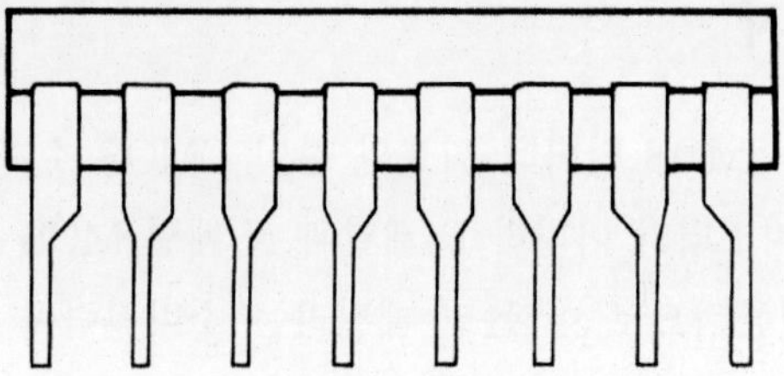

(a) 측면도

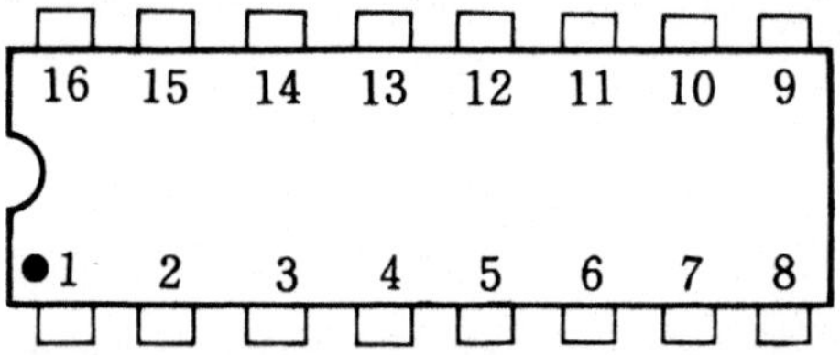

(b) 윗면도

그림 2-5 DIP 패키지

표준 TTL 소자는 일반적으로 74×××의 형식으로 일련번호를 갖고 있고 또 제조회사를 나타내는 영문자 앞에 두 자를 갖고 있는데 예를 들면 똑같은 TTL 소자라도 7492, SN7492가 아니면 SN7492로 표시되어 있다. 그외 다른 TTL 패밀리를 나타내는 영문자가 있는데, 예를 들면 저전력 쇼트키 7492 TTL 버전(Version) 74LS92, SN74LS92 또는 DM74LS92 등으로 표시 된다. 또 기본 형 번호 뒤에 접미어N자가 붙은 것은 패키지 케이스가 플라스틱이라는 것을 의미한다.

TTL 소자의 74 시리즈는 일반적으로 민간용이다. 군수용으로 설계된 높은 신뢰성 버전(Version)은 폭넓은 온도에서도 작동될 수 있는 것으로 앞에 74라는 숫자대신 54자가 붙는다. 예를 들면 5492는 7492 패키지 대치용으로 높은 신뢰성을 갖고 있고 동일한 핀 번호를 갖는다.

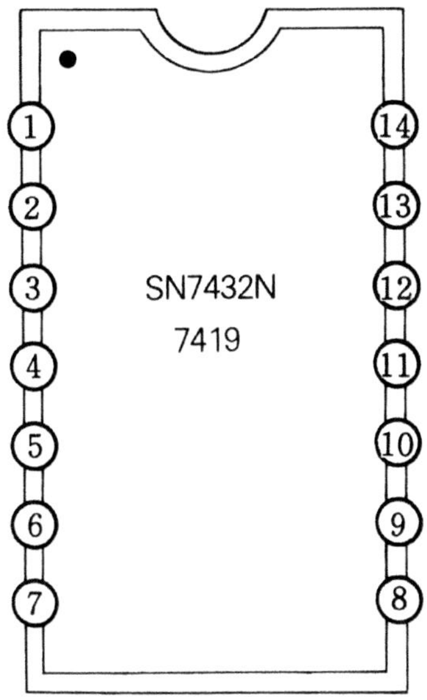

그림 2-6 IC의 형 번호와 제조일자

CMOS 소자는 4000, 34000이 아니면 74C 시리즈 코드 중 어느 하나를 사용해서 형 번호가 매겨진다. 4000 시리즈는 접두어로 CD나MM과 같은 제조회사를 나타내는 문자가 붙는다. 소자번호의 의미를 알고 또 제조일자와 혼돈하지 않는 것이 매우 중요하고 제조일자는 년과 주를 나타내는 4자리숫자로 표시된다.

패키징은 수많은 반도체 소자에서 구성된 IC회로가 외부 환경에 충분히 견딜 수 있도록 조립, 밀봉, 성형하는 공정으로 기존의 리드(lead) 방식에서 한 단계 발전된 볼(ball) 방식의 패키지로 전환되고 있다. 이러한 IC회로는 PCB 실장하는 방법에 따라 표면실장형(SMT)과 삽입형(THT) 패키지로 나눌 수 있다. DIP는 삽입형에서 가장 기준이 되는 방식이다.

TTL과CMOS 사용상 유의해서 다루어야 할 점은

첫째, 모든 입력은 반드시 어딘가 접속되어야 한다. TTL 소자에서는 어떤 한 입력을 접속시키지 않고 개방시킨다면 논리 1상태와 꼭 같다.

CMOS 소자의 경우에 사용되지 않는 게이트 입력은 접지를 시키지 않으면 플러스 전원전압에 접속되어야 한다. 만일 개방상태로 두면 소비전력을 증가시켜 결국에는 파괴되기도 한다.

둘째로, CMOS 소자에 내장되어 있는 트랜지스터의 입력 임피던스가 매우 높아서 정전기에 민감하므로 되도록이면 접지를 시키는 등 취급에 유의를 해야 한다. 그렇게 유의를 하지 않으려면 도전성 플라스틱 용기나 금속용기에 보관해 두어야 한다.

끝으로, CMOS 소자는 전원을 연결하지 않은 상태에서 입력신호를 가해서는 안 된다. 반대로 입력에 풀업(pull-up) 저항이 접속되어 있지 않다면 전원이 공급될 때 입력을 끊어서는 안 된다.

연습문제

2-1 디지털의 어원을 설명하라.

2-2 디지털 공학의 의미와 유래를 간단히 설명하라.

2-3 디지털의 의미를 아날로그의 의미와 비교 설명하라.

2-4 우리 주변에서 디지털 공학을 이용한 분야를 열거하여보자.

2-5 우리 주변에서 아날로그를 공학에 이용한 분야를 열거하여 보자.

2-6 디지털 소자중 switching소자에 속하는 장치를 열거하여 보자.

2-7 디지털 소자중 memory소자에 속하는 장치를 열거하여 보자.

2-8 디지털 신호와 펄스 신호를 구별하여 설명하라.

2-9 디지털 파형의 형태와 성질을 열거하라.

2-10 디지털 공학의 발달이 미래 우리가정에 미칠 영향을 생각하여 보자.

Chapter 03

수의 체계와 부호화

Chapter 03 수의 체계와 부호화

3-1 수의 체계(number system)

디지털 전자공학 시대는 진공관 회로 소자를 인류 최초의 디지털 컴퓨터인 ENIAC (Electronic Numerical Integrator And Computer)에 사용한 1946년 이후이다. 실제적인 디지털 컴퓨터의 개념은 이로부터 훨씬 이전인 1830년대에 C. Babbage로 거슬러 올라 갈 수 있다. 그는 완전하게 일을 할 수행하는 기계가 아닌, 기계적 디지털 컴퓨터 개념의 개발을 했다.

디지털이란 말은 계수(digit)들에 의하여 이들 컴퓨터가 동작하는 기본적인 방법으로부터 유래된다. 이 당시에는 디지털 전자공학 분야가 컴퓨터 시스템만으로 규정지어 졌으나 최근에는 이동전화, 데이터 전송, 이동통신, 레이더 시스템, 미사일 유도기, 항공 운항 시스템, 텔레비전, 자동제어 응용과 군사적, 소비제품에 등에 많은 응용을 보이고 있다. 기술적 형편은 진공관 회로 소자를 사용한 시스템으로부터 이산 반도체 소자 회로를 거쳐 집적회로까지 증가적인 복합 형태를 취하며 발전해 왔다.

디지털 전자공학은 전형적으로 두 가지 상태의 변화에 의해 사용되어지는 회로와 시스템이라 할 수 있다. 이들 두 가지 상태란 두 개의 다른 전위에 의해 표현될 수 있는데, 전류값이 개방과 연결 스위치에서 램프에 불이 켜지고 꺼짐을 나타낸다. 디지털 시스템에서는 이러한 두 개의 상태가 조합적으로 기호, 문자, 숫자, 정보의 여러 형태로 쓰일 수 있으며, 이러한 이진수자 체제는 디지털 공학에 많은 편의를 제공하고 있다. 또한 이것들은 두 개의 계수 상태인 '0'과 '1'인 비트(bit)로 구성되어 있으며, 비트의 어원은 이진계수(binary digit)에서 유래된다.

이상에서 설명한 것과 같이 디지털 시스템에서 사용하는 수 체계는 일반 수학에서 사용되는 10진법이 아닌 0과 1로 표시하는 2진법이다. 그러므로 이 시스템의 효과적인 활용을 위해서는 정보의 표현 방법을 알아야 한다. 이들 정보를 디지털 시스템에 입력하기 위해서는 일정한 규칙을 갖는 정보의 부호화가 필요하다. 즉 인간이 사용하는 정보를 디지털 시스템이 이해하기 쉬운 정보로 바꾸어줄 필요가 있는데 이 과정을 부호화 과정이라 하며, 본 장에서 여러 가지 방법의 부호화 개념에 대하여 설명하기로 한다.

1. 진 법

우리 인간은 손가락이 모두 열 개 이므로 손가락 열 개를 사용하여 쉽게 수를 세거나 셈하는데 편리하므로 10진법(decimal number system)을 사용하게 되었다. 또, 시계에는 60진법, 1주일은 7진법, 디지털 수체계(number system)의 기본인 2진법 등 여러 가지의 진법이 있다.

수를 표시할 때 쓰이는 숫자(digit)가 열 가지(0~9)이므로 10진법이라고 한다. 또, 열번째 진한다 하여 10진법이라는 말을 쓰기도 한다. 디지털 공학에서 중요한 2진법도 숫자가 두 가지(0~1)이므로 2진법, 또는 두 번째 진한다 하여 2진법(binary number system)이라고도 한다.

10진법에서는 n개의 자리(digit)로는 10^n개의 서로 다른 수(정보)를 표현할 수 있고, 2진법에서는 n개의 비트(binary digit)로 나타낼수 있는 정보의 최대수는 2^n개이다.

2. 수가 나타내는 의미

소수점 이상 n자리, 소수점 이하 m자리의 수인 R진수 N이 있다고 할 때 식(3-1)같이 표시된다.

$$(N)_R = (d_{n-1} \cdot\ d_{n-2} \cdots\cdots d_1 \cdot\ d_0 \cdot\ d_{-1} \cdot\ d_{-2} \cdots d_{-m})_R \qquad (3\text{-}1)$$

또, 이것을 10진수로 나타낸수 K는 식 (3-2)와 같다.

$$(K)_{10} = d_{n-1} \cdot\ R^{n-1} + d_{n-2} \cdot\ R^{n-2} + \cdots\cdots + d_1 \cdot\ R^1 + d_0 \cdot\ R^0$$
$$+ d_{-1} \cdot\ R^{-1} + \cdots + d_{-m} \cdot\ R^{-m} \qquad (3\text{-}2)$$

d_i = 자리수(digit 또는 digit value)
R^i = 하중(weight of digit = weight = place value), 자리 값 또는 가중치
R = 기수 (radix 또는 base)
R^i의 i를 승수(power)라 한다.

예제 3-1

8진수 124.53을 값으로 표시하고 자리수, 하중, 기수, 승수 등을 나타내라.

풀이

8진수 124.53을 식(3-1)과 (3-2)로 나타내면 다음과 같다.

$(N)_8 = (124.53)_8$

$(K)_8 = 1\times8^2+2\times8^1+4\times8^0+5\times8^{-1}+3\times8^{-2} = (84.67187\cdots)_{10}$

3-2 진수의 변환(conversion)

10진수는 생활 주변에서 늘 사용하여 익숙하지만 기타 진수는 익숙치 못하다. 본 장에서는 [그림 3-1]과 같은 진수의 상호변환 관계를 다루게 되며, 특히 2진수에 익숙해지도록 노력해야 한다.

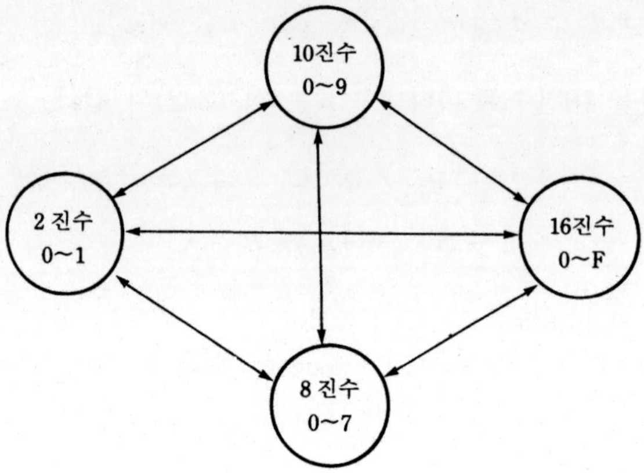

그림 3-1 진수의 변환 관계

1. 10진수에서 2진수로의 변환

10진수(decimal number)가 정수부와 소수부로 되어 있을 경우 정수부는 10진수를 2로 나누어서 나머지를 구하고, 그 몫을 또 2로 나누어 몫이 0이 될 때까지 되풀이 하며, 소수부는 2를 곱해서 정수부가 1이 되면 2진수(binary number)의 그 자리를 1,0이 되면 그 자리를 0으로 하며, 2배하여 생긴 10진수의 소수부에 다시 2를 곱하여 정수부가 또 1인지 0인지를 찾아내는 과정을 되풀이하여 2를 곱한 소수부가 0이 될 때 그친다.

이렇게 하는 이유를 수식으로 증명하여 보자.

정수부부터 먼저 증명하도록 한다.

식 (3-2)의 정수부만을 기수 R로 나누어 식 (3-1)의 정수부의 각 자리수(digit)가 됨을 증명하면 된다.

$$
\begin{array}{rll}
R & \underline{|\, d_{n-1}R^{n-1}+d_{n-2}R^{n-2}+\cdots\cdots+d_2R^2+d_1R^1+d_0R^0} & \\
R & \underline{|\, d_{n-1}R^{n-2}+d_{n-2}R^{n-3}+\cdots\cdots+d_2R^2+d_1R^0} \cdots\cdots & d_0 \rightarrow \text{LSD} \\
R & \underline{|\, d_{n-1}R^{n-3}+d_{n-2}R^{n-4}+\cdots\cdots+d_2R^0} \cdots\cdots & d_1 \\
 & \underline{|\, d_{n-1}R^{n-4}+d_{n-2}R^{n-5}+\cdots\cdots+d_3R^0} \cdots\cdots & d_2 \\
 & \vdots \qquad \vdots & \vdots \\
R & \underline{|\, d_{n-1}R^1+d_{n-2}R^0} \cdots\cdots & d_{n-3} \\
R & \underline{|\, d_{n-1}R^0} \cdots\cdots & d_{n-2} \\
R & \underline{|\, d_{n-1}} \cdots\cdots & d_{n-1} \rightarrow \text{MSD} \\
 & 0 &
\end{array}
$$

여기서 MSD란 윗자리 숫자(most significant digit)를 말하고, LSD란 아랫자리 숫자(least significant digit)를 의미한다.

예 제 3-2

10진수 35를 2진수로 변환하여라.

풀이

$$
\begin{array}{rll}
2 & \underline{|\,35} & \\
2 & \underline{|\,17} \cdots\cdots & 1(\text{LSD}) \\
2 & \underline{|\,8} \cdots\cdots & 1 \\
2 & \underline{|\,4} \cdots\cdots & 0 \\
2 & \underline{|\,2} \cdots\cdots & 0 \\
 & 1 \cdots\cdots & 0\ (\text{MSD})
\end{array}
$$

$\therefore (35)_{10} \rightarrow (100011)_2$

소수부의 경우를 식 (3-2)에서 기수 R을 곱하여 식 (3-1)의 소수부에서 각 자리수(digit)가 됨을 증명하여 보자.

$$
\begin{array}{lllr}
 & O \cdot d_{n-1}R^{n-1}+d_{n-2}R^{n-2}+\cdots\cdots+d_{-m+1}R^{-m+1}+d_{-m}R^{-m} & \times R \\
\text{MSD} & d_{-1} \quad + \quad d_{-2}R^{-1}+\cdots\cdots+d_{-m+1}R^{-m+2}+d_{-m}R^{-m+1} & \times R \\
 & d_{-2} \quad + \quad d_{-3}R^{-1}+\cdots\cdots+d_{-m}R^{-m+2} & \times R \\
 & \vdots & \\
 & d_{-m+2} \quad + \quad d_{-m+1}R^{-1}+d_{-m}R^{-2} & \times R \\
 & d_{-m+1} \quad + d_{-m}R^{-1} & \times R \\
\text{LSD} & d_{-m} \qquad 0 &
\end{array}
$$

소수부의 경우는 정수부의 경우와 반대로 처음 기수 R을 곱했을 때, 자리올림이 MSD가되고 마지막이 LSD가 된다.

예제 3-3

10진수 0.1875를 2진수로 변환하여라.

풀이

$$
\begin{array}{rlr}
 & 0.1875 & \times 2 \\
\text{MSD} \leftarrow & 0.375 & \times 2 \\
\leftarrow & 0.75 & \times 2 \\
\leftarrow & 1.5 & \times 2 \\
\leftarrow & 0.5 & \times 2 \\
\text{LSD} \leftarrow & 1.0 &
\end{array}
$$

다른 방법으로 풀이하면

풀이

0.1875	0.375	0.75	0.5
× 2	× 2	× 2	× 2
0.375	0.75	1.5	1.0
↓	↓	↓	↓
(MSD)			(LSD)

$\therefore (0.1875)_{10} \rightarrow (0.0011)_2$

예제 3-4

10진수 375.625를 2진수로 변환하여라.

풀이

정수부와 소수부로 나누어 변환하면

정수부 :

제수	몫	나머지
2	375	
2	187	1 (LSD)
2	93	1
2	46	1
2	23	0
2	11	1
2	5	1
2	2	1
2	1	0
	0	1(MSD)

소수부 :

0.625	0.25	0.5
× 2	× 2	× 2
1.250	0.5	1
↓	↓	↓
1	0	1
(MSD)		(LSD)

$\therefore (375.625)_{10} \rightarrow (101110111.101)_2$

2. 2진수에서 10진수로의 변환

2진수를 10진수로 변환하려면 식(3-2)와 같이 2진수로 표시된 각 숫자(digit)항의 2진 표시 수에 그 자리를 제외한 나머지 자리수 만큼 2의 제곱 셈수인 승수(power)를 곱하여 각각 더해 주면 된다.

예제 3-5

2진수 10110.1101을 10진수로 변환하여라.

풀이

10진수로의 변환은 식 (3-2)로부터

$$(K)_{10} = d_{n-1}R^{n-1} + d_{n-2}R^{n-2} + \cdots\cdots + d_1R^1 + d_0R^0 + d_{-1}R^{-1} + \cdots + d_{-m}R^{-m}$$

$$= 1\times 2^4 + 0\times 2^3 + 1\times 2^2 + 1\times 2^1 + 0\times 2^0 + 1\times 2^{-1} + 1\times 2^{-2} + 0\times 2^{-3} + 1\times 2^{-4}$$

$$= 16 + 0 + 4 + 2 + 0 + \frac{1}{2} + \frac{1}{4} + 0 + \frac{1}{16}$$

$$= 22 + 0.5 + 0.25 + 0.0625 = (22.8125)_{10}$$

3. 10진수에서 8진수로의 변환

정수부는 8로 나누어 나머지를 구하고 그 몫을 8로 나누어 최종 몫이 0이 될 때까지 되풀이한다.

소수부는 8을 곱해서 정수부가 1이 되면 8진수(octal number)의 그 자리를 1, 0이 되면 그 자리를 0으로 하며, 8배하여 생긴 10진수의 소수부에 다시 8을 곱하여 정수부가 또 1인지 0인지 찾아내는 과정을 되풀이 하여 8을 곱한 소수부가 0이 될 때까지 되풀이 한다. 그러나 8을 곱한 소수가 0이 되지 않고 같은 수를 되풀이하여 반복될 때는 적당한 선에서 '…'로 표시하고 중단한다.

예 제 3-6

10진수 458.347을 8진수로 변환하여라.

풀이

정수부 :

```
8 | 458 ···································· 2(LSD)
8 |  57 ···································· 1
8 |   7 ···································· 7(MSD)
```

소수부 :

```
  0.347    →   0.776    →   0.208    →   0.664
  ×   8        ×   8        ×   8        ×   8
  -----        -----        -----        -----
  2.776        6.208        1.664        5.312
    ↓            ↓            ↓            ↓
  (MSD)
```

$\therefore (458.347)_{10} \rightarrow (712.2615\cdots)_8$

2진수 변환 :

111	001	010	010	110	
7	1	2	2	6	(8) ···

예 제 3-7

10진수 69.45를 8진수로 변환하여라.

풀이

정수부 :

```
8 | 69
8 |  8 ···································· 5(LSD)
8 |  1 ···································· 0
     0 ···································· 1(MSD)
```

소수부 :

$$\begin{array}{cccc} 0.45 & 0.6 & 0.8 & 0.4 \\ \times\ 8 & \times\ 8 & \times\ 8 & \times\ 8 \\ \hline 3.60 & 4.8 & 6.4 & 3.2 \\ \downarrow & \downarrow & \downarrow & \downarrow \\ \text{(MSD)} & & & \end{array}$$

$\therefore (458.347)_{10} \rightarrow (105.3463\cdots)_8$

4. 8진수에서 10진수로의 변환

8진수를 10진수로 변환하는 방법도 식 (3-2)를 이용하면 앞서 2진수를 10진수로 변환하는 방법과 같다.

예제 3-8

8진수 124.65를 10진수로 변환하여라.

풀이

10진수로의 변환은 식 (3-2)로부터

$$(K)_{10} = d_{n-1}R^{n-1} + d_{n-2}R^{n-2} + \cdots\cdots + d_1R^1 + d_0R^0 + d_{-1}R^{-1} + \cdots + d_{-m}R^{-m}$$

$$= 1 \times 8^2 + 8^1 + 4 \times 8^0 + 6 \times 8^{-1} + 5 \times 8^{-2}$$

$$= 64 + 16 + 4 + 0.75 + 0.781 = 85.531 \cdots$$

$$\therefore\ (124.65)_8 = (85.531\cdots)_{10}$$

5. 10진수에서 16진수로의 변환

10진수에서 16진수(hexa decimal number)로의 변환도 10진수에서 2진수, 10진수에서 8진수로의 변환과 같은 방법으로 정수부는 나누어 주고 소수부는 곱하면 된다. 우선 16진수, 10진수, 8진수, 2진수의 표현과 방법을 〈표 3-1〉에 나타내고 있다.

▌표 3-1 ▌ 2진수, 8진수, 10진수 및 16진수와의 관계

2진수	8진수	10진수	16진수
0000	0	0	0
0001	1	1	1
0010	2	2	2
0011	3	3	3
0100	4	4	4
0101	5	5	5
0110	6	6	6
0111	7	7	7
1000	10	8	8
1001	11	9	9
1010	12	10	A
1011	13	11	B
1100	14	12	C
1101	15	13	D
1110	16	14	E
1111	17	15	F
10000	20	16	10

10진수의 10은 16진수에서 A, 10진수에서 11은 16진수에서 B, 10진수에서 12는 16진수에서 C, 10진수13은 16진수에서 D, 10진수 14는 16진수에서 E, 10진수 15는 16진수에서 F에 해당됨을 필히 암기해 두어야 한다.

예제 3-9

10진수 387.187을 16진수로 변환하여라.

풀이

정수부와 소수부로 나누어 변환하면

정수부 :

```
16|387
16| 24 ································ 3 (LSD)
16|  1 ································ 8
     0 ································ 1(MSD)
```

소수부 :

```
  0.187        0.992        0.872
 ×   16       ×   16       ×   16
  2.992       15.872       13.952
    ↓            ↓            ↓
    2            F            D
  (MSD)
```

$\therefore (387.187)_{10} \rightarrow (183.1FD\cdots)_{16}$

정확한 값이 아닐 때 서로 다른 수 사이의 변환시에 나타나는 오차를 변환 오차(conversion error)라고 한다.

6. 16진수에서 10진수로의 변환

앞서 8진수에서 10진수로의 변환과 같은 방법으로 변환시킨다.

예제 3-10

16진수 2AC.5D7을 10진수로 변환하여라.

풀이

$$(K)_{10} = 2\times16^{2} + 10\times16^{1} + 12\times16^{0} + 5\times16^{-1} + 13\times16^{-2} + 7\times16^{-3}$$
$$= 512 + 160 + 12 + 0.3125 + 0.05078125 + 0.001708984$$
$$= 684.364990234\cdots$$

$\therefore (2AC.5D7)_{16} \rightarrow (684.364990234\cdots)_{10}$

---

7. 2진수와 8진수의 상호변환

〈표 3-1〉에서 2진수와 8진수를 비교하면 8진수 한자리가 2진수 3자리임을 알 수 있다. 따라서 정수부는 정수부 맨 아랫자리부터 3자리씩 각각 한단위로 하여 8진수로 변환하고 소수부는 소수점 첫째자리부터 3자리씩 각각 한 단위로 하여 변환시킨다.

예제 3-11

2진수 11010100.0111을 8진수로 변환하여라.

풀이

정수부 :

011	010	100
3	2	4

소수부 :

011	100
3	4

$\therefore\ (11010100.01111)_2 = (324.34)_8$

예제 3-12

8진수 671.54을 2진수로 변환하여라.

풀이

정수부:

$6 \rightarrow 110$

$7 \rightarrow 111$

$1 \rightarrow 001$

소수부:

$5 \rightarrow 101$

$4 \rightarrow 1$

$\therefore\ (671.54)_8 = (110111001.1011)_2$

8. 2진수와 16진수의 상호변환

〈표 3-1〉에서 2진수와 16진수를 비교하면 16진수 한자리가 2진수 4자리임을 알 수 있다. 따라서 정수부는 정수부 맨 아랫자리 수(LSD)로부터 윗자리 수를 향하여 4자리씩 각각 한 단위로 하여 16진수로 변환하고 소수부는 소수점 아래 첫째자리(MSD)부터 4자리씩 각각 한단위로 하여 16진수로 변환시킨다.

예제 3-13

2진수 1011001110.10101101을 16진수로 변환하여라.

풀이

정수부 :

0010	1100	1110
2	C	E

소수부 :

1010	1101
A	D

∴ $(1011001110.10101101)_2 = (2CE.AD)_{16}$

예제 3-14

8진수 16진수 9DF.C7을 2진수로 변환하여라.

풀이

정수부:

9 → 1001
D → 1101
F → 1111

소수부:

C → 1100
7 → 0111

∴ $(9DF.C7)_{16} = (100111011111.11000111)_2$

3-3 4칙 연산

일반적으로 수의 연산에는 여러 가지가 있으나 가장 기본이 되는 것이 덧셈, 뺄셈, 곱셈, 나눗셈이 4칙연산이다.

1. 진수의 덧셈

N진수의 덧셈(addition)을 하기 위하여 N개의 사용숫자를 각자리에서 사용하고, 자리수 올림(carry)이 발생하면 윗자리올림을 한다.

(1) 2진수의 가산

$0 + 0 = 0$

$0 + 1 = 1$

$1 + 0 = 1$

$1 + 1 = \boxed{1}\,0$ ($\boxed{1}$: 자리올림)

예제 3-15

2진수 1101.11을 1010.01에다 덧셈하여라.

풀이

$$\begin{array}{r} 1101.11 \\ +\ 1010.01 \\ \hline 11000.00 \end{array}$$

(2) 8진수의 가산

$0 + 1 = 1$ $5 + 3 = \boxed{1}\,0$

$2 + 3 = 5$ $6 + 1 = 7$

3 + 4 = 7　　　　6 + 3 = [1] 1

4 + 4 = [1] 0　　　　7 + 6 = [1] 5

예제 3-16

16진수 B53.A8을 67D.58에다 덧셈하여라.

풀이

```
   67D.58
 + B53.A8
 --------
  11D1.00
```

2. 진수의 뺄셈

N진수의 뺄셈(subtraction)을 위하여 N개의 사용 숫자를 각자리에서 사용하고, 자리내림(borrow)이 발생하면 자리내림을 한다.

(1) 2진수의 감산

0 − 0 = 0

0 − 1 = [1] ([1] : 자리내림 발생)

1 − 0 = 1

1 − 1 = 0

예제 3-17

2진수 11101.11에서 10101.01을 뺄셈하여라.

풀이

```
   11101.11
 - 10101.01
 ----------
    1000.10
```

(2) 8진수의 감산

$0 - 1 = \boxed{7}$ $5 - 7 = \boxed{6}$ $2 - 4 = \boxed{6}$ $6 - 3 = 3$

$3 - 7 = \boxed{4}$ $6 - 7 = \boxed{7}$ $4 - 6 = \boxed{6}$ $7 - 5 = 2$

예제 3-18

8진수 756.34에서 274.52를 뺄셈하여라.

풀이

$$\begin{array}{r} 756.34 \\ -\ 274.52 \\ \hline 461.62 \end{array}$$

(3) 16진수의 감산

$0 - 1 = \boxed{F}$ $8 - 3 = 5$

$2 - 7 = \boxed{B}$ $9 - 2 = 7$

$3 - 4 = \boxed{F}$ $A - 1 = 9$

$4 - 8 = \boxed{C}$ $B - C = \boxed{F}$

$4 - A = \boxed{A}$ $C - 5 = 7$

$5 - 6 = \boxed{F}$ $D - E = \boxed{F}$

$6 - 9 = \boxed{D}$ $E - A = 4$

$7 - B = \boxed{C}$ $F - 7 = 8$

예제 3-19

16진수 A04.78에서 7F3.D2을 뺄셈하여라.

풀이

$$\begin{array}{r} A04.78 \\ -\ 7F3.D2 \\ \hline 210.A6 \end{array}$$

(4) 보수(complement)에 의한 뺄셈

계산기에서는 뺄셈 연산을 하지 못하고 보수를 이용하여 덧셈으로 대행한다. 일반적으로 n 자리수를 갖고 기수를 R로 하는 정수 N에 대한 R의 보수는 R^N-N이고, $R-1$의 보수는 R^N-N-1이다. 예를 들어 2진수인 n자리수를 갖는 값에서 어떤 수 N을 뺀 값이 2의 보수가 된다.

따라서 $(2^n-N)-1$을 1의 보수라고 한다.

예제 3-20

2진수 110101의 2의 보수와 1의 보수를 구하라.

풀이

2진수 110101은 6자릿수이므로 10진수로 환산하면

$2^6-(110101)_2=64-53=11$

$(11)_{10} = (001011)_2$

이다. 따라서 1의 보수=2의 보수−1이므로

001011 −1 =001010이 1의 보수가 된다.

2진수 110101의 1의 보수를 살펴보자.

	(MSD) 1 → 0	
	1 → 0	
2진수	0 → 1	1의 보수
	1 → 0	
	0 → 1	
	(LSD) 1 → 0	

한편 2의 보수 = 1의 보수 +1과 같다.

2진수의 1의 보수를 보면 각 자리수(digit)의 합이 '1'이 됨을 알수 있다. 따라서 0 → 1로, 1 → 0으로 된다.

종합적으로 정리하면 2진수의 2의 보수는 첫째, $2^n - N$ 보수 + 1 셋째, LSD에서 MSD를 향하여 처음 1이 나올때까지 그 자리에 '1'이고, 나머지 자리수는 1의 보수를 취한다. 예를 들면 $(110100)_2$의 2의 보수는 001100이 된다.

예제 3-21

8진수 37013의 7의 보수와 8의 보수를 구하라.

풀이

풀이 7의 보수를 먼저 구한다.
7의 보수는 각 자리수(digit)의 합이 7이면 된다.

	(MSD)	3 → 4	
		7 → 0	
8진수		0 → 7	7의 보수
		1 → 6	
	(LSD)	3 → 4	

따라서 8의 보수를 구하면
7의 보수 + 1 = 40764 + 1 = 40765

예제 3-22

16진수 B894A3의 15의 보수와 16의 보수를 구하라.

풀이

15의 보수를 구하면

	(MSD)	B → 4	
		8 → 7	
2진수		9 → 6	15의 보수

4 → B

A → 5

(LSD) 3 → C

따라서 16의 보수 = 15의 보수 + 1 = 476B5C + 1 = 476B5D

이상과 같이 보수 개념을 통하여 계산기가 실제 실시하는 하드웨어(hardware)적인 계산을 보수법에 의하여 계산하여 보자.

R진수에서 R의 보수와 $R-1$의 보수를 택할 수 있다. 또, 피감수와 감수의 차에 따라 자리올림이 다르다. 이것을 예를 들어 설명 하도록 한다.

예 제 3-23

2진수 11101001(피감수)에서 10110011(감수)를 1의 보수와 2의 보수법에 의한 뺄셈을 하라.

풀이

1의 보수법 ;

```
 11101001     1의 보수        11101001
-10110011   ---------->     +01001100
                            [1]00110101  ---------->  00110101
                                                    +        1
                                                    +00110110
```

피감수가 감수보다 큰 1의 보수법에서는 자리올림(carry)이 발생 하는데, 이때 자리올림 [1] 을 아랫자리(LSD)수에 덧셈한다.

2의 보수법 ;

```
 11101001     2의 보수        11101001
-10110011   ---------->     +01001101
                            [1]00110110  ---------->  + [00110110]
```

피감수가 감수보다 큰 2의 보수법에서는 자리올림(carry)이 발생 하는데 이때 자리올림 [1]은 삭제한다.

예제 3-24

2진수 피감수 10110011에서 감수 11101001을 1의 보수법과 2의 보수법에 의하여 뺄셈하라.

풀이

1의 보수법 ;

```
  10110011      1의 보수       10110011
 -11101001    ---------->    +00010110     1의 보수
 ---------                   ---------   ---------->   [-00110110]
                              11001001
```

피감수가 감수보다 작은 1의 보수법에서는 자리올림이 발생하지 않는데, 이 때 결과의 수를 다시 1의 보수로 하고 그 값에 '−'부호를 붙인다.

2의 보수법 ;

```
  10110011      2의 보수       10110011
 -11101001    ---------->    +00010111     2의 보수
 ---------                   ---------   ---------->   [-00110110]
                              11001010
```

피감수가 감수보다 작은 2의 보수법에서는 자리올림이 발생하지 않는데, 이 때 결과의 수를 다시 2의 보수로 하고 그 값에 '−'부호를 붙인다.

이상과 같이 8진수와 16진수도 같은 방법으로 보수의 개념을 이용하여 덧셈을 하면 된다.

이번에는 부호 비트를 넣어 계산하는 법을 보자.

피감수 A, 감수를 B라고 할 때, 부호 비트가 '+'인 경우 [0], '−'인 경우 [1]로 표시한다.

① A〉B의 경우

A=1001	$\boxed{0}$1001		$\boxed{0}$1001		
B=0011	−$\boxed{0}$0011	2의 보수 →	+$\boxed{0}$1101	자리올림 →	
			1$\boxed{0}$0110	버린다.	+0110

② A = B의 경우

A=1001	$\boxed{0}$1001		$\boxed{0}$1001		
B=1001	−$\boxed{0}$1001	2의 보수 →	+$\boxed{1}$0111	자리올림 →	
			1$\boxed{0}$0000	버린다.	+0000

③ A〈B의 경우

A=1001	$\boxed{0}$1001		$\boxed{0}$1001	자리올림	
B=1101	−$\boxed{0}$1001	2의 보수 →	+$\boxed{1}$0011	발생않음 →	
			$\boxed{1}$1100	2의 보수	−0100

④ A〈B의 경우

A=−101	−$\boxed{0}$101	2의 보수 →	$\boxed{1}$011	자리올림	
B=001	−$\boxed{0}$001	2의 보수 →	+$\boxed{1}$111	버림 →	
			1$\boxed{1}$010	2의 보수	−110

3. 진수의 곱셈

N진수의 곱셈(Multiplication)은 계산기가 곱셈연산을 하지 못하므로 승수값만큼 더하는 과정을 반복한다.

예제 3-25

2진수인 피승수 10110에 승수 101을 곱하는 셈을 하라.

풀이

```
    11001
 ×    101
 --------
    11001
   00000
+ 11001
 --------
  1111101
```

예제 3-26

16진수인 피승수 B83에 승수 3을 곱하는 셈을 하라.

풀이

```
   B83
   × 3
 -----
   B83
   B83
 + B83
 -----
  2289
```

4. 진수의 나눗셈

N진수의 나눗셈(divison)도 뺄셈, 곱셈과 마찬가지로 직접 행하지 못하고, 피제수(나뉨수) 최상 윗자리부터 제수(나눗수) 자리만큼 비교하여 계산한다.

예제 3-27

2진수인 피제수 1000001을 제수 101로 나눗셈하라.

풀이

```
        1101
101 ) 1000001
      101
      -------
        11001
        101
      -------
         1010
         000
      -------
          101
          101
      -------
            0
```

예제 3-28

2진수인 1010001의 평방근을 구하라.

풀이

```
                       [1]  [0]  [0]  [1]
                     ------------------------
  [1]               √  1  0 1  0 0  0 1
 +[1]                  1
 -----------         ----------
  1 0 [0]                0 1
  +   [0]                0 0
 -----------            ----------
  1 0 0 [0]                1 0 0
  +     [0]                0 0 0
 -----------              ----------
  1 0 0 0 [1]              1 0 0 0 1
  +       [1]              1 0 0 0 1
 -----------              ----------
  1 0 0 1 0                        0
```

2진수의 평방근은 소수점을 중심으로 하여 두 자리씩 분리하여 셈한다.

3-4 부호의 코드화

디지털 시스템에서는 2진법이 사용된다.

10진수와 2진수가 갖는 변환 코드가 필요한데 그 대표적인 것이 2진 부호화 10진수인 BCD(binary-coded decimal)이며, 이것은 10진수의 각 항을 2진수로 표시한 것이다.

이와 같이 표시된 어떤 정보 코드를 부호화(coding)라고 한다.

2진수의 4자리수(4bit)로서 10진수를 표시하는 코드 중 8421코드가 가장 많이 쓰인다.

보통 8자리 코드로서 한 바이트(byte)를 만들고 몇 개의 바이트로 한 워드(word)를 만든다.

이들 코드 중 자리수가 일정한 값을 갖는 가중 코드(weighted code)와 자리수가 일정한 값을 갖지 않는 비가중 코드(unweighter code)가 있다.

이들 BCD 코드를 분류하면 다음과 같다.

- BCD Code
  - 가중코트 (weighted code)
    - 4bit BCD
      - 8421,7421,5421,7421
      - self complementing code → 5211,4221,3321 2*421,8421,6423
    - 5bit BCD Quinary Code (51111,43210)
    - 6bit 이상 코드 Biquinary Code(5043210) Ring Counter Code(9876543210)
  - 비가중코트 (unweigted)
    - Excess −3 −Code
    - 2 out of 5 code
    - Johnson Code
    - Gray code

컴퓨터가 하는 일은 계산, 정보나 자료의 기억, 정보의 검색, 자료분류 및 정리 등을 한다.

이 때 모든 정보는 2진 코드로 입력된다.

이들 중 자료 처리의 목적으로 사용되는 컴퓨터 시스템을 전자자료 처리시스템(electronic data processing system), 즉 EDPS라고 한다.

전자 계산기에서 숫자, 문자 및 기호를 나타내기 위하여 표준부호로 쓰이는것으로 ASCII(america standard code for information interchange) 부호와 EBCDIC(extended binary coded decimal interchange code) 부호의 두가지가 있다.

1. 8421 코드

BCD 코드 중 가장 많이 사용되는 코드로 10진수의 각 자리(digit) 수가 2진 4비트로 표시된다.

따라서 10진수 0~9까지를 2진 4비트로 표시하게 되므로 1010,1011,1100,1101, 1111인 2진 4비트는 있을 수 없는 코드로 오차(error)에 속한다.

8421 코드, 10진수, 2진수의 관계를 〈표 3-2〉에 나타내고 있다.

▌표 3-2 ▌ 8421 코드

10진수	2진수	BCD부호
0	0	0000
1	1	0001
2	10	0010
3	11	0011
4	100	0100
5	101	0101
6	110	0110
7	111	0111
8	1000	1000
9	1001	1001
10	1010	0001 0000

예제 3-29

10진수 524를 8421 BCD 코드로 변환하라.

풀이

10진수
- (MSD) 5 ⟶ 0101
- 2 ⟶ 0010
- (LSD) 4 ⟶ 0100

8421

$\therefore (524)_{10} = (0101\ 0010\ 0100)_{8421}$

이와 같이 각 자리수를 8421코드로 변환시키면 된다.

이제 8421 코드의 덧셈을 해보자.

피가수와 가수를 각각 A,B라고 할 때 $A + B < 10$ 일 때는 연산 결과를 그대로 표시하고, $A + B \geq 10$ 일 때는 결과 값에 0110을 보정(complment)하는 보정 과정이 필요하다.

이것은 10진수 9는 8421 코드로 1001인데 10진수 10은 8421 코드로 00010000이라는 것을 〈표 3-2〉에서 보여주고 있다.

이것은 8421 코드 오차 6개를 뛰어 넘었기 때문에 6만큼 차이가 생겨, 2진수 0110이라는 보정이 필요하다.

예제 3-30

10진수 4에다 5를 덧셈하는 연산을 8421 코드로 변환하여 덧셈 하라.

풀이

$A + B < 10$인 경우로 보정이 필요 없다.

```
   0100 ………………… (A)
 + 0101 ………………… (B)
 ------
   1001 ………………… 8421코드의 합
      9 ………………… 10진수의 합
```

예제 3-31

10진수 5에다 6을 덧셈하는 연산을 8421 코드로 변환하여 덧셈 하라.

풀이

A+B ≧ 10인 경우로 보정이 필요하다.

```
     0101 ···················· (A)
   1+0110 ···················· (B)
   ------
     1011
    +0110 ···················· (보정)
   ------
0001 0001 ···················· 8421코드의 합
   1    1 ···················· 10진수의 합
```

2. 3초과 코드

3초과 코드(excess-3-code)란 8421 코드에 3을 더한 값으로 일명 3증 코드(excess-3-code)라고 한다. 이 코드는 비가중 코드로서 자기보수형 코드(self complementing code)라고도 한다.

3초과 코드의 1의 보수는 10진수의 9의 보수와 같다.

예를 들면, 10진수 2의 3초과 코드는 0101이다. 이것의 1의 보수는 1010인데, 이 1010은 10진수 2에 대한 9의 보수인 7의 3초과 코드에 해당된다.

▌표 3-3▐ 3초과 코드의 자기보수형

10진수	3초과 코드	9의 보수
0	0011	1100
1	0100	1011
2	0101	1010
3	0110	1001
4	0111	1000
5	1000	0111
6	1001	0110
7	1010	0101
8	1011	0100
9	1100	0011

▌표 3-4▐ 3초과 코드

10진수	2진수	8421 코드	3초과 코드
0	0000000	0000	0011
1	0000001	0001	0100
2	0000010	0010	0101
3	0000011	0011	0110
4	0000100	0100	0111
5	0000101	0101	1000
6	0000110	0110	1001
7	0000111	0111	1010
8	0001000	1000	1011
9	001001	1001	1100
10	0001010	0001 0000	0100 0011
11	0001011	0001 0001	0100 0100
12	0001100	0001 0010	0100 0101
13	0001101	0001 0011	0100 0110
⋮	⋮	⋮ ⋮	⋮ ⋮
98	1100010	1001 1000	1100 1011
99	1100011	1001 1001	1100 1100
100	1100100	0001 0000 0000	0100 0011 0011

이러한 관계를 3초과 코드의 자기보수형이라고 하며, 〈표 3-3〉에서 보이고 있다.

이것은 연산동작이 쉽게 이루어지게 하는 이점이 있다.

예를 들어 10진수 3의 8421 코드는 0011이고 1의 보수는 1100가 되어 8421 코드의 오차(error)에 속하여 불합리한 결과로 된다. 또, 10진수 6의 8421 코드는 0110이고 1의 보수는 1001로 되어 6의 9에 대한 보수가 되지 않는다.

이러한 사실은 BCD 코드의 뺄셈을 어렵게 하고 있다. 따라서 3초과 코드는 이런 문제를 해결하기에 편하다.

또 3초과 코드는 0000, 0001, 0010와 1101, 1110, 1111의 부호는 존재하지 않는다. 마치 8421 코드에서도 6개의 오차가 있듯이 3초과에도 6개의 보호는 오차에 해당되어 존재하지 않는다. 10진수, 2진수, 8421 코드 및 3초과 코드를 비교해 보면 〈표 3-4〉와 같다.

예제 3-32

10진수 36에 대한 9의 보수를 구하고 자기보수 코드의 개념에서 서로 비교하라.

풀이

10진수 36의 9의 보수=99−36=63

36의 3초과 코드=01101001

36의 3초과 코드의 1의 보수=10010110

63의 3초과 코드=10010110

∴ 36의 3초과 코드의 1의 보수=36의 9의 보수의 3초과 코드

3초과의 코드의 가산법에서는 피가수와 가수의 합, 즉 A+B<1일 때는 6초과라는 합에서 3초과(0011)를 빼주면 된다.

그러나 A+B≥10 일 때는 3초과 코드의 개념과 보정을 함께 생각해야 한다.

예제 3-33

10진수의 피가수 3에다 가수 4를 가산할 때 3초과를 한 후 덧셈 하라.

풀이

10진수		3초과 코드		
3	→	0110	→	3의 3초과 코드
+4	→	+0111	→	4의 3초과 코드
7	→	1101	→	7의 6초과 코드
+3		−0011		
10		1010	→	7의 3초과 코드

예제 3-34

10진수의 43에다 27을 가산할 때 3초과 한 후 덧셈하라.

풀이

10진수	3초과 코드	
4 3	0111 0110	………………43의 3초과 코드
+2 7	+0101 1010	………………27의 3초과 코드
7 0	1101 0000	………………첫번째 디지트에서 자리올림 발생
+3+3	−0011 +0011	………………첫 디지트에 −3, 둘째 디지트에 +3
10 3	1010 +0011	………………70의 3초과 코드

둘째 디지트에 +3을 하는 이유는 합이 6초과 일때 −3을 해주고, 자리올림이 발생하였으므로 보정 +6을 해야 한다. 결과적으로 +3을 하는 셈이다. 또, 첫째 디지트에 −3을 하는 이유는 자리올림이 발생하지 않았음으로 6초과를 3초과로 해야 한다.

3. 그레이 코드

그레이 코드(gray code)는 일명 교번 코드라 하며, 2진 코드를 연속적으로 변환시킨 코드로 각 비트에 고정된 값을 갖지 않는 비가중 코드다.

디지털 시스템 입출력 장치와 아날로그/디지털 변환기, 디지털/아날로그 변환기(A/D, D/A converter)등에 사용된다.

2진수에서 그레이 코드의 변환되는 과정은

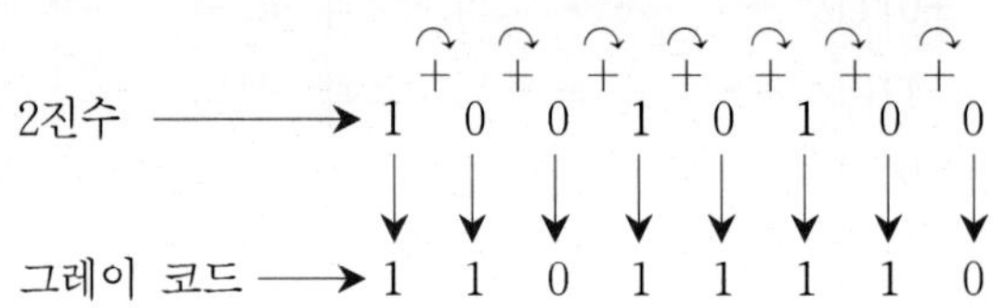

이다.

그레이 코드를 2진수로 변화시키는 과정은 다음과 같다.

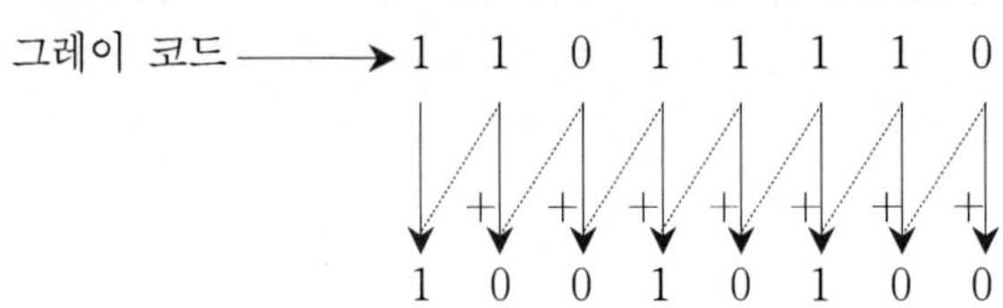

예제 3-35

2진수 101001101을 그레이 코드를 변환하라.

풀이

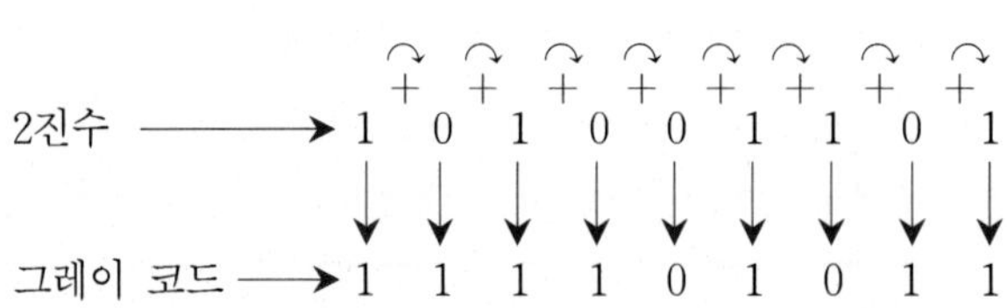

예제 3-36

그레이 코드 111101011을 2진수로 변환하라.

풀이

그레이 코드　1 1 1 1 0 1 0 1 1

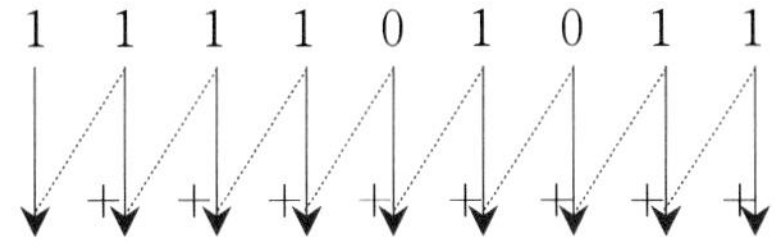

2진수　1 0 1 0 0 1 1 0 1

▌표 3-5 ▌ 그레이 코드

10진수	2진수	그레이 코드
0	0000	0000
1	0001	0001
2	0010	0011
3	0011	0010
4	0100	0110
5	0101	0111
6	0110	0101
7	0111	0100
8	1000	1100
9	1001	1101
10	1010	1111
11	1011	1110
12	1100	1010
13	1101	1011
14	1110	1001
15	1111	1000

4. 기타 BCD 코드

현재 제일 많이 사용되는 것 이외의 4비트 BCD 코드는 〈표 3-6〉에 나타낸다. 이들 BCD 코드는 각 자리에 일정한 고정된 값을 갖는 가중 코드다.

이들 코드 중에 2*421 코드는 자기보수형 코드이다. 7421 코드와 $74\overline{2}\,\overline{1}$ 코드의 다른 점은 $\overline{2}\,\overline{1}$는 −값을 갖는 것이다. 예를 들면 7421 코드에서 1010은

$$1010 = 1\times7 + 0\times4 + 1\times2 + 0\times1 = 9$$

이고, $74\overline{2}\,\overline{1}$ 코드에서 1010은

$$1010 = 1\times7 + 0\times4 - 1\times2 - 0\times1 = 5$$

로 표시된다.

▌표 3-6▐ 4비트 BCD 코드

10진수	5421 코드	5211코드	2*421 코드	7421 코드	7*421 코드
0	0000	0000	0000	0000	0000
1	0001	0001	0001	0001	0111
2	0010	0011	0010	0010	0110
3	0011	0101	0011	0011	0101
4	0100	0111	0100	0100	0100
5	1000	1000	1011	0101	1010
6	1001	1001	1100	0110	1001
7	1010	1011	1101	1000	1000
8	1011	1101	1110	1001	1111
9	1100	1111	1111	1010	1110

▌표 3-7▐ 5비트 BCD 코드 및 5바이트 이상의 코드

10진수	51111코드	5중2코드	시프트 카운터 (존슨 코드)	바이큐인어리 5043210	링 카운터 9876543210
0	00000	00011	00000	01 00001	0000000001
1	00001	00101	00001	01 00010	0000000010
2	00011	00110	00011	01 00100	0000000100
3	00111	01001	00111	01 01000	0000001000
4	01111	01010	01111	01 10000	0000010000
5	10000	01100	11111	10 00001	0000100000
6	11000	10001	11110	10 00010	0001000000
7	11100	10010	11100	10 00100	0010000000
8	11110	10100	11000	10 01000	0100000000
9	11111	11000	10000	10 10000	1000000000

〈표 3-7〉은 5비트 이상의 코드로서 51111, 바이큐인어리, 링 카운터는 각 자리수에 고정된 값을 갖는 코드이며, 5중 2코드, 시프트 카운터는 각 자리수 값이 없는 비가중 코드이다.

또한 시프트 카운터를 일명 존슨 코드라 칭한다. 51111코드는 자기보수형 코드이며, 5중 2코드는 전화 통신 등에 에러 호출형으로 사용된다.

기타 링 카운터 코드, 바이큐인어리 코드 등도 에러(error)검출코드, 즉 에러 호출형에 사용되고 있다.

5. 패리티 비트(parity bit)

패리티(parity)란 동등, 평형 또는 균등이라는 뜻이다.

계산기에서 테이프(tape)나 디스크(disk)로부터 정확한 정보의 판독을 위해 자기 테이프나 디스크에 패리티 검출용 코드를 '0'이나 '1'을 넣어서 전체의 '1'의 비트 수가 홀수(odd) 면 홀수 패리티(odd parity), 전체의 '1'의 비트 수가 짝수(even)이면 짝수 패리티(even parity)가 된다.

홀수 패리티 비트(parity bit)의 경우에 예를 들면 다음과 같다.

	패리티 비트 ↓	
	01001100	………… 1의 수가 홀수 개
	10110110	〃
	11001101	〃
	00110111	〃
송신측 ⇒	11100101	〃 ⇒수신측
	10101110	〃
	00100101	〃
	11011010	〃
패리티 워드 →	0100101	〃
	………… ↑ 1의 수가 홀수 개	

따라서 송신측에서 착오가 발생되어 '1'이 '0'이거나 '0'이 '1'로 되었다면 비트와 워드에서 홀수가 아니라 짝수가 되므로 쉽게 착오를 발견할 수 있다.

일반적으로 많이 알려진 에러 검출용 코드로 해밍 코드(hamming code)가 있다. 이코드는 정보 비트에 종속하여 수 개의 패리티 비트를 포함하고 있다. 해밍 코드는 단일 에러 교정용이다. 만약, 정보 비트 수가 m개, 패리티 비트 수가 p개라 한다면 다음과 같은 관계를 갖게 된다.

$$2^P \geq m+p+1$$

예를 들어 정보 비트가 4개일 때 최소한의 패리티 비트는 윗 식에 의하여

$$2^P \geq 4+p+1$$

p=3때 성립하게 된다. 그러므로 4개의 정보 비트를 체크하기 위한 최소한의 패리티 비트는 3개가 된다. 이것은 해밍코드로 패리티 비트나 정보 비트의 에러를 검출하고 교정할 수 있다.

예를 들어 8421코드에 3개의 패리티 비트(p_1, p_2, p_3)를 첨가시킨 해밍코드가 있다. 비트 위치는 아래와 같다.

비트위치	1	2	3	4	5	6	7
가중 값	p_1	p_2	M_8	p_3	M_4	M_2	M_1

예를 들어 10진수 9를 8421코드로 변환하면 1001이므로 p_1, p_2, p_3를 포함하면

1	2	3	4	5	6	7
p_1	p_2	1	p_3	0	0	1

에서 패리티 비트가 1의 짝수 형태를 취하면

① p_1은 1, 3, 5, 7 비트를 체크하여 짝수 패리티(p_1=0)
② p_2은 2, 3, 6, 7 비트를 체크하여 짝수 패리티(p_2=0)
③ p_3은 4, 5, 6, 7 비트를 체크하여 짝수 패리티(p_3=1)

이다. 결과적으로 BCD를 포함한 해밍 코드는 '0011001'이 된다.

한편 전송중 에러가 발생하여 6번 비트가 '1'이라면 짝수 패리티에서,

비트위치	1	2	3	4	5	6	7
착오된 해밍코드	0	0	1	1	0	1	1

역순으로 에러가 발생된 곳을 계산하여 구해보자.

① 1, 3, 5, 7 → 0, 1, 0, 1 ; 짝수 = 0 (LSD)

② 2, 3, 6, 7 → 0, 1, 1, 1 ; 짝수 = 1

③ 4, 5, 6, 7 → 1, 0, 1, 1 ; 짝수 = 1 (MSD)

그러므로 6번 비트가 '1'이 아닌'0'의 값이 된다.

일반적으로 패리티 비트의 짝수, 홀수 구분은 경우에 따라 규정되어 진다.

예제 3-37

4비트 데이터 값이 '0011'이고, 3개의 패리티 비트를 갖는 코드에서 짝수 패리티값이 된다면 전체 코드를 구성하시오.

풀이

① $p_1 + 0 + 0 + 1 (p_1 = 1)$

② $p_2 + 0 + 1 + 1 (p_2 = 0)$

③ $p_3 + 0 + 1 + 1 (p_3 = 0)$

이다. 결과적으로 7비트 해밍 코드는 '1000011'이 된다.

예를 들어 정보 비트가 5개일 때 최소한의 패리티 비트는

$$2^p \geq 5 + p + 1$$

로써 수식을 만족하는 p값은 4이다. 그러므로 5개의 정보 비트를 체크하기 위한 최소한의 패리티 비트는 4개가 된다. 한편 10개까지 정보 비트를 체크하기 위해서 4개의 패리티 비트가 필요한 것을 수식으로 알 수 있다. 패리티 비트를 구하거나 에러를 체크하는 과정은 위의 순서와 동일하다.

예제 3-38

5비트 데이터 값이 '10110'이고, 4개의 패리티 비트를 갖는 해밍코드에서 홀수 패리티 값이 된다면 전체 코드를 구성하시오.

풀이

① P_1은 1, 3, 5, 7, 9비트를 체크하여 홀수 패리티($P_1=1$)
② P_2은 2, 3, 6, 7비트를 체크하여 홀수 패리티($P_2=0$)
③ P_3은 4, 5, 6, 7비트를 체크하여 홀수 패리티($P_3=1$)
④ P_4은 8, 9비트를 체크하여 홀수 패리티($P_4=1$)

비트위치	1	2	3	4	5	6	7	8	9
가중 값	P_1	P_2	M_{16}	P_3	M_8	M_4	M_2	P_4	M_1

이다. 결과적으로 9비트 해밍 코드는 '101101110'이 된다.
역으로 수신된 해밍 코드가 '101101010'이 되면 에러 비트를 확인하기 위해
① 1, 3, 5, 7, 9 →1, 1, 0, 0, 0 : 홀수 = 1 (LSD)
② 2, 3, 6, 7 →0, 1, 1, 0 : 홀수 = 1
③ 4, 5, 6, 7 →1, 0, 1, 0 : 홀수 = 1
④ 8, 9 →1, 0 : 홀수 = 0(MSD)
따라서 $(0111)_2$는 10진수 7이므로 7번 비트에 착오가 발생했다는 의미로 현재 7번째 비트 '0'을 '1'로 고친 값, 즉 101101110값이 정확한 해밍 코드이다.

6. 알파뉴메릭 코드

10진수 숫자를 코드로 나타내는 것으로 지금까지 살펴본 코드 이외에 영문자 알파벳과 숫자를 2진 코드로 나타내는 방법이 있다. 이러한 코드를 알파 뉴메릭 코드(alphnumeric code)라고 부른다.

이들 중에는 ASCII(american standard code of information interchange)코드가 있으며, 컴퓨터 시스템 입출력장치에 사용되는 표준 코드이다. 이 코드는 7비트 코드이지만 1개의 에러 감시 비트가 포함되어 8비트 코드로 사용되고 코드로서 알

파벳, 특수 기호 및 문자와 제어 문자등이 있다. 정보는 7비트이므로 $2^7=128$가지까지 가능하다.

EBCDIC(entended binary coded decimal inter change code)는 ASCII와 마찬가지로 컴퓨터 시스템 입출력 장치에서 사용되는 또 다른 코드이다. 이 코드는 8비트 코드로서 $2^8=256$가지 정보를 만들 수 있다.

알파뉴메릭코드
- ASCII코드
- EBCDIC코드

▌표 3-8▐ 아스키(ask key : ASCII) 코드

MSB LSB	0 000	1 001	2 010	3 011	4 100	5 101	6 110	7 111	16진수 12진수
0 0000	NUL	DLE	SP	0	@	P	·	p	
1 0001	SOH	DC1	!	1	A	Q	a	q	
2 0010	STX	DC2	”	2	B	R	b	r	
3 0011	ETX	DC3	#	3	C	S	c	s	
4 0100	EOT	DC4	$	4	D	T	d	t	
5 0101	END	NAK	%	5	E	U	e	u	
6 0110	ACK	SYN	&	6	F	V	f	v	
7 0111	BEL	ETB	’	7	G	W	g	w	
8 1000	BS	CAN	(	8	H	X	h	x	
9 1001	HT	EM	)	9	I	Y	i	y	
A 1010	LF	SUB	*	:	J	Z	j	z	
B 1011	VT	ESC	+	;	K	[	k	{	
C 1100	FF	FS	’	〈	L	/	l	|	
D 1101	CR	GS	-	=	M	]	m	}	
E 1110	SO	RS	·	〉	N	∧	n	~	
F 1111	SI	US	/	?	O	-	o	DEL	

▌표 3-9 ▌ EBCDIC 코드(부분적 열거)

2진수	16진수	알파뉴메릭 기호	2진수	16진수	알파뉴메릭 기호
1000 0001	81	a	· ·	·	·
1000 0010	82	b	· ·	·	·
1000 0011	83	c	· ·	·	·
1000 0100	84	d	1101 0000	D0	·
1000 0101	85	e	1101 0001	D1	J
1000 0110	86	f	1101 0010	D2	K
1000 0111	87	g	1101 0011	D3	L
1000 1000	88	h	1101 0100	D4	M
1000 1001	89	i	1101 0101	D5	N
· ·	·	·	1101 0110	D6	O
1001 0111	97	p	1101 0111	D7	P
1001 1000	98	q	1101 1000	D8	Q
1001 1001	99	r	1101 1001	D9	R
· ·	·	·	1110 0010	E2	S
1010 0000	A0		1110 0011	E3	T
1010 0001	A1		1110 0100	E4	U
1010 0010	A2	s	1110 0101	E5	V
1010 0011	A3	t	1110 0110	E6	W
1010 0100	A4	u	1110 0111	E7	X
1010 0101	A5	v	1110 1000	E8	Y
1010 0110	A6	w	1110 1001	E9	Z
· ·	·	·	· ·	·	·
· ·	·	·	· ·	·	·
1100 0000	C0		· ·	·	·
1100 0001	C1	A	1111 0000	F0	0
1100 0010	C2	B	1111 0001	F1	1
1100 0011	C3	C	1111 0010	F2	2
1100 0100	C4	D	1111 0011	F3	3
1100 0101	C5	E	1111 0100	F4	4
1100 0110	C6	F	1111 0101	F5	5
1100 0111	C7	G	1111 0110	F6	6
1100 1000	C8	H	1111 0111	F7	7
1100 1001	C9	I	1111 1000	F8	8
· ·	·	·	1111 1001	F9	9
· ·	·	·	· ·	·	·
· ·	·	·	· ·	·	·

〈표 3-8〉, 〈표 3-9〉에서 각각 MSD의 3개, 4개 비트는 존 영역(zone area)이고, 나머지 LBD 4개 비트는 상수 영역(numeric area)이다.

zone	numeric

예를 들어 SEOUL 88을 ASCII코드와 EBCDIC코드로 각각 인식하여 16진수로 표현하면

문자	S	E	O	U	L		8	8
ASCII	53	45	4F	55	4C	2ø	38	38
EBCDIC	E2	C5	D6	E4	D3	4ø	F8	F8

이 된다.

1여기서 상수 7이 컴퓨터에 EBCDIC으로 입력된다면 $F7_{(16)}$ 언팩(un pack)형식으로 입력되어 실행될때는 $7_{(16)}$ 팩(pack)형식으로 변환되며, 결과 값은 다시 언팩형식으로 $F7_{(16)}$으로 나와서 상수 $7_{(10)}$으로 인식된다.

예제 3-39

2022 WORLD CUP을 ASCII 코드와 EBCDIC 코드로 각각 인식하여 16진수로 표현하여라.

풀이

〈표 3-8〉 ASCII 코드와 〈표 3-9〉 EBCDIC 코드를 참고하면 다음과 같다.

숫자와 문자	2	0	2	2		W	O	R	L	D		C	U	P
ASCII	32	3ø	32	32	2ø	57	4F	52	4C	44	2ø	43	55	5ø
EBCDIC	F2	Fø	F2	F2	4ø	E6	D6	D9	D3	C4	4ø	C3	E4	D7

연습문제

3-1 다음 2진수를 10진수로 변환하여라.

① 101011 ② 1010.111 ③ 110.101

3-2 다음 8진수를 10진수로 변환하여라.

① 421.35 ② 4.57 ③ 476

3-3 다음 16진수를 10진수로 변환하여라.

① 4B.∅A ② 27A ③ ABC

3-4 다음 2진수를 8진수로 변환하여라.

① 1101001 ② 11100.011 ③ 10101.01011

3-5 다음 2진수를 16진수로 변환하여라.

① 11101011 ② 1101.101 ③ 1110.0011

3-6 다음 8진수를 2진수로 변환하여라.

① 407 ② 62.5 ③ 37.51

3-7 다음 16진수를 2진수로 변환하여라.

① B10 ② 78.A ③ ABC.9

3-8 다음과 같은 10진수 분수 형태를 2진수로 변환하여라.

① $\frac{10}{7}$ ② $1\frac{1}{4}$ ③ $\frac{5}{8}$

3-9 8진수 726에 352를 덧셈하여라.

3-10 16진수 B04에 A48을 덧셈하여라.

3-11 다음 1의 보수를 이용하여 계산하여라.

① $\begin{pmatrix} 1101 \\ -1010 \end{pmatrix}_2$ ② $\begin{pmatrix} 11011 \\ -10101 \end{pmatrix}_2$ ③ $\begin{pmatrix} 10111 \\ -11010 \end{pmatrix}_2$

3-12 다음 2진수를 2의 보수를 이용하여 계산하여라.

① $\begin{pmatrix} 1101 \\ -1010 \end{pmatrix}_2$ ② $\begin{pmatrix} 11011 \\ -10101 \end{pmatrix}_2$ ③ $\begin{pmatrix} 10111 \\ -11010 \end{pmatrix}_2$

3-13 다음 2진수를 곱셈하여라.

① 1101 × 1010 ② 10101 × 1011 ③ 11.01 × 10.1

3-14 다음 2진수의 나눗셈을 하여라.

① 100011 ÷ 111 ② 110.1 ÷ 0.1 ③ 1.11 ÷ 0.101

3-15 다음 10진수를 8421 BCD코드로 변환하여라.

① 203 ② 502.7 ③ 14.51

3-16 다음 8421코드를 10진수로 변환하여라.

① 1010.01 ② 101.101 ③ 10101.1001

3-17 다음 8421코드의 합을 구하여라.

① 1001 + 1001 ② 0011 + 1000 ③ 0100 + 0101

3-18 다음 3초과 코드를 10진수로 변환하여라.

① 101010000110 ② 11000110 ③ 101010110011

3-19 다음 10진수를 3초과 코드로 변환하여라.

① 74 ② 712 ③ 520

3-20 다음은 10진수이다 3초과 코드를 사용하여 10진 연산을 하여라.

① 4 + 6　　② 2 + 7　　③ 36 + 41

3-21 다음 7421코드를 10진수로 변환하여라.

① 1110　　② 1101　　③ 0101

3-22 다음 2진수를 그레이 코드로 변환하여라.

① 101011101　　② 101101001　　③ 100010011

3-23 다음 위드에 짝수 패리티 비트를 첨가하여라.

① 1010111　　② 1101001　　③ 10001001

3-24 다음 ASCII코드로 변환하여라.

① DIGITAL　　② B − A = C　　③ 752

3-25 다음 10진수를 해밍(hamming)코드로 표시하여라. (단 8421 4비트 데이터 홀수 패리티로)

① 5　　② 8　　③ 4

3-26 다음 해밍코드의 착오된 코드가 0011011로 표시되었다면 몇 비트 자리에 착오가 생겼는가? (단, 4자리 데이터 짝수 패리티라고 한다.)

Chapter 04

기본 논리게이트와 그 응용

Chapter 04

기본 논리게이트와 그 응용

컴퓨터에서 사용되는 디지털회로의 동작은 전류나 전압과 같은 연속적인 량의 변화에 의하여 반응하지 않고, 정(High)과 부(Low)의 두 가지 신호에만 반응을 보일 뿐 중간의 신호에는 반응을 보이지 않는다. 즉 1과 0의 두 가지 레벨 신호에만 나타나는데 이러한 2진회로의 특성을 논리회로라하고 하나의 단위를 논리게이트라 하며 그 기본 논리게이트와 응용편을 다루기로 한다.

4-1 NOT 게이트

기본 게이트에는 AND, OR, NOT 게이트가 있다. 이들 중 NOT 게이트는 하나의 입력과 하나의 출력만을 가지고 입력 논리의 반대 상태로 출력하는 소자로서 인버터(inverter)라고도 한다.

즉, 입력이 논리 1일 때에는 출력이 논리 0이고, 입력이 논리 0일 때에는 출력이 1이 된다.

다음 그림은 NOT 게이트의 기호와 스위칭회로를 나타낸 것이다.

(a) 기호 (b) 스위칭회로

그림 4-1 NOT 게이트

진리표는 〈표 4-1〉과 같다.

▌표 4-1 ▌ NOT 게이트 진리표

A	X
0	1
1	0

이 진리표로 부터 논리식을 구하면 식 (4-1)과 같다.

$$X = \overline{A} \tag{4-1}$$

게이트에 입력되는 두 개의 논리적인 값을 전압레벨로 나타내면, 논리적인 1을 +5[V]로, 논리적인 0값을 0[V]로 대응시킨 것이다.

이러한 전압레벨이 1(high)상태에서 0(low)상태로 일정한 시간적 변화를 가지고 반복되는 파형을 펄스(pulse)파형 이라고 한다.

NOT 게이트에 펄스파형을 입력시키면 정확히 반전된 출력파형을 [그림 4-2]와 같이 얻는다.

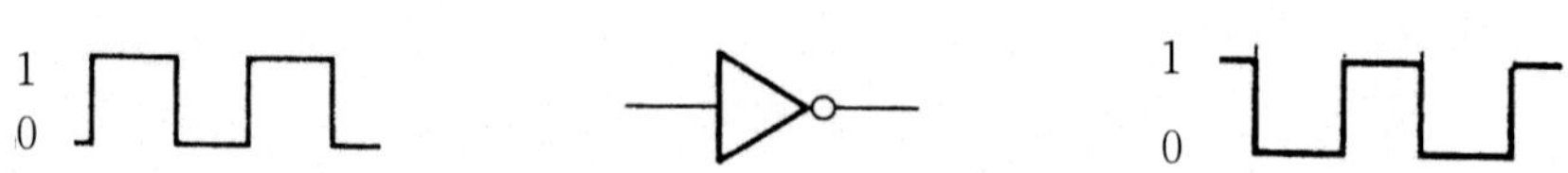

그림 4-2 NOT 게이트 입・출력파형

예제 4-1

다음 그림과 같은 입력파형이 NOT 게이트에 가해질 때 출력파형의 타이밍도를 그려라.

풀이

출력파형은 그림에서와 같이 정확하게 반전된다.

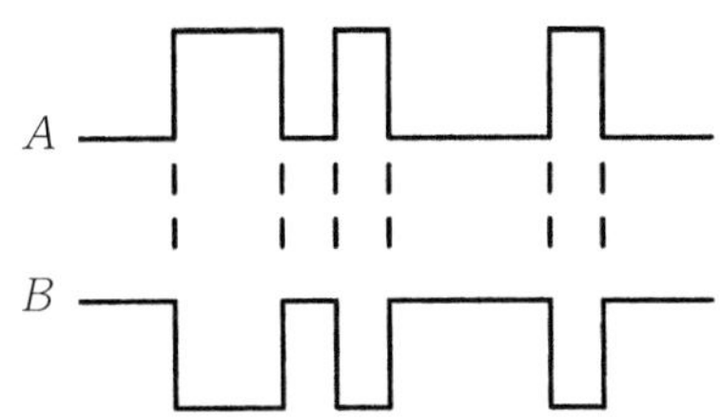

현재 널리 사용되고 있는 대표적인 TTL과 CMOS NOT 게이트는 〈표 4-2〉에 표시하고 있다.

▌표 4-2 ▌ TTL과 CMOS NOT 게이트

TTL 시리즈	CMOS 시리즈	패키지당 게이트 수	입력 수
7404	4009 4049 74C04	6	1

4-2 AND 게이트

기본 게이트의 하나로 AND 게이트는 두 개 이상의 입력과 하나만의 출력을 가지며, 논리적 승산에 의한 결과를 출력한다.

동작상태를 살펴보면 모든 입력이 논리 1일 때에만 출력이 논리 1이고, 입력이 어느 하나만 0이라도 출력이 0이 된다.

[그림 4-3]은 AND 게이트의 기호와 스위칭회로를 나타낸 것이다.

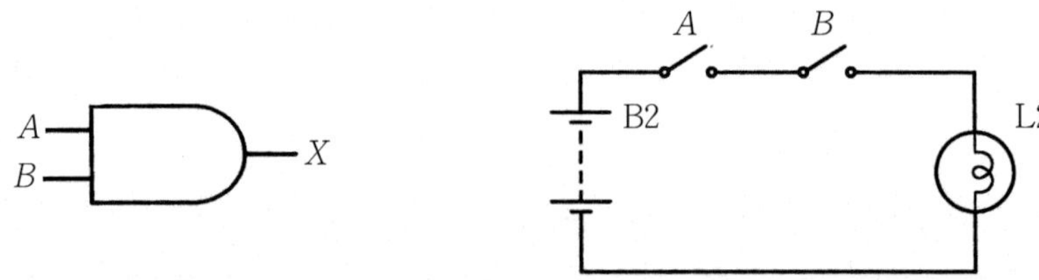

(a) 기호 (b) 스위칭회로

그림 4-3 AND 게이트 기호와 스위칭회로

진리표는 〈표 4-3〉과 같다.

▌표 4-3 ▌ AND 게이트 진리표

A	B	X
0	0	0
0	1	0
1	0	0
1	1	1

진리표로 부터 논리식을 구하면 식 (4-2)와 같다.

$$X = A \cdot B \tag{4-2}$$

여기서 시간에 따라 변화되는 두 개의 입력 펄스파형을 AND 게이트에 인가할 때 출력파형을 살펴보면 [그림 4-4]와 같다.

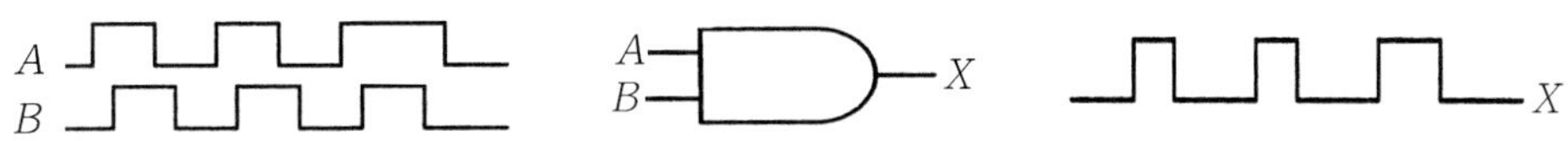

그림 4-4 AND 게이트 입·출력파형

예제 4-2

다음 그림과 같은 입력파형이 AND 게이트 두 입력에 가해질 때 출력파형의 타이밍도를 그려라.

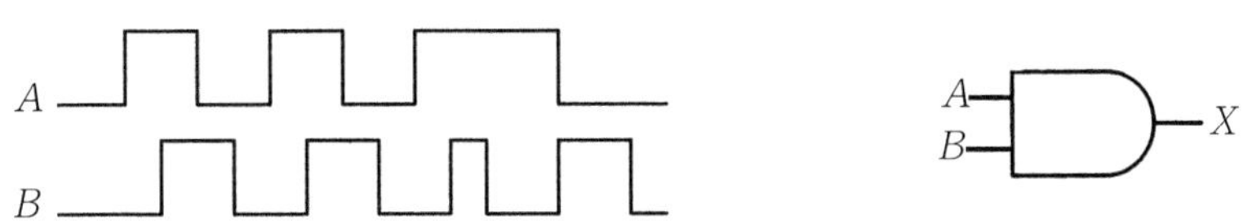

풀이

두 입력이 동시에 1일 때만 출력이 1인 상태가 된다.

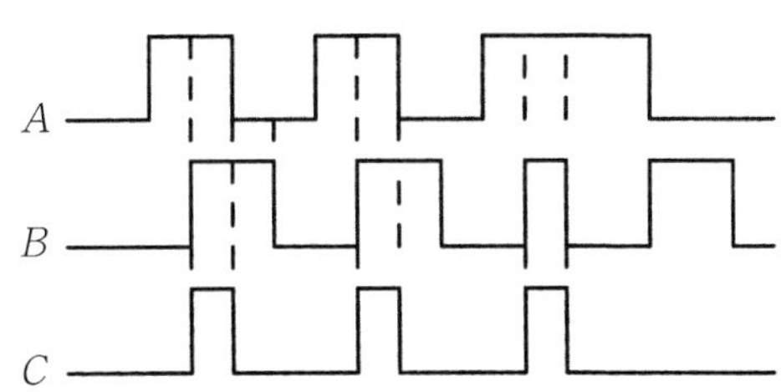

현재 널리 사용되고 있는 대표적인 TTL과 CMOS AND 게이트는 〈표 4-4〉에 표시하고 있다.

▌표 4-4 ▌ TTL과 CMOS AND 게이트

TTL 시리즈	CMOS 시리즈	패키지당 게이트 수	입력 수
7408	4081, 74C08	4	2
7411	4073, 74C11	3	3
7421	4082	2	4

4-3 OR 게이트

OR 게이트는 두 개 이상의 입력과 하나의 출력만을 가지며 논리적 합에 의한 결과를 출력한다.

동작상태를 살펴보면 모든 입력이 논리 0일 때에만 출력이 0이고, 입력이 어느 하나만 1이라도 출력이 1이 된다.

[그림 4-5]는 OR 게이트의 기호와 스위칭회로를 나타낸 것이다.

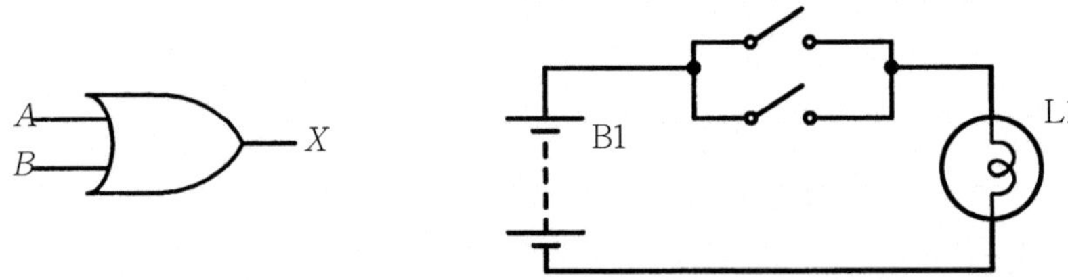

(a) 기호 (b) 스위칭회로

그림 4-5 OR 게이트 기호와 스위칭회로

진리표는 〈표 4-5〉와 같다.

▌표 4-5▌ OR 게이트 진리표

A	B	X
0	0	0
0	1	1
1	0	1
1	1	1

진리표로 부터 논리식을 구하면 식 (4-3)과 같다.

$$X = A + B \quad (4\text{-}3)$$

여기서 시간에 따라 변화되는 두 개의 입력 펄스파형을 OR 게이트에 인가할 때 출력파형을 살펴보면 [그림 4-6]과 같다.

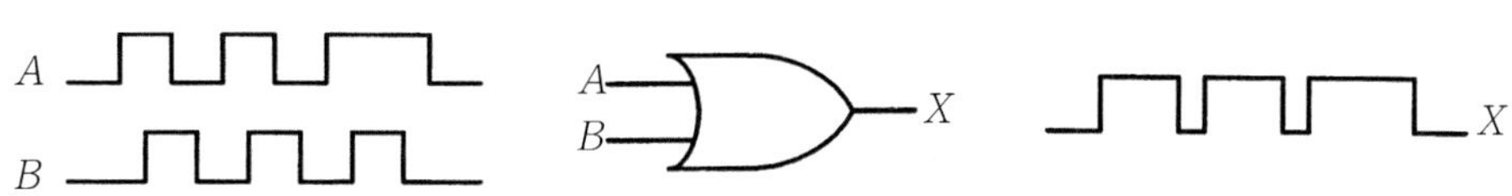

그림 4-6 OR 게이트 입·출력파형

예제 4-3

다음 그림과 같은 입력파형이 OR 게이트 두 입력에 가해질 때 출력파형의 타이밍도를 그려라.

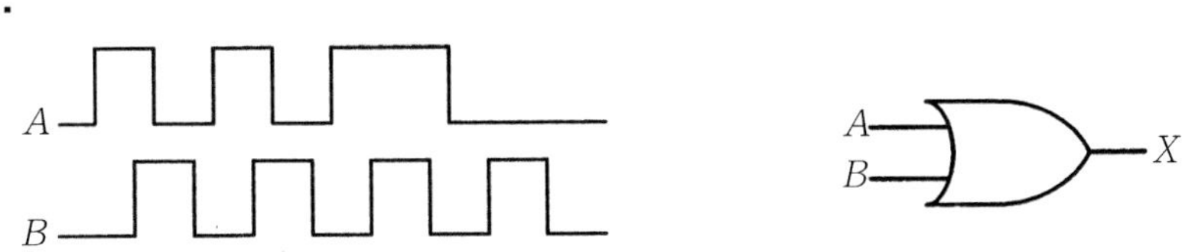

풀이

두 입력이 동시에 0일 때만 출력이 0인 상태가 된다.

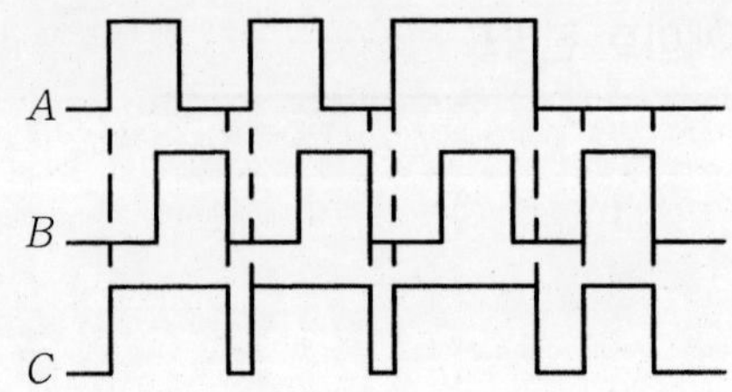

현재 널리 사용되고 있는 대표적인 TTL과 CMOS OR 게이트는 〈표 4-6〉에 표시하고 있다.

▌표 4-6 ▌ TTL과 CMOS OR 게이트

TTL 시리즈	CMOS 시리즈	패키지당 게이트 수	입력 수
7432	4071, 74C32	4	2
–	4075	3	3
–	4072	2	4

4-4 NAND 게이트

NAND 게이트는 AND 게이트와 NOT 게이트를 결합한 NOT, AND를 줄인 말이다.

NAND 게이트는 모든 입력이 1일 때만 출력이 0이고, 만일 입력 중 어느 하나라도 0이면 출력은 1이 된다.

따라서 AND 게이트 진리표와 반대됨을 알 수 있다.

두 입력 논리게이트이 기호는 [그림 4-7]과 같다.

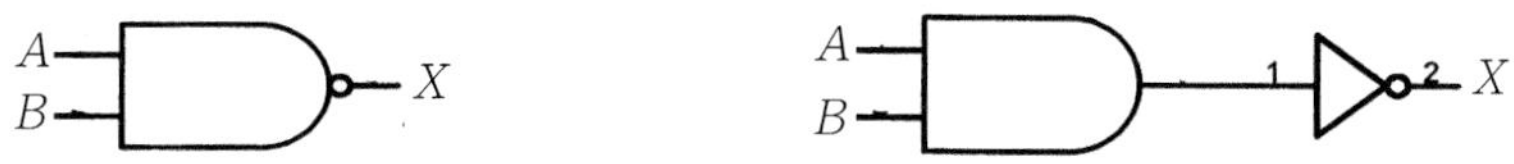

그림 4-7 NAND 게이트 기호

또 진리표는 〈표 4-7〉에 나타내고 있다.

표 4-7 NAND 게이트 진리표

A	B	X
0	0	1
0	1	1
1	0	1
1	1	0

여기서 시간에 따라 변화되는 두 개의 입력 파형을 NAND 게이트에 인가할 때 출력파형을 보면 [그림 4-8]과 같다.

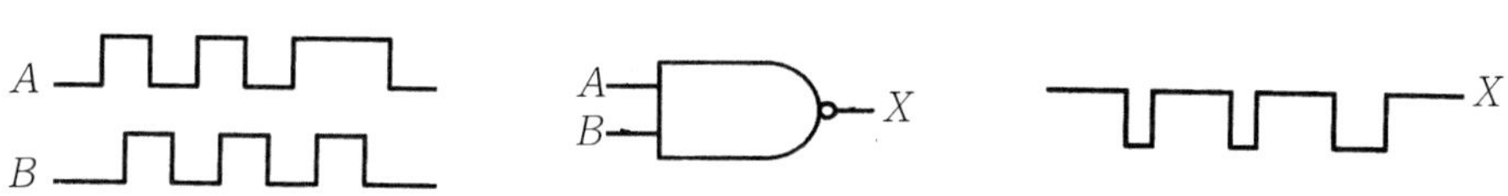

그림 4-8 NAND 게이트 입·출력파형

예제 4-4

다음과 같은 입력파형이 NAND 게이트의 두 입력에 가해질 때 출력파형의 타이밍도를 그려라.

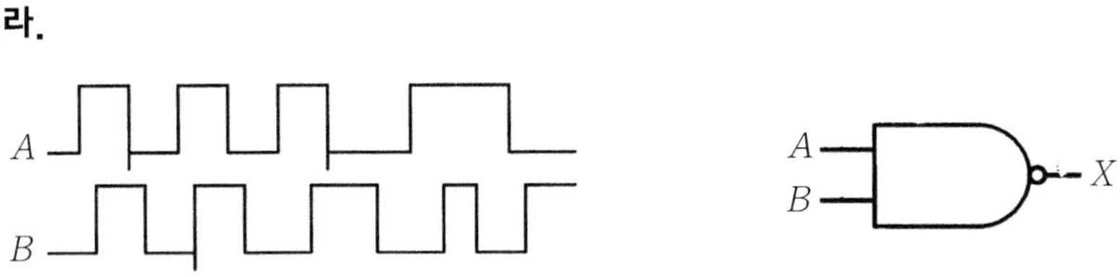

풀이

두 입력이 동시에 1인 상태에서만 0이 된다.

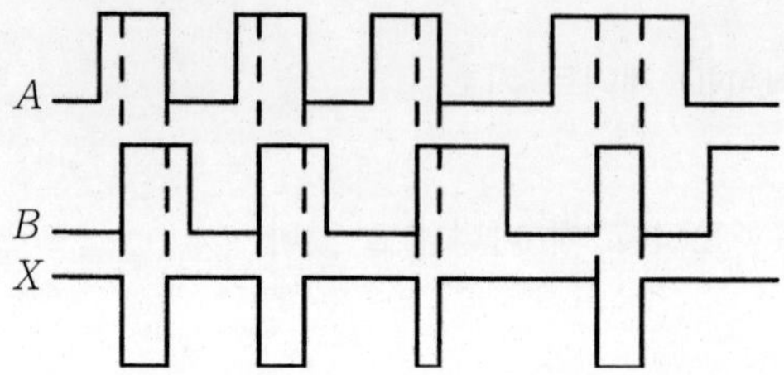

진리표로 부터 논리식을 구하면 식 (4-4)와 같다.

$$X=\overline{A\cdot B}=\overline{A}+\overline{B} \tag{4-4}$$

이 식은 드모르간의 정리에 의한 것으로, NAND 게이트의 논리식은 인버트 OR 게이트의 논리식과 같다는 의미로 [그림 4-9]와 같다.

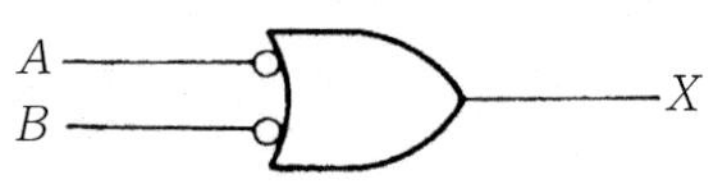

그림 4-9 인버트 OR 게이트 기호

NAND 게이트는 표준게이트라고 한다.

표준게이트란 NOT 게이트, AND 게이트 그리고 OR 게이트 기능을 구성할 수 있다는 말이다. 즉 NAND 게이트로 NOT 게이트, AND 게이트 그리고 OR 게이트의 대치가 가능하다.

이러한 구성이 가능함을 [그림 4-10]에 보이고 있다.

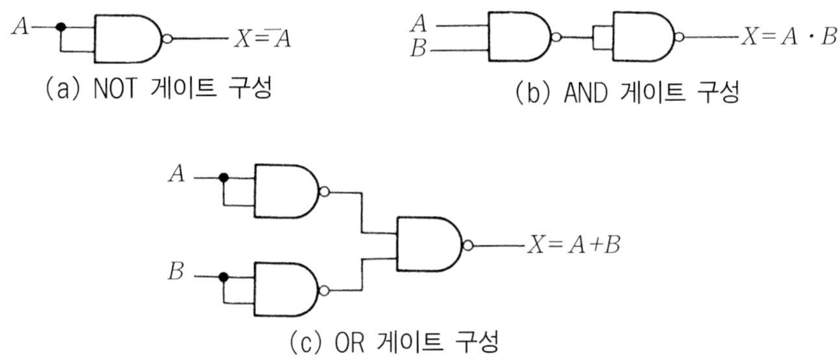

그림 4-10 NAND 게이트 응용

현재 널리 사용되고 있는 대표적인 TTL과 CMOS NAND 게이트는 〈표 4-8〉과 같다.

표 4-8 TTL과 CMOS NAND 게이트

TTL 시리즈	CMOS 시리즈	패키지당 게이트 수	입력 수
7400	4011, 74C00	4	2
7410	4023, 74C10	3	3
7420	4012, 74C20	2	4
7430	4068, 74C30	1	8
74132	–	1	12
74133	–	1	13

4-5 NOR 게이트

NOR 게이트는 OR 게이트와 NOT 게이트를 결합한 NOT, OR를 줄인 말이다.

NOR 게이트는 모든 입력이 0일 때만 출력이 1이고, 만일 입력 중 어느 하나라도 1이면 출력은 0이 된다. 따라서 OR 게이트 진리표와 반대됨을 알 수 있다.

두 입력 논리게이트의 기호는 [그림 4-11]과 같다.

그림 4-11 NOR 게이트 기호

여기서 시간에 따라 변화되는 두 개의 입력파형을 NOR 게이트에 인가할 때 출력파형을 보면 [그림 4-12]와 같다.

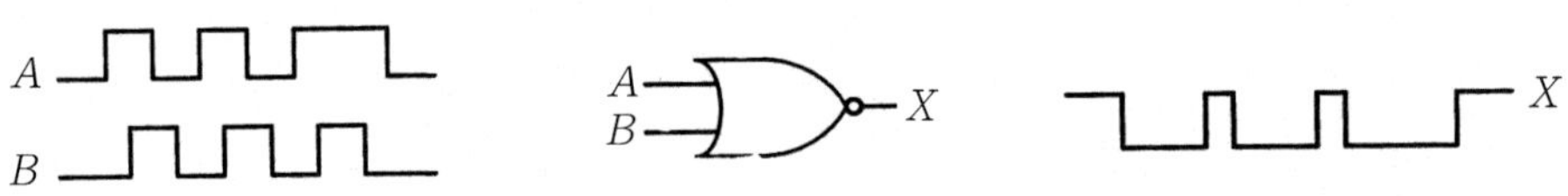

그림 4-12 NOR 게이트 입・출력파형

예제 4-5

다음과 같은 입력파형이 NOR 게이트의 두 입력에 가해질 때 출력파형의 타이밍도를 그려라.

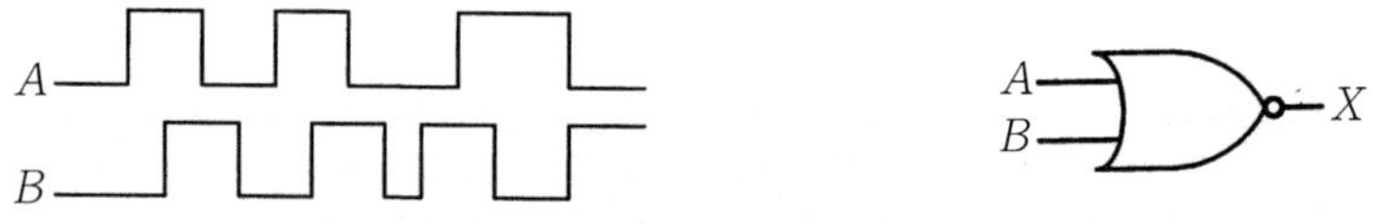

풀이

두 입력이 동시에 0인 상태에서만 1이 된다.

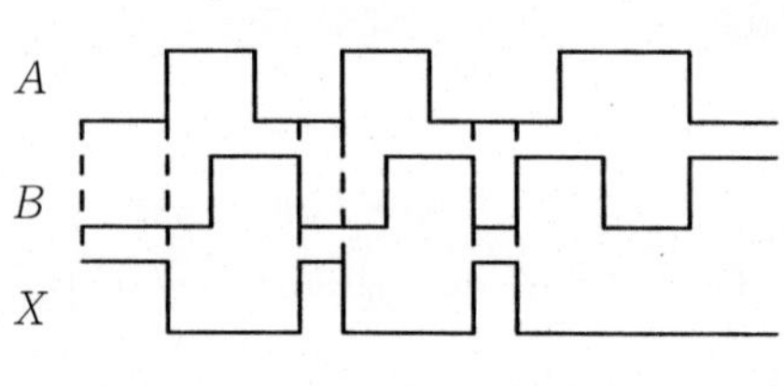

NAND 게이트의 진리표는 〈표 4-9〉에 나타내고 있다.

▌표 4-9 ▌ NOR 게이트 진리표

A	B	X
0	0	1
0	1	0
1	0	0
1	1	0

진리표로 부터 논리식을 구하면 식 (4-5)와 같다.

$$X = \overline{A+B} = \overline{A} \cdot \overline{B} \qquad (4\text{-}5)$$

이 식은 드모르간의 정리에 의한 것으로 NOR 게이트의 논리식은 인버트 AND 게이트의 논리식과 같다는 의미로 [그림 4-13]과 같다.

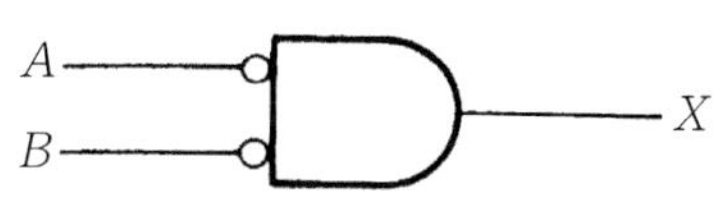

그림 4-13 인버트 AND 게이트 기호

NOR 게이트도 NAND 게이트와 같이 표준게이트라고 한다. 즉 NOR 게이트로 NOT 게이트, AND 게이트 그리고 OR 게이트의 구성이 가능함으로 대치가 가능하다.

이러한 구성이 가능함을 [그림 4-14]에 보이고 있다.

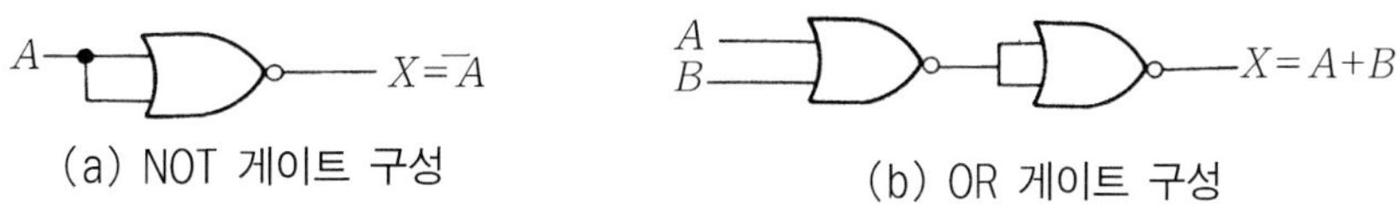

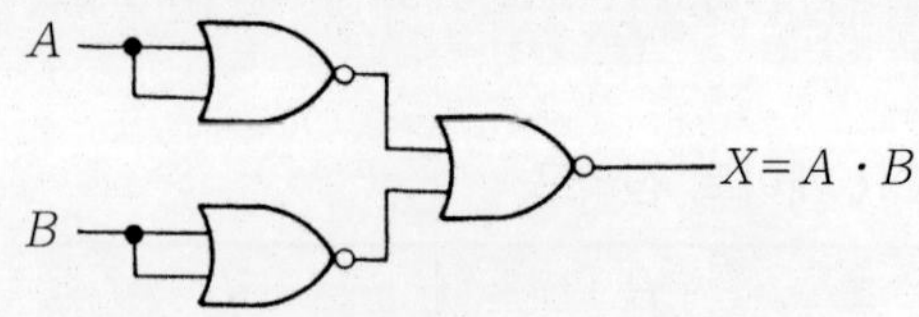

(c) AND 게이트 구성

그림 4-14 NOR 게이트 응용

현재 널리 사용되고 있는 대표적인 TTL과 CMOS NOR 게이트는 〈표 4-10〉과 같다.

▌표 4-10 ▌ TTL과 CMOS NOR 게이트

TTL 시리즈	CMOS 시리즈	패키지당 게이트 수	입력 수
7402	4001, 74C02	4	2
7427	4025	3	3
—	4002	2	4
74260	—	2	5

4-6 XOR과 XNOR

XOR의 X자는 exclusive의 x를 대신한 것이다. exclusive란 배타적이라는 의미를 갖고 있다. 두 개의 입력에서 배타적이란 하나의 입력은 1이고 다른 하나의 입력은 0일 때를 의미하고 이때 출력값이 존재한다.

만일 여러 개의 입력 중 하나만 다른 값이라도 배타적은 적용된다.

XOR 게이트의 논리기호는 [그림 4-15]와 같다.

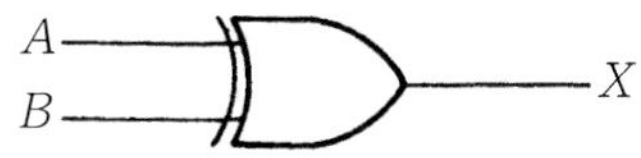

그림 4-15 XOR 게이트의 기호

또 2개의 입력을 가진 가장 간단한 TTL 7486의 XOR 게이트이 진리표는 〈표 4-11〉과 같다.

▌표 4-11 ▌ XOR 게이트 진리표

A	B	X
0	0	0
0	1	1
1	0	1
1	1	0

〈표 4-11〉의 XOR 게이트의 진리표로 부터 논리식을 구하면 식 (4-6)과 같다.

$$X = \overline{A}B + A\overline{B} = (A+B)(\overline{A}+\overline{B}) = A \oplus B \qquad (4\text{-}6)$$

식 (4-6)에서 $A \oplus B$를 A exclusive B라고 읽는다. 즉, $\oplus$표는 exclusive OR를 의미한다.

XOR 게이트는 배타적 OR 게이트라는 의미로 A, B 두 입력이 서로 배타적일 때 즉 서로 다를 때 출력이 존재하며 A, B 두 입력이 같을 때는 출력이 존재하지 않고 0이 되는 논리게이트이다.

이러한 동작특성을 이용하여 패리티 검사(parity check), 그레이 코드(gray code) 변환기, 2진 비교기(binary comparator), 가산기(adder) 및 감산기(subtractor) 등에 널리 이용되고 있으며 조합논리회로에서 자세히 다루기로 한다.

현재 널리 사용되고 있는 대표적인 TTL과 CMOS XOR 게이트는 〈표 4-12〉에 나타내고 있다.

▌표 4-12▐ TTL과 CMOS XOR 게이트

TTL 시리즈	CMOS 시리즈	패키지당 게이트 수	입력 수
7486	4030, 4070 74C86	4	2

XNOR의 X자도 exclusive NOR의 x를 대신한 것이다. XNOR 게이트는 XOR 게이트에 NOT게이트를 결합한 결합회로이다.

즉 XOR 게이트와 반대되는 출력을 얻고자 함이다. 두 개의 입력 중 어느 하나라도 다르면 출력이 0이고 서로 같을 때 출력이 1이 된다.

만일 여러 개의 입력 중 하나의 입력만 서로 배타적이라면 출력은 존재하지 않고 여러 개의 입력이 모두 같을 때만 출력이 존재한다.

XNOR 게이트의 논리기호는 [그림 4-16]과 같다.

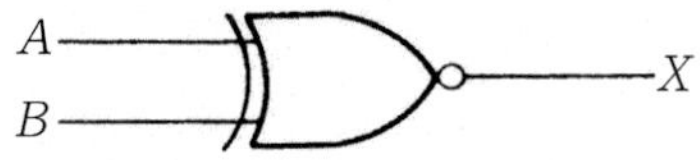

그림 4-16 XNOR 게이트 기호

또 2개의 입력을 가진 가장 XNOR 게이트의 진리표는 〈표 4-13〉과 같다.

▌표 4-13▐ XNOR 게이트 진리표

A	B	X
0	0	1
0	1	0
1	0	0
1	1	1

〈표 4-13〉의 XNOR 게이트의 진리표로 부터 논리식을 구하면 식 (4-7)과 같다.

$$X = \overline{A}\,\overline{B} + AB = (\overline{A} + B)(A + \overline{B}) = \overline{A \oplus B} = A \odot B \tag{4-7}$$

식 (4-7)에서 $\overline{A \oplus B}$를 A exclusive NOR B라고 읽고 $A \odot$ 라고도 표시한다. 즉 $\odot$는 exclusive NOR를 의미한다.

XNOR는 배타적 NOR 게이트라는 의미로 A, B 두 입력이 서로 배타적 NOR일 때 즉 서로 같을 때 출력이 존재하며 A, B 두 입력이 다를 때는 존재하지 않고 0이 되는 논리게이트이다.

이러한 동작특성을 이용하여 XNOR는 2진 비교기로 사용될 수 있다.

현재 널리 사용되는 대표적인 TTL과 CMOS XNOR 게이트는 〈표 4-14〉에 나타내고 있다.

표 4-14 TTL과 CMOS XNOR 게이트

TTL 시리즈	CMOS 시리즈	패키지당 게이트 수	입력 수
–	4077	4	2

예제 4-6

NOT, AND, OR 게이트를 이용하여 XOR 발생기 회로를 구성하여라.

풀이

NOT, AND, OR 게이트란 기본게이트를 말하며 기본게이트를 이용하여 XOR 발생기 회로를 구성하려면 XOR 게이트의 논리식으로 부터 구할 수 있다.

$X = \overline{A}B + A\overline{B} = (A+B)(\overline{A}+\overline{B})$

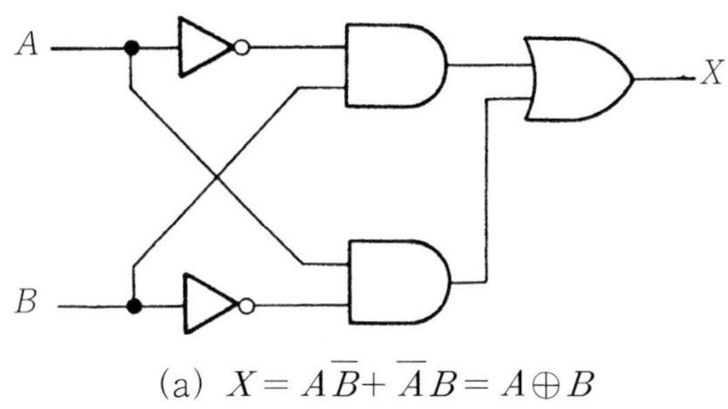

(a) $X = A\overline{B} + \overline{A}B = A \oplus B$

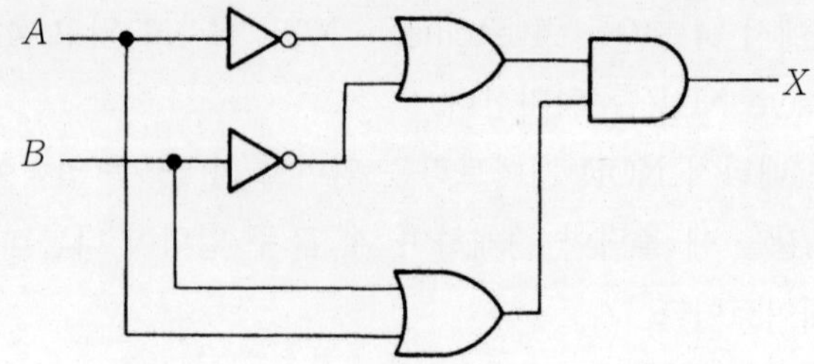

(b) $X=(A+B)(\overline{A}+\overline{B})=A\oplus B$

4-7 결선형 AND와 OR

1. 결선형 AND

집적 회로에서 가장 많이 쓰이는 게이트 형식은 NAND와 NOR이다. 이것은 또 AND, OR, NOT 게이트의 구현이 가능하므로 표준 게이트라고도 부른다.

전부는 아니지만 일부의 NAND와 NOR 게이트는 논리 기능이 가능하도록 두 개의 출력을 결합하는 결선을 할 수 있도록 해줄 수 있다. 이러한 형식의 논리를 결선형 논리(wired logic)라고 한다.

즉, NAND나 NOR 게이트의 출력을 함께 결선하면 출력이 AND나 OR과 같은 동작을 한다.

이 결선은 제조회사의 규격에 알맞는 논리 게이트를 사용해야만 한다. 예를 들면 콜렉터 개방(open-collector)형 TTL NAND 게이트(SN-7403)나 3상(three-state)출력회로에 적용된다. 이것을 [그림 4-17]에 나타내고 있다

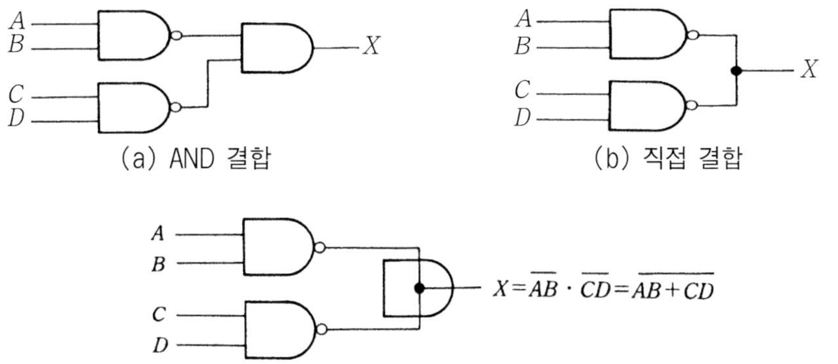

그림 4-17 결선형 AND

[그림 4-17] (a)와 같이 NAND 게이트 2개를 AND 게이트로 결합시키면 출력이 $X = AB \cdot CD$가 된다. 그런데 [그림 4-17] (b)와 같이 두 개의 NAND 게이트 출력을 함께 연결하면 AND 게이트로 결합한 것과 같은 결과를 얻는다.

이러한 결과로 종래의 AND 게이.트와 구별하기 위하여 게이트의 중심을 관통하는 선을 갖도록 그리면 [그림 4-17] (c)와 같다. 또, 결선형 AND는 NAND 게이트 2개를 AND로 결합한 결과식에 드모르간의 정리를 이용하면 다음의 식 (4-7)과 같다.

$$X = \overline{AB} \cdot \overline{CD} = \overline{AB + CD} \qquad (4\text{-}7)$$

따라서 결선형 AND를 AND-OR-invert(AOI)함수라고 한다.

예제 4-7

다음 그림과 같은 논리 회로의 논리식을 구하여라.

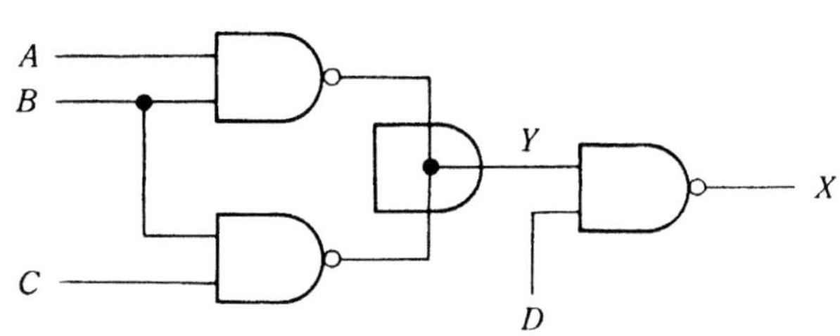

풀이

결합형 AND의 결과식은 AND-OR-Invert 함수이므로

$$Y=\overline{AB+BC}$$

가 된다. 따라서 출력 X는

$$X=\overline{Y\cdot D}=\overline{\overline{AB+BC}\cdot D}=\overline{\overline{AB+BC}}+\overline{D}=B(A+C)+\overline{D}$$

2. 결선형 OR

결선형 OR에서는 ECL(emitter coupled logic)게이트 NOR 게이트 출력을 함께 결선하면 결선형 OR 기능을 수행할 수 있다.

이것을 [그림 4-18]에 나타내고 있다.

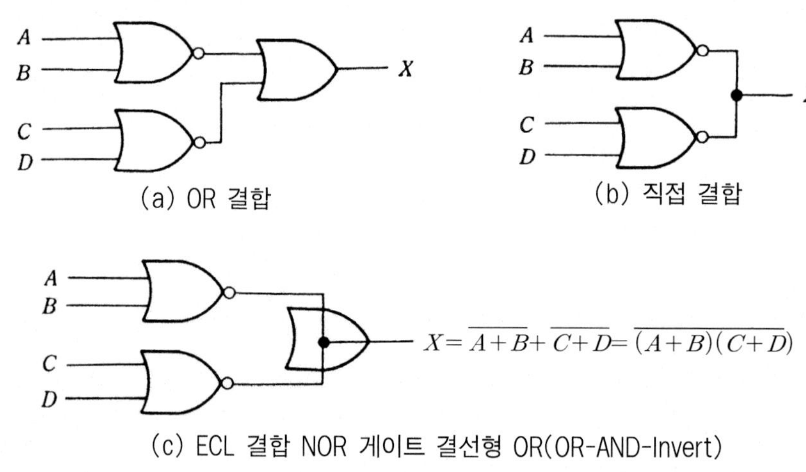

그림 4-18 결선형 OR

[그림 4-18] (a)와 같이 NOR 게이트 2개를 OR 게이트로 결합시키면 출력 $X=\overline{A+B}+\overline{C+D}$가 된다. 그런데 [그림 4-18] (b)와 같이 두 개의 NOR 게이트를 함께 직결하면 OR 게이트로 결합한 결과를 얻는다.

이러한 결과로 종래의 OR 게이트와 구별하기 위하여 게이트의 중심을 관통하는 선을 갖도록 그리면 [그림 4-18] (c)와 같은 결합형 OR이 된다.

또, 결선형 OR은 NOR 게이트 2개를 OR로 결합한 결과식에 드모르간의 정리를 이용하면 식 (4-8)과 같다.

$$X = \overline{A+B} + \overline{C+D} = \overline{(A+B)(C+D)} \tag{4-8}$$

따라서 결선형 OR를 OR-AND-Invert 함수라고 한다.

예제 4-8

다음 그림과 같은 논리회로의 논리식을 구하여라.

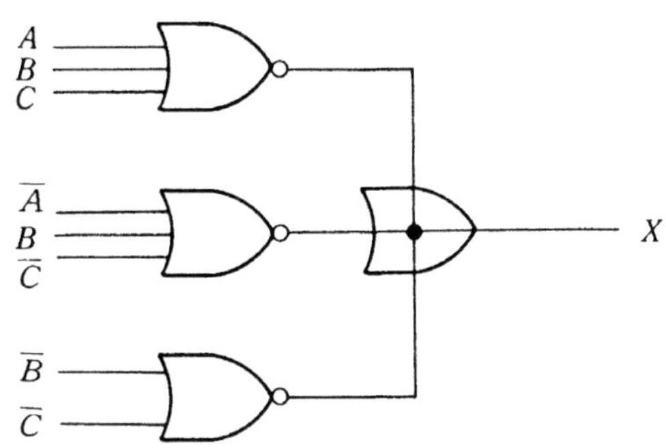

풀이

결합형 OR의 결과식은 OR-AND-Invert 함수이다.

$$X = \overline{A+B+C} + \overline{\overline{A}+B+\overline{C}} + \overline{\overline{B}+\overline{C}}$$
$$= \overline{(A+B+C)(\overline{A}+B+\overline{C})(\overline{B}+\overline{C})}$$

연습문제

4-1 다음 그림과 같은 입력파형이 NOT 게이트에 가해질 때 출력파형의 타이밍도를 그려라.

4-2 다음 그림과 같은 입력파형이 NOT 게이트에 가해질 때 출력파형의 타이밍도를 그려라.

4-3 다음과 같은 두 입력파형이 입력에 가해질 때 출력파형의 타이밍도를 그려라.

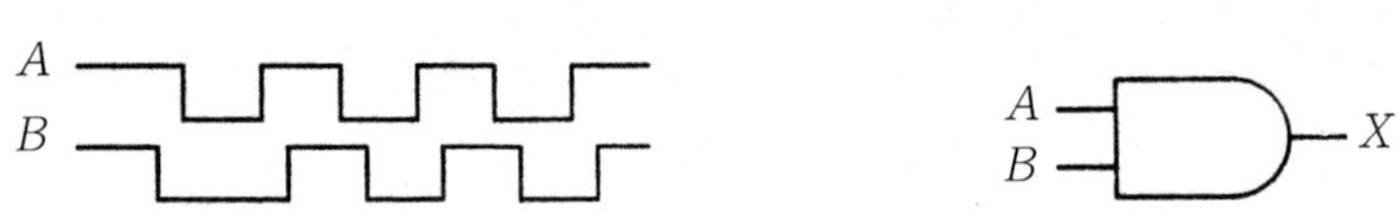

4-4 다음과 같은 두 입력파형이 입력에 가해질 때 출력파형의 타이밍도를 그려라.

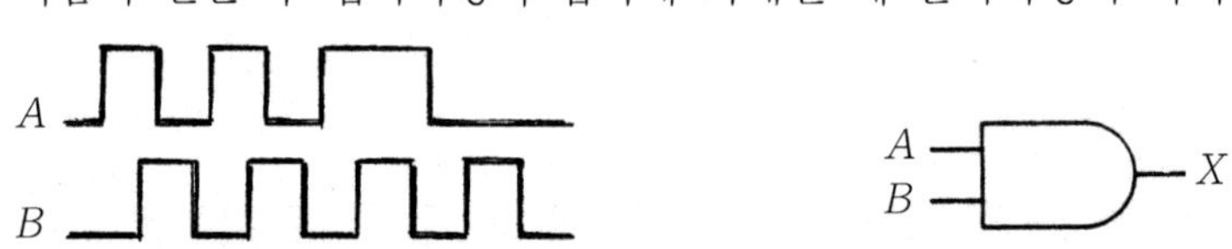

4-5 다음과 같은 두 입력파형이 가해질 때 출력파형의 타이밍도를 그려라.

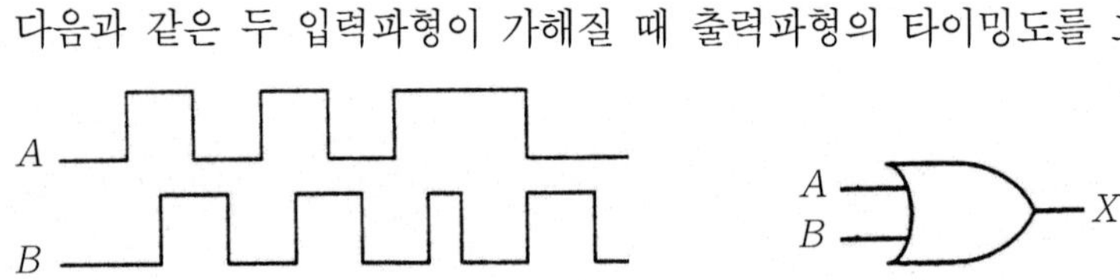

4-6 다음과 같은 두 입력파형이 가해질 때 출력파형의 타이밍도를 그려라.

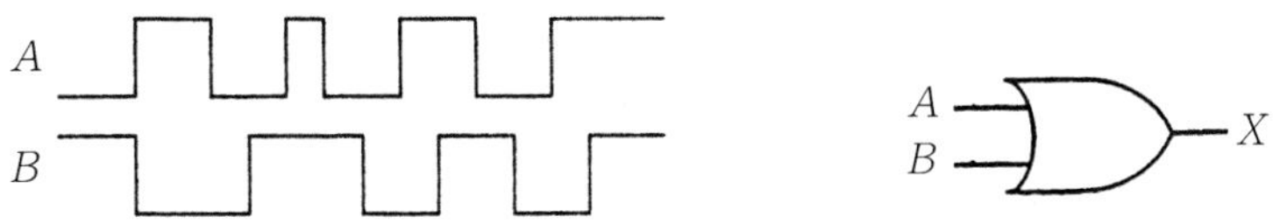

4-7 다음과 같은 두 입력파형이 가해질 때 출력파형의 타이밍도를 그려라.

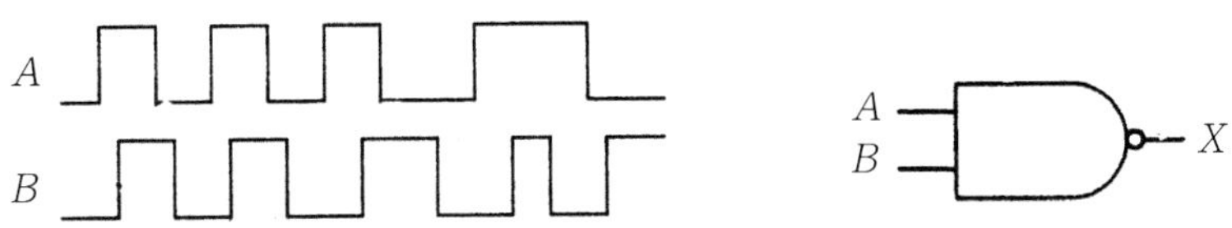

4-8 다음과 같은 두 입력파형이 가해질 때 출력파형의 타이밍도를 그려라.

4-9 다음과 같은 두 입력파형이 가해질 때 출력파형의 타이밍도를 그려라.

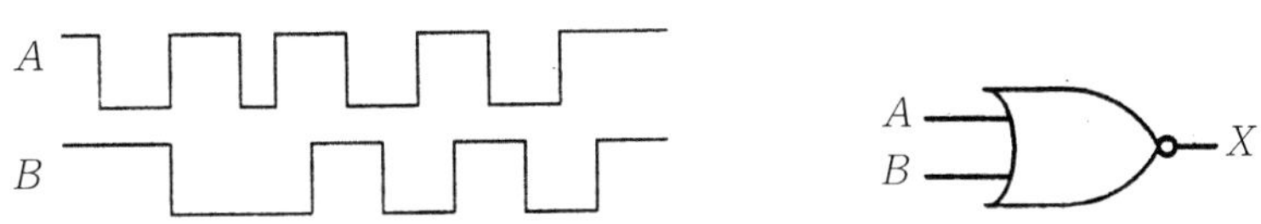

4-10 다음과 같은 두 입력파형이 가해질 때 출력파형의 타이밍도를 그려라.

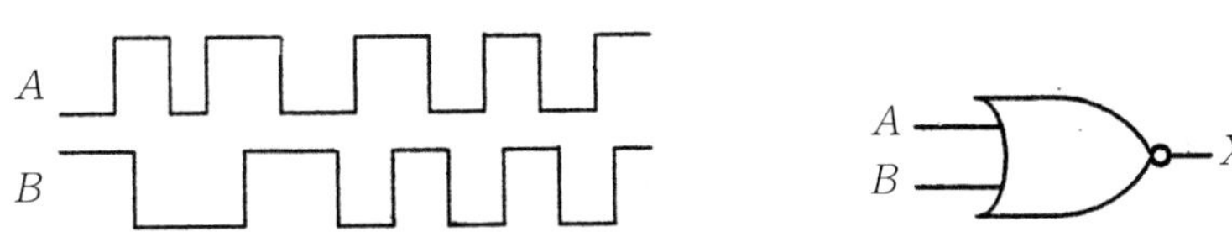

4-11 다음과 같은 두 입력파형이 가해질 때 출력파형의 타이밍도를 그려라.

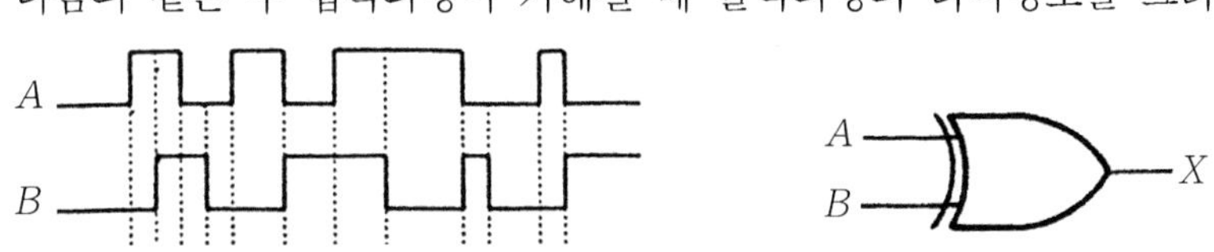

4-12 다음과 같은 두 입력파형이 가해질 때 출력파형의 타이밍도를 그려라.

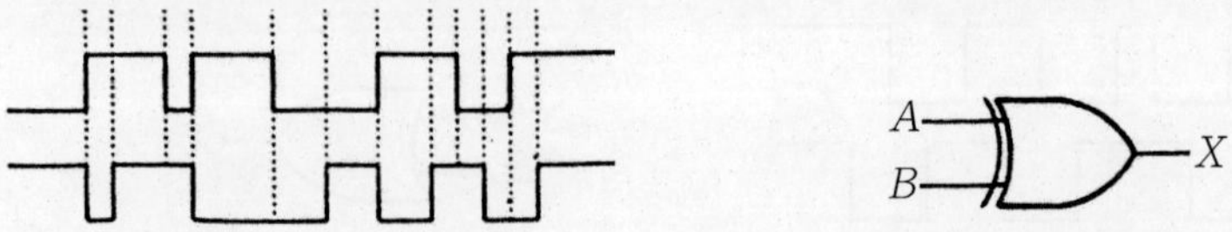

4-13 다음과 같은 두 입력파형이 가해질 때 출력파형의 타이밍도를 그려라.

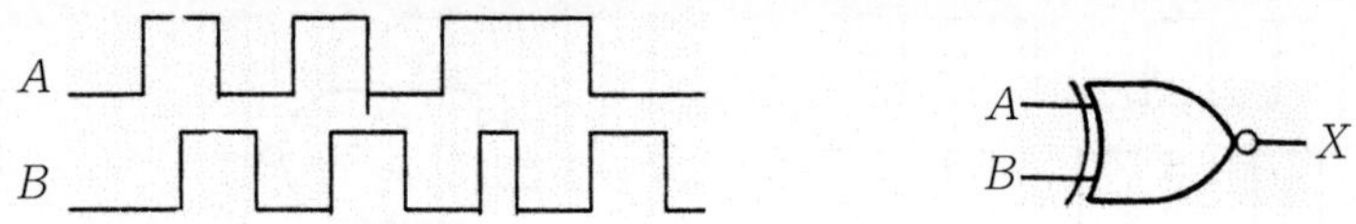

4-14 다음과 같은 두 입력파형이 가해질 때 출력파형의 타이밍도를 그려라.

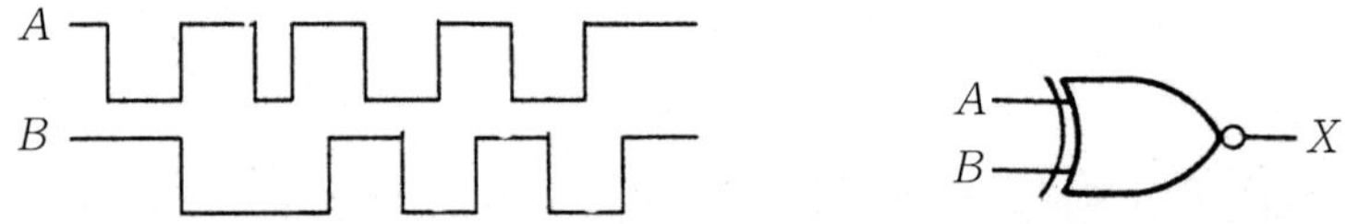

4-15 다음과 같은 결선형 AND 회로의 논리식을 구하라.

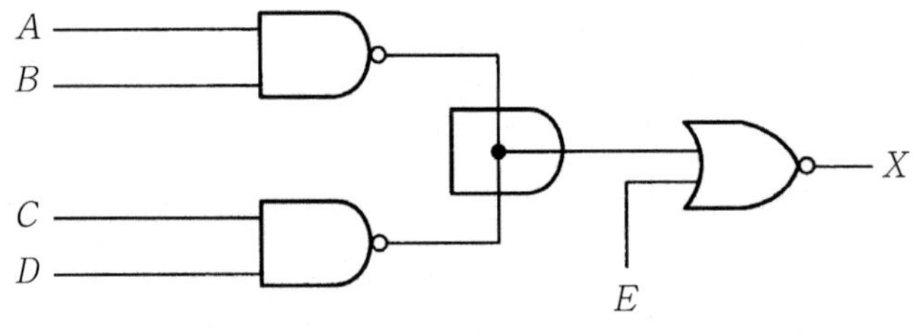

4-16 다음과 같은 결선형 OR 회로의 논리식을 구하라.

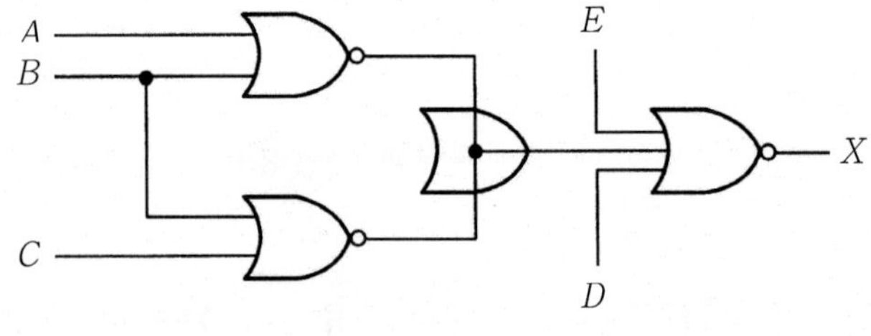

Chapter 05

부울대수와 논리함수 간략화

Chapter 05

부울대수와 논리게이트 및 변수 간략화

부울 대수는 1854년 영국의 수학자 조지 부울(George Boole)이 ≪논리와 확률의 수학적 이론의 기초가 되는 사상 법칙의 연구≫라는 책에서 제시된 말로 오늘날 일반적으로 사용되는 부울대수(Boolean Algebra)는 논리 대수라는 말에서부터 시작된다.

부울 대수 응용에 의한 디지털 논리회로의 해석과 설계는 1938년 MIT공과대학 교수인 클라우드 새논(C. Shannon)의 연구 논문인 ≪릴레이와 스위칭 회로의 심볼 해석≫에서 최초로 공포가 되었지만 수학적 해석의 불합리성을 내포하고 있었다. 그러나 이후 1904년 E. Huntington에 의해 수학적 해석을 완성하게 되었다.

이 가설은 영역안에 연산자가 열려 있고 닫힌상태, 식에 대해 항등원이며 교환, 배분법칙, 역원 등의 성립으로 부울의 가설을 수학적으로 증명하였다. 또한 전자 계산기의 연구 개발에 따라 부울 대수는 본격적으로 전자공학 분야에 도입하게 되었으며, 오늘날에 와서는 디지털 시스템을 설계하는 공학자가 통신, 컴퓨터 시스템에 주로 이용하게 되었다.

한편 디지털 시스템을 설계하는 과정으로 입력에 대한 출력을 얻기 위해 변수에 대한 수식화 과정이 필요하다.

이들 변수는 간략화 과정을 거쳐 회로를 간단하게 할 수 있다.

이것을 변수 간략화라고 한다. 변수 간략화법에는 진리표나 스위칭 회로에 의한 방법, 부울대수법에 의한 간략화법, 도형에 의한 표시로 벤도에 의한 법이 있다. 이 벤도에 의한 방법은 변수가 2개 이상에서 복잡하다. 논리 함수의 표준 전개법 또, 변수 4개까지는 카르나도법(karnaugh map Method)이 있고, 아주 복잡한 논리 변수

5개 이상일때는 퀸-멕클로스키법(Quine-Mccluskey Method)이 있다. 제5장에서는 부울대수 및 변수 간략화법에 관하여 차례로 소개하도록 한다.

주로 많이 이용되고 있는 변수 간략화법을 분류해 보면 다음과 같다.

- 변수 간략화법
  - 부울(boole)대수법
  - 논리 함수의 표준 전개법
    - 적의합형식
    - 합의적형식
  - 카르나도법(karnaugh map method)
  - 퀸-멕클로스키법(Quine-Mccluskey method)

▌표 5-1 ▌ 논리기호(IEEE 표준)

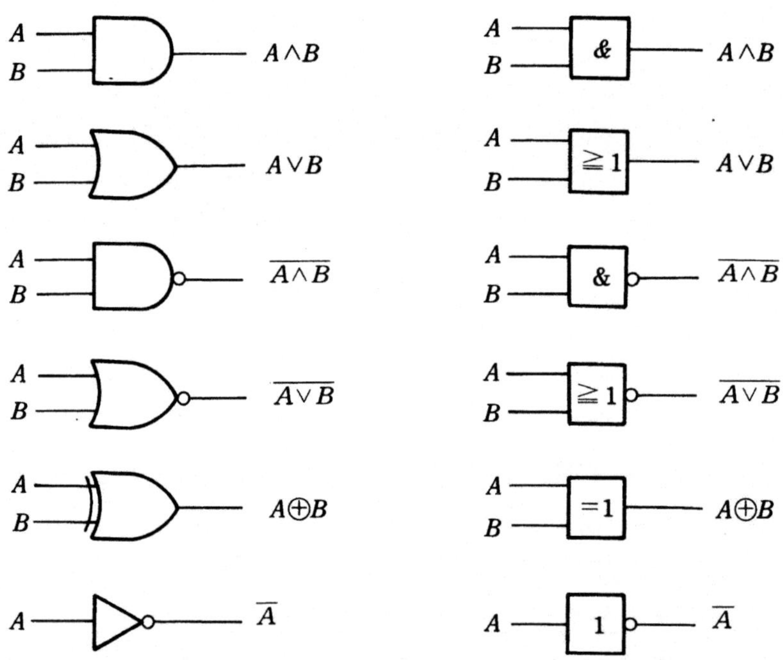

(a) (b)

▌표 5-2 ▌ 기본 스위치회로

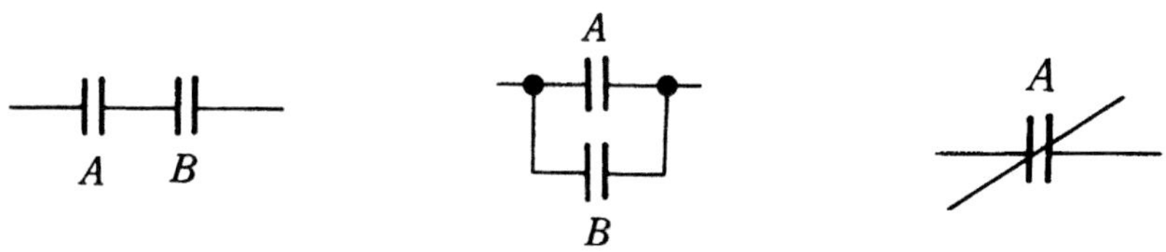

(a) AND (b) OR (c) NOT

5-1 부울 대수의 논리연산과 공리

부울 대수의 논리연산공리는 크게 세 가지로 분류할 수 있다.

[공리 1] A가 1이 아니면 A는 0이고, 또 A가 0이 아니면 A는 1이 된다.

[공리 2]

$$0+0=0$$

$$0+1=1$$

$$1+0=1$$

$$1+1=1$$

[공리 3]

$$0\cdot 0=0$$

$$0\cdot 1=0$$

$$1\cdot 0=0$$

$$1\cdot 1=1$$

5-2 부울 대수의 정리와 법칙

앞에서와 같은 공리로 부터 다음과 같은 기본정리가 도입되어 모든 논리회로의 수학적 표현의 복잡한 논리 합성과 해석에 사용되고 있다.

1. 교환 법칙(commutative law)

부울 대수의 교환 법칙은 변수가 A, B 두 개일 경우

$$A+B=B+A \qquad (5\text{-}1)$$

식 (5-1)과 같이 OR가 되는 경우 두 변수를 서로 교환해도 값의 변화는 없다.
이것을 OR 게이트를 사용하여 교환 법칙을 설명하면 [그림 5-1]과 같이 입력단 A, B를 B, A로 교환해서 얻은 결과 값은 같다는 것을 의미한다.

그림 5-1 OR 게이트를 이용한 교환 법칙

AND 게이트를 이용한 부울 대수의 교환 법칙에서 변수 A, B 두 개일 경우 식 (5-2)와 같다.

$$A \cdot B=B \cdot A \qquad (5\text{-}2)$$

또 이것을 AND 게이트를 사용하여 교환 법칙을 설명하면 [그림 5-2]와 같이 입력단 A, B를 B, A로 교환해서 얻은 결과 값도 같다는 것을 의미한다.

그림 5-2 AND 게이트의 교환 법칙

이와 같이 부울 대수의 교환 법칙은 합(OR)과 적(AND)의 경우에 적용된다.

2. 결합 법칙(associative law)

부울 대수의 결합 법칙은 변수가 A, B, C일 경우 식 (5-3)과 (5-4)로 나타낸다.

$$A + (B + C) = (A + B) + C \tag{5-3}$$

식 (5-3)에서와 같이 세 개의 변수를 결합(OR)할 때 결합 방법에 관계없이 그 결과는 같다는 것을 식으로 보여 준 것이고 이것을 [그림 5-3]에서 OR 게이트를 이용하여 결합 법칙을 보이고 있다.

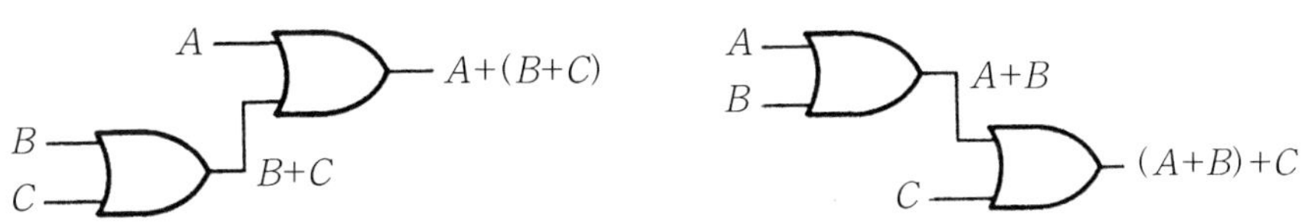

그림 5-3 OR 게이트를 이용한 결합 법칙

식 (5-4)와 같이 곱의 경우도 결합 방법에 관계없이 나타내 질 수 있다.

$$A(B \cdot C) = (A \cdot B)C \tag{5-4}$$

이것은 AND 게이트를 이용하여 [그림 5-4]에 결합 법칙을 보이고 있다.

따라서 OR 게이트에서나 AND 게이트에서 두 개 이상의 변수에서 결합 방법에 관계없이 항상 결합 법칙이 성립된다는 것이다.

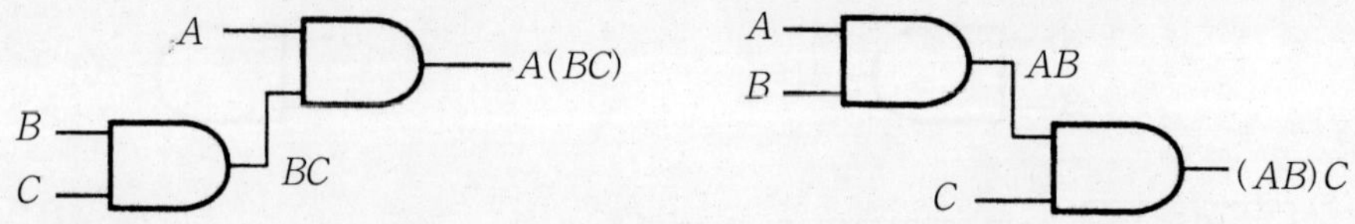

그림 5-4 AND 게이트를 이용한 결합 법칙

3. 분배 법칙(distributive law)

분배 법칙은 변수가 A, B, C일 경우 식 (5-5)와 (5-6)으로 나타낸다.

식 (5-5)에서는 2개 이상의 변수를 OR한 후 다시 다른 변수와 AND하는 것은 다른 변수를 각각의 변수와 AND한 후 곱항들을 모두 OR한 것과 같다.

이것을 [그림 5-5]에서 보이고 있다.

$$A(B+C) = AB + AC \quad (5\text{-}5)$$

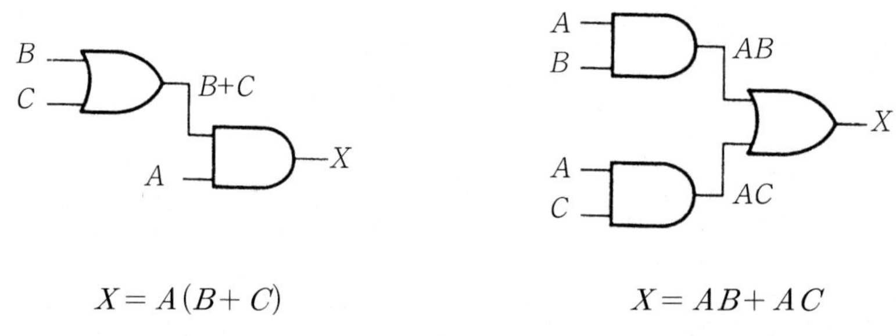

그림 5-5 분배 법칙

한편 분배 법칙은 세 개의 변수 A, B, C에서 식 (5-6)과 같이 나타낼 수 있는데 이 분배 법칙은 매우 중요하면서 많이 이용되고 있다.

$$A + (B \cdot C) = (A+B)(A+C) \quad (5\text{-}6)$$

식 (5-6)에서는 2개 이상의 변수를 AND한 후 다시 다른 변수와 OR하는 것은 다른 변수를 각각의 변수와 OR한 후 합항들을 모두 AND한 것과 같다.

이것을 [그림 5-6]에서 보이고 있다.

그림 5-6 분배 법칙

4. 동일 법칙

같은 두 변수를 OR할 경우나 AND할 경우 그 결과는 한 변수인 그 자체의 변수가 답이 된다.

$$A + A = A \cdot A = A \tag{5-7}$$

식 (5-7)에서 $A = 1$일 경우는 그 결과가 1이고,
$A = 0$일 경우는 그 결과가 0이다.

5. 부정의 법칙

어떤 변수가 두 번 부정이 되면 그 결과는 변수 그 자체가 된다. A라는 변수가 한 번 부정을 취하면 $\overline{A}$가 되고, $\overline{A}$가 다시 부정을 취하면 A가 된다.

$$\overline{\overline{A}} = A \tag{5-8}$$

6. 제1법칙

$$A + A \cdot B = A \cdot (A + B) = A \tag{5-9}$$

식 (5-9)를 증명해 보기로 한다.

$$A + A \cdot B = A(1+B) = A \cdot 1 = A$$

위의 식에서 $1+B=1$이 된다.

이것은 제 2 법칙에서도 나오지만 근본적인 증명은 스위칭 회로에서 다루도록 하겠다.

한편 $A \cdot (A+B) = A \cdot A + A \cdot B$

$= A + A \cdot B = A$

따라서 $A + A \cdot B$나 $A \cdot (A+B)$는 결과적으로 다같이 A가 된다.

7. 제2법칙

$$\begin{aligned} 0 + A &= A \\ 1 \cdot A &= A \\ 1 + A &= 1 \\ 0 \cdot A &= 0 \end{aligned} \qquad (5\text{-}10)$$

제1법칙이나 제2법칙을 $A=0$일 경우와 $A=1$일 경우를 각각 대입하면 [공리 2]와 [공리 3]에서 증명이 된다.

예를 들어 $A=0$일 경우 식 (5-10)은

$$0+0=0,\ 1 \cdot 0=0,\ 1+0=1,\ 0 \cdot 0=0$$

로 증명이 되고, $A=1$일 경우 식 (5-10)은

$$0+1=1,\ 1 \cdot 1=1,\ 1+1=1,\ 0 \cdot 1=0$$

과 같이 쉽게 증명이 된다. 그러나 MIT공대 교수 클라우드 쇄논의 스위칭회로의 심볼 해석에서도 쉽게 증명된다.

8. 제3법칙

$$\overline{A}+A=1$$
$$\overline{A}\cdot A=0 \qquad (5\text{-}11)$$

$A=0$일 경우 $\overline{A}+A=1+0=1$

$\overline{A}\cdot A=1\cdot 0=0$

$A=1$일 경우 $\overline{A}+A=0+1=1$

$\overline{A}\cdot A=0\cdot 1=0$

와 같이 증명된다. 물론 이것은 쇄논의 스위칭 회로로도 증명이 가능하다.

9. 제4법칙

$$A+\overline{A}\cdot B=A+B$$
$$A\cdot(\overline{A}+B)=A\cdot B \qquad (5\text{-}12)$$

식 (5-12)에서 분배 법칙을 이용하여 증명해 보면

$A+\overline{A}\cdot B=(A+\overline{A})(A+B)$

$=1\cdot(A+B)$

$=A+B$

여기서 $A+\overline{A}$는 항상 1이 된다.

한편 $A\cdot(\overline{A}+B)=A\cdot\overline{A}+A\cdot B$

$=0+A\cdot B$

$=A\cdot B$

여기서 $A\cdot\overline{A}$는 항상 0이 된다.

물론 위의 제 1 법칙에서 제4법칙까지 모두 스위칭 회로로 증명이 가능하고 진리표를 작성하여도 증명이 가능하다. 다음 몇 가지 예제에서 논리식을 증명해 보도록 하자.

예제 5-1

논리식 $A(B+C)=AB+AC$의 성립 과정을 진리표를 이용하여 증명하여라.

풀이

A	B	C	B+C	A·(B+C)	A·B	A·C	A·B+A·C
0	0	0	0	0	0	0	0
0	0	1	1	0	0	0	0
0	1	0	1	0	0	0	0
0	1	1	1	0	0	0	0
1	0	0	0	0	0	0	0
1	0	1	1	1	0	1	1
1	1	0	1	1	1	0	1
1	1	1	1	1	1	1	1

$A(B+C)=AB+AC$

예제 5-2

논리식 $A+\overline{A}\cdot B=A+B$의 성립 과정을 진리표를 이용하여 증명하여라.

풀이

A	B	$\overline{A}$	$\overline{A}B$	$A+\overline{A}B$	$A+B$
0	0	1	0	0	0
0	1	1	1	1	1
1	0	0	0	1	1
1	1	0	0	1	1

$A+\overline{A}\cdot B=A+B$

예제 5-3

논리식 $A+B \cdot C=(A+B) \cdot (A+C)$의 성립 과정을 진리표를 이용하여 증명하여라.

풀이

A	B	C	$B \cdot C$	$A+B \cdot C$	$A+B$	$A+C$	$(A+B) \cdot (A+C)$
0	0	0	0	0	0	0	0
0	0	1	0	0	0	1	0
0	1	0	0	0	1	0	0
0	1	1	1	1	1	1	1
1	0	0	0	1	1	1	1
1	0	1	0	1	1	1	1
1	1	0	0	1	1	1	1
1	1	1	1	1	1	1	1

$A+B \cdot C=(A+B) \cdot (A+C)$

이와 같이 진리표를 이용하여 논리식을 증명할 수 있음을 알 수 있다. 이제 스위칭 회로를 이용하여 앞에서 다룬 각종 법칙을 표를 작성하여 증명하기로 한다.

표 5-3 부울 대수 정리및 스위칭 회로 표시

정 리	스위치 회로
1. 교환의 법칙 ① $A+B=B+A$ ② $A \cdot B=B \cdot A$	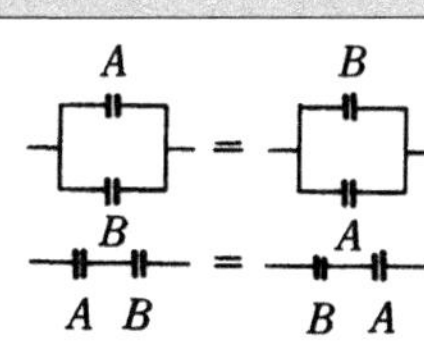
2. 결합의 법칙 ① $(A+B)+C=A+(B+C)$ ② $(A \cdot B) \cdot C=A \cdot (B \cdot C)$	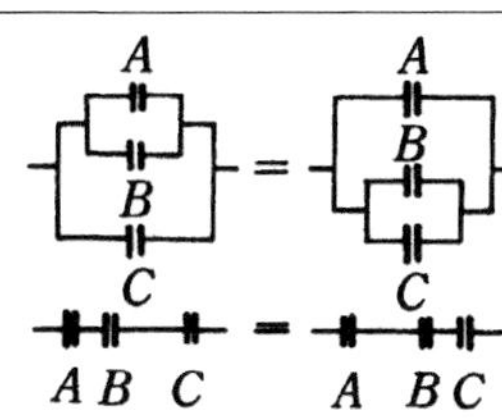

3. 분배의 법칙 ① $A\cdot(B+C)=A\cdot B+A\cdot C$ ② $A+(B\cdot C)=(A+B)\cdot(A+C)$	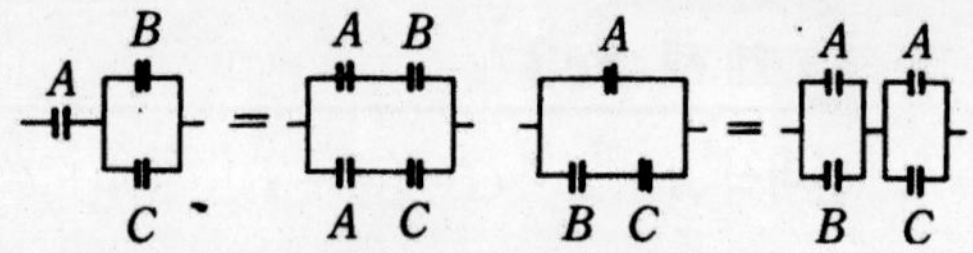
4. 동일의 법칙 ① $A+A=A$ ② $A\cdot A=A$	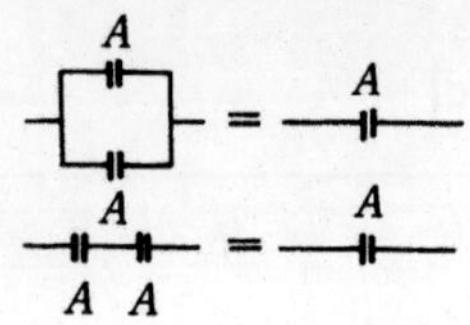
5. 흡수의 법칙 ① $A+A\cdot B=A$ ② $A\cdot(A+B)=A$	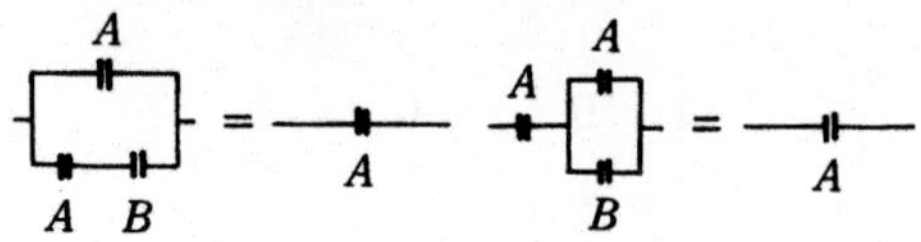
6. 기타 ① $0+A=A$ ② $1\cdot A=A$ ③ $1+A=1$ ④ $0\cdot A=0$	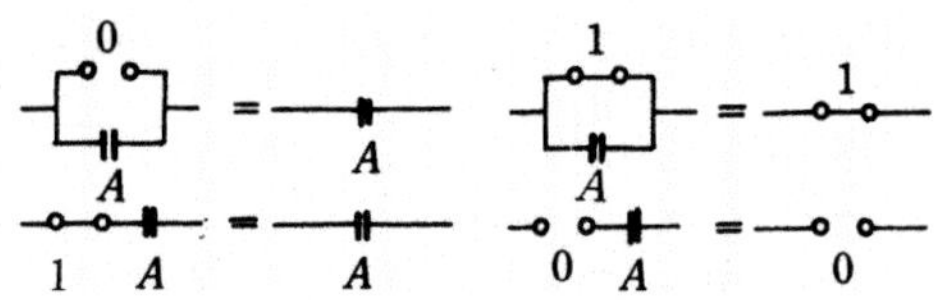

예제 5-4

다음 스위칭 회로를 부울 대수식으로 나타내고 간략화 하여라.

풀이

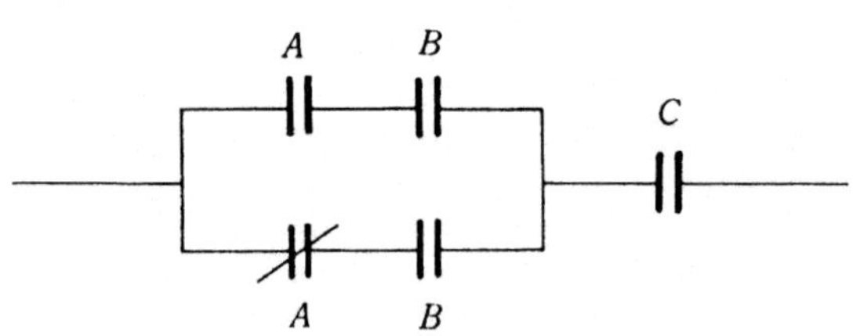

$(A\cdot B+\overline{A}\cdot B)\cdot C=(A+\overline{A})B\cdot C=B\cdot C$

예제 5-5

다음 스위칭 회로를 부울 대수식으로 나타내고 간략화 하여라.

풀이

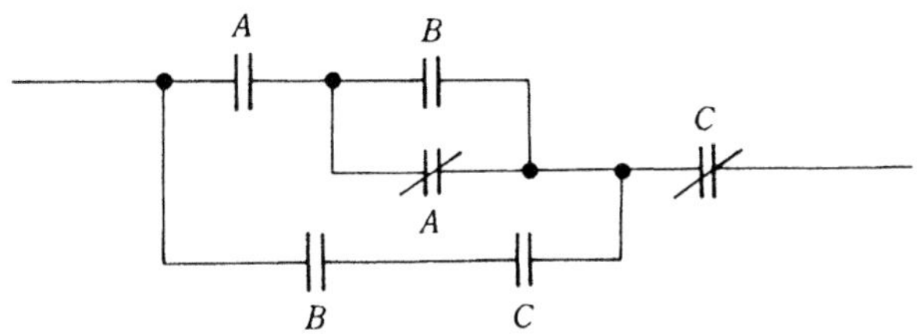

$$[A \cdot (B+\overline{A})+B \cdot C] \cdot \overline{C} = (A \cdot B + A \cdot \overline{A} + B \cdot C) \cdot \overline{C}$$
$$= (A \cdot B + B \cdot C)\overline{C}$$
$$= A \cdot B \cdot \overline{C} + B \cdot C \cdot \overline{C} = A \cdot B \cdot \overline{C}$$

지금까지 부울 대수의 정리와 법칙을 설명하는 과정에서 공리, 법칙, 진리표를 이용한 증명 그리고 스위칭 회로 등으로 증명됨을 보였다. 이것은 논리함수의 간략화를 위하여 필요한 것이다.

다음 몇 가지 예제를 통하여 간략화 연습을 하도록 하자.

예제 5-6

논리식 $A+B+AC$를 부울 대수의 정리와 법칙을 이용하여 간략화 하여라.

풀이

$$A+B+A \cdot C = A + AC + B$$
$$= A(1+C)+B$$
$$= A+B$$

예제 5-7

$A+\overline{A}B+B$를 부울 대수의 정리와 법칙을 이용하여 간략화 하여라.

풀이

$$\begin{aligned} A+\overline{A}B+B &= (A+\overline{A})(A+B)+B && \langle\text{분배 법칙}\rangle \\ &= (A+B)+B && \langle\text{제3법칙}\rangle \\ &= A+B && \langle\text{동일의 법칙}\rangle \end{aligned}$$

예제 5-8

$(A+B)(A+C)=A+BC$가 됨을 부울 대수의 정리와 법칙을 이용하여 간략화 하여라.

풀이

$$\begin{aligned} (A+B)(A+C) &= AA+AC+AB+BC && \langle\text{분배 법칙}\rangle \\ &= A+AC+AB+BC && \langle\text{동일의 법칙}\rangle \\ &= A(1+C)+AB+BC && \langle\text{분배 법칙}\rangle \\ &= A\cdot 1+AB+BC && \langle\text{제2법칙}\rangle \\ &= A(1+B)+BC && \langle\text{분배 법칙}\rangle \\ &= A\cdot 1+BC && \langle\text{제2법칙}\rangle \\ &= A+BC && \langle\text{제2법칙}\rangle \end{aligned}$$

5-3 De Morgan의 정리와 Consensus 이론

1. 드모르간의 정리(De Morgan's Theorem)

$$\overline{A+B}=\overline{A}\cdot\overline{B} \tag{5-13}$$

$$\overline{A \cdot B} = \overline{A} + \overline{B} \qquad (5\text{-}14)$$

식 (5-13)은 합의 보수는 보수의 곱과 같다는 말이다.

$\overline{A+B}$는 NOR를 의미하고 $\overline{A} \cdot \overline{B}$는 인버트 AND로 NOR 게이트는 인버트 OR임을 수학적으로 드모르간(De Morgan)이 증명하였다.

식 (5-14)는 곱의 보수는 보수의 합과 같다는 말이다.

$\overline{A \cdot B}$는 NAND를 의미하고 $\overline{A} + \overline{B}$는 인버트 OR로 NAND 게이트는 인버트 OR임을 증명하였다.

드모르간의 정리는 부울 대수에서 중요한 부분을 차지하고 있는 2가지의 정리를 제안하였다.

이것을 게이트와 진리표로 나타내면 [그림 5-7]과 같다.

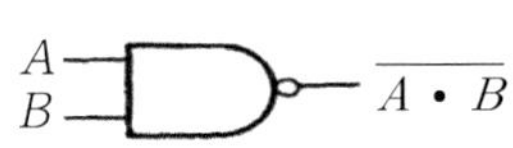

(a) NAND 게이트

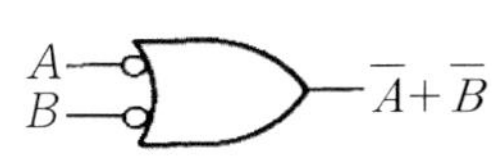

(b) 인버트 OR

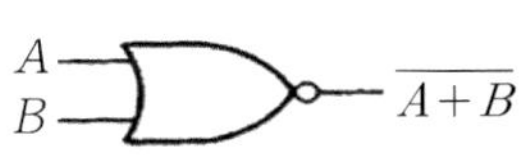

(c) NOR 게이트

(d) 인버트 AND

A	B	$\overline{AB}$	$\overline{A}+\overline{B}$
0	0	1	1
0	1	1	1
1	0	1	1
1	1	0	0

(e)

A	B	$\overline{A+B}$	$\overline{A}\,\overline{B}$
0	0	1	1
0	1	0	0
1	0	0	0
1	1	0	0

(f)

그림 5-7 드모르간의 정리

[그림 5-7]에서 그림 (a)와 (b)는 같은 기능이라는 것을 표 (e)에서 보여준 것이고, 그림 (c)와 (d)가 같은 기능이라는 것을 표 (f)에서 부여주고 있다.

예제 5-9

$A\overline{B}+\overline{A+B}+\overline{A\cdot B}$의 논리식을 드모르간의 정리를 이용하여 간략화 하여라.

풀이

$$
\begin{aligned}
A\overline{B}+\overline{A+B}+\overline{A\cdot B} &= A\overline{B}+\overline{A}\cdot\overline{B}+\overline{A}+\overline{B} && \langle\text{드모르간의 법칙}\rangle \\
&= \overline{B}(A+\overline{A})+\overline{A}+\overline{B} && \langle\text{분배 법칙}\rangle \\
&= \overline{B}\cdot 1+\overline{A}+\overline{B} && \langle\text{제3법칙}\rangle \\
&= \overline{A}+\overline{B} && \langle\text{동일의 법칙}\rangle
\end{aligned}
$$

2. 콘센서스 이론(consensus theorem)

$$AB+\overline{A}C+BC=AB+\overline{A}C \qquad (5\text{-}15)$$

위의 등식을 콘센서스 이론 이라고 한다.

우선 이것을 증명해 보라.

$$
\begin{aligned}
AB+\overline{A}C+BC &= AB+\overline{A}C+BC(A+\overline{A}) \\
&= AB+\overline{A}C+ABC+\overline{A}BC \\
&= AB(1+C)+\overline{A}C(1+B) \\
&= AB+\overline{A}C
\end{aligned}
$$

$AB+\overline{A}C+BC$ 논리식에서 AB에서의 A와 $\overline{A}C$에서의 $\overline{A}$는 서로 보(complement)의 관계를 가진다. 그런데 AB변수의 B와 $\overline{A}C$의 C에서의 곱인 BC는 제거 될 수 있다는 것을 증명했으며 이와 같은 이론이 콘센서스 이론이다.

예제 5-10

$XY+\overline{X}Z+YZ=XY+\overline{X}Z$가 됨을 증명하여라.

풀이

$$
\begin{aligned}
XY+\overline{X}Z+YZ &= XY+\overline{X}Z+YZ(X+\overline{X})\\
&= XY+\overline{X}Z+XYZ+\overline{X}YZ\\
&= XY(1+Z)+\overline{X}Z(1+Y)\\
&= XY+\overline{X}Z
\end{aligned}
$$

5-4 쌍대의 관계

부울 대수에서 하나의 논리식과 다른 논리식 사이에 있어서 다음 관계가 있을때부터 서로 쌍대(Duality)관계에 있다고 하며, 이 때 한 식을 다른 식의 쌍대라고 한다. 쌍대 관계는

① 모든 ·을 +로 변환

② 모든 +를 ·으로 변환

③ 모든 1을 0으로 변환

④ 모든 0을 1로 변환

⑤ 각 논리 변수는 원 상태로 사용

2개의 논리식이 서로 쌍대 관계에 있을 때 그 중에서 하나가 성립되면 나머지 식도 성립되는 것으로 하나의 성립여부만 증명하면 된다. 쌍대 관계식 사이일지라도 논리식의 결과는 일정하지 않다. 즉, 두 식의 결과가 같을 수도 있고 다를 수도 있다. 단 쌍대식의 관계를 연결할 때는 같은 관계를 갖는다. 부울 대수의 쌍대는 이미 부울 대수 정리법칙에 보인 바와 같고, 이들 관계를 스위칭회로와 비교 설명한 것이 〈표 5-3〉이다.

보다 구체적으로 설명하면 쌍대의 관계란 부울 대수의 식에서 0과 1, +와 ·을 동시에 교환한 식으로 반드시 성립한다는 것이다.

예를 들면 부울 대수의 각 정리의 식은 앞의 ①, ②, ③, ④, ⑤와 같은 5가지 조

작을 행하면 된다는 것이다.

예제 5-11

$1 \cdot (A \cdot \overline{B} + C) = A \cdot \overline{B} + C$의 논리식과 쌍대인 논리함수나 논리식을 만들어라.

풀이

$0 + (A + \overline{B}) \cdot C = (A + \overline{B}) \cdot C$

예제 5-12

$\overline{A} + \overline{B} = \overline{A \cdot B}$의 쌍대인 논리식을 표시하여라.

풀이

$\overline{A} \cdot \overline{B} = \overline{A + B}$

5-5 논리함수의 표준전개

1. 최소항과 최대항

논리함수는 일반적으로 변수의 다항식으로 표시된다. 그러므로 논리함수는 최소항의 합이나 최대항의 곱으로 표시할 수 있다. 최소항이란 일반적으로 변수 N과 $\overline{N}$를 포함한 논리적(AND)을 말한다. 예를 들면 2변수 A, B로 구성된 논리함수의 최소항은 AB, $\overline{A}B$, $A\overline{B}$, $\overline{A}\,\overline{B}$이다.

최소항의 쌍대형식 즉, 최대항은 각 변수를 그의 원래의 형태 N 또는 그의 부정의 형식 $\overline{N}$를 포함한 논리화(OR)를 말한다. 예를 들면 2변수 A, B로 구성된 논리함수의 최대항은 $A+B$, $A+\overline{B}$, $\overline{A}+B$, $\overline{A}+\overline{B}$이다.

변수 A, B, C를 갖는 최소항(m_i)과 최대항(M_i)을 〈표 5-4〉에 나타내고 있다.

▌표 5-4▐ 3변수 A, B, C의 최소항과 최대항

10진수(i)	변수 ABC	최소항(m_i)	최대항(M_i)
0	0 0 0	$m_0=\overline{A}\,\overline{B}\,\overline{C}$	$M_0=\overline{A}+\overline{B}+\overline{C}$
1	0 0 1	$m_1=\overline{A}\,\overline{B}C$	$M_1=\overline{A}+\overline{B}+C$
2	0 1 0	$m_2=\overline{A}B\overline{C}$	$M_2=\overline{A}+B+\overline{C}$
3	0 1 1	$m_3=\overline{A}BC$	$M_3=\overline{A}+B+C$
4	1 0 0	$m_4=A\overline{B}\,\overline{C}$	$M_4=A+\overline{B}+\overline{C}$
5	1 0 1	$m_5=A\overline{B}C$	$M_5=A+\overline{B}+C$
6	1 1 0	$m_6=AB\overline{C}$	$M_6=A+B+\overline{C}$
7	1 1 1	$m_7=ABC$	$M_7=A+B+C$

한편 최소항과 최대항의 성질은 다음과 같다.

(1) 최소항의 부정은 최대항이 되고, 최대항의 부정은 최소항이 된다.

$$\overline{m_i}=M_{2^n-1-i} \qquad (5\text{-}16)$$

$$\overline{M_i}=m_{2^n-1-i} \qquad (5\text{-}17)$$

〈표 5-4〉에서 $i=3$일 때 식 (5-16)을 이용하면

$$\overline{m_3}=M_{2^3-1-3}=M_4$$

가 된다.

$i=5$일때는

$$\overline{m_5}=M_{2^5-1-5}=M_2$$

가 되어 $\overline{m_5}$의 5와 M_2의 2를 합하면 7이 된다는 사실도 쉽게 알 수 있다. 물론 $\overline{m_3}$

의 3과 M_4의 4를 합해도 역시 7이 된다. 이것은 그 수를 합하면 2^n-1이 된다. 여기서 n은 변수이다. 따라서 $\overline{M_2}=m_5, \overline{M_6}=m_1, \overline{M_7}=m_0$가 되는것도 이러한 이론에 근거를 둔 것이다.

(2) 두 최소항의 적은 0이 되며, 두 최대항의 화는 1이 된다.

$$\begin{aligned} m_i \cdot m_j &= 0\,(i \neq j) \\ &= m_i(i=j) \end{aligned} \tag{5-18}$$

$$\begin{aligned} M_i + M_j &= 1\,(i \neq j) \\ &= M_i(i=j) \end{aligned} \tag{5-19}$$

〈표 5-4〉에서 m_2, m_4를 적으로 하면

$$\begin{aligned} m_2 \cdot m_4 &= (\overline{A}B\overline{C}) \cdot (A\overline{B}\,\overline{C}) \\ &= A\overline{A} \cdot B\overline{B} \cdot \overline{C}\,\overline{C} = 0 \end{aligned}$$

또 M_2, M_5를 택하여 그합을 구하면

$$\begin{aligned} M_2 + M_5 &= (\overline{A} + B + \overline{C}) + (A + \overline{B} + C) \\ &= \overline{A} + A + B + \overline{B} + \overline{C} + C \\ &= 1 + 1 + 1 = 1 \end{aligned}$$

(3) 모든 최소항의 합은 1이 되며, 모든 최대항의 적은 0이 된다.

$$\sum_{i=0}^{2^n-1} m_i = 1 \tag{5-20}$$

$$\prod_{i=0}^{2^n-1} M_i = 0 \tag{5-21}$$

여기서 $\prod$란 기호 적(AND)을 표시하는 기호이다.
3개의 변수에서

$$\sum_{i=0}^{7} m_1 = m_0 + m_1 + m_3 + m_4 + m_5 + m_6 + m_7$$

$$= \overline{A}\,\overline{B}\,\overline{C} + \overline{A}\,\overline{B}C + \overline{A}B\overline{C} + \overline{A}BC + A\overline{B}\,\overline{C} + A\overline{B}C + AB\overline{C} + ABC$$
$$= (A + \overline{A})(B + \overline{B})(C + \overline{C}) = 1$$

3개의 변수에서

$$\prod_{i=0}^{7} M_i = M_0 \cdot M_1 \cdot M_2 \cdot M_3 \cdot M_4 \cdot M_5 \cdot M_6 \cdot M_7$$
$$= (\overline{A} + \overline{B} + \overline{C})(\overline{A} + \overline{B} + C)(\overline{A} + B + \overline{C})(\overline{A} + B + C)(A + \overline{B} + \overline{C})$$
$$(A + \overline{B} + C)(A + B + \overline{C})(A + B + C)$$
$$= [(\overline{A} + \overline{B}) + \overline{C} \cdot C][(\overline{A} + B) + \overline{C} \cdot C][(A + \overline{B}) + \overline{C} \cdot C]$$
$$[(A + B) + \overline{C} \cdot C]$$
$$= (\overline{A} + \overline{B} \cdot B)(A + \overline{B} \cdot B) = \overline{A} \cdot A = 0$$

예제 5-13

$F = A\overline{B}C + \overline{A}\,\overline{B}\,\overline{C}D + AB\overline{C}D$**를 최소항 형식으로 나타내어라.**

풀이

첫 번째항에 D변수를 삽입하면

$F = A\overline{B}C(D + \overline{D}) + \overline{A}\,\overline{B}\,\overline{C}D + AB\overline{C}D$ 따라서 최소항 형식은

$F = A\overline{B}CD + A\overline{B}C\overline{D} + \overline{A}\,\overline{B}\,\overline{C}D + AB\overline{C}D$

예제 5-14

$F = m_0 + m_3 + m_5$**에서 변수가 3개일 때 최소항 형식 F를 최대항 형식으로 나타내어라.**

풀이

3변수를 각각 A, B, C라고 하면

$m_0 = \overline{A}\,\overline{B}\,\overline{C}$, $m_3 = \overline{A}BC$, $m_5 = A\overline{B}C$라고 할 때

$F = \overline{A}\,\overline{B}\,\overline{C} + \overline{A}BC + A\overline{B}C$

$\overline{F} = \overline{\overline{A}\,\overline{B}\,\overline{C} + \overline{A}BC + A\overline{B}C}$

$$= \overline{\overline{A+B+C}+\overline{A+\overline{B}+\overline{C}}+\overline{\overline{A}+B+\overline{C}}}$$

$$= (A+B+C)\cdot(A+\overline{B}+\overline{C})(\overline{A}+B+\overline{C}) = M_7 \cdot M_4 \cdot M_2$$

$$\overline{\overline{F}} = \overline{M_7 \cdot M_4 \cdot M_2} = M_0 M_1 M_3 M_5 M_6$$

$$F = m_0 + m_3 + m_5 = M_0 M_1 M_3 M_5 M_6$$

예제 5-15

3개의 변수를 가진 최대항 $F = M_0 M_3 M_5$를 최소항 형식으로 나타내어라.

풀이

$$\overline{F} = \overline{M_0 M_3 M_5} = \overline{M_0} + \overline{M_3} + \overline{M_5} = m_7 + m_4 + m_2$$

$$\overline{\overline{F}} = F = \overline{m_7 + m_4 + m_2} = m_0 + m_1 + m_3 + m_5 + m_6$$

$$\therefore\ F = m_0 + m_1 + m_3 + m_5 + m_6$$

---

2. 표준 전개

(1) 적의 합 형식(sum of products)

적의 합(SOP) 형식을 합 표준형식이라고eh 하며, 최소항형식(minterm type expression) 또는 주덧셈 정준형식(principal disjunctive canonical form)을 줄여서 정준형식(canonical form)이라고도 하는데, 이것은 임의의 논리함수 X는 식 (5-22)와 같다.

$$X = f_0 m_0 + f_1 m_1 + f_2 m_2 + \cdots\cdots + f_{2^n-1} m_{2^n-1} = \sum_{i=0}^{2^n-1} \qquad (5\text{-}22)$$

여기서 f_i는 0 또는 1이다.

▌표 5-5 ▌ 3변수 논리함수의 진리표

i	A	B	C	f_i
0	0	0	0	0
1	0	0	1	1
2	0	1	0	0
3	0	1	1	1
4	1	0	0	0
5	1	0	1	1
6	1	1	0	1
7	1	1	1	0

〈표 5-5〉에서 $f_i = 1$이 되는 최소항은

$$f_1 = f_3 = f_5 = f_6 = 1$$

식 (5-22)에 대입하면 $f_0 = f_2 = f_4 = f_7 = 0$이므로

$$\begin{aligned} X &= f_1 m_1 + f_3 m_3 + f_5 m_5 + f_6 m_6 \\ &= \overline{A}\,\overline{B}C + \overline{A}BC + A\overline{B}C + AB\overline{C} \end{aligned}$$

이와 같이 적의합형식은 진리표에서 '1'을 택하여 최소항들의 합꼴로 하면 쉽게 논리식을 구할 수 있으며, 일반적으로 적의합형식은 논리식을 NAND논리로 표시하기 쉽다.

예제 5-16

3개의 변수를 가진 진리표에서 적의합형식으로 표시한 논리식을 구하고 NAND게이트를 사용하여 논리도를 그려라.

〈진리표〉

i	A	B	C	f_i
0	0	0	0	0
1	0	0	1	0
2	0	1	0	1
3	0	1	1	0
4	1	0	0	1
5	1	0	1	0
6	1	1	0	1
7	1	1	1	1

풀이

$f_2 = f_4 = f_6 = f_7 = 1$에서

$$X = \overline{A}B\overline{C} + A\overline{B}\,\overline{C} + AB\overline{C} + ABC$$

$$= \overline{\overline{\overline{A}B\overline{C} + A\overline{B}\,\overline{C} + AB\overline{C} + ABC}}$$

$$= \overline{\overline{\overline{A}B\overline{C}} \cdot \overline{A\overline{B}\,\overline{C}} \cdot \overline{AB\overline{C}} \cdot \overline{ABC}}$$

이 논리식을 논리도(logic diagram)로 그리면 다음과 같다.

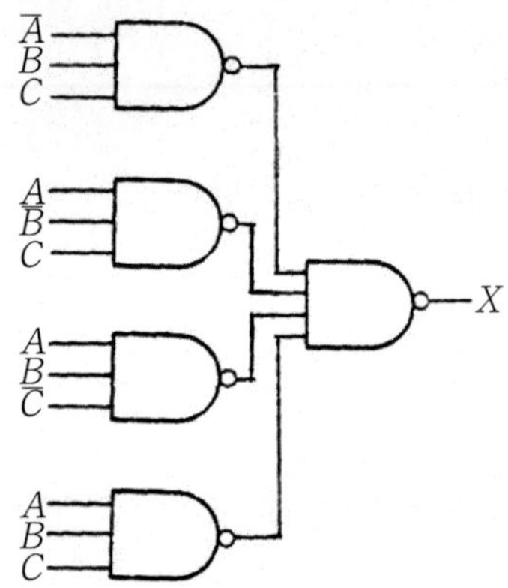

(2) 합의 적형식(product of sums)

합의 적(pos)형식을 적 표준형식이라고 하며, 최대항 형식(maxterm type expression)또는 주곱셈 정준형식(principal conjunctive canonical form)이라고도 하는데, 이것은 임의의 논리함수 X는 식 (5-23)과 같다.

$$X = \prod_{i=0}^{2^n-1} (f_i + M_{2^n-1-i}) \qquad (5\text{-}23)$$

〈표 5-5〉 진리표에서

$f_2 = f_4 = f_5 = f_7 = 1$이고, $f_0 = f_1 = f_3 = f_6 = 0$

식 (5-23)에 대입하면

$$X = (f_0 + M_7)(f_1 + M_6)(f_2 + M_5)(f_3 + M_4)(f_4 + M_3)(f_5 + M_2)$$
$$(f_6 + M_1)(f_7 + M_0)$$

$$= M_7 \cdot M_6 \cdot M_4 \cdot M_1$$
$$= (A+B+C)(A+B+\overline{C})(A+\overline{B}+\overline{C})(\overline{A}+\overline{B}+C)$$

이와 같이 합의 적형식은 진리표에서 '0'을 택하여 최대항들의 곱꼴로 하면 쉽게 논리식을 구할 수 있으며, 일반적으로 합의적형식은 논리식을 NOR논리로 표시하기 쉽다.

예제 5-17

예제 5-16에서와 같은 진리표에서 합의적형식으로 논리식을 구하고 NOR게이트를 사용하여 논리도를 그려라.

풀이

$f_0 = f_2 = f_4 = f_6 = 1$이고, $f_1 = f_3 = f_5 = f_7 = 0$

식 (5-23)을 이용하면

$$X = (f_0 + M_7)(f_1 + M_6)(f_2 + M_5)(f_3 + M_4)(f_4 + M_3)(f_5 + M_2)$$
$$(f_6 + M_1)(f_7 + M_0)$$
$$= M_6 \cdot M_4 \cdot M_2 \cdot M_0$$
$$= (A+B+\overline{C})(A+\overline{B}+\overline{C})(\overline{A}+B+\overline{C})(\overline{A}+\overline{B}+\overline{C})$$
$$= \overline{\overline{(A+B+\overline{C})(A+\overline{B}+\overline{C})(\overline{A}+B+\overline{C})(\overline{A}+\overline{B}+\overline{C})}}$$
$$= \overline{\overline{A+B+\overline{C}}+\overline{A+\overline{B}+\overline{C}}+\overline{\overline{A}+B+\overline{C}}+\overline{\overline{A}+\overline{B}+\overline{C}}}$$

이것을 논리도로 그리면 다음과 같다.

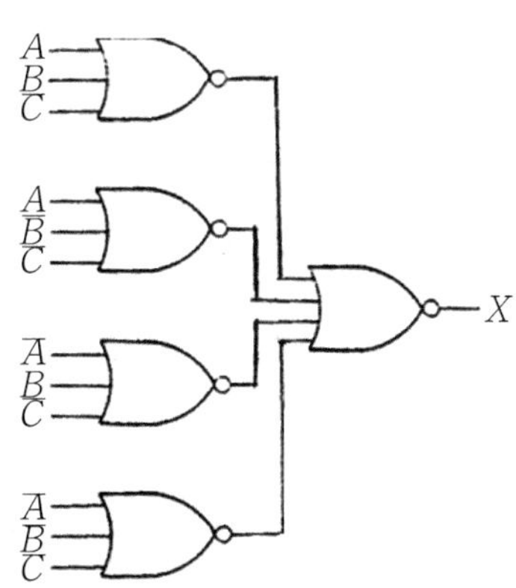

예제 5-18

다음 조건으로 만족시키는 4변수의 논리 함수를 적의 합으로 표시하고 다시 이것을 간략화하라.

$$f_0 = f_1 = f_2 = f_4 = f_9 = f_{10} = f_{11} = f_{15} = 1$$

풀이

식 (5-22)를 이용하면

$$X = m_0 + m_1 + m_2 + m_4 + m_9 + m_{10} + m_{11} + m_{15}$$
$$= \overline{A}\,\overline{B}\,\overline{C}\,\overline{D} + \overline{A}\,\overline{B}\,\overline{C}D + \overline{A}\,\overline{B}C\overline{D} + \overline{A}B\overline{C}\,\overline{D} + A\overline{B}\,\overline{C}D + A\overline{B}C\overline{D}$$
$$+ A\overline{B}CD + ABCD$$
$$= \overline{A}\,\overline{C}\,\overline{D}(\overline{B} + B) + \overline{C}D(\overline{A} + A) + ACD(\overline{B} + B) + \overline{B}C\overline{D}(\overline{A} + A)$$
$$= \overline{A}\,\overline{C}\,\overline{D} + \overline{B}\,\overline{C}D + ACD + \overline{B}C\overline{D}$$

예제 5-19

다음 진리표를 이용하여 최소항 또는 최대항 형식으로 나타내고 가장 간단한 논리식을 구하라.

i	A	B	C	f_i
0	0	0	0	0
1	0	0	1	0
2	0	1	0	1
3	0	1	1	0
4	1	0	0	0
5	1	0	1	1
6	1	1	0	0
7	1	1	1	1

풀이

진리표에서 $f_2 = f_5 = f_7 = 1$이고, $f_0 = f_1 = f_3 = f_4 = f_6 = 0$이다. 따라서 가장 간단한 논리식을 구하기 위해서는 항이 5개로 이루어진 최대항보다 항이 3개인 최소항 형식을 택한다.

최소항 형식 $X=\overline{A}B\overline{C}+A\overline{B}C+ABC$

부울 대수식의 변수 간략화를 하면

$X=\overline{A}B\overline{C}+A\overline{B}C+ABC=\overline{A}B\overline{C}+AC(\overline{B}+B)=\overline{A}B\overline{C}+AC$

따라서 가장 간단한 논리식은

$X=\overline{A}B\overline{C}+AC$

5-6 카르나도법(karnaugh map method)

지금까지 논리함수의 간략화 중 부울 대수의 각종 법칙을 이용하여 논리식을 간략화 하였고, 표준전개에 의한 적의합(sop)형식과 합의적(pos)형식을 이용하여 논리식을 세우고 간략화하는 법을 다루었다. 이제 카르나도법을 이용하여 부울함수의 간략화, 진리표에서 부터 간략화, 표준전개에 의한 적의합(sop)형식과 합의적(pos)형식을 간략화하는 방법, 진리표로 부터 간략화식을 직접 끌어 내는 방법 등에 관하여 다루기로 한다.

이 방법은 바이취(veitch)에 의하여 구상되었고, 카르나(karnaugh)에 의하여 수정되어 이를 카르나도법(karnaugh map method)이라고 한다.

카르나도는 변수 $n=4$개 이하일 때 편리하며, $n=5$ 이상되면 매우 복잡하여 테이블법(Tabular Method), 즉 퀸 맥클로스키법을 이용한다.

1. 진리표와 맵

(1) 변수 n=1일 때

A	X
0	1
1	0

(a) 진리표

$\overline{A}$	A
1	0

(b) 맵

0	1
1	0

(c) 맵

그림 5-8 변수 $n=1$개 일 때 진리표와 맵

변수 $n=1$개 일 때 [그림 5-8]에서 진리표는 (a)와 같고 맵은 (b) 또는 (c)로 표시하는데 보통 (c)와 같이 하는 편이 편하다. $\overline{A}=0$, $A=1$에 해당되어 $\overline{A}=0$으로, $A=1$로 대치할 수 있어 맵 (b)나 (c)는 같다고 할 수 있다. 이때 논리함수 $X=\overline{A}$가 된다.

(2) 변수 n=2개일 때

A	B	X
0	0	0
0	1	1
1	0	1
1	1	0

(a) 진리표

B \ A	0	1
0		1
1	1	

(b) 맵

그림 5-9 변수 $n=2$개일 때 진리표와 맵

변수가 2개일 때 [그림 5-9]에서 진리표가 (a)와 같다고 가정할 때 출력 $X=1$인 값은 맵 좌표상에서 $A=0$, $B=1$일 때와 $A=1$, $B=0$일 때이다.

따라서 그림 (b)의 맵에 같은 방법으로 좌표를 찾아 출력 $X=1$인 값만 기입하면 기입되지 않은 좌표는 당연히 출력 $X=0$라고 생각하면 된다.

(3) 변수 n=3개 일 때

A	B	C	X
0	0	0	0
0	0	1	1
0	1	0	1
0	1	1	0
1	0	0	0
1	0	1	1
1	1	0	1
1	1	1	0

(a) 진리표

C \ AB	0 0	0 1	1 1	1 0
0		1	1	
1	1			1

(b) 맵

그림 5-10 변수 $n=3$개 일 때 진리표와 맵

[그림 5-10]에서 출력값 X가 진리표 (a)와 같다고 가정할 때 맵에 작성되는 좌표값도 그림 (b)맵과 같다. 진리표 (a)에서 $X=1$인 맵의 좌표는

$A=0,\ B=0,\ C=1$ 때

$A=0,\ B=1,\ C=0$ 때

$A=1,\ B=0,\ C=1$ 때

$A=1,\ B=1,\ C=0$ 때

좌표값이 각각 1이다.

A, B는 가로 좌표, C를 세로 좌표로 설정한 경우다. 세로와 가로의 좌표를 서로 바꿀 수도 있다. 그렇게 되면 맵의 모양은 A, B는 세로축 C는 가로축이 되어 세로축으로 길어지게 된다.

어떤 형태로 그리든 상관없다.

[그림 5-10] (b) 맵에서 가로축 변수 A, B의 좌표순서가 [0 0], [0, 1], [1 1], [1, 0]의 수순으로 한 이유는 간략화에서 설명하도록 한다.

또 이 진리표와 맵을 부울 함수로 표시하면 식 (5-24)와 같다.

$$F(ABC)=\sum m(1,2,5,6) \tag{5-24}$$

(4) 변수 n=4개 일 때

최소항	A	B	C	D	X
m_0	0	0	0	0	1
m_1	0	0	0	1	0
m_2	0	0	1	0	1
m_3	0	0	1	1	1
m_4	0	1	0	0	0
m_5	0	1	0	1	1
m_6	0	1	1	0	0
m_7	0	1	1	1	1
m_8	1	0	0	0	1
m_9	1	0	0	1	0
m_{10}	1	0	1	0	1
m_{11}	1	0	1	1	0
m_{12}	1	1	0	0	0
m_{13}	1	1	0	1	0
m_{14}	1	1	1	0	1
m_{15}	1	1	1	1	0

(a) 진리표

CD \ AB	0 0	0 1	1 1	1 0
0 0	1			1
0 1		1		
1 1	1	1		
1 0	1		1	1

(b) 맵

그림 5-11 변수 $n=4$개 일 때 진리표와 맵

[그림 5-11]에서 출력값 X가 (a)와 같은 진리표를 갖는다고 가정할 때 맵에 작성되는 좌표값도 그림 (b)맵과 같다.

진리표 (a)에서 $X=1$인 맵의 좌표는

$A=0$, $B=0$, $C=0$, $D=0$ 때

$A=0$, $B=0$, $C=1$, $D=0$ 때

$A=0$, $B=0$, $C=1$, $D=1$ 때

$A=0$, $B=1$, $C=0$, $D=1$ 때

$A=0$, $B=1$, $C=1$, $D=1$ 때

$A=1$, $B=0$, $C=0$, $D=0$ 때

$A=1$, $B=0$, $C=1$, $D=0$ 때

$A=1$, $B=1$, $C=1$, $D=0$ 때

맵의 좌표값이 각각 1이다.

또 이 진리표와 맵을 부울 함수로 표시하면

$$F(ABCD) = \sum m(0, 2, 3, 5, 7, 8, 10, 14) \quad (5\text{-}25)$$

식 (5-25)는 [그림 5-11] (a)와 같은 진리표로 또 (b)와 같은 맵으로 고칠 수 있다는 말과 같다.

예제 5-20

다음과 같은 진리표를 맵좌표상에 그려 넣고 또 부울 함수식으로 나타내어라.

m_i	A	B	C	f_i
0	0	0	0	1
1	0	0	1	1
2	0	1	0	0
3	0	1	1	1
4	1	0	0	0
5	1	0	1	0
6	1	1	0	1
7	1	1	1	1

(a) 진리표

C \ AB	00	01	11	10
0	1		1	
1	1	1	1	

(b) 맵

풀이

진리표 (a)에서

$A=0,\ B=0,\ C=0$ 때 $f_0=1$

$A=0,\ B=0,\ C=1$ 때 $f_1=1$

$A=0,\ B=1,\ C=1$ 때 $f_3=1$

$A=1,\ B=1,\ C=0$ 때 $f_6=1$

$A=1,\ B=1,\ C=1$ 때 $f_7=1$

이것을 맵좌표상에 표시한 것이 (b) 맵과 같다.

또 이것을 최소항 m_i에서 $i=0, 1, 3, 6, 7$에서 출력 $f_i=1$의 값을 갖는다. 따라서 이것을 부울 함수로 표시하면

$F(ABC) = \sum m(0, 1, 3, 6, 7)$

예제 5-21

$F(ABCD) = \sum m(0, 2, 4, 5, 7, 10, 13, 14)$**인 부울 함수를 진리표와 맵좌표로 완성시켜라.**

풀이

부울 함수에서 변수 A, B, C, D, 최소항 m_i라 할 때

$m_0 = \overline{A}\,\overline{B}\,\overline{C}\,\overline{D}$, $m_1 = \overline{A}\,\overline{B}\,\overline{C}D$, $m_2 = \overline{A}\,\overline{B}C\overline{D}$, $m_3 = \overline{A}\,\overline{B}CD$

$m_4 = \overline{A}B\overline{C}\,\overline{D}$, $m_5 = \overline{A}B\overline{C}D$, $m_6 = \overline{A}BC\overline{D}$, $m_7 = \overline{A}BCD$

$m_8 = A\overline{B}\,\overline{C}\,\overline{D}$, $m_9 = A\overline{B}\,\overline{C}D$, $m_{10} = A\overline{B}C\overline{D}$, $m_{11} = A\overline{B}CD$

$m_{12} = AB\overline{C}\,\overline{D}$, $m_{13} = AB\overline{C}D$, $m_{14} = ABC\overline{D}$, $m_{15} = ABCD$

이들 중 출력항을 f_i라 하면

$f_0 = f_2 = f_4 = f_5 = f_7 = f_{10} = f_{13} = f_{14} = 1$이다.

이것을 진리표로 나타내면 표 (a)와 같고 맵좌표상에 그려 넣으면 맵 (b)와 같다.

최소항	A	B	C	D	$X(f_i)$
m_0	0	0	0	0	1
m_1	0	0	0	1	0
m_2	0	0	1	0	1
m_3	0	0	1	1	0
m_4	0	1	0	0	1
m_5	0	1	0	1	1
m_6	0	1	1	0	0
m_7	0	1	1	1	1
m_8	1	0	0	0	0
m_9	1	0	0	1	0
m_{10}	1	0	1	0	1
m_{11}	1	0	1	1	0
m_{12}	1	1	0	0	0
m_{13}	1	1	0	1	1
m_{14}	1	1	1	0	1
m_{15}	1	1	1	1	0

(a) 진리표

CD \ AB	0 0	0 1	1 1	1 0
0 0	1	1		
0 1		1	1	
1 1		1		
1 0	1		1	1

(b) 맵

예제 5-22

다음 논리식을 카르나도로 표시하여라.

$X=\overline{A}\,\overline{B}CD+AB+\overline{A}\,\overline{B}\,\overline{C}$

풀이

위의 논리식을 최소항 형식으로 표시하면

$$X=\overline{A}\,\overline{B}CD+AB(C+\overline{C})(D+\overline{D})+\overline{A}\,\overline{B}\,\overline{C}(D+\overline{D})$$
$$=\overline{A}\,\overline{B}CD+(ABC+AB\overline{C})(D+\overline{D})+\overline{A}\,\overline{B}\,\overline{C}D+\overline{A}\,\overline{B}\,\overline{C}\,\overline{D}$$
$$=\overline{A}\,\overline{B}CD+ABCD+ABC\overline{D}+AB\overline{C}D+AB\overline{C}\,\overline{D}+\overline{A}\,\overline{B}\,\overline{C}D+\overline{A}\,\overline{B}\,\overline{C}\,\overline{D}$$
$$=\overline{A}\,\overline{B}\,\overline{C}\,\overline{D}+\overline{A}\,\overline{B}\,\overline{C}D+\overline{A}\,\overline{B}CD+AB\overline{C}\,\overline{D}+AB\overline{C}D+ABC\overline{D}+ABCD$$

$f_i=\sum m(0,1,3,12,13,14,15)$

이것을 카르나도로 표시하면 표 (a) 또는 (b)와 같이 된다.

CD \ AB	00	01	11	10
00	1		1	
01	1		1	
11	1		1	
10			1	

(a)

AB \ CD	00	01	11	10
00	1	1	1	
01				
11	1	1	1	1
10				

(b)

예제 5-23

변수가 4개(A, B, C, D)인 논리식 F가 다음과 같을 때 이를 카르나도로 나타내어라.

$F(A,B,C,D)=\sum(1,5,7,8,10,12,14)$

풀이

위의 식을 정리하면

$F(A,B,C,D)=\sum(1,5,7,8,10,12,14)$

$$= m_1 + m_5 + m_7 + m_8 + m_{10} + m_{12} + m_{14}$$
$$= \overline{A}\,\overline{B}\,\overline{C}D + \overline{A}B\overline{C}D + \overline{A}BCD + A\overline{B}\,\overline{C}\,\overline{D} + A\overline{B}C\overline{D}$$
$$+ AB\overline{C}\,\overline{D} + ABC\overline{D}$$

이것을 카르나도에 나타내면 표 (a) 또는 (b)와 같이 된다.

CD \ AB	0 0	0 1	1 1	1 0
0 0			1	1
0 1	1	1		
1 1		1		
1 0			1	1

(a)

AB \ CD	0 0	0 1	1 1	1 0
0 0		1		
0 1		1	1	
1 1	1			1
1 0	1			1

(b)

2. 카르나도에 의한 간략화

논리회로의 수학적 표현으로서 제시된 하나의 논리함수를 나타내는 형식이 여러 가지가 있다.

일반적으로 논리함수를 기본으로 디지털 시스템을 구성할 경우 부품의 수나 논리적인 작동은 사용하는 게이트회로 등의 특성에 의해서도 크게 좌우되지만 대체적으로 논리함수가 간편한 형식일 수록 소자의 수가 줄어들게 된다.

이와 같이 논리소자의 수를 줄이는 것은 회로를 구성함에 있어 경제성이나 동작의 신뢰성 면에서 매우 중요하다.

따라서 논리함수의 간략화는 디지털 시스템 구성에 있어 필수적이라 할 수 있다.

이것을 실현하기 위한 구체적인 방법의 하나로 카르나도법을 이용하고 있다.

(1) 인접한 항이 없거나 페어(pair)인 경우

[그림 5-12] (a)와 같이 인접한 항이 없는 경우가 있고, (b)와 같이 인접한 항이 한 쌍인 경우가 있다.

인접한 항이란 인접한 최소항(minterm)을 말한다.

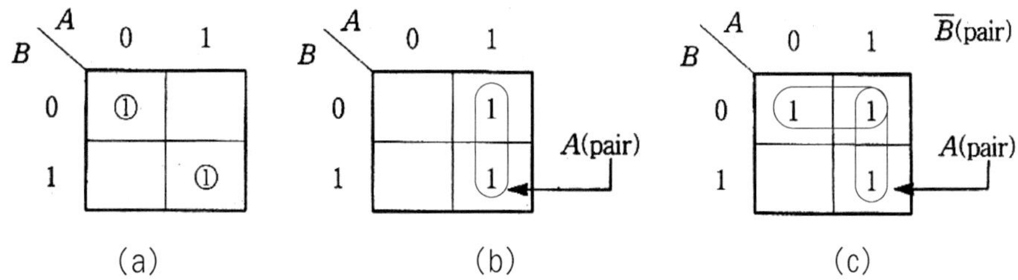

그림 5-12 인접항이 없거나 pair인 경우

[그림 5-12] (a)에서 인접한 최소항이 없을 경우 카르나도를 논리식으로 표시하면 $X=\overline{A}\,\overline{B}+AB$와 같이 간략화가 되지 않는다.

그러나 (b)와 같이 인접한 한 쌍을 pair라고 하며 논리식으로 표시하면, $X=A\overline{B}+AB=A(\overline{B}+B)=A$와 같이 변수 A를 공통으로 1이며, 변수 B는 0과 1 즉, $\overline{B}$와 B임을 감안하면 페어일 경우는 간략하게 된다.

그림 (c)의 경우는 페어(pair)가 2개 있다. (c) 그림에서 A(pair)라고 화살표시된 부분은 그림 (b)와 같은 이론이 되고, $\overline{B}$(pair)라고 화살표시 된 부분을 간략화해 보면 $\overline{A}\,\overline{B}+A\overline{B}=\overline{B}(\overline{A}+A)=\overline{B}$가 된다. 따라서 그림 (c)의 두 개의 페어를 합친 출력값 $X=A+\overline{B}$가 된다.

이 방법은 바이취(Veitch)에 의해서 구성되고 카르나(Karnaugh)에 의해 수정보완된 것으로 인접된 최소항들로 짝을 짓는 방법인데 이것은 2^n개 씩 짝을 짓는다.

여기서 $n=0, 1, 2, 3 \cdots$

따라서 $n=0$ 일 때 1개

$n=1$ 일 때 2개

$n=2$ 일 때 4개

$n=3$ 일 때 8개

$n=4$ 일 때 16개

등으로 짝을 짓는데 짝의 수가 큰 것이 우선이다.

즉 16개의 짝이 없으면 8개,

8개의 짝이 없으면 4개,

4개의 짝이 없으면 2개,

2개의 짝이 없으면 1개의 방식으로 짝을 짓는다.

예제 5-24

페어를 이용하여 다음 진리표로부터 카르나도를 완성하고 간략화 하여라.

A	B	X
0	0	0
0	1	1
1	0	0
1	1	1

(a) 진리표

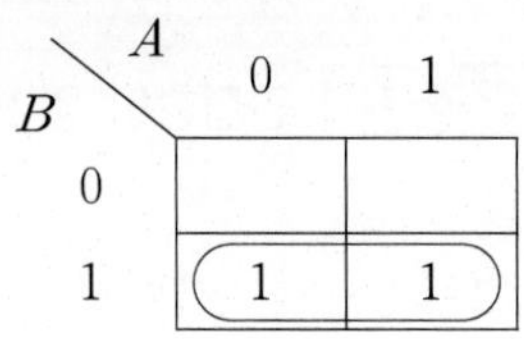

(b) 카르나도

풀이

진리표 (a)로 부터 카르나도 맵을 구성하면 (b)와 같다. 진리표에서 1을 선택하면 최소항 형식 $X=\overline{A}B+AB$와 같은 적의합(SOP)형식이 된다.
이것을 부울 대수의 분배법칙을 이용하여 간략화하면
$X=B(\overline{A}+A)=B$가 된다.
그리고 카르나도에 의한 간략화는 A가 0과 1에 결쳐 있고 B는 1로 공통이다. 따라서 윗식의 부울 대수의 분배법칙에서 알 수 있듯이 $B=1$ 즉 $X=B$가 된다.

(2) 인접한 항이 쿼드(Quad)인 경우

[그림 5-13](a)의 경우는 최소항 4개(quad)가 나란히 인접하고 있다. 가로축으로 CD변 [0, 1]이 공통으로 $\overline{C}D$가 된다.

세로축으로 AB변 [1, 0]이 공통인 $A\overline{B}$가 되어 이들 최소항 들의 카르나도에 의한 간략화는 $X=A\overline{B}+\overline{C}D$가 된다. CD변 [0, 1]이 공통이 되면 $\overline{C}D$가 되는 이유는 다음과 같다.

각 최소항의 합을 Y라 하면

$$\begin{aligned} Y &= \overline{A}\,\overline{B}\,\overline{C}D+\overline{A}B\overline{C}D+AB\overline{C}D+A\overline{B}\,\overline{C}D \\ &= \overline{C}D(\overline{A}\,\overline{B}+\overline{A}B+AB+A\overline{B}) \\ &= \overline{C}D(\overline{A}+A)(\overline{B}+B)=\overline{C}D \end{aligned} \tag{5-26}$$

같은 방법으로 AB변 [0, 1]이 공통이 되면 $A\overline{B}$가 되는 이유도 각 최소항의 합을 Z라 하면

$$
\begin{aligned}
Z &= \overline{A}B\overline{C}\overline{D} + \overline{A}B\overline{C}D + \overline{A}BCD + \overline{A}BC\overline{D} \\
&= \overline{A}B(\overline{C}\overline{D} + \overline{C}D + CD + C\overline{D}) \qquad (5\text{-}27) \\
&= \overline{A}B(\overline{C} + C)(\overline{D} + D) = \overline{A}B
\end{aligned}
$$

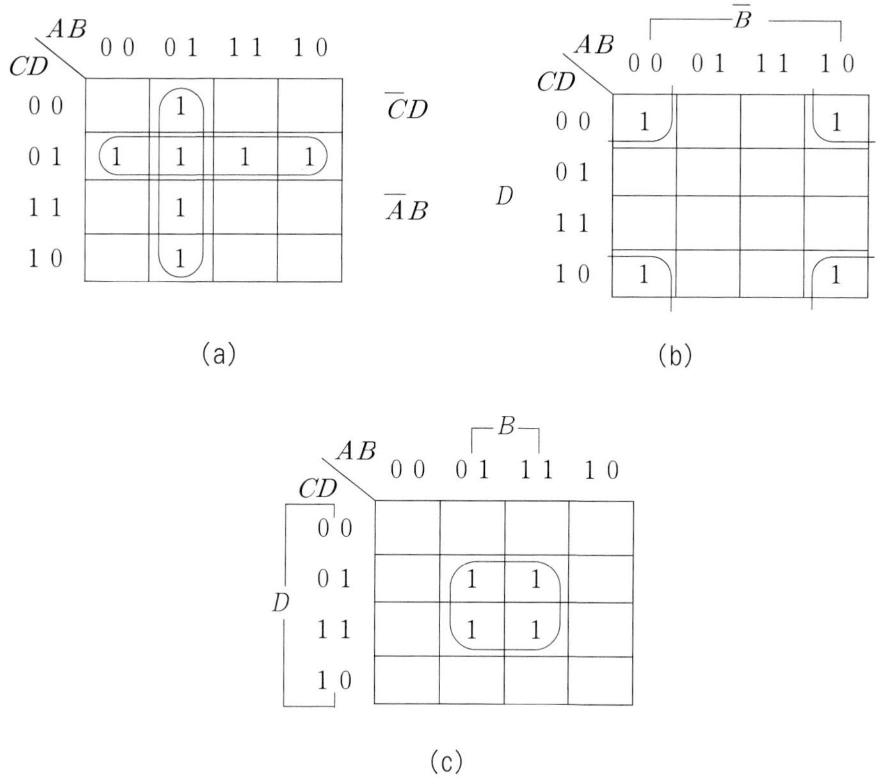

그림 5-13 인접한 항이 쿼드(quad)인 경우

결론적으로 식 (5-26)과 식 (5-27)을 합치면 식 (5-28)이 그림 (a)의 카르나도의 간략화된 최종 식이 된 것이다.

$$X = Y + Z = \overline{C}D + \overline{A}B \qquad (5\text{-}28)$$

그림 (b) 카르나도에서는 AB축에서는 AB가 [0, 0], [1, 0]의 공통 0인 $\overline{B}$이고, CD축에서는 CD가 [0, 0], [1, 0]의 공통 0인 $\overline{D}$이다.

따라서 [그림 5-13] (b)의 간략화된 식은 식 (5-29)와 같다.

$$X = \overline{B}\,\overline{D} \tag{5-29}$$

그림 (c) 카르나도에서도 AB축에서는 AB가 [0, 1], [1, 1]의 공통인 B이고, CD축에서는 CD가 [0, 1], [1, 1]의 공통인 D이다.

따라서 [그림 5-13] (c)의 간략화된 식은 식 (5-30)과 같다.

$$X = BD \tag{5-30}$$

결과식 (5-29) $X = \overline{B}\,\overline{D}$를 부울 대수식의 간략화로 설명하면

$$\begin{aligned} X &= \overline{A}\,\overline{B}\,\overline{C}\,\overline{D} + A\overline{B}\,\overline{C}\,\overline{D} + \overline{A}\,\overline{B}C\overline{D} + A\overline{B}C\overline{D} \\ &= \overline{B}\,\overline{C}\,\overline{D}(\overline{A} + A) + \overline{B}C\overline{D}(\overline{A} + A) \\ &= \overline{B}\,\overline{C}\,\overline{D} + \overline{B}C\overline{D} = \overline{B}\,\overline{D}(\overline{C} + C) = \overline{B}\,\overline{D} \end{aligned} \tag{5-31}$$

같은 방법으로 결과식 (5-30) $X = BD$를 부울 대수식의 간략화로 설명하면

$$\begin{aligned} X &= \overline{A}B\overline{C}D + AB\overline{C}D + \overline{A}BCD + ABCD \\ &= B\overline{C}D(\overline{A} + A) + BCD(\overline{A} + A) \\ &= B\overline{C}D + BCD = BD(\overline{C} + C) = BD \end{aligned} \tag{5-32}$$

따라서 식 (5-29)와 식 (5-30)에서 공통인 문자를 택하는 이유가 분명해지고 AB축과 CD축에서 [0, 0], [0, 1], [1, 1], [1, 0]의 순서로 택하는 이유도 여기에 있다.

예제 5-25

$F(ABCD) = \sum(0, 2, 4, 6, 9, 11, 13, 15)$**인 부울함수로 부터 진리표를 그리고 카르나도 맵을 완성하여 간략화 하여라.**

풀이

i	A	B	C	D	X
0	0	0	0	0	1
1	0	0	0	1	0
2	0	0	1	0	1
3	0	0	1	1	0
4	0	1	0	0	1
5	0	1	0	1	0
6	0	1	1	0	1
7	0	1	1	1	0
8	1	0	0	0	0
9	1	0	0	1	1
10	1	0	1	0	0
11	1	0	1	1	1
12	1	1	0	0	0
13	1	1	0	1	1
14	1	1	1	0	0
15	1	1	1	1	1

(a) 진리표

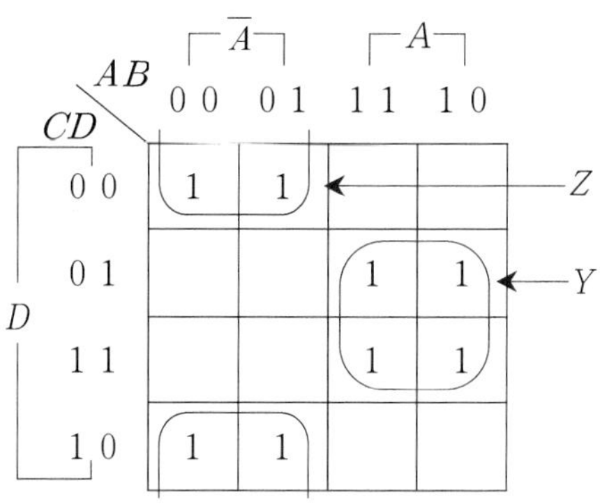

(b) 카르나도

부울함수 $F(ABCD) = \sum(0, 2, 4, 6, 9, 11, 13, 15)$를 진리표로 나타내면 (a)진리표와 같이 된다.

이 진리표로 부터 카르나도맵으로 그리면 그림 (b) 카르나도와 같다. 이 카르나도에 간략화하면 $Z = \overline{A}\,\overline{D}$, $Y = AD$가 되고 최종 출력 X를 카르나도에서 간략화하면 $Y+Z$가 되어 $X = Y+Z = AD + \overline{A}\,\overline{D} = \overline{A \oplus D} = A \odot D$라는 간략화 논리식이 된다.

(3) 인접한 항이 옥테드(Octet)인 경우

[그림 5-14]는 최소항 8개가 나란히 인접한 경우로서 그림 (a)를 간략화하면 $X = \overline{A}$, 그림 (b)를 간략화하면 $X = B$가 된다. 특히 그림 (b)에서서는 x축에서는 A가 되지만 y축에서는 변수 CD가 [00, 01, 11, 10]에 다 걸쳐 있으므로

$$
\begin{aligned}
CD &= \overline{C}\,\overline{D} + \overline{C}D + CD + C\overline{D} \\
&= \overline{C}(\overline{D} + D) + C(D + \overline{D}) \\
&= \overline{C} + C = 1
\end{aligned}
$$

즉 y축 변수 $CD = 1$이므로 $X = B$이다.

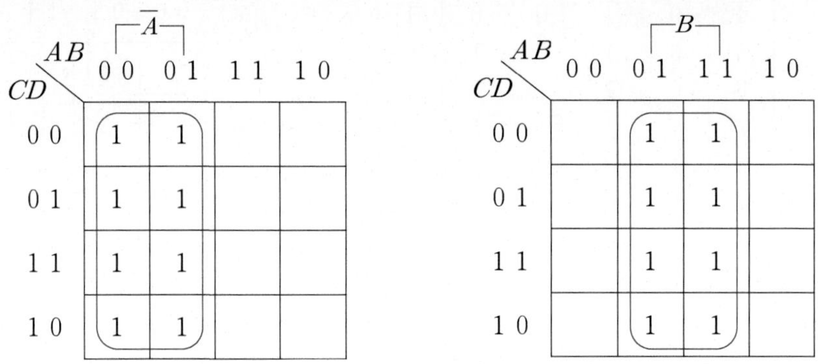

(a) (b)

그림 5-14 인접한 항이 옥테인 경우

[그림 5-14] (a)에서 카르나도에 있는 간략화 전의 최소항 형식을 X라 하면

$$
\begin{aligned}
X &= \overline{A}\,\overline{B}\,\overline{C}\,\overline{D} + \overline{A}\,\overline{B}\,\overline{C}D + \overline{A}\,\overline{B}CD + \overline{A}\,\overline{B}C\overline{D} + \overline{A}B\overline{C}\,\overline{D} \\
&\quad + \overline{A}B\overline{C}D + \overline{A}BCD + \overline{A}BC\overline{D} \\
&= \overline{A}\,\overline{B}\,\overline{C}(\overline{D} + D) + \overline{A}\,\overline{B}C(D + \overline{D}) + \overline{A}B\overline{C}(\overline{D} + D) \\
&\quad + \overline{A}BC(D + \overline{D}) \qquad (5\text{-}33) \\
&= \overline{A}\,\overline{B}\,\overline{C} + \overline{A}\,\overline{B}C + \overline{A}B\overline{C} + \overline{A}BC \\
&= \overline{A}\,\overline{B}(\overline{C} + C) + \overline{A}B(\overline{C} + C) \\
&= \overline{A}\,\overline{B} + \overline{A}B = \overline{A}(\overline{B} + B) = \overline{A}
\end{aligned}
$$

식 (5-33)의 결과식과 같이 $X = \overline{A}$가 된다.

[그림 5-14] (b)에서도 같은 방법으로 간략화 전의 최소항 형식을 X라 하면

$$
\begin{aligned}
X &= \overline{A}B\overline{C}\,\overline{D} + \overline{A}B\overline{C}D + \overline{A}BCD + \overline{A}BC\overline{D} + AB\overline{C}\,\overline{D} \\
&\quad + AB\overline{C}D + ABCD + ABC\overline{D} \\
&= \overline{A}B\overline{C}(\overline{D} + D) + \overline{A}BC(D + \overline{D}) + AB\overline{C}(\overline{D} + D) \\
&\quad + ABC(D + \overline{D}) \qquad (5\text{-}34) \\
&= \overline{A}B\overline{C} + \overline{A}BC + AB\overline{C} + ABC \\
&= \overline{A}B(\overline{C} + C) + AB(\overline{C} + C) \\
&= \overline{A}B + AB = B(\overline{A} + A) = B
\end{aligned}
$$

식 (5-34) 결과식과 같이 $X = B$가 된다.

이와 같이 CD변이 1이 됨을 알 수 있다.

이것을 카르나도로 간략화 하기 위해 변 AB와 CD의 인접한 항들을 [0, 0]→[0, 1]→[1, 1]→[1, 0]의 순으로 카르나도 맵의 인접을 택하는 이유도 간략화를 쉽게 하는데 있다.

예제 5-26

그림 (a)와 같은 카르나도로 부터 간략화된 식을 구하여라.

풀이

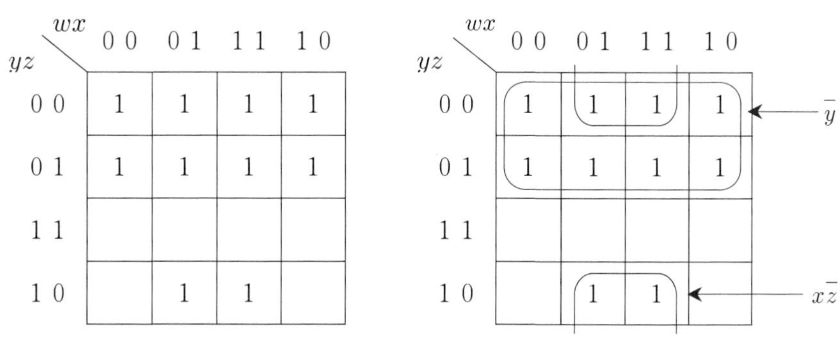

(a) (b)

그림 (b)와 같이 옥테드(octet) 하나와 쿼드(quad) 하나로 인접되어 있다.

여기서 옥테드에서는 yz축에서 공통은 $\overline{y}$이고 wx축에서는 전부이므로 결과는 $\overline{y}$이고, 쿼드에서는 wx축에서는 x가 공통이고, yz축에서는 $\overline{z}$가 공통이므로 결과는 $x\overline{z}$이다.

따라서 두 결과의 간략화된 논리식 $X = \overline{y} + x\overline{z}$가 된다.

예제 5-27

$F(ABC) = \sum(0, 2, 5, 6, 7)$인 부울 함수로 부터 카르나도 맵을 완성하고 카르나도법에 의한 간략화된 논리식을 구하라.

풀이

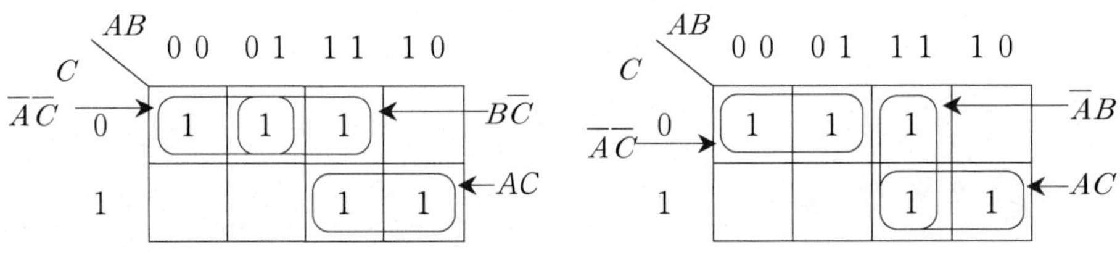

(a) (b)

부울 함수는 $F(ABC) = \sum(0, 2, 5, 6, 7) = \overline{A}\,\overline{B}\,\overline{C} + \overline{A}B\overline{C} + A\overline{B}C + AB\overline{C} + ABC$ 와 같이 최소항 형식으로 나타낼 수 있고 이것을 카르나도에 맵으로 거려 넣은 것이 각각 그림 (a), (b)와 같고 이것은 (a)와 같은 3개의 페어(pair)를 갖는 그룹과 그림 (b)와 같은 3개의 페어를 갖는 그룹으로도 가능하다.

따라서 그림 (a)에서는 $F(ABC) = \overline{A}\,\overline{C} + B\overline{C} + AC$,

그림 (b)에서는 $F(ABC) = \overline{A}\,\overline{C} + AB + AC$

라는 2개의 서로 다른 간략화된 식을 얻을 수 있고 서로 다른 두 가지의 답을 얻게 된다.

이와 같이 카르나도(Karnaugh Map)에 의한 간략화는 변수가 많아지면서 복잡해지고 간략화된 값도 그룹을 짓는 방법에 따라 서로 다르게 되는 결점이 있다.

예제 5-28

그림 (a)와 같은 카르나도에서 간략화된 논리식을 구하라.

풀이

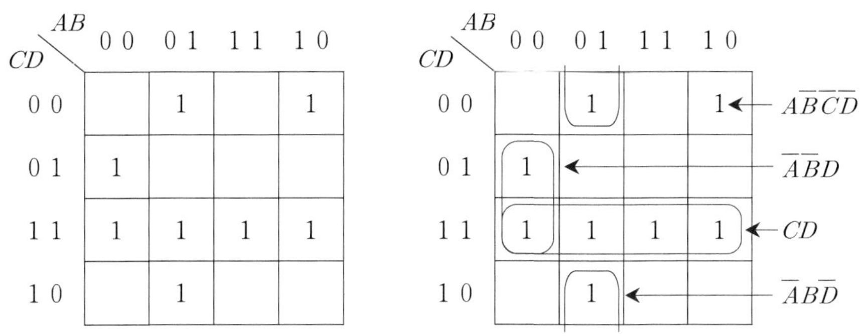

(a) (b)

그림 (a)와 같은 카르나도를 페어그룹 2개, 쿼드그룹 1개 그리고 인접항이 없는 독립된 최소항 1개로 그룹을 구성할 수 있다. 이 그룹들을 식으로 나타내면

$X = CD + \bar{A}\,\bar{B}D + \bar{A}B\bar{D} + A\bar{B}\,\bar{C}\,\bar{D}$가 된다.

예제 5-29

다음의 부을 대수식으로 부터 카르나도를 이용하여 간략화된 논리식을 구하라.

$$F(ABCD) = A\bar{B}\bar{C}D + A\bar{B}\,\bar{C}D + AB\bar{C}D + AB\bar{C}\,\bar{D} + \bar{A}BCD$$
$$+ \bar{A}B\bar{C}D + \bar{A}\,\bar{B}CD + \bar{A}\,\bar{B}C\bar{D} + \bar{A}\,\bar{B}\,\bar{C}D$$

풀이

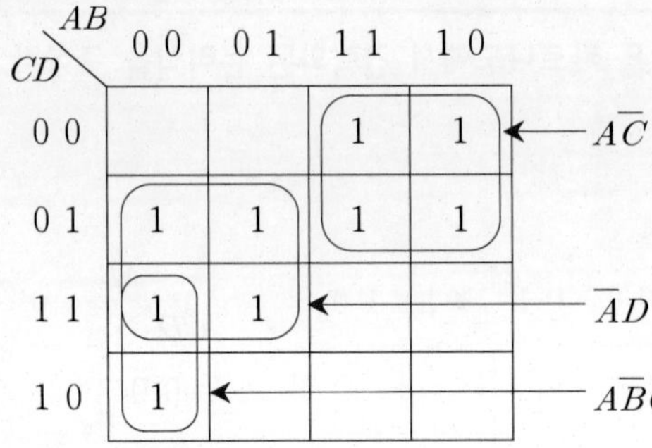

$\therefore F(ABCD) = A\overline{C} + \overline{A}C + \overline{A}\,\overline{B}C$

(4) 무정의 상태(don't care condition)

지금까지는 모든 입력변수의 결합에 대하여 논리함수가 반드시 성립한다 가정이다. 그러나 실제로 모든 입력변수의 조합 중에는 여기에 대응하는 논리작동이 절대로 일어나지 않거나 근본적인 영향을 주지 못하는 경우가 있다.

다시 말해서 입력변수의 결합이 하등의 논리적 의미도 갖지 않으며 논리적 출력 상태도 확정지을 수 없는 경우가 있다. 이와 같은 입력의 결합은 무시된 입력(don't care input) 또는 결합금지 입력이 되고 결과는 무정의 상태가 된다.

예를 들면 〈표 5-6〉에서 8421 코드에서 0000부터 1001까지 10개의 코드로 구성되며, 1010부터 1111까지 6개의 입력코드에 대해서는 작동하지 않는다.

▌표 5-6 ▌ 무시된 입력

10진수	A	B	C	D	Y
0	0	0	0	0	0
1	0	0	0	1	0
2	0	0	1	0	0
3	0	0	1	1	0
4	0	1	0	0	0
5	0	1	0	1	0
6	0	1	1	0	0
7	0	1	1	1	0
8	1	0	0	0	0
9	1	0	0	1	1
10~15		×			×

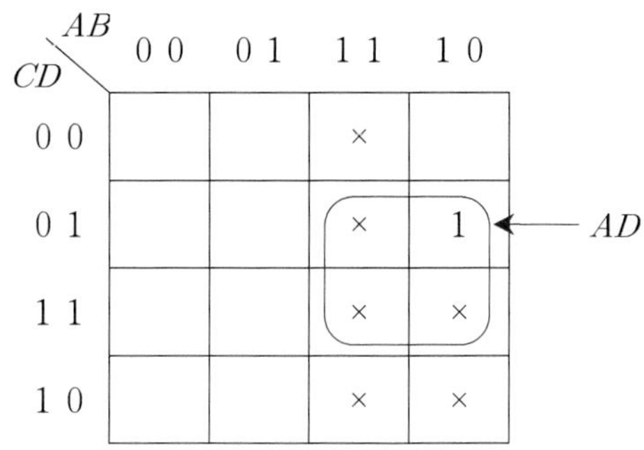

그림 5-15 무시된 입력항의 표시

[그림 5-15]에서 무시된 입력항을 표시하는 방법은 '×'로 표시하고 있다. '×'로 표시한 10진수 10~15까지 6개의 입력항에 해당되는 출력의 결과 표시이다.

〈표 5-6〉에서 0~8까지는 '0'이고 0만이 '1'이다. '1'을 중심으로 '×'를 1로 보아 쿼드(quad)로 그룹을 지을 수 있다.

따라서 $Y = AD$라는 간략화된 논리식을 구할 수 있다.

예제 5-30

$F(wxyz) = \sum(0, 3, 4, 6, 8, 12, 14)$**인 부울 함수를 간략화 하여라. 단 무시된 입력항의 상태** $d(wxyz) = \sum(9, 10, 11, 13, 15)$**이다.**

풀이

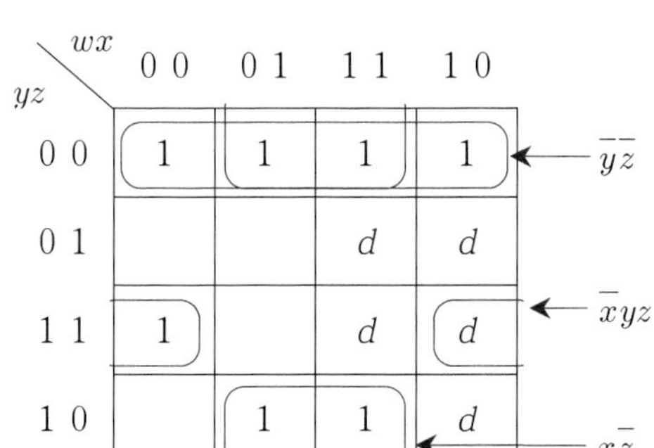

따라서 $F(wxyz) = x\overline{z} + \overline{y}\,\overline{z} + \overline{x}yz$

예제 5-31

한 단위의 8421 코드 중 3으로 나누어지는 수만을 검출하는 논리회로를 설계하라.

풀이

풀이 한 단위의 8421 코드 중 3으로 나누어지는 진리표와 이 진리표로부터 카르나도를 그리면 다음과 같다.

10진수	8421 코드				출력
	A	B	C	D	
0	0	0	0	0	1
1	0	0	0	1	0
2	0	0	1	0	0
3	0	0	1	1	1
4	0	1	0	0	0
5	0	1	0	1	0
6	0	1	1	0	1
7	0	1	1	1	0
8	1	0	0	0	0
9	1	0	0	1	1
10~15	×				×

(a) 진리표

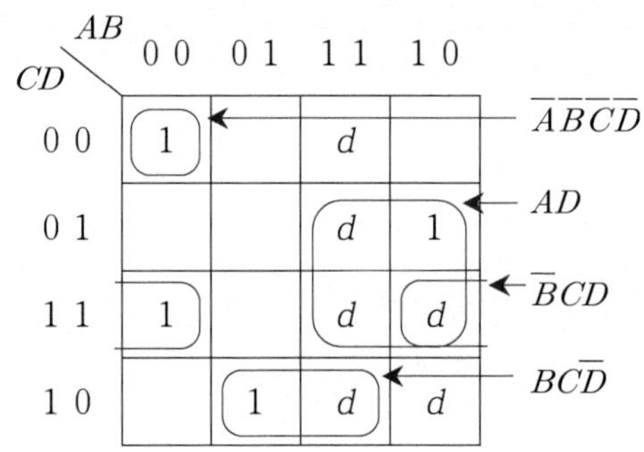

(b) 카르나도

따라서 $F(ABCD) = AD + BC\overline{D} + \overline{B}CD + \overline{A}\,\overline{B}\,\overline{C}\,\overline{D}$

5-7 퀸-멕클로스키법에 의한 논리함수 간략화

일명 테이블법 이라고도 하며 변수가 5개 이상이 되면 카르나도법을 이용했을 때 정확한 값을 얻을수 없을 뿐 아니라 테이블법을 이용하는 방법에 따라 다른 결과가 나타나기도 하는 결점이 있다. 따라서 변수가 5개 이상일 경우에는 테이블법(tabular method)이 유리하다.

테이블법은 퀸-멕클로스키(Quine-McCluskey)법 또는 도표법이라고도하며, 부울 함수에 대한 간소화된 논리곱의 합항 표현을 만들도록 개발되었다. 단계적 절차 방법으로 변수가 많아도 비교적 복잡하지 않아 편하며, 컴퓨터 프로그램을 작성하기에 적합하다.

그러나 절차 방법이 매우 복잡해서 지루할 뿐 아니라 실수할 가능성이 많은 단점도 있다.

이 방법은 Quine에 의하여 제안되고, McCluskey가 발전 시킨 방법이다. 이 방법은 크게 4단계로 나눌수 있는데 첫째, 변수에 의해 표시된 모든항을 논리곱의 합(minterm)형식으로 찾아내는데, 이때 논리곱의 합항들을 주항(prime implicant)이라 한다. 둘째 단계로서 가장 작은 수의 변수 문자로 표현하는 절차를 주항선택이라 한다.

셋째 단계로서 선별된 주황을 간소화된 함수로 표현하는 진성주항(essential prime implicant) 표현을 거쳐서 간략화된 변수식으로 표현한다.

넷째 단계로는 진성주항의 임의의 최소항을 2진수로 나타내고 같은 가중치의 자리수가 일치하지 않는 자리수를 제거하여 최종 논리식을 얻는다.

이제 위의 4단계별로 실행하기 위하여 4개의 변수를 갖는 다음과 같은 논리함수의 예를 들기로 한다.

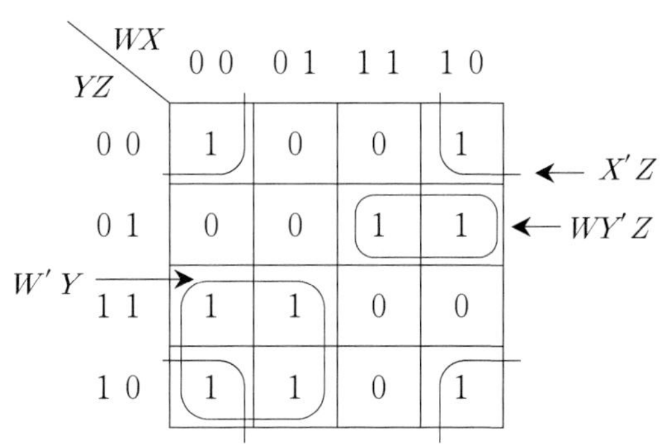

$\therefore F(W,X,Y,Z) = X'Z + W'Y + WY'Z$

$$
\begin{aligned}
F(wxyz) &= m_0 + m_2 + m_3 + m_6 + m_7 + m_8 + m_9 + m_{10} + m_{13} \\
&= \overline{w}\,\overline{x}\,\overline{y}\,\overline{z} + \overline{w}\,\overline{x}\,y\,\overline{z} + \overline{w}\,\overline{x}\,y\,z + \overline{w}\,x\,y\,\overline{z} + \overline{w}\,x\,y\,z + w\,\overline{x}\,\overline{y}\,\overline{z} \\
&\quad + w\,\overline{x}\,\overline{y}\,z + w\,\overline{x}\,y\,\overline{z} + w\,x\,\overline{y}\,z \\
&= \sum m(0, 2, 3, 6, 7, 8, 9, 10, 13) = X'Z' + W'Y + WY'Z
\end{aligned}
$$

첫째 단계

최소항들을 2진수 형식으로 나타내고 각 최소항 내의 논리 1의 수를 헤아려 〈표 5-7〉과 같이 최소항 표를 1의 개수의 순서로 배열한다.

▌표 5-7 ▌ 1의 개수의 순서 배열 최소항

1의 그룹(개)	최소항	
0	m_0	0 0 0 0
1	m_2	0 0 1 0
	m_8	1 0 0 0
2	m_3	0 0 1 1
	m_6	0 1 1 0
	m_9	1 0 0 1
	m_{10}	1 0 1 0
3	m_7	0 1 1 1
	m_{13}	1 1 0 1

둘째 단계

1의 그룹에서 0그룹의 최소항과 1의 그룹에서 1개의 그룹의 최소항을 비교하여 두 최소항이 한자리만 다르고 나머지 자리는 같은 것들을 찾아 '✓'표를 하고 1의 그룹과 2의 그룹, 또 2의 그룹과 3의 그룹과 비교하여 두 최소항이 한자리만 다르고 나머지 자리는 같은 것들을 찾아 '✓' 표를 한다.

이때 제 1감축표에 이 두최소항을 나타내는 새로운 최소항을 기입하고 두 치소항에서 같은 자리 0 또는 1은 그대로 두고 틀린 자리만 ×로 표시한다.

예를 들면 최소항 m_0(0000)와 m_2(0010)는 결합되어 00×0가 되고 m_0와 m_8은 결합되어 ×000로 나타낸다.

▌표 5-8▐ 제1감축

(Ⅰ) 본래의 최소항			(Ⅱ) 제 1 감축		
1의 그룹	최소항		제 1 감축		
0	m_0	0 0 0 0 ✓	0과 1그룹	0, 2	0 0 × 0
				0, 8	× 0 0 0
1	m_2	0 0 1 0 ✓	1과 2그룹	2, 3	0 0 1 ×
	m_8	1 0 0 0 ✓		2, 6	0 × 1 0
2	m_3	0 0 1 1 ✓		2, 10	× 0 1 0
	m_6	0 1 1 0 ✓		8, 9	1 0 0 ×
	m_9	1 0 0 1 ✓		8, 10	1 0 × 0
	m_{10}	1 0 1 0 ✓	2와 3그룹	3, 7	0 × 1 1
3	m_7	0 1 1 1 ✓		6, 7	0 1 1 ×
	m_{13}	1 1 0 1 ✓		9, 13	1 × 0 1

이렇게 해서 얻어진 제 1감축표 본래의 최소항들을 10진수와 함께 기록한 것이 〈표 5-8〉이다.

셋째 단계

제 1 감축표에서 〈표 5-9〉 제 2 감축을 얻어내는 것으로 앞 단계에서와 같이 각 그룹내의 각 최소항은 바로 밑의 그룹의 각 최소항들과 비교되고, 한자리만 서로 틀리고 나머지 자리는 같은 것끼리 결합시킨다.

예를 들면 〈표 5-8〉 제 1 감축표에서 0, 2(00×0)와 8, 10(10×0)을 비교하면 맨 왼쪽 한자리 A만 틀리고 BCD는 같으므로 이들 둘을 결합하면 0, 2, 8, 10(×0×0)이 되어 〈표 5-9〉의 제2 감축표에 기입하고, 00×0와 10×0에는 ✓표를 한다.

같은 방법으로 0, 8(×000)과 2, 10(×010)이 합쳐지므로 ✓표를 하고 이들의 결합된 0, 8, 2, 10(×0×0)은 이미 앞에서 기입되어 있으므로 중복하여 쓸 필요가 없다. 제 1 감축 ✓표가 되지 않은 것과 제 2 감축에서 더 이상 결합이 되지 않은 것에 별표(*)를 한다.

이것들을 주항(prime implicant)이라 한다. 〈표 5-9〉에서 논리식을 세울 때 *표가 있는 이들 주항들을 빼놓을 수 없는 것들이지만 모든 주항을 포함하는 논리곱의 합형의 논리식이 가장 간단할 가능성이 많다. 그런데 그 이유는 주항들 사이에 중복된 부분이 있을 가능성이 있기 때문이다.

따라서 다음과 같은 방법으로 이들 주항들로부터 진성주항(essential prime implicant)을 찾아낸다.

▌표 5-9▌ 제 2 감축

(Ⅰ) 제 1 감축			(Ⅱ) 제 2 감축	
0과 1그룹	0, 2	0 0 × 0 ✓	*0, 2, 8, 10	× 0 × 0
	0, 8	× 0 0 0 ✓	*2, 3, 6, 7	0 × 1 ×
1과 2그룹	2, 3	0 0 1 × ✓		
	2, 6	0 × 1 0 ✓		
	2, 10	× 0 1 0 ✓		
	*8, 9	1 0 0 ×		
	8, 10	1 0 × 0 ✓		
2와 3그룹	3, 7	0 × 1 1 ✓		
	6, 7	0 1 1 × ✓		
	*9, 13	1 × 0 1		

〈표 5-9〉에서 진성주항을 찾아내기 위하여 〈표 5-10〉과 같은 주항표를 작성한다.

작성하는 요령은 〈표 5-10〉과 같이 주항 (0, 2, 8, 10), (2, 3, 6, 7), (8, 9), (9, 13)을 최소항란에 ×표로 표시한다. 이표에서 0, 3, 6, 7, 10, 13의 열에 ×가 하나뿐인 난에 ✓표를 한다. 여기서 0을 포함하고 있는 주항 (0, 2, 8, 10)은 m_0를 포함하는 유일한 것으로 진성주항이라 하고 그 왼편에 *표로 표시한다.

▌표 5-10▌ 주항표

진성주항(*)	주항 \ 최소항	0	2	3	6	7	8	9	10	13
*	0, 2, 8, 10	×	×				×		×	
*	2, 3, 6, 7		×	×	×	×				
	8, 9						×	×		
*	9, 13							×		×
		✓		✓	✓	✓			✓	✓

같은 방법으로 3, 6, 7도 주항 (2, 3, 6, 7)과 (9, 13)에 대해서도 *표로 표시하고, (8, 9)는 진성주항이 아니므로 *표를 하지 않는다.

즉, (8, 9)에서 8은 (0, 2, 8, 10)에 포함되고, 9는 (9, 13)에 포함된다는 것이다.

넷째 단계

진성주항의 임의의 최소항을 2진수로 나타내고 같은 가중치의 자리수가 일치되지 않은 자리수를 다음과 같이 빗금을 친다.

진성주항 (0, 2, 8, 10)에서

$$\begin{array}{lcl} & WXYZ & \\ 0 \rightarrow & \not 0\ 0\ \not 0\ 0 & \\ 2 \rightarrow & \not 0\ 0\ \not 1\ 0 & \rightarrow X'Z \\ 8 \rightarrow & \not 1\ 0\ \not 0\ 0 & \\ 10 \rightarrow & \not 1\ 0\ \not 1\ 0 & \end{array}$$

진성주항 (2, 3, 6, 7)에서

$$\begin{array}{lcl} & WXYZ & \\ 2 \rightarrow & 0\ \not 0\ 1\ \not 0 & \\ 3 \rightarrow & 0\ \not 0\ 1\ \not 1 & \rightarrow W'Y \\ 6 \rightarrow & 0\ \not 1\ 1\ \not 0 & \\ 7 \rightarrow & 0\ \not 1\ 1\ \not 1 & \end{array}$$

진성주항 (9, 13)에서

$$\begin{array}{lcl} & WXYZ & \\ 9 \rightarrow & 1\ \not 0\ 0\ 1 & \rightarrow WY'Z \\ 13 \rightarrow & 1\ \not 1\ 0\ 1 & \end{array}$$

이와 같이 하여 간략화된 최종 논리식을 다음과 같이 얻는다.

$$F(W,X,Y,Z) = X'Z + W'Y + WY'Z$$

예제 5-32

다음 함수의 간략화를 테이블법에 의하여 구하여라.

$F(A, B, C, D) = \sum m(0, 1, 2, 8, 10, 11, 14, 15)$

풀이

앞서 자세히 설명한 내용을 간략화하면서 함축성 있게 3단계로 나누어 설명하기로 한다. 첫째, 주항의 결정을 위하여 〈표 5-11〉을 작성한다.

▌표 5-11 ▌ 주항결정

본래의 최소항			제 1 감축			제 2 감축	
1의 그룹	최소항						
0	m_0	✓	0과 1그룹	*0, 1	0 0 0 ×	*0, 2, 8, 10	× 0 × 0
				0, 2	0 0 × 0 ✓	0, 8, 2, 10	× 0 × 0
1	m_1	✓		0, 8	× 0 0 0 ✓	*10,11,14,15	1 × 1 ×
	m_2	✓	1과 2그룹	2, 10	× 0 1 0 ✓	10,14,11,15	1 × 1 ×
	m_8	✓		8, 10	1 0 × 0 ✓		
2	m_{10}	✓	2와 3그룹	10, 11	1 0 1 × ✓		
3	m_{11}	✓		10, 14	1 × 1 0 ✓		
	m_{14}	✓	3과 4그룹	11, 15	1 × 1 1 ✓		
4	m_{15}	✓		14, 15	1 1 1 × ✓		

둘째, 〈표 5-12〉와 같이 진성주항을 결정한다.

▌표 5-12 ▌ 진성주항의 결정

진성주항(*)	주항 \ 최소항	0	1	2	8	10	11	14	15
*	0, 1	×	×						
*	0, 2, 8, 10	×		×	×	×			
*	10, 11, 14, 15					×	×	×	×
			✓	✓	✓		✓	✓	✓

진성주항은 (0, 1), (0, 2, 8, 10), (10, 11, 14, 15)가 된다.

셋째, 진성주항의 임의의 최소항을 2진수로 나타내고 간략화된 최종 논리식을 구한다.

진성주항 (0, 1)에서

$$
\begin{array}{ll}
 & ABCD \\
0 \rightarrow & 0\,0\,0\,\not{0} \\
1 \rightarrow & 0\,0\,0\,\not{1}
\end{array}
\Bigg] \rightarrow \overline{A}\,\overline{B}\,\overline{C}
$$

진성주항 (0, 2, 8, 10)에서

$$
\begin{array}{ll}
 & ABCD \\
0 \rightarrow & \not{0}\,0\,\not{0}\,0 \\
2 \rightarrow & \not{0}\,0\,\not{1}\,0 \\
8 \rightarrow & \not{1}\,0\,\not{0}\,0 \\
10 \rightarrow & \not{1}\,0\,\not{1}\,0
\end{array}
\Bigg] \rightarrow \overline{B}\,\overline{D}
$$

진성주항 (10, 11, 14, 15)에서

$$
\begin{array}{ll}
 & ABCD \\
10 \rightarrow & 1\,\not{0}\,1\,\not{0} \\
11 \rightarrow & 1\,\not{0}\,1\,\not{1} \\
14 \rightarrow & 1\,\not{1}\,1\,\not{0} \\
15 \rightarrow & 1\,\not{1}\,1\,\not{1}
\end{array}
\Bigg] \rightarrow AC
$$

따라서 간략화된 논리식은

$F(A, B, C, D) = \overline{A}\,\overline{B}\,\overline{C} + \overline{B}\,\overline{D} + AC$

예제 5-33

다음 식을 진성주항을 구하여 간략화하고, 또 카르나도법에 의해서도 간략화하여 그 간략화된 논리식을 비교하라.

$F(A, B, C, D) = \sum m\,(1, 4, 6, 7, 8, 9, 10, 11, 15)$

풀이

첫째 표준화법에 의한 간략화를 구하기 위하여 〈표 5-13〉을 작성하여 주항을 결정하여라.

▌표 5-13 ▌ 주항결정

<table>
<tr><th colspan="2">본래의 최소항</th><th colspan="2" rowspan="2">제 1 감축</th><th rowspan="2">제 2 감축</th></tr>
<tr><th>1의 그룹</th><th>최소항</th></tr>
<tr><td>1</td><td>m_1 0 0 0 1 ✓
m_4 0 1 0 0 ✓
m_8 1 0 0 0 ✓</td><td rowspan="2">1과 2그룹</td><td rowspan="2">*1, 9 × 0 0 1
*4, 6 0 1 × 0
8, 9 1 0 0 × ✓
8, 10 1 0 × 0 ✓</td><td>*8,9,10,11 1 0 ××</td></tr>
<tr><td rowspan="2">2</td><td rowspan="2">m_6 0 1 1 0 ✓
m_9 1 0 0 1 ✓
m_{10} 1 0 1 0 ✓</td><td>8,10,9,11 1 0 ××</td></tr>
<tr><td rowspan="2">2와 3그룹</td><td rowspan="2">*6, 7 0 1 1 ×
9, 11 1 0 × 1 ✓
10, 11 1 0 1 × ✓</td><td rowspan="4"></td></tr>
<tr><td rowspan="2">3</td><td rowspan="2">m_7 0 1 1 1 ✓
m_{11} 1 0 1 1 ✓</td></tr>
<tr><td rowspan="2">3과 4그룹</td><td rowspan="2">*7, 15 × 1 1 1
*11, 15 1 × 1 1</td></tr>
<tr><td>4</td><td>m_{15} 1 1 1 1 ✓</td></tr>
</table>

제2감축 요령은 제 1 감축의 1과 2그룹을 2와 3그룹과 비교하여 한 개만 서로 다르고 나머지 3변수는 같을 때, 또 2와 3그룹을 3과 4그룹과 비교하여 한 개의 변수만 다르고 나머지는 같아야 한다. 이 때 1과 2그룹의 (8, 9)는 2와 3그룹의 (10, 11)과 한 개의 변수가 다르고 나머지 3변수는 같다. 또 1과 2그룹에서 (8, 10)은 2와 3그룹에서 (9, 11)과 한 개의 변수만 다르고 나머지 3변수는 같다. 그런데 8, 9, 10, 11의 주항과 8, 10, 9, 11은 공통으로 똑같은 주항이므로 이들 중 하나만 택한 것이다.

제 1 감축에서는 그룹별로 비교할 때 하나의 변수가 다르고 나머지 3변수가 같을 때 ✓표를 하고, ✓표가 없다는 것은 그 자체가 주항을 의미한다. 이렇게 하여 얻은 주항들 중에서 진성주항을 구하기 위하여 진성주항 〈표 5-14〉를 구한다.

표 5-14 진성주항의 결정

진성주항(*)	주항 \ 최소항	1	4	6	7	8	9	10	11	15
*	1, 9	×					×			
*	4, 6		×	×						
	6, 7			×	×					
*	7, 15				×					×
*	8, 9, 10, 11					×	×	×	×	
	11, 15								×	×
		✓	✓			✓		✓		

진성주항의 결정은 진성주항 맨 끝 결과랑에 ×표가 겹쳐지지 않은 것만 ✓표를 한다. 〈표 5-14〉의 맨 아랫쪽 첫 번째 ✓에 해당되는 주항은 최소항 1에 ✓표가 있어 (1, 9)는 진성주항이다. 맨 아랫쪽 두 번째 ✓는 최소항 4에 해당하므로 (4, 6) 또한 진성이다. 그런데 주항(6, 7)에서 최소항 6은 주항 (4, 6)의 6에 포함되고, 주항 (6, 7) 중의 7은 주항 (7, 15)의 7에 포함되므로 진성주항에서 제외된다.

주항 (7, 15)는 진성주항으로 되므로 주항 (11, 15)의 최소항 11은 주항(8, 9, 10, 11)의 11과 중복되고, 최소항 15는 주항 (7, 15) 중의 15와 중복되어 결론적으로 *가 붙은 것은 최종 주항으로 진성주항에 해당된다. 끝으로 진성주항의 임의의 최소항을 2진수로 나타내고 간략화된 최종 논리식을 구하면 다음과 같다.

진성주항 (1, 9)에서

$$\begin{array}{rl} & ABCD \\ 1 \rightarrow & \not{0}\,0\,0\,1 \\ 9 \rightarrow & \not{1}\,0\,0\,1 \end{array} \rightarrow \overline{B}\,\overline{C}D$$

진성주항 (4, 6)에서

$$\begin{array}{rl} & ABCD \\ 4 \rightarrow & 0\,1\,\not{0}\,0 \\ 6 \rightarrow & 0\,1\,\not{1}\,0 \end{array} \rightarrow \overline{A}B\overline{D}$$

진성주항 (7, 15)에서

$$\begin{array}{lcl} & ABCD & \\ 7 \rightarrow & \not{0}\,1\,1\,1 & \\ 15 \rightarrow & \not{1}\,1\,1\,1 & \end{array} \Big] \rightarrow BCD$$

진성주항 (8, 9, 10, 11)에서

$$\begin{array}{lc} & ABCD \\ 8 \rightarrow & 1\,0\,\not{0}\,\not{0} \\ 9 \rightarrow & 1\,0\,\not{0}\,\not{1} \\ 10 \rightarrow & 1\,0\,\not{1}\,\not{0} \\ 11 \rightarrow & 1\,0\,\not{1}\,\not{1} \end{array} \Bigg] \rightarrow A\overline{B}$$

최종 간략화된 논리식은

$$F(A, B, C, D) = \overline{B}\,\overline{C}D + \overline{A}B\overline{D} + BCD + A\overline{B}$$

둘째, 카르나도법으로간략화하여 보자.
본래의 최소항의 합항을 나타내는 논리식은

$$\begin{aligned} f(A, B, C, D) &= \sum m(1, 4, 6, 7, 8, 9, 10, 11, 15) \\ &= \overline{A}\,\overline{B}\,\overline{C}D + \overline{A}B\overline{C}\,\overline{D} + \overline{A}BC\overline{D} + \overline{A}BCD \\ &\quad + A\overline{B}\,\overline{C}\,\overline{D} + A\overline{B}\,\overline{C}D + A\overline{B}C\overline{D} + A\overline{B}CD + ABCD \end{aligned}$$

이것을 카르나도로 구성하여 간략화하면 [그림 5-16]과 같다.

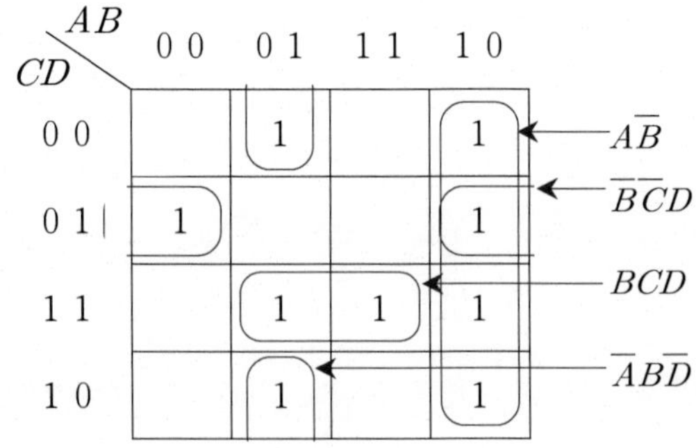

그림 5-16 카르나도

최종 간략화된 논리식은 다음과 같다

$$F(ABCD) = A\overline{B} + \overline{B}\,\overline{C}D + BCD + \overline{A}B\overline{D}$$

따라서 카르나도법과 도표법에 의한 간략화된 논리식은 같은 값을 얻고 있다는 사실을 알게 된다.

연습문제

5-1 진리표를 이용하여 다음 논리식을 증명하여라.

① $A+B\cdot C=(A+B)(A+C)$

② $B\cdot C+C=C$

5-2 다음 식을 계전기 접전방식으로 증명하여라.

① $A\overline{B}+B=A+B$

② $AB+\overline{B}C+AC=AB+AC$

③ $A\cdot B+B\cdot C+C\cdot\overline{A}=AB+C\cdot\overline{A}$

5-3 다음 논리식을 쌍대인 논리로 표시하여라.

① $1\cdot(B\cdot C+A)=B\cdot C+A$

② $0\cdot(A\cdot\overline{B}+C)=0$

5-4 부울 대수의 법칙을 이용하여 다음 논리식이 만족됨을 증명하여라.

① $A\cdot C+A\cdot\overline{C}=A$

② $B+\overline{B}CD=B+CD$

③ $AB+\overline{B}C+AC=AB+\overline{B}C$

④ $AB+\overline{A}C+BC=AB+\overline{A}C$

5-5 진리표를 이용하여 다음 식을 증명하여라.

① $(A+B)(\overline{A}+C)=AC+\overline{A}B$

② $\overline{A+B}=\overline{A}\cdot\overline{B}$

③ $A(B+C)=AB+AC$

④ $\overline{A\cdot B}=\overline{A}+\overline{B}$

5-6 다음식을 부울 대수를 이용하여 간단히 하여라.

① $\overline{A}\cdot B+AB\overline{C}$

② $A\cdot B+A\cdot\overline{B}\cdot C$

③ $\overline{A\cdot\overline{B}+\overline{A}+B}$

④ $A+BCD+BD+AB$

5-7 다음 식을 간단히 하고 NAND 게이트를 이용하여 논리도를 그려라.

① $X = AB + \overline{A}B + BC + \overline{B}C$　　② $W = XY + \overline{Y}Z + \overline{Z}X$

5-8 다음 식을 NOR 게이트를 이용하여 논리도를 그려라.

① $X = (A+B)(\overline{A}+\overline{B})$　　② $W = (X+Y+Z)(\overline{X}+Y)(\overline{Y}+Z)$

5-9 다음 논리식을 최소항 형식으로 나타내어라.

① $X = ABC + \overline{A}BC + BC$　　② $X = \overline{A}BC + AC + A\overline{B}\overline{C} + \overline{A}\,\overline{B}C$

5-10 논리식 $F = m_0 + m_3 + m_5 + m_7$로 표시된 최소항 형식을 최대항 형식으로 표시하여라(단, 변수는 A, B, C라고 한다).

5-11 논리식 $F = M_1 \cdot M_3 \cdot M_4 \cdot M_6$로 표시된 최대항 형식을 최소항 형식으로 표시하여라(단, 변수는 A, B, C라고 한다).

5-12 다음 진리표로 부터 적의합 형식으로 표시되는 논리식을 구하고 NAND 게이트를 이용하여 논리도를 그려라.

i	A	B	C	X
0	0	0	0	1
1	0	0	1	0
2	0	1	0	0
3	0	1	1	1
4	1	0	0	0
5	1	0	1	1
6	1	1	0	1
7	1	1	1	0

5-13 앞 문제의 진리표로 부터 합의적 형식으로 표시되는 논리식을 구하고 NOR 게이트를 이용하여 논리도를 그려라.

5-14 카라나도를 이용하여 다음 논리식을 간단히 하여라.
$X = ABCD + A\overline{B}CD + ABC\overline{D} + \overline{A}B\overline{C}D + A\overline{B}C\overline{D}$
(단, Don't care 조건은 $\overline{A}BC\overline{D}$, $A\overline{B}\,\overline{C}D$, $\overline{A}\,\overline{B}CD$, $AB\overline{C}\,\overline{D}$)

5-15 $F(ABCD) = m_0 + m_1 + m_5 + m_6 + m_8 + m_{10} + m_{12} + m_{14}$인 부울 함수를 카르나도법을 이용하여 간단히 하여라.

5-16 $F(ABCD) = \sum m(1, 2, 5, 7, 10, 11, 13)$인 부울 함수에서 $d(ABCD) = \sum m(0, 3, 8, 9)$인 don't care 조건을 가진다면 카르나도법에 의한 최적의 논리함수를 구하라.

5-17 $F(ABCD) = \sum m(0, 3, 4, 7, 8, 11, 14, 15)$인 부울함수를 Quine-Mccluskey법을 이용하여 간략화 하여라.

5-18 $F(ABCD) = m_0 + m_2 + m_3 + m_6 + m_7 + m_{10} + m_{13} + m_{14}$인 논리식을 테이블법(도표법)에 의한 간략화를 하여라.

Chapter 06

조합논리회로

Chapter 06

조합논리회로

조합논리회로에는 가산기, 비교기, 인코더, 디코더, 멀티플렉서, 디멀티플렉서 그리고 패리티발생기, 패리티 검사기, 7-쎄그먼트 등 많은 MSI 조합 논리가 있으며 MSI회로 설계는 제7장에서 다루기로 한다.

조합논리회로는 논리회로의 한 분류에 속한다.

디지털 논리회로를 크게 둘로 분류하면 조합논리 회로와 순차논리회로가 있다.

순차 논리회로는 제8장에서 다루기로 하고, 조합논리회로는 앞단의 입력조합과 무관하게 현재 상태의 입력조합에 의하여 출력이 결정되는 논리 게이트들로 구성되며, 부울 대수 등의 집합에 의하여 논리식으로 표시되는 논리 정보 처리 동작을 한다.

순차 논리 회로는 메모리와 레지스터의 입력함수와 전 입력 상태의 출력값이 좌우된다. 즉, 순차논리회로 출력은 현재 입력과 과거 입력에 의하여 변화되며, 회로 동작은 내부의 상태와 입력의 시간순차(time sequence)에 의하여 결정된다.

조합 논리회로는 입력변수 논리 게이트와 출력변수 논리 게이트로 구성한다. 논리 게이트로 구성된 조합 논리회로는 입력 신호를 받아 출력값을 내며, 이 과정에서 주어진 입력값에 대응하는 출력값은 2진 정보 형태를 갖는 회로로 부울 대수에 의해 이루어 진다.

조합 논리회로의 설계 과정은 첫째, 입출력 변수에 의한 진리표를 작성한다. 둘째, 이 진리표로부터 논리식을 구하고 간략화를 한다. 셋째, 간략화된 논리식으로부터 기호와 변수에 적합한 논리회로도를 그린다.

이와 같은 과정을 거처 가산기, 감산기, 코드 변환기, 패리티 검사기 및 7-쎄그먼트-BCD 표시회로를 설계하도록 한다.

6-1 가산기(adder)

가산기는 컴퓨터를 비롯한 디지털 시스템 중에서도 수치를 덧셈하는 매우 중요한 역할을 하고 있는 시스템이다. 따라서 가산 동작을 이해하려면 기본적인 반 가산기를 먼저 이해하여야 전 가산기를 이해하게 되며 가산기는 반 가산기와 전 가산기의 조합이다.

1. 반 가산기(half adder)

반 가산기는 2진수 피가수 1자리와 2진수 가수 1자리를 덧셈하는 장치로서 합(sum)과 자리올림(carry)을 얻어내야 한다.

이때 두 개의 입력 피가수 A, 가수 B라고 하고 합을 S, 자리올림을 C라고 하면 〈표 6-1〉과 같은 반 가산기 진리표를 얻게 된다.

▌표 *6-1* ▌ 반 가산기 진리표

입력		합	자리올림
A	B	S	C
0	0	0	0
0	1	1	0
1	0	1	0
1	1	0	1

$$\begin{array}{rl} C \curvearrowleft & \\ A & \rightarrow \text{피가수} \\ +B & \rightarrow \text{가수} \\ \hline C\ S & \end{array}$$

이 진리표에서 합 S는 입력 두 변수 A, B가 서로 다를 때 1이 되며 자리올림 C는 두 입력 즉 피가수와 가수가 모두 1일 때만 자리올림이 발생하였다. 따라서 진리표로부터 논리곱의 합형식으로 논리식을 유도하면 식 (6-1)과 (6-2)와 같은 식을 얻을 수 있다.

$$S = A\overline{B} + \overline{A}B = A \oplus B \quad (6\text{-}1)$$

$$C = A \cdot B \quad (6\text{-}2)$$

식 (6-1)과 (6-2)를 이용하면 논리게이트로 회로를 [그림 6-1] 반 가산기 논리도와 같이 구성할 수 있다.

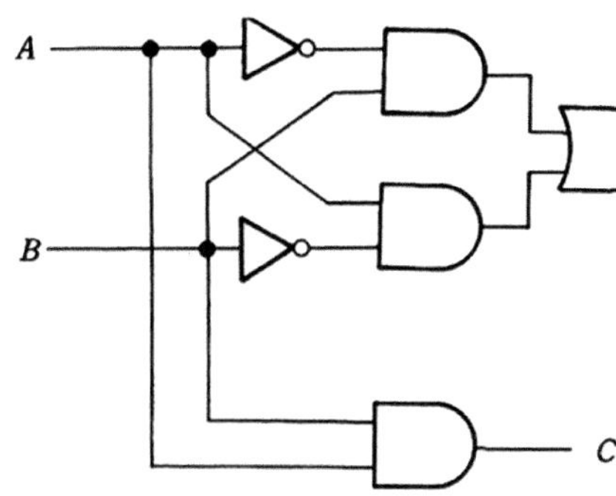

그림 6-1 반 가산기 논리도

한편 [그림 6-1]의 반 가산기 논리도는 기본 게이트로 구성하였지만 배타적 OR 게이트를 이용하면 [그림 6-2]의 (a)와 같이 간편하게 구성할 수 있으며 그림 (b)는 그림 (a)에서 구성된 2개의 게이트를 하나의 상자(box)로 나타낸 것이다.

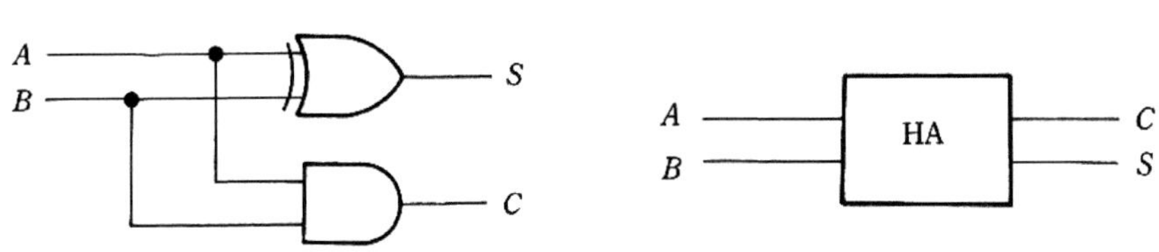

(a) $S = \overline{A} \cdot B + A \cdot \overline{B}$, $C = AB$ (b)

그림 6-2 반 가산기 논리표시도

예제 6-1

피가수 $A=1$, 가수 $B=1$인 1자리 반 가산기로 가산을 실행할 때 회로를 구성하고 제대로 작동하는지 확인하여라.

풀이

```
  1

   1
 + 1
 ---
  1 0
```

(a) 작동확인

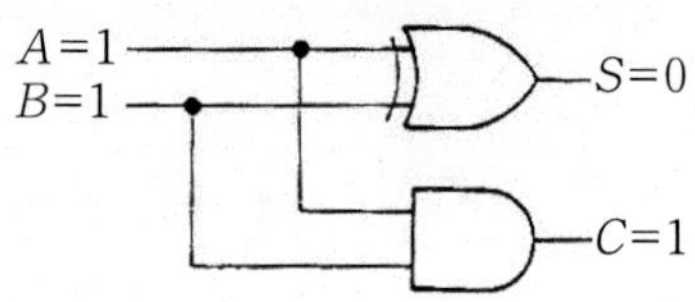

$S=1\oplus 1=0$, $C=1\cdot 1=1$

(b) 회로 구성

2. 전 가산기(full adder)

반 가산기는 1자리(bit) 2진수 덧셈만을 할 때 사용가능한 장치이다. 그러나 2자리 이상의 덧셈에서는 전 가산기를 계속 병렬로 구성해야 된다. 이제 기본적인 개념을 도입하여 생각해보자.

```
   1  1  1

     1  1  1  ──────→  피가수
  + 1  0  1  ──────→  가수
  ─────────
  1  1  0  0
```

피가수와 가수의 맨 아랫 자리는 $1+1=0$과 자리올림 1발생

피가수와 가수의 둘째 자리는 $1+1+0=0$과 자리올림 1발생

피가수와 가수의 맨 윗 자리는 $1+1+1=1$과 자리올림 1발생

맨 아랫 자리 연산에서는 자리올림이 없이 2개의 2진수끼리 덧셈하면 되지만 둘째 자리와 맨 윗 자리 연산에서는 3개의 2진수를 덧셈하게 된다.

이제 피가수 일반 비트를 A_n, 가수 일반 비트를 B_n이라고 하고 전 가산기 덧셈의 자리 올림은 C_{n-1}라 할 때 그리고 그 합과 자리올림을 각각 S_n과 C_n은

▌표 6-2▌ 전 가산기 진리표

입력			합	자리올림
A_n	B_n	C_{n-1}	S_n	C_n
0	0	0	0	0
0	0	1	1	0
0	1	0	1	0
0	1	1	0	1
1	0	0	1	0
1	0	1	0	1
1	1	0	0	1
1	1	1	1	1

$$
\begin{array}{rccc}
 & C_n \curvearrowleft & C_{n-1} \curvearrowleft & \\
 & \cdots\cdots A_{n+1} & A_n & A_{n-1}\cdots\cdots \\
+ & \cdots\cdots B_{n+1} & B_n & B_{n-1}\cdots\cdots \\
\hline
 & \cdots\cdots S_{n+1} & S_n & S_{n-1}
\end{array}
$$

〈표 6-2〉 전 가산기 진리표와 같은 값을 얻을 수 있으며 덧셈을 확인해 볼 수 있다.

이제 이 진리표로부터 논리식을 구해보자.

$$
\begin{aligned}
S_n &= \overline{A_n}\,\overline{B_n}\,C_{n-1} + \overline{A_n}B_n\overline{C_{n-1}} + A_n\overline{B_n}\,\overline{C_{n-1}} + A_nB_nC_{n-1} \\
&= \overline{A_n}(\overline{B_n}C_{n-1} + B_n\overline{C_{n-1}}) + A_n(\overline{B_n}\,\overline{C_{n-1}} + B_nC_{n-1}) \\
&= \overline{A_n}(B_n \oplus C_{n-1}) + A_n(\overline{B_n \oplus C_{n-1}}) = A_n \oplus B_n \oplus C_{n-1}
\end{aligned}
\qquad (6\text{-}3)
$$

$$
\begin{aligned}
C_n &= \overline{A_n}B_nC_{n-1} + A_n\overline{B_n}C_{n-1} + A_nB_n\overline{C_{n-1}} + A_nB_nC_{n-1} \\
&= C_{n-1}(\overline{A_n}B_n + A_n\overline{B_n}) + A_nB_n(\overline{C_{n-1}} + C_{n-1}) \\
&= C_{n-1}(A_n \oplus B_n) + A_nB_n
\end{aligned}
\qquad (6\text{-}4)
$$

합 S_n과 자리올림 C_n의 논리식을 그림으로 나타내면 [그림 6-3] 전 가산기 논리도와 [그림 6-4] 블록도를 얻을 수 있다.

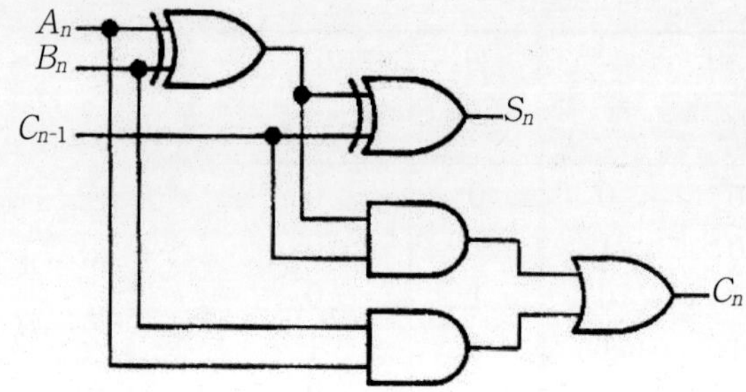

그림 6-3 전 가산기 논리도

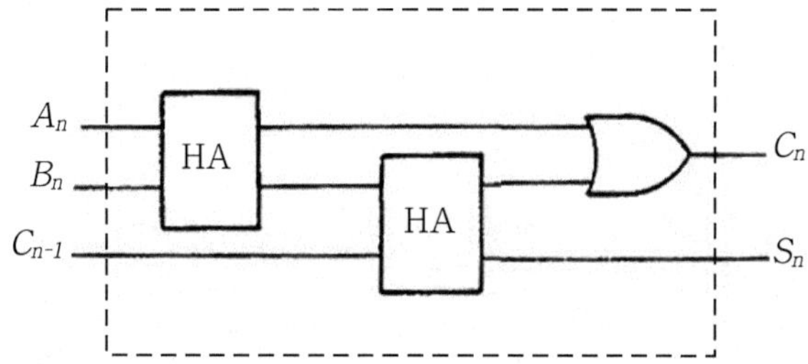

그림 6-4 반 가산기를 이용한 블록도

예제 6-2

2자리 피가수 $A_2 = 1$, $A_1 = 1$와 2자리 가수 $B_2 = 0$, $B_1 = 1$이 덧셈을 행할 때 병렬 가산기를 설계하고 제대로 동작하는지 확인하여라.

풀이

$$\begin{array}{r} 1\ 1 \\ 1\ 1 \\ +\ 0\ 1 \\ \hline 1\ 0\ 0 \end{array}$$

(a) 작동확인

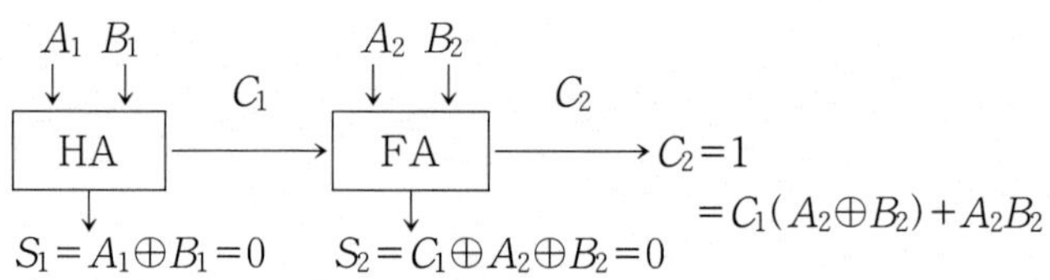

(b) 병렬가산기 블록도

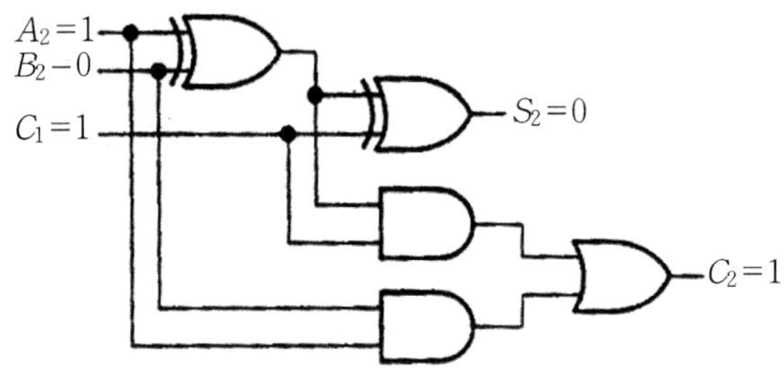

(c) 내부 동작 회로도

병렬 가산회로는 일반적으로 반 가산기보다는 전 가산기를 사용한다. 또한, 직렬 회로에 비해 복잡하지만 동시에 연산처리가 수행되므로 직렬 연산 처리 보다 속도가 빨라 탁상용 계산기에 많이 사용되고 있다.

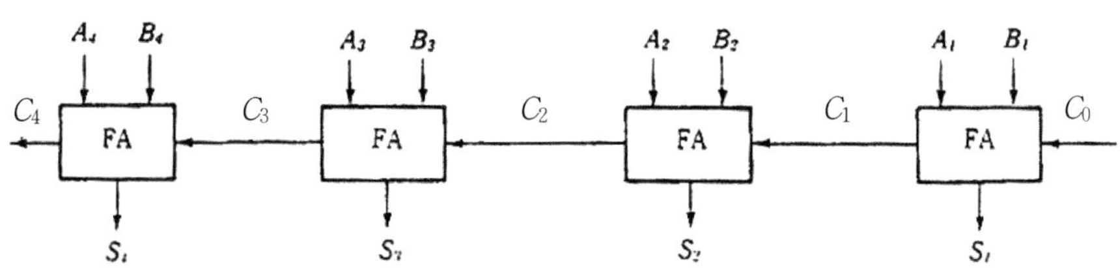

그림 6-5 병렬 2진 가산기

예제 6-3

[그림 6-5] 병렬 가산기 에서 S_3와 C_3의 내부회로도를 구성하여라.

풀이

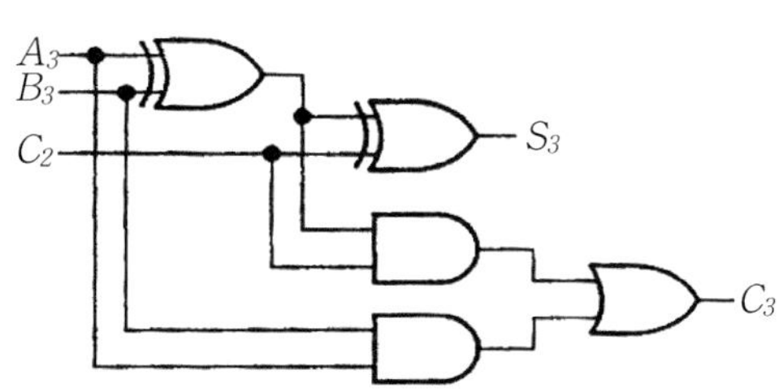

내부회로도

6-2 감산기(subtracter)

1. 반 감산기(half subtracter)

반 감산기는 2진수 피감수 1자리와 2진수 감수 1자리를 뺄셈하는 장치로서 차(difference)와 자리내림(borrow)를 얻어내야 한다.

이 때 두 개의 입력 피감수 A, 감수를 B라고 하고 차를 d, 자리내림을 b라고 하면 〈표 6-3〉과 같은 반 감산기 진리표를 얻게 된다.

▌표 6-3▐ 반 감산기 진리표

입력		차	자리요청
A	B	d	b
0	0	0	0
0	1	1	1
1	0	1	0
1	1	0	0

이 진리표에서 차 d는 입력 두 변수 A, B가 서로 다를 때 1이 되며 자리내림은 피감수가 감수보다 작을 때만 발생한다.

따라서 진리표로 부터 논리곱의 합형식으로 논리식을 유도하면 식 (6-5)와 (6-6)과 같은 두 식을 얻을 수 있다.

$$d = A\overline{B} + \overline{A}B = A \oplus B \quad (6\text{-}5)$$

$$b = \overline{A}B \quad (6\text{-}6)$$

식 (6-5)와 (6-6)을 이용하면 논리게이트로 회로를 [그림 6-6] 반 감산기 논리도와 같이 구성할 수 있다.

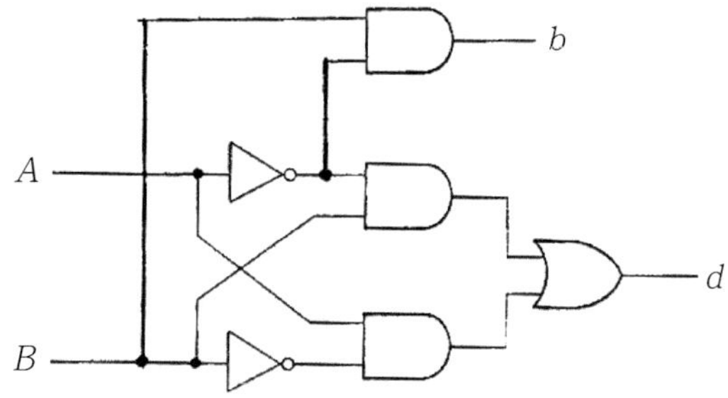

그림 6-6 반 감산기 논리도

한편 [그림 6-6]의 반 감산기 논리도는 기본 게이트로 구성하였지만 배타적 OR를 이용하면 [그림 6-7] (a)와 같이 구성할 수 있으며 그림 (b)는 그림 (A)에서 구성된 2개의 게이트를 하나의 상자(box)로 나타낸 것이다.

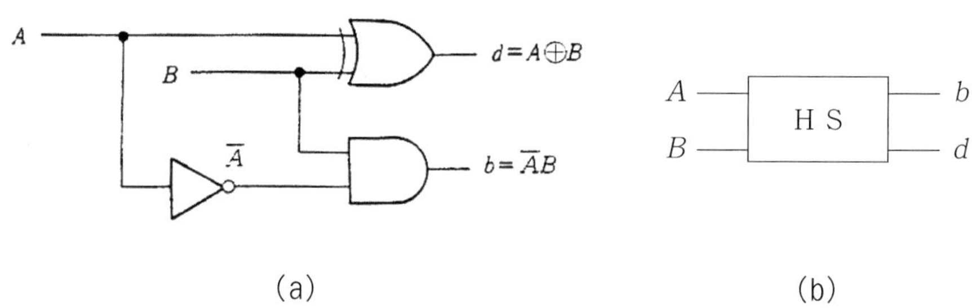

그림 6-7 반 감산기 논리 표시도

예제 6-4

피감수 $A = 1$, 감수 $B = 1$인 1자리 반 감산기로 감산을 실행할 때 회로를 구성하고 제대로 작동하는지 확인하여라.

풀이

```
  0 ↶
    1
  - 1
  ───
    0
```

(a) 작동확인

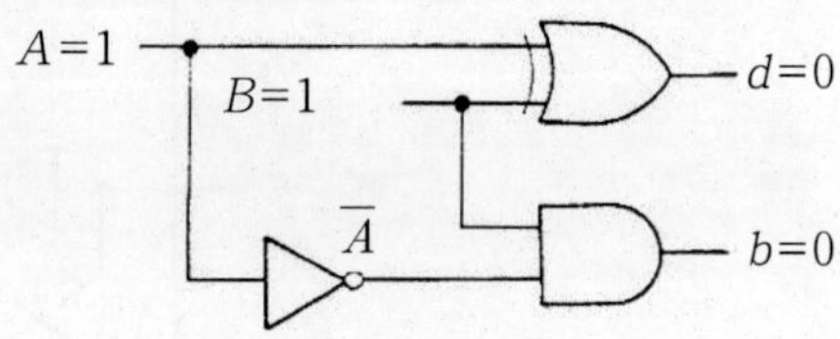

$d=1\oplus 1=0,\ b=\overline{1}\cdot 1=0$

(b) 회로 구성

2. 전 감산기(full subtracter)

반 감산기는 1자리(bit) 2진수 감산을 할 때 사용가능한 장치이다. 그러나 2자리 이상의 감산에는 전 감산기를 계속 병렬로 구성해야 한다.

이제 기본적인 개념을 도입하여 생각해 보자.

```
  0 0 1
  ↷ ↷ ↷
   1 1 0  ────→ 피감수
 - 1 0 1  ────→ 감수
 ───────
   0 0 1
```

피감수와 감수의 맨 아랫 자리는 $0-1=1$ 자리내림 없음

피감수와 감수의 둘째 자리는 $0+0-0=0$ 자리내림 1발생

피감수와 감수의 맨 윗 자리는 $0+1-1=0$ 자리내림 없음

맨 아랫 자리 뺄셈에서는 자리내림이 없으나 그외 둘째 자리와 맨 윗 자리 뺄셈에서는 3자리(3 bit)의 2진수를 연산하게 된다.

이제 피감수들의 일반 비트를 A_n, 감수 일반 자리를 B_n이라고하고 전 감산기 뺄셈의 자리내림을 b_{n-1}, 자리요청을 b_n라 할 때 〈표 6-4〉와 같은 전 감산기 진리표를 얻게 된다.

▌표 6-4▐ 전 감산기 진리표

입력			차	자리요청
A_n	B_n	b_{n-1}	d_n	b_n
0	0	0	0	0
0	0	1	1	1
0	1	0	1	1
0	1	1	0	1
1	0	0	1	0
1	0	1	0	0
1	1	0	0	0
1	1	1	1	1

$$\begin{array}{r} b_{n+1}\quad b_n \quad b_{n-1} \\ \cdots\cdots A_{n+1}\ A_n\ A_{n-1}\cdots\cdots \\ +\ \cdots\cdots B_{n+1}\ B_n\ B_{n-1}\cdots\cdots \\ \hline d_n \end{array}$$

이 진리표에서 얻어진 뺄셈 결과를 확인해 볼 수 있다.

〈표 6-4〉 전 감산기 진리표로 부터 논리식을 구해 보자.

$$\begin{aligned} d_n &= \overline{A_n}\,\overline{B_n}b_{n-1} + \overline{A_n}B_n\overline{b_{n-1}} + A_n\overline{B_n}\,\overline{b_{n-1}} + A_nB_nb_{n-1} \\ &= \overline{A_n}(\overline{B_n}b_{n-1} + B_n\overline{b_{n-1}}) + A_n(\overline{B_n}\,\overline{b_{n-1}} + B_nb_{n-1}) \qquad (6\text{-}7) \\ &= \overline{A_n}(B_n \oplus b_{n-1}) + A_n(\overline{B_n \oplus b_{n-1}}) = A_n \oplus B_n \oplus b_{n-1} \end{aligned}$$

$$\begin{aligned} b_n &= \overline{A_n}\,\overline{B_n}b_{n-1} + \overline{A_n}B_n\overline{b_{n-1}} + \overline{A_n}B_nb_{n-1} + A_nB_nb_{n-1} \\ &= \overline{A_n}B_n(b_{n-1} + \overline{b_{n-1}}) + b_{n-1}(A_nB_n + \overline{A_n}\,\overline{B_n}) \qquad (6\text{-}8) \\ &= \overline{A_n}B_n + b_{n-1}(\overline{A_n \oplus B_n}) \end{aligned}$$

차(d_n)와 자리요청(b_n)은 식 (6-7)과 (6-8) 같이 논리식을 구할 수 있으며 [그림 6-8] 전 감산기 논리도와 [그림 6-9] 반 감산기를 이용한 전 감산기 블록도를 구성할 수 있다.

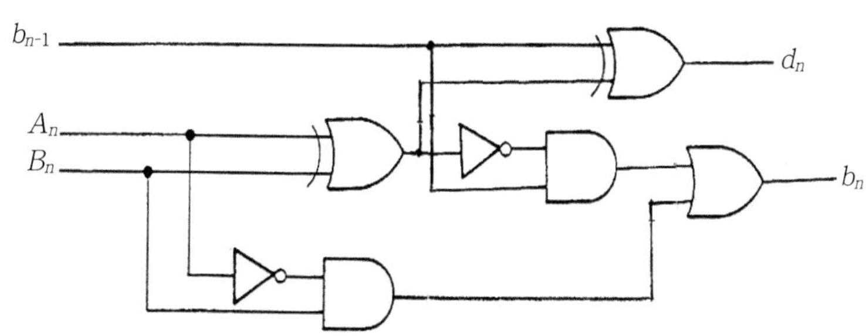

그림 6-8 전 감산기 논리도

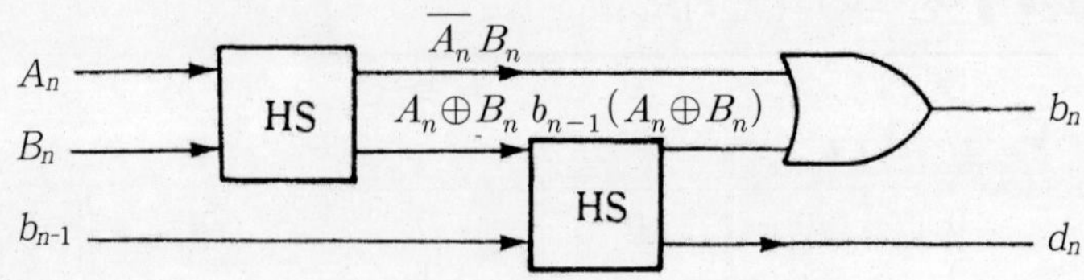

그림 6-9 반 감산기를 이용한 전 감산기 블록도

예제 6-5

2자리 피감수 $A_2 = 1$, $A_1 = 0$와 2자리 감수 $B_2 = 0$, $B_1 = 1$이 뺄셈을 행할 때 병렬 감산기를 설계하고 제대로 동작하는지 확인하여라.

풀이

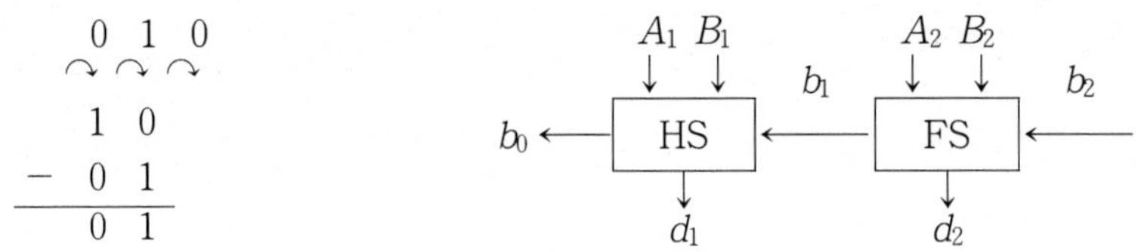

(a) 작동확인 (b) 병렬감산기

$$d_1 = A_1 \oplus B_1 = 1 \quad d_2 = A_2 \oplus B_2 \oplus b_1 = 0$$

$$b_1 = \overline{A_1}B_1 = 1 \quad b_2 = \overline{A_2}B_2 + b_1(\overline{A_2 \oplus B_2}) = 0 + 1 \cdot 0 = 0$$

병렬 감산기 회로는 일반적으로 반 감산기보다 전 감산기를 사용한다. 또한, 직렬 회로에 비해 복잡하지만 동시에 연산처리가 수행되므로 직렬연산 처리보다 속도가 빨라 탁상용 계산기에 많이 사용되고 있다.

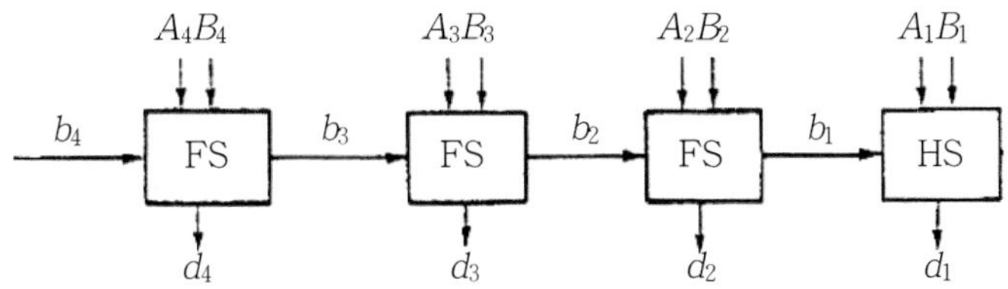

그림 6-10 병렬 2진 감산기

6-3 곱셈기(multiplier)

2를 곱하는 방법에는 여러 가지가 있다. 첫째 방법은 $5\times3=5+5+5=15$와 같이 소프트웨어적인 덧셈을 반복하여 얻는 방법과, 둘째 방법은 병렬가산기와 3개의 레지스터를 사용하여 소프트웨어적으로 계산하는 방법이 있으며, 셋째 방법은 완전한 곱셈장치를 만들어서 하드웨어적으로 연산하는 방법이 있다.

첫째 방법은 가산기만을 사용하기 때문에 장치의 비용이 절약되기는 하지만 연산 시간이 너무 긴 것이 결점이고, 세번째 방법은 곱셈장치(multiplier)를 논리 회로로 구성해야 하므로 비용이 많이 드는 것이 결점이나 연산 시간은 가장 빠르다.

그리고 두번째 방법은 위의 2가지 방법의 결점을 보완한 절충식 방법으로 컴퓨터 계산기에서 가장 많이 사용되고 있어 두번째 방법에 대하여 논하기로 한다.

승수와 피승수가 각 레지스터에 기억된 곱셈을 진행하는 과정은 다음과 같다.

① 두 수의 부호 비트를 조사한다.

부호 비트들이 서로 같으면 양(+)이고 다르면 음(−)이 된다. 그 다음 모든 레지스터의 부호 비트를 리셋시킨다.

② MQ 레지스터의 2비트가 1인지 0인지를 조사한다.

1일 때에는 누산기의 내용과 피승수를 가산기에서 더하여 누산기에 집어 넣고, 0일 때는 덧셈을 하지 않는다.

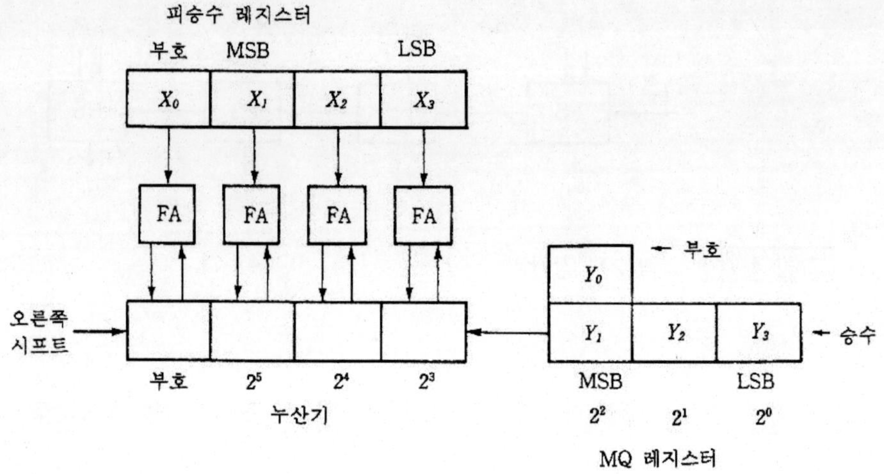

그림 6-11 4비트 2진수의 곱셈기

③ 누산기와 MQ 레지스터를 함께 오른쪽으로 1비트를 시프트시킨다.

④ 승수의 2번째(LSB로 부터) 비트가 현재 2^0 비트 자리에 들어와 있다. 위의 단계 ②와 ③을 되풀이한다.

⑤ 이 단계에서는 승수의 MSB가 MQ 레지스터의 2^0위치에 와 있으므로 마지막으로 단계 ②, ③을 되풀이한다.

이상으로 곱셈은 끝나고 전체의 곱은 현재 누산기와 MQ 레지스터에 남아 있게 되므로 단계 ①에서 결정한 곱의 부호를 누산기의 부호 비트에 넣어주면 된다.

예제 6-6

6×5를 계산할 때 [그림 6-11]의 각 레지스터의 내용이 어떻게 달라지는 지 단계별로 설명하라.

풀이

피승수 레지스터의 내용은 계산 도중 변하지 않으며, 누산기와 MQ 레지스터의 내용만이 변하므로 이것을 단계별로 나타내면 다음과 같다.

① 승수와 피승수를 각 레지스터에 기억시킨다.

0	1	1	0	← 피승수

				0	← 승수의 부호	
0	0	0	0	1	0	1
누산기				MQ 레지스터		

② 부호를 결정한다.

0	0	0	0	1	0	1
↑ 곱의 부호						

③ 2^0자리의 승수가 1이므로 누산기에 피승수를 더한다.

④ 누산기와 MQ 레지스터를 오른쪽으로 1자리 시프트시킨다.

0	0	1	1	0	1	0

⑤ 2^0자리의 승수가 0이므로 덧셈을 하지 않는다.

0	0	1	1	0	1	0

⑥ 누산기와 MQ 레지스터는 오른쪽으로 1자리 시프트시킨다.

0	0	0	1	1	0	1

⑦ 2^0자리의 승수가 1이므로 누산기에 피승수를 더한다.

0	1	1	1	1	0	1

⑧ 누산기와 MQ 레지스터를 오른쪽으로 1자리 시피트시킨다.

0	0	1	1	1	1	0

⑨ 주산기에 부호 비트를 넣어 준다.

0	0	1	1	1	1	0	← 곱
↑ 부호	2^5	2^4	2^3	2^2	2^1	2^0	

6-4 나눗셈기(divider)

여기서 나눗셈이 진행되는 과정을 제수가 피제수보다 크다는 가정하에서 살펴보면 다음과 같다.

① 제수를 제수 레지스터에 피제수를 누산기에 미리 기억시켜 놓는다.

그리고 몫은 나누기 과정이 끝나면 MQ 레지스터에 남게 된다. 이 레지스터는 곱셈을 할 때에는 승수를 기억시킴으로써 M자로 이를 나타내고 나누기 계산의 경우는 몫(Quotient)을 기억시킴으로써 이를 Q로 나티내는 두 기능을 갖고 있어 MQ 레지스터라 한다. 처음 MQ 레지스터는 리셋시킨다.

② 제수와 피제수의 부호를 조사하여 몫의 부호를 결정한다.

그 다음 모든 레지스터의 부호 비트를 리셋시킨다.

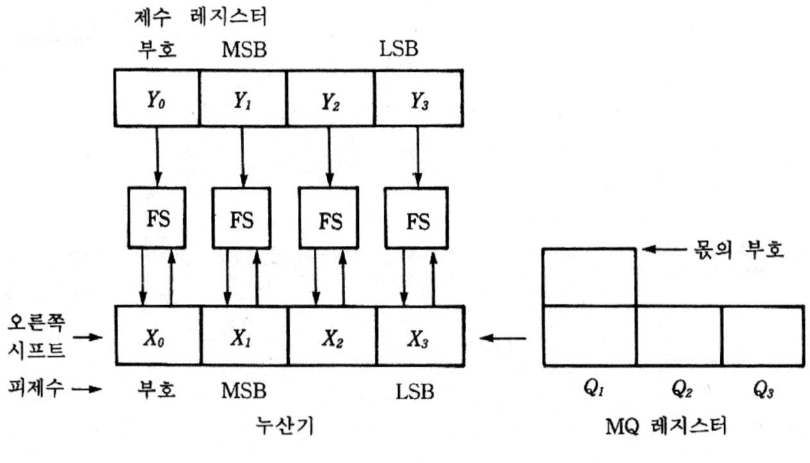

그림 6-12 4비트 2진수 나눗셈기(divider)

③ 제수의 피제수의 크기를 비교한다.

그 결과 제수가 크면 나눗셈을 진행시키고, 피제수가 크면 나누지 않는다.

④ 누산기와 MQ 레지스터의 내용을 왼쪽으로 1자리를 시프티시킨다.

⑤ 제수와 누산기의 내용의 크기를 비교한다.

그 결과, 제수가 작으면 누산기로부터 제수를 뺀 뒤에 MQ 레지스터의 가장 오른쪽 비트에 1을 넣는다. 만일 제수가 더 크면 빼지 않는다.

⑥ 누산기와 MQ 레지스터의 내용을 함께 왼쪽으로 1자리 시프트시킨다.

⑦ MQ 레지스터에 n비트의 몫(〔그림 6-12〕에서는 3비트)이 나타날 때까지 위의 단계 ③~⑦을 되풀이 한다.

⑧ MQ 레지스터의 부호 비트에 몫의 부호 비트를 넣는다.

그러면 MQ 레지스터의 내용이 몫이 되고 나눗셈은 끝난다.

예제 6-7

[그림 6-12]의 나눗셈기에서 010을 110으로 나눌 때 각 단계에서의 누산기 및 MQ 레지스터의 내용을 나타내어라.

풀이

계산 도중 제수 레지스터의 내용은 변하지 않으므로 처음 단계에만 나타내고 누산기와 MQ 레지스터의 내용을 단계별로 나타내면 다음과 같다.

① 제수를 제수 레지스터에 피제수를 누산기에 기억시키고 MQ 레지스터는 리셋시킨다.

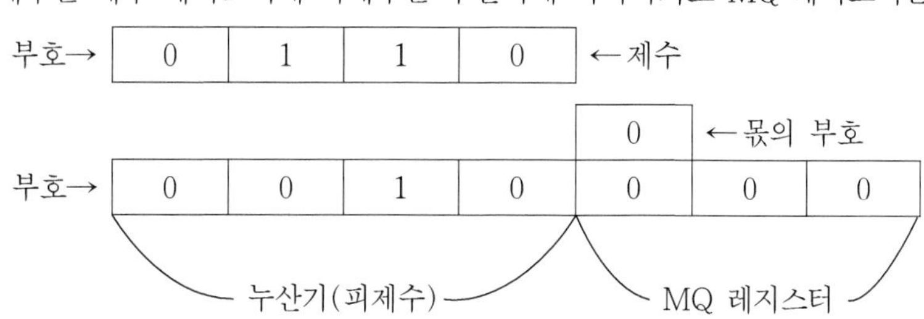

② 부호를 결정한다.

무도 양수이므로 몫도 양수가 된다.

③ X(피제수) < Y(제수)이므로 누산기와 MQ 레지스터의 내용을 왼쪽으로 1비트 시프트시킨다.

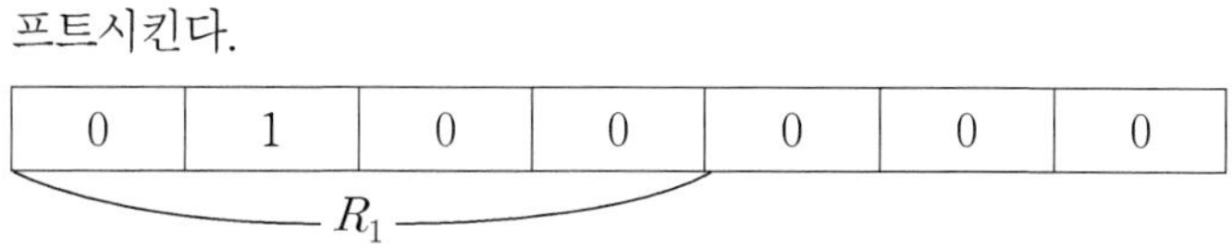

④ $R_1 < Y$이므로 빼지 않고 MQ 레지스터의 LSB에 Q_1값으로 0을 넣는다.

0	1	0	0	0	0	0
	R_1					θ_1

⑤ 누산기 MQ 레지스터의 내용을 왼쪽으로 1비트 시프트시킨다.

1	0	0	0	0	0	0
	R_2				θ_1	

⑥ $R_2 > Y$이므로 누산기로부터 제수를 뺀다. 그리고 MQ 레지스터의 LSB에 Q_2값으로 1을 넣는다.

0	0	1	0	0	0	1
					θ_1	θ_2

⑦ 또, 왼쪽으로 시프트시킨다.

0	1	0	0	0	1	0
	R_3			Q_1	Q_2	

⑧ $R_3 > Y$이므로 빼지 않고 몫의 LSB에 Q_3값으로 0을 넣는다.

0	1	0	0	0	1	0
				Q_1	Q_2	Q_3

⑨ MQ 레지스터의 부호 비트 자리에 몫의 부호 비트로 0을 넣는다.

나누기는 끝났고 MQ 레지스터의 내용이 몫이 된다.
즉, 몫=0.010(이 예는 2÷6의 계산인데 각 레지스터가 3비트이므로 이 이상 계산을 할 수가 없음)이다.

				0	←몫의 부호	
0	1	0	0	0	1	0

6-5 코드 변환기(code converter)

서로 다른 시스템들이 같은 정보를 교환할 경우가 있다. 이 때 이들 시스템이 같은 정보에 대해 서로 다른 코드를 사용한다면 두 시스템 사이에 코드 변환기라는 번역기를 삽입해야 한다. 이렇게 코드 변환기는 두 시스템이 같은 내용의 서로 다른 2진 코드를 사용할 경우 두 시스템을 독립적으로 운영하며 정보교환을 할 수 있게 한다.

2진 코드 입력을 다른 2진 코드로 바꾸기 위해 입력의 비트 조합을 연결시켜 출력에 대응하는 비트 조합을 만들 수 있는데 조합논리회로는 논리 게이트를 사용하여 이 변환과정을 수행한다.

코드 변환과정을 예를 들어 설명하기로 한다.

예제 6-8

BCD 코드를 3초과 코드로 변환시키고 이 변환기의 논리도를 작성하여라.

▌표 6-5 ▌ BCD 코드−3초과 코드 변환 진리표

10진수	입력	출력
	BCD	3초과 코드
N	$ABCD$	$WXYZ$
0	0 0 0 0	0 0 1 1
1	0 0 0 1	0 1 0 0
2	0 0 1 0	0 1 0 1
3	0 0 1 1	0 1 1 0
4	0 1 0 0	0 1 1 1
5	0 1 0 1	1 0 0 0
6	0 1 1 0	1 0 0 1
7	0 1 1 1	1 0 1 0
8	1 0 0 0	1 0 1 1
9	1 0 0 1	1 1 0 0

풀이

각 출력 값에 대응하는 입력 변수들의 논리함수는 카르나도를 사용하여 얻을 수 있다. 각각의 맵은 4개의 입력변수들의 함수로 출력을 표현한다. 사각형 안에 표시된 1들은 출력이 1인 최소항(minterm)을 진리표에서 직접 구한 것이다. 또한 6개의 don't care 항들은 X로 표시되면, 간략화 중 포함을 시키든 안 시키든 관계가 없다.

변환기 논리도는 맵에서 구한 부울 함수에 의해 직접 구해진다. 논리 함수에 의한 각각의 입력변수로 출력변수를 표시할 수 있다.

$$W = \sum(5, 6, 7, 8, 9)$$

$$X = \sum(1, 2, 3, 4, 9)$$

$$Y = \sum(0, 3, 4, 7, 8)$$

$$Z = \sum(0, 2, 4, 6, 8)$$

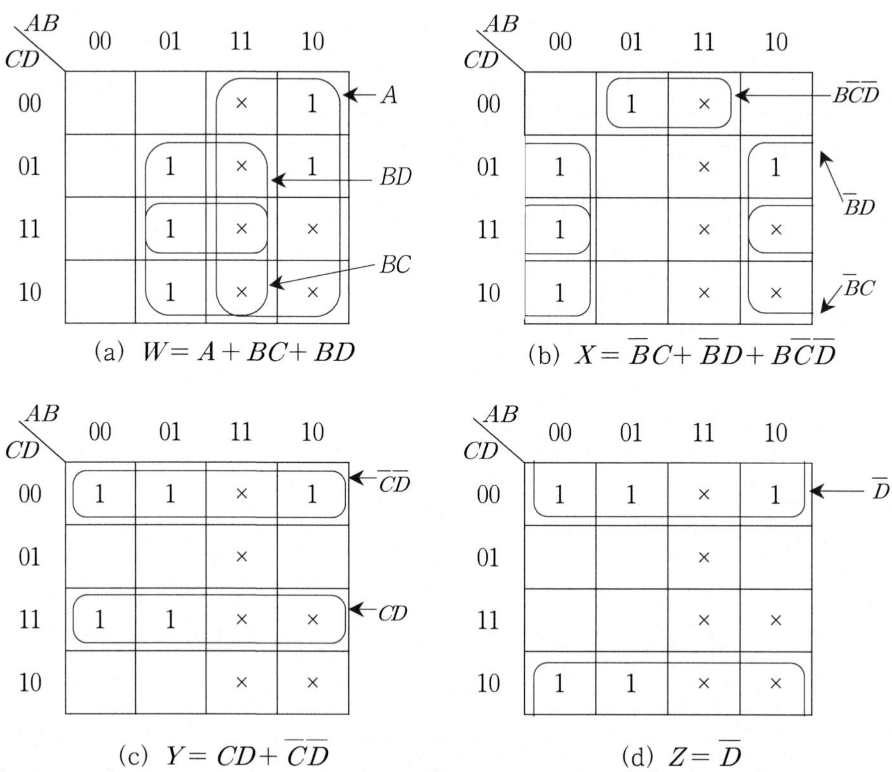

(a) $W = A + BC + BD$

(b) $X = \overline{B}C + \overline{B}D + B\overline{C}\,\overline{D}$

(c) $Y = CD + \overline{C}\,\overline{D}$

(d) $Z = \overline{D}$

그림 6-13 BCD 3초과 코드 변환기 카르나도

여기서 구해진 논리 함수를 각각의 단에서 공동 게이트를 적당히 사용하여 [그림 6-14]와 같이 그릴 수 있다. 여기서 $C+D$를 실현하는 OR 게이트가 2개 출력을 만들어 내는데 부분적으로 사용되는 것을 알 수 있다.

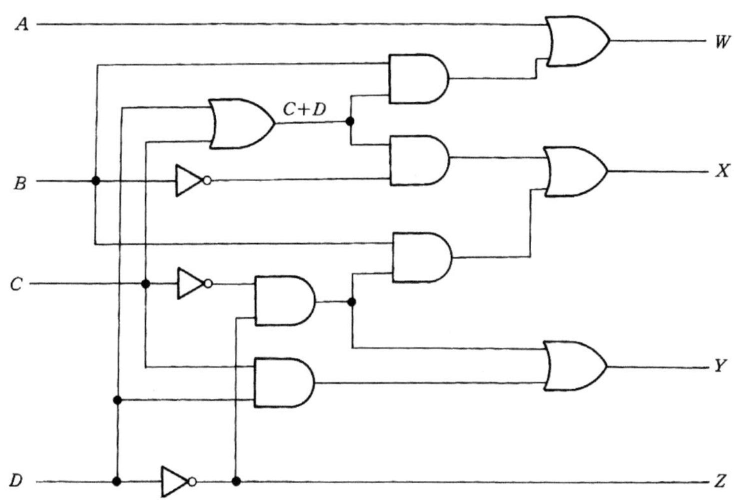

그림 6-14 BCD 3초과 코드 변환기에 대한 논리회로도

예제 6-9

2*421 코드를 8421 코드로 변환시키고 논리도를 그려라.

풀이

〈표 6-6〉과 같은 진리표를 구하고 카르나도에 의해 간략화된 논리식으로부터 [그림 6-14] 논리도를 얻어낸다.

▌표 6-6▐ 2*421 코드 - BCD 코드 변환 진리표

도표 내 숫자	10진법	$ABCD$ (2*)(4)(2)(1)	$WXYZ$ (8)(4)(2)(1)
0	0	0 0 0 0	0 0 0 0
1	1	0 0 0 1	0 0 0 1
2	2	0 0 1 0	0 0 1 0
3	3	0 0 1 1	0 0 1 1
4	4	0 1 0 0	0 1 0 0
11	5	1 0 1 1	0 1 0 1
12	6	1 1 0 0	0 1 1 0
13	7	1 1 0 1	0 1 1 1
14	8	1 1 1 0	1 0 0 0
15	9	1 1 1 1	1 0 0 1

$W = \sum(14, 15)$ $\qquad W = BC$

$X = \sum(4, 11, 12, 13)$ $\qquad X = A\overline{B} + B\overline{C}$

$Y = \sum(2, 3, 12, 13)$ $\qquad Y = A\overline{C} + \overline{A}C$

$Z = \sum(1, 3, 11, 13, 15)$ $\qquad Z = D$

$d(ABCD) = \sum(5, 6, 7, 8, 9, 10)$

이것을 카르나도 법에 적용하여 간략화 한다.

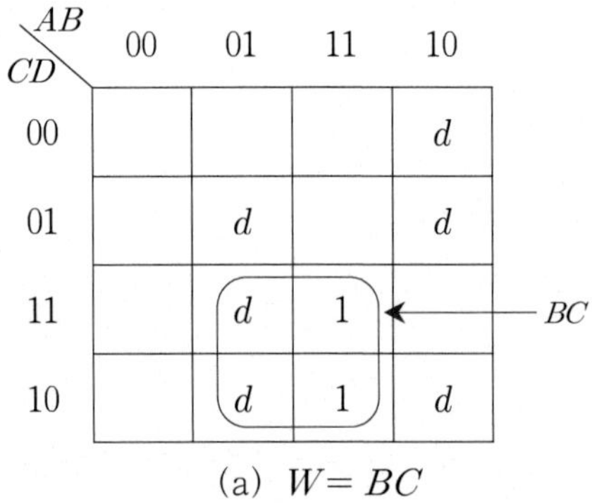

(a) $W = BC$

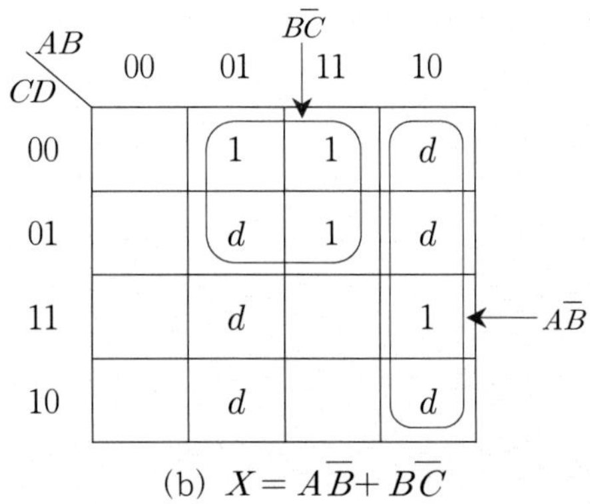

(b) $X = A\overline{B} + B\overline{C}$

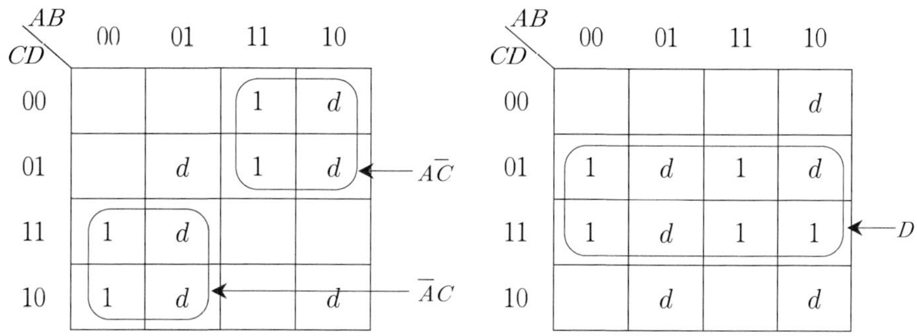

(c) $Y = A\overline{C} + \overline{A}C$ (d) $Z = D$

간략화된 논리식을 논리회로로 그리면 [그림 6-15]와 같다.

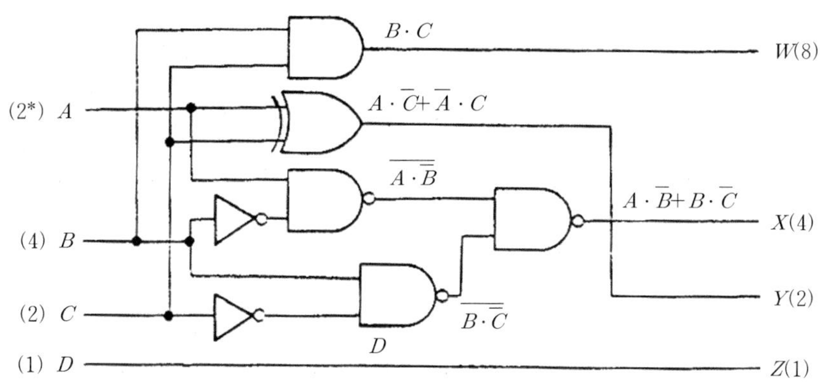

그림 6-15 2*421-2진 코드 변환기에 대한 논리회로

예제 6-10

교번 코드(gray code)를 2진 코드로 변환시키는 논리도를 작성하여라.

▌표 6-7▌ 교번 코드-2진 코드 변환 진리표

도표 내 숫자	수치	그레이 코드 $G_8 G_4 G_2 G_1$	2진 코드 $b_8 b_4 b_2 b_1$
0	0	0 0 0 0	0 0 0 0
1	1	0 0 0 1	0 0 0 1
3	2	0 0 1 1	0 0 1 0
2	3	0 0 1 0	0 0 1 1
6	4	0 1 1 0	0 1 0 0
7	5	0 1 1 1	0 1 0 1
5	6	0 1 0 1	0 1 1 0
4	7	0 1 0 0	0 1 1 1
12	8	1 1 0 0	1 0 0 0
13	9	1 1 0 1	1 0 0 1
15	10	1 1 1 1	1 0 1 0
14	11	1 1 1 0	1 0 1 1
10	12	1 0 1 0	1 1 0 0
11	13	1 0 1 1	1 1 0 1
9	14	1 0 0 1	1 1 1 0
8	15	1 0 0 0	1 1 1 1

풀이

〈표 6-7〉 교번 코드-2진 변환 진리표를 작성하고 작성된 표로부터 [그림 6-15]와 같은 카르나도에서 간략화된 논리식을 얻는다. 이 논리식으로부터 [그림 6-16]과 같은 논리도를 그리면 된다.

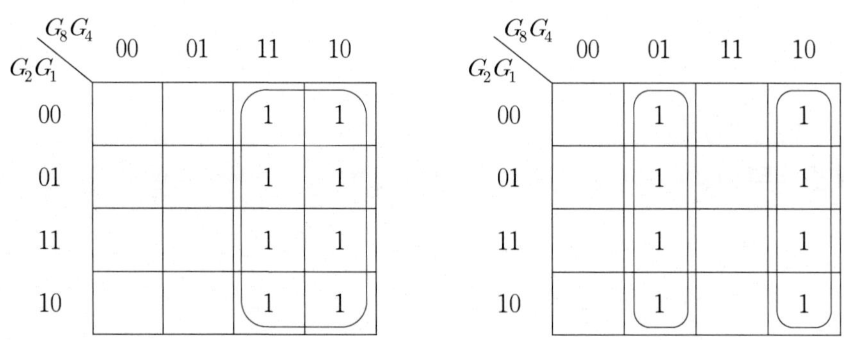

(a) b_8　　(b) b_4

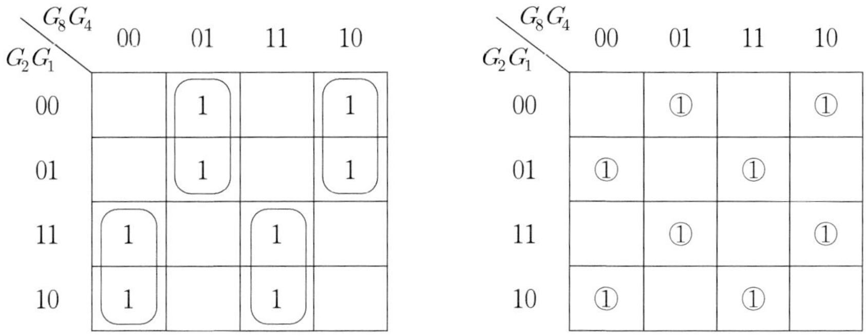

(c) b_2 (d) b_1

그림 6-16 교번 코드-2진 코드 변환기에 대한 카르나도

$$b_8 = G_8$$

$$b_4 = \overline{G_8}G_4 + G_8\overline{G_4} = G_8 \oplus G_4 = G_4 \oplus b_8$$

$$\begin{aligned} b_2 &= \overline{G_8}\,\overline{G_4}G_2 + \overline{G_8}G_4\overline{G_2} + G_8G_4G_2 + G_8\overline{G_4}\,\overline{G_2} \\ &= \overline{G_8}(G_4 \oplus G_2) + G_8(\overline{G_4 \oplus G_2}) = G_8 \oplus G_4 \oplus G_2 = G_2 \oplus b_4 \end{aligned}$$

$$\begin{aligned} b_1 &= \overline{G_8}\,\overline{G_4}\,\overline{G_2}G_1 + \overline{G_8}\,\overline{G_4}G_2\overline{G_1} + \overline{G_8}G_4\overline{G_2}\,\overline{G_1} + \overline{G_8}G_4G_2G_1 \\ &\quad + G_8G_4\overline{G_2}G_1 + G_8G_4G_2\overline{G_1} + G_8\overline{G_4}\,\overline{G_2}\,\overline{G_1} + G_8\overline{G_4}G_2G_1 \\ &= G_1 \oplus b_2 \end{aligned}$$

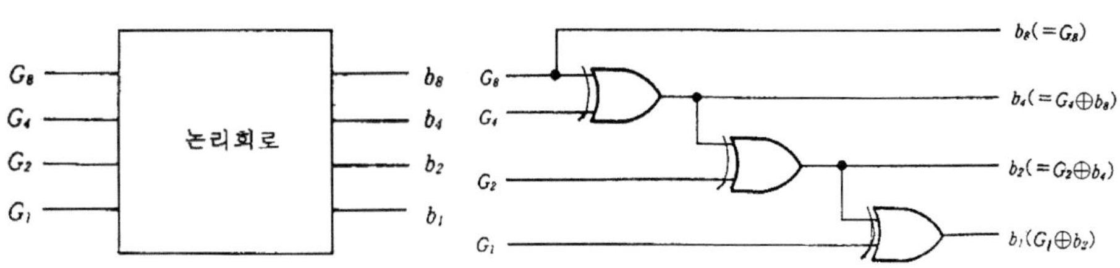

(a) 코드 변환 논리도 (b) 교번 코드(gray code)-2진 코드 변환 논리도

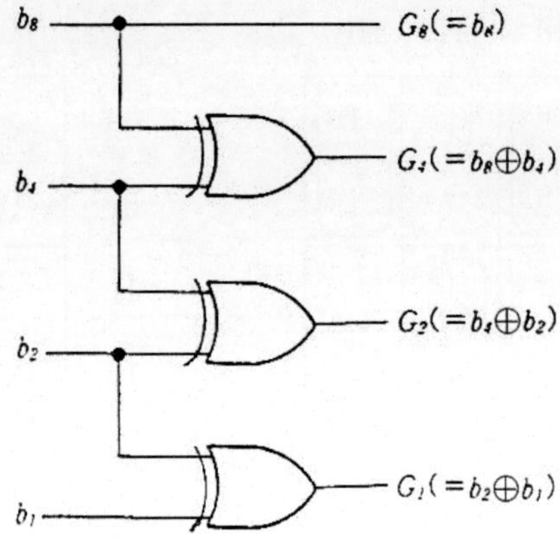

(c) 2진-gray code 변환 논리도

그림 6-17 교번 코드-2진 코드 변환 논리도

[그림 6-17] (c)는 예제와 관계없으나, BCD 코드를 교번 코드로 변환하는 논리도임으로 참고하기 바랍니다.

6-6 패리티 발생기와 검사기

정보를 전송하거나 전송된 정보를 수신할 경우 오류 검출을 쉽게 하기 위해서 사용하는 회로를 패리티 검사기라고 하며, 피리티 발생기는 전송부에서 홀수 또는 짝수 패리티 비트로 검출한다.

예제 6-11

3개 비트 정보를 홀수 패리티 비트로 전송할 수 있는 패리티 발생기 논리도를 작성하여라.

▌표 6-8▐ 전송 3비트 홀수 패리티 진리표

3비트 정보			2진코드
X	Y	Z	P
0	0	0	1
0	0	1	0
0	1	0	0
0	1	1	1
1	0	0	0
1	0	1	1
1	1	0	1
1	1	1	0

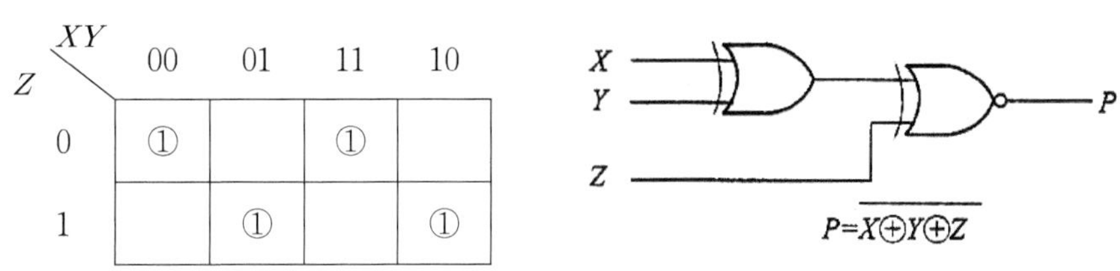

(a) 카르노도　　　(b) 논리도

그림 6-18 홀수 패리티 발생기

풀이

먼저 〈표 6-8〉과 같은 홀수 패리티 발생 진리표를 작성한다. 이 진리표로부터 카르나도를 작성하고 논리식을 구하면 된다.

$$P = \overline{X}\,\overline{Y}\,\overline{Z} + \overline{X} + YZ + X\overline{Y}Z + XY\overline{Z}$$
$$= \overline{X}(\overline{Y}\,\overline{Z} + Y\overline{Z}) + X(Y\overline{Z} + \overline{Y}Z)$$
$$= \overline{X}(\overline{Y \oplus Z}) + X(Y \oplus Z) = \overline{X \oplus Y \oplus Z} = X \odot Y \odot Z$$

예제 6-12

4개의 비트정보와 홀수 패리티가 같이 전송될 경우 패리티 검사기를 구성하여라.

풀이

4비트 정보와 홀수 패리티 비트를 같이 전송하는 패리티 검사기 진리표를 〈표 6-9〉와 같이 작성한다.

▌표 *6-9* ▌ 홀수 패리티 진리표

전송된 4비트				패리티 오류 검사
W	X	Y	Z	P
0	0	0	0	1
0	0	0	1	0
0	0	1	0	0
0	0	1	1	1
0	1	0	0	0
0	1	0	1	1
0	1	1	0	1
0	1	1	1	0
1	0	0	0	0
1	0	0	1	1
1	0	1	0	1
1	0	1	1	0
1	1	0	0	1
1	1	0	1	0
1	1	1	0	0
1	1	1	1	1

이 진리표로부터 [그림 6-19] (a)와 같이 카르나도를 작성하여 논리식을 구한다.

$$P = \overline{W}\,\overline{X}\,\overline{Y}\,\overline{Z} + \overline{W}\,\overline{X}YZ + \overline{W}X\overline{Y}Z + \overline{W}XY\overline{Z}$$

$$+ W\overline{X}\,\overline{Y}Z + W\overline{X}Y\overline{Z} + WX\overline{Y}\,\overline{Z} + WXYZ$$

$$= \overline{W \oplus X \oplus Y \oplus Z} = W \odot X \odot Y \odot Z$$

또, 구해진 논리식으로부터 그림 (b)와 같은 논리도를 얻는다.

YZ \ WX	00	01	11	10
00	1		1	
01		1		1
11	1		1	
10		1		1

(a) 카르노도

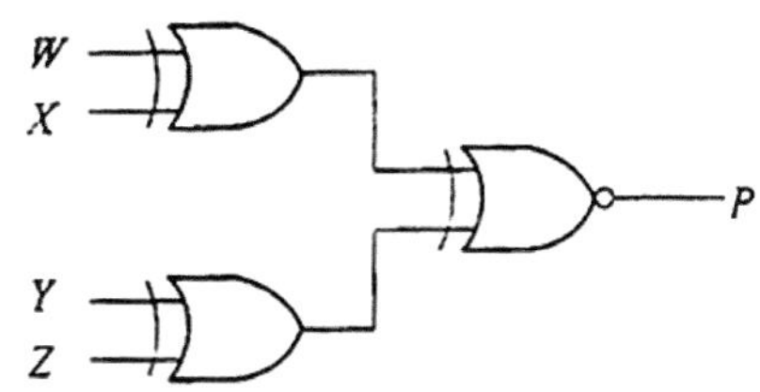

(b) 논리도

그림 6-19 홀수 패리티 검사기

6-7 7-segment-BCD 표시 회로

7-세그먼트에 의한 BCD 코드의 10진 표시는 〈표 6-10〉에 나타난 것과 같다. 이 장치는 BCD 코드를 10진 숫자로 직접 볼 수 있게 하는 장치로서 이전에 사용한 방법과 동일한 단계를 거쳐 조합회로를 구성할 수 있다.

▌표 6-10 ▌ 7-세그먼트 10진 표시기

도표내 숫자	*A*	*B*	*C*	*D*	*a*	*b*	*c*	*d*	*e*	*f*	*g*
0	0	0	0	0	1	1	1	1	1	1	0
1	0	0	0	1	0	1	1	0	0	0	0
2	0	0	1	0	1	1	0	1	1	0	1
3	0	0	1	1	1	1	1	1	0	0	1
4	0	1	0	0	0	1	1	0	0	1	1
5	0	1	0	1	1	0	1	1	0	1	1
6	0	1	1	0	0	0	1	1	1	1	1
7	0	1	1	1	1	1	1	0	0	0	0
8	1	0	0	0	1	1	1	1	1	1	1
9	1	0	0	1	1	1	1	0	0	1	1

1=세그먼트 표시(on), 0=세그먼트 차단(off)

단, 카르나도에 의해 간략화된 출력함수 a, b, c, d, e, f, g를 직접회로로 구성하여 표시할 수도 있고, TTL 7447을 사용하여 BCD입력을 출력(a, b, c, d, e, f, g)로 뽑아 7-세그먼트에 연결할 수도 있는데 이와 같이 조합회로가 집적되어 하나의 소자가 감당하는 것을 MSI(medium scale integrated)라 한다.

이외에 많이 사용되는 조합회로로서 일치회로, 반일치회로, 비교회로, 다수결회로, 메트릭스회로 등이 있다.

(a) a, b, c, d, e, f, g 7개의 표시용 세그먼트 (b) a, b, c, d, e, f 세그먼트로 표시된 10진수 0 (c) c, d, e, f, g 세그먼트로 표시된 -10진수 6

그림 6-20 7-세그먼트 10진수 표시기

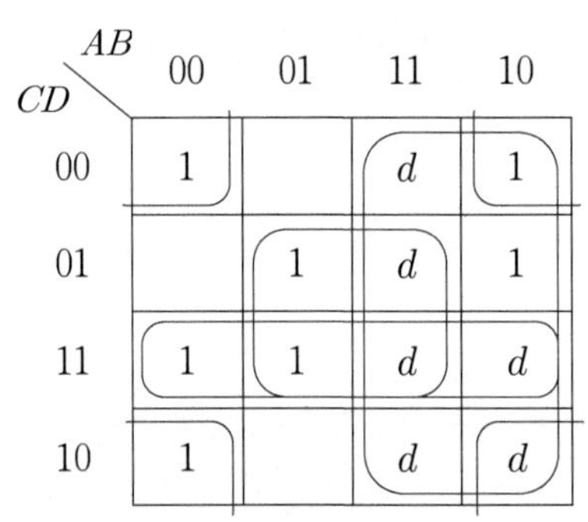

$a = A + BD + B'D' + CD$

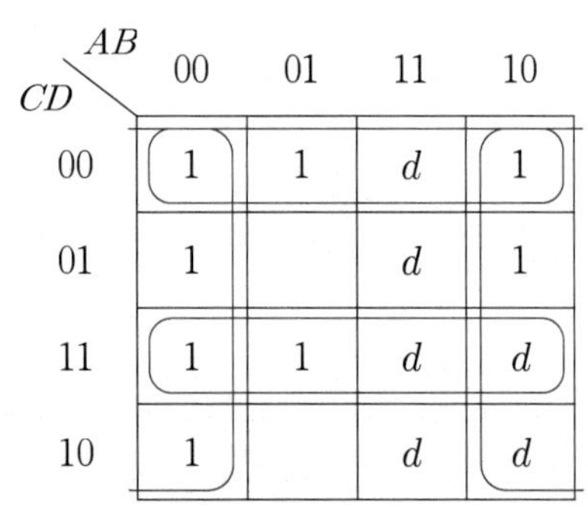

$b = B' + CD + C'D'$

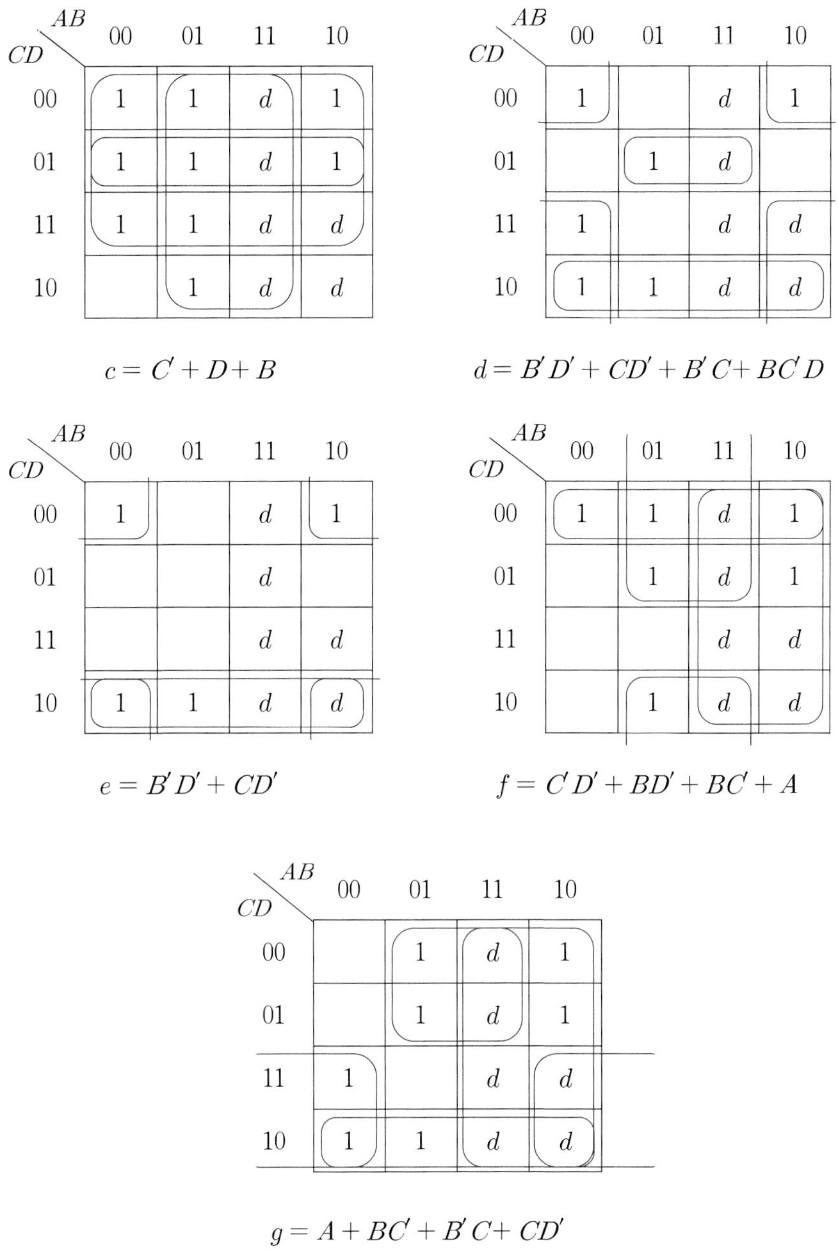

그림 6-21 BCD to 7-segment 카르나도

이렇게 하여 출력 a, b, c, d, e, f, g를 A, B, C, D로 나타내면 조합회로가 된다.

연습문제

6-1 조합논리회로와 순차논리회로의 차이점을 논하라.

6-2 반 가산기 진리표를 작성하고 논리도를 그려라.

6-3 전 가산기의 진리표를 작성하고 논리도를 그려라.

6-4 반 가산기를 사용하여 전 가산기를 구성하라.

6-5 반 감산기의 진리표를 작성하고 논리식과 논리도를 그려라.

6-6 전 감산기의 진리표를 작성하고 논리식과 논리도를 그려라.

6-7 반 감산기를 사용하여 전 감산기를 구성하라.

6-8 병렬 4비트 2진 가산기를 그려라.

6-9 4비트 종속 2진 감산기를 그려라.

6-10 병렬 가산기를 이용하여 14+12=26의 덧셈 과정을 나타내어라.

6-11 병렬 2진 곱셈기를 이용하여 7×4를 계산할 때 각 레지스터의 내용이 어떻게 달라지나 단계별로 설명하라.

6-12 4비트 2진수의 나눗셈기를 이용하여 11110을 110으로 나눌 때 각 단계에서 누산기 및 MQ 레지스터의 내용을 나타내어라.

6-13 3초과 코드를 BCD 코드로 변환하여라.

6-14 10진수 0~9까지를 BCD(8421) 코드로 변환하고 이것을 3초과 코드로 변환하는 진리표를 구하고 논리식과 논리도를 구하라.

6-15 8421코드를 2*421코드로 변환하는 진리표를 구하고 논리식과 논리도를 구하라.

6-16 10진수 0~9까지를 4비트 2진 코드로 나타내고 이 2진코드에서 교번코드(Gray Code)로 변환되는 진리표를 구하고 논리식과 논리도를 구하라.

6-17 어떤 논리회로에서 3개의 입력 중 2개 이상이 1일 때 출력이 1이 되는 논리식을 구하고 논리도를 그려라.

6-18 4비트 16진 코드에 대한 짝수 패리티를 부가하는 진리표를 작성하고 논리식과 논리도를 설계하라.

6-19 어떤 논리회로에서 3개의 입력 중 입력이 모두 없거나 3개의 입력이 모두 존재할 때, 출력이 존재하는 논리식을 구하고 그 논리회로를 설계하라.

6-20 다음 진리표는 감시제어회로의 값이다. 〈표 6-11〉 진리표를 NOR 게이트 논리식으로 나타내고 논리도를 구성하라.

표 6-11 감시제어회로 작동 진리표

입력			출력
A	B	C	X
0	0	0	0
0	0	1	0
0	1	0	1
0	1	1	0
1	0	0	1
1	0	1	1
1	1	0	1
1	1	1	1

6-21 7-segment 표시용 코드를 설계함에 있어 변화되는 4개의 입력 비트를 A, B, C, D라 하고, 출력 비트는 a, b, c, d, e, f, g로 할 때 이들 출력 중 c, d, f 출력을 나타내는 논리식과 논리도를 구하라.

Chapter 07

MSI와 LSI 회로 설계

Chapter 07

MSI와 LSI 회로 설계

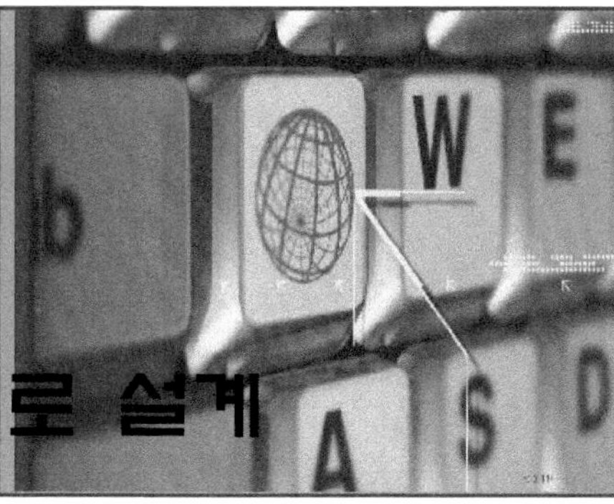

집적회로(intergrated circuits)에는 기본 게이트 회로 소자인 SSI(small scale intergrated circuits)와 MSI(medium scale intergrated circuits), LSI(large scale intergrated circuits) 그리고 VLSI(very large scale intergrated circuits)로 분류된다.

논리함수의 간략화는 제5장에서, 조합논리회로는 제6장에서 다루었다. 그러나 같은 기능을 갖는 회로라도 소자배열에 따라 크기와 가격이 달라질 수 있다.

본 7장에서는 효용성과 경제성을 높일 수 있는 MSI와 LSI회로 설계에 대하여 논하도록 한다.

따라서 간략화를 통하여 부품수도 줄이고 효율적인 회로설계를 함으로써 경제적인 이득을 높일 수 있다.

이러한 MSI, LSI에 의한 조합회로를 설계하는 방법에는 인코더와 디코더, 멀티플렉서와 디멀티플렉서, 기억메모리(ROM) 및 PLD구성법에 대하여 논해 보도록 한다.

7-1 인코더

인코더(encoder)란 한 입력이 10진수나 8진수 같은 숫자라고 하면 이 입력을 2진수나 BCD 코드로 변환하여 출력시키는 것이다.

인코더는 알파벳 문자나 기호를 코드화 하는 데도 쓰인다. 숫자나 문자 및 기호를 코드화된 포멧으로 변화시키는 것을 인코딩(encoding)이라고 한다.

1. 4×2 인코더

가장 간단한 인코더로는 4×2 인코더이며 진리표와 논리도는 〈표 7-1〉과 [그림 7-1]과 같다.

▌표 7-1 ▌ 4×2 인코더 진리표

I_0 I_1 I_2 I_3	A B
1 0 0 0	0 0
0 1 0 0	0 1
0 0 1 0	1 0
0 0 0 1	1 1

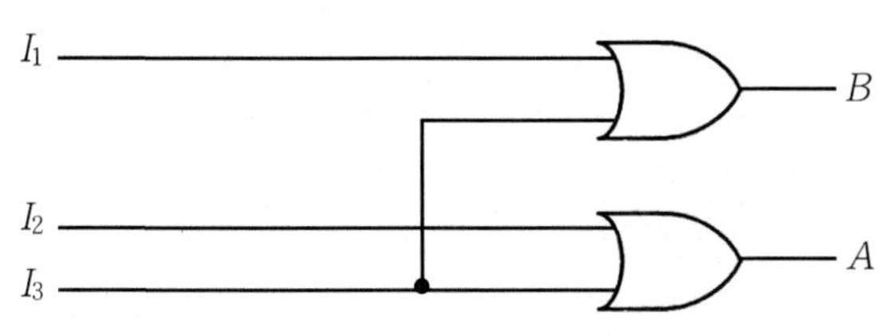

그림 7-1 4×2 인코더

입력 I_0, I_1, I_2, I_3가 출력 B와 A인 4×2인 셈이다.

2. 8×3 인코더

〈표 7-2〉와 같이 입력 I_0, I_1, I_2, I_3, I_4, I_5, I_6, I_7이고 출력 X, Y, Z라면 8×3 인코더라고 한다. 즉 입력 8개, 출력 3개가 되는 셈이다.

우선 순위를 정하여 가장 높은 우선 순위를 갖는 입력선만 해독하는 우선 순위 인코더(priority encoder)가 있다.

이 기능은 예를 들어 입력 I_2와 I_7이 동시에 "1"이 라면 I_7이 I_2가 숫자가 높은, 즉 우선 순위가 높기 때문에 출력은 I_7인 '1 1 1'이 된다.

단 〈표 7-2〉 8×3 인코더 진리표는 동시에 일어나는 경우가 아니다.

▌표 7-2 ▌ 8×3 인코더 진리표

10진수	입력								출력		
N	I_0	I_1	I_2	I_3	I_4	I_5	I_6	I_7	X	Y	Z
0	1	0	0	0	0	0	0	0	0	0	0
1	0	1	0	0	0	0	0	0	0	0	1
2	0	0	1	0	0	0	0	0	0	1	0
3	0	0	0	1	0	0	0	0	0	1	1
4	0	0	0	0	1	0	0	0	1	0	0
5	0	0	0	0	0	1	0	0	1	0	1
6	0	0	0	0	0	0	1	0	1	1	0
7	0	0	0	0	0	0	0	1	1	1	1

예제 7-1

〈표 7-2〉 8×3 인코더 진리표이다. 이 진리표에서 입력 I_0, I_1, I_2, I_3, I_4, I_5, I_6, I_7를 변수로 하는 출력 X, Y, Z를 나타내는 논리식과 함께 논리도를 구하라.

풀이

논리식을 먼저 구해보자.

X가 1인 경우는 I_4, I_5, I_6, I_7이므로

$X = I_4 + I_5 + I_6 + I_7$

Y가 1인 경우는 I_2, I_3, I_6, I_7이므로

$Y = I_2 + I_3 + I_6 + I_7$

Z도 1인 경우가 I_1, I_3, I_5, I_7이므로

$Z = I_1 + I_3 + I_5 + I_7$

이 논리식을 논리도로 그리면 [그림 7-2] 8×3 인코더 논리도와 같다.

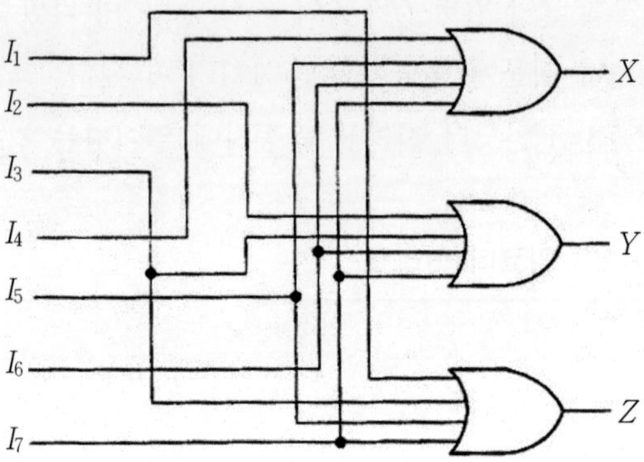

그림 7-2 8×3 인코더 논리도

3. 10진-BCD 인코더

[그림 7-3]과 같이 입력 10개의 입력선과 출력 BCD 코드 즉 8421 code를 갖는 4개의 출력선이다.

〈표 7-3〉 10진-BCD 인코더 진리표를 나타내고 있다.

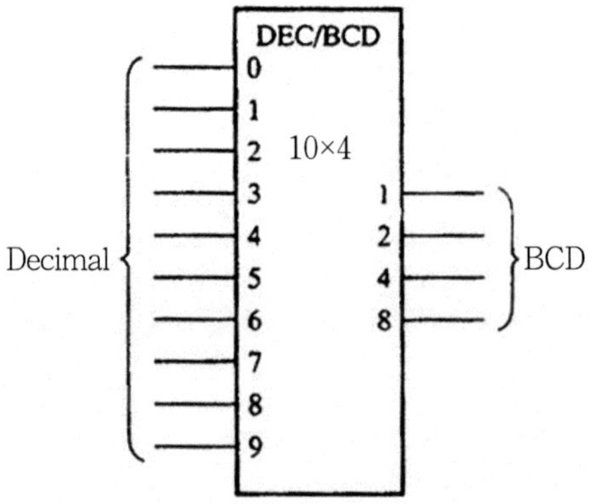

그림 7-3 10진-BCD 인코더기호

▌표 7-3▌ 10진-BCD 인코더 진리표

10진수	BCD 코드			
N	W	X	Y	Z
0	0	0	0	0
1	0	0	0	1
2	0	0	1	0
3	0	0	1	1
4	0	1	0	0
5	0	1	0	1
6	0	1	1	0
7	0	1	1	1
8	1	0	0	0
9	1	0	0	1

〈표 7-3〉 10진-BCD 인코더 진리표에서 입력 변수를 I_0, I_1, I_2, I_3, I_4, I_5, I_6, I_7, I_8, I_9라고 하고 출력 변수를 W, X, Y, Z라 하면

$$\begin{aligned} W &= I_8 + I_9 \\ X &= I_4 + I_5 + I_6 + I_7 \\ Y &= I_2 + I_3 + I_6 + I_7 \\ Z &= I_1 + I_3 + I_5 + I_7 + I_9 \end{aligned} \qquad (7\text{-}1)$$

이와 같은 (7-1) 논리식을 얻게 되며 이 논리식으로 부터 [그림 7-4]와 같은 10진-BCD 인코더 논리도를 얻을 수 있다.

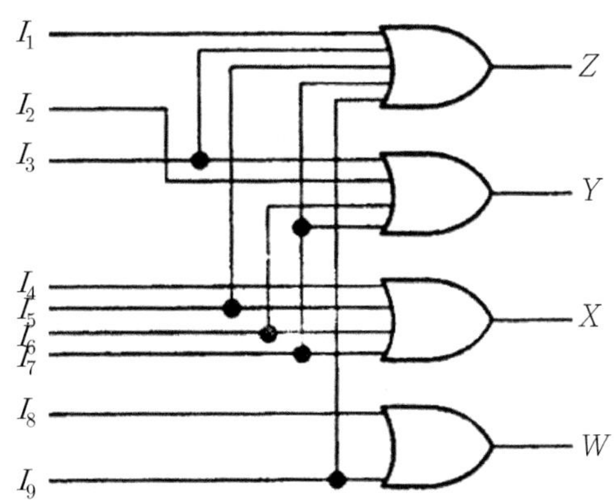

그림 7-4 10진-BCD 인코더 논리도

이 논리회로의 동작을 보면 입력중 I_9이 '1'의 상태로 입력 되었다면 MSB인 W와 LSB인 Z만 '1'로 작동하고 X와 Y는 '0'인 상태가 되어 BCD code $WXYZ$는 1001로 '9'를 의미하도록 작동한다.

예제 7-2

그림과 같은 74LS147. 10진-BCD 우선 순위 인코더 논리기호에서 1, 4, 13번 핀이 Low로 입력 했을 때 4개의 출력 상태를 구하라.
(단 1, 4, 13번 핀을 제외한 다른 입력은 High라고 한다)

풀이

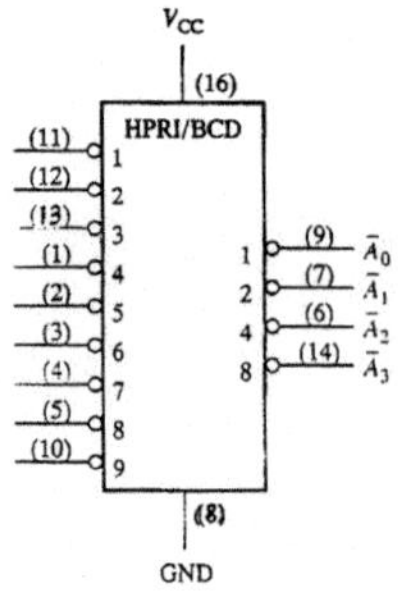

그림과 같은 우선 순위 인코더 논리기호에서 핀번호 1번은 10진수 4, 핀번호 4번은 10진수 7, 핀번호 13은 10진수 3에 해당된다. 따라서 우선 순위 인코더에서 핀번호 4번인 10진수 7에 대한 BCD 코드가 작동한다.
74LS147 액티브-Low 출력을 가지므로 A_0, A_1, A_2는 Low이고 A_3는 High가 된다

7-2 디코더

디코더(decoder)란 n개의 2진 정보를 서로 다른 2^n개의 최대 정보로 바꾸어 출력하는 조합회로이다.

1. 3×8 디코더

입력이 3개 이고 출력이 8개 라면 3×8 디코더라고 하며, 최대 2^n개의 최소항(minterm)의출력항을 만드는데 목적이 있다.

디코더는 인코더 기능과는 정 반대로 2^n개의 최대 입력항으로 부터 n개의 최대 출력항을 만들 수 있다. 이제 입력항 $n = 3$일 때 최대 출력항 8개인 3×8 디코더 최소항 진리표를 그려 보면 〈표 7-4〉와 같다.

▌표 7-4 ▌ 3×8 디코더 최소항

x	y	z	최소항			D_0	D_1	D_2	D_3	D_4	D_5	D_6	D_7
0	0	0	$\bar{x}$	$\bar{y}$	$\bar{z}$	1	0	0	0	0	0	0	0
0	0	1	$\bar{x}$	$\bar{y}$	z	0	1	0	0	0	0	0	0
0	1	0	$\bar{x}$	y	$\bar{z}$	0	0	1	0	0	0	0	0
0	1	1	$\bar{x}$	y	z	0	0	0	1	0	0	0	0
1	0	0	x	$\bar{y}$	$\bar{z}$	0	0	0	0	1	0	0	0
1	0	1	x	$\bar{y}$	z	0	0	0	0	0	1	0	0
1	1	0	x	y	$\bar{z}$	0	0	0	0	0	0	1	0
1	1	1	x	y	z	0	0	0	0	0	0	0	1

이 진리표로 부터 [그림 7-5] 카르나도를 작성한다.

Z \ XY	00	01	11	10
0	D_0	D_2	D_6	D_4
1	D_1	D_3	D_7	D_5

그림 7-5 3×8 디코더 카르나도

여기서 3×8 디코더 출력항 D_0 ~ D_7까지 8개의 디코더 출력이 필요하다. 구체적인 3×8 디코더의 내부회로를 그리면 [그림 7-6]과 같다.

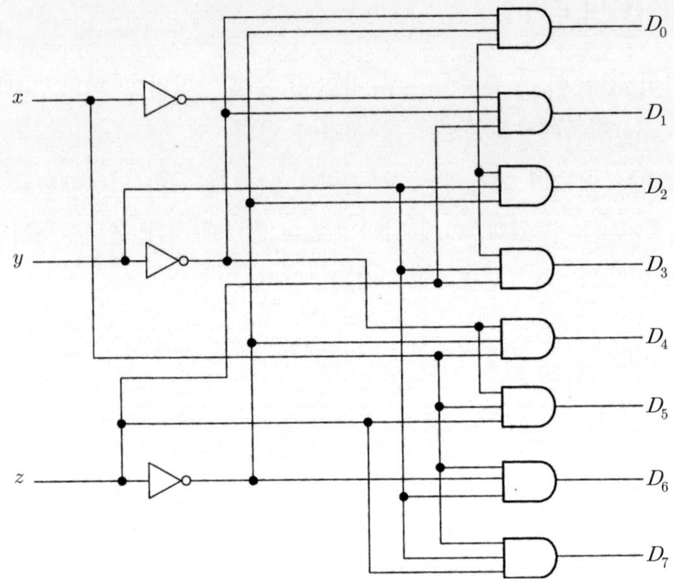

그림 7-6 3×8 디코더 내부회로

예제 7-3

〈표 7-5〉는 전 가산기 진리표이다. 이 진리표를 이용하여 디코더를 설계하여라.

▌표 7-5 ▌ 3개의 입력변수를 갖는 전 가산기 진리표

x y z	S	C
0 0 0	0	0
0 0 1	1	0
0 1 0	1	0
0 1 1	0	1
1 0 0	1	0
1 0 1	0	1
1 1 0	0	1
1 1 1	1	1

풀이

〈표 7-5〉 진리표에서 논리식을 부울 함수로 나타내면 합(S)과 자리올림(C)는 다음과 같다.

$$S(x, y, z) = \sum(1, 2, 4, 7)$$
$$C(x, y, z) = \sum(3, 5, 6, 7)$$

3개의 입력에 대한 최소항을 갖는 3×8의 디코더는 [그림 7-7]과 같다.

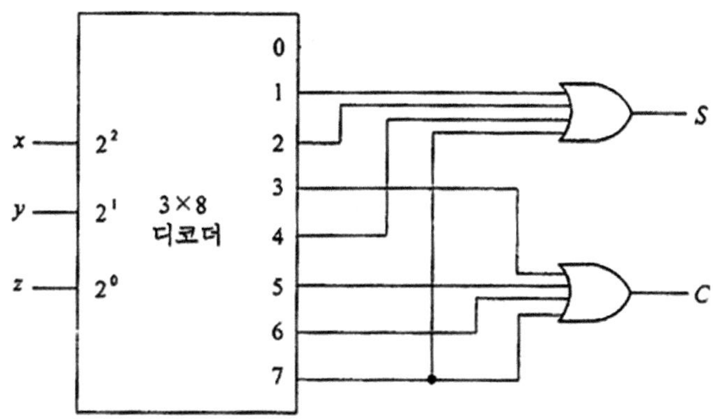

그림 7-7 3×8 디코더 전가산기

합 $S(x, y, z) = \sum(1, 2, 4, 7) = \overline{x}\,\overline{y}\,z + \overline{x}\,y\overline{z} + x\overline{y}\,\overline{z} + x\,y\,z$

$= D_1 + D_2 + D_4 + D_7$

자리올림 $C(x, y, z) = \sum(3, 5, 6, 7)$

$= \overline{x}\,y\,z + x\,\overline{y}\,z + x\,y\,\overline{z} + x\,y\,z = D_3 + D_5 + D_6 + D_7$

2. BCD-10진 디코더

BCD-10진 디코더는 BCD 코드를 10진코드로 바꾸어 주는 변환기이다.

BCD 코드는 8421코드로 4개의 입력선을 갖는다. 따라서 최대 출력선은 2^n에서

$n=4$인 $2^4=16$개의 출력선을 갖게 되는 것 중 10개만의 출력선만 선택한 것이 BCD-10진 코드가 되는 것이다.

〈표 7-6〉에서 입력 BCD 코드 입력 변수를 w, x, y, 라 하고 출력항 10개를 $D_0 \sim D_9$으로 표시하여 그 진리표를 나타낸 것이다.

▌표 7-6▐ 4×10 디코더 진리표

w	x	y	z	D_0	D_1	D_2	D_3	D_4	D_5	D_6	D_7	D_8	D_9
0	0	0	0	1	0	0	0	0	0	0	0	0	0
0	0	0	1	0	1	0	0	0	0	0	0	0	0
0	0	1	0	0	0	1	0	0	0	0	0	0	0
0	0	1	1	0	0	0	1	0	0	0	0	0	0
0	1	0	0	0	0	0	0	1	0	0	0	0	0
0	1	0	1	0	0	0	0	0	1	0	0	0	0
0	1	1	0	0	0	0	0	0	0	1	0	0	0
0	1	1	1	0	0	0	0	0	0	0	1	0	0
1	0	0	0	0	0	0	0	0	0	0	0	1	0
1	0	0	1	0	0	0	0	0	0	0	0	0	1

이 진리표로부터 [그림 7-8] 카르나도를 작성한다.

yz \ wx	00	01	11	10
00	D_0	D_4	×	D_8
01	D_1	D_5	×	D_9
11	D_3	D_7	×	×
10	D_2	D_6	×	×

그림 7-8 BCD-10진 디코더 카르나도

이 카르나도를 이용하여 논리식을 구한다.

최소항 10~15까지, 즉 1010~1111은 BCD 코드에서 오차(Error)에 속하므로 무시된 입력항(don't care)으로 카르나도에서 '×'표로 나타낸다.

각 출력항의 논리함수는 다음과 같다.

$$
\begin{aligned}
&D_0 = \overline{w}\,\overline{x}\,\overline{y}\,\overline{z} &\quad& D_4 = x\overline{y}\,\overline{z} &\quad& D_8 = w\overline{z} \\
&D_1 = \overline{w}\,\overline{x}\,\overline{y}z && D_5 = x\overline{y}z && D_9 = wz \\
&D_2 = \overline{x}y\overline{z} && D_6 = xy\overline{z} && \\
&D_3 = \overline{x}yz && D_7 = xyz &&
\end{aligned}
\tag{7-2}
$$

이와 같은 논리식을 구한 것이 식 (7-2)이며 이 논리식으로 내부회로를 그릴 수 있으며 내부회로를 그리는 방법은 [그림 7-6] 3×8 디코더 내부회로와 같다.

예제 7-4

IC 7442A BCD-10진을 그림과 같이 나타내었다. 이 그림은 7442A의 논리 기호이다. 그림 (a)와 같은 입력파형에 따른 출력파형을 그려라.

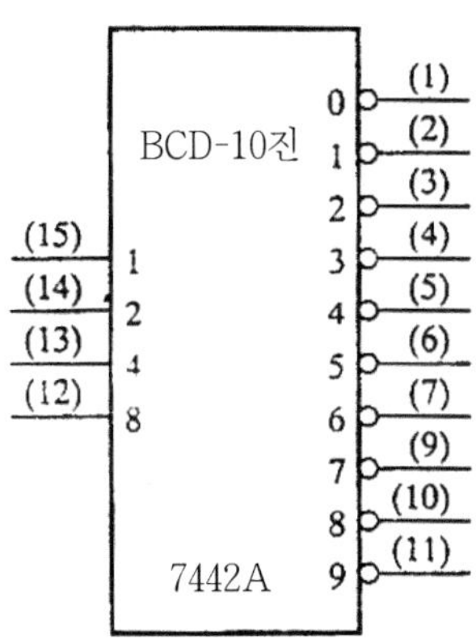

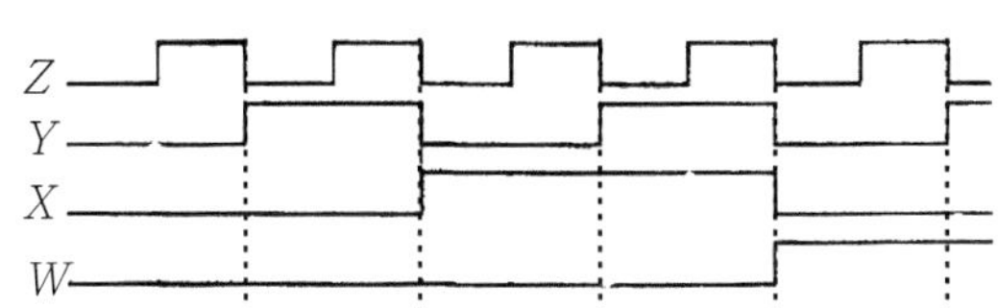

(a) 입력파형

풀이

입력파형에 대한 출력파형의 타이밍 선도는 그림 (a)와 (b)에 나타내고 있다.

출력파형은 0~9까지 BCD 입력파형에 따라 순서대로 입력과 출력이 되고 있음을 볼 수 있다. 문제에서 유의해야 할 점은 입력은 능동 High에서 작동하고 출력은 능동(active) Low에서 작동하고 있다는 점이다.

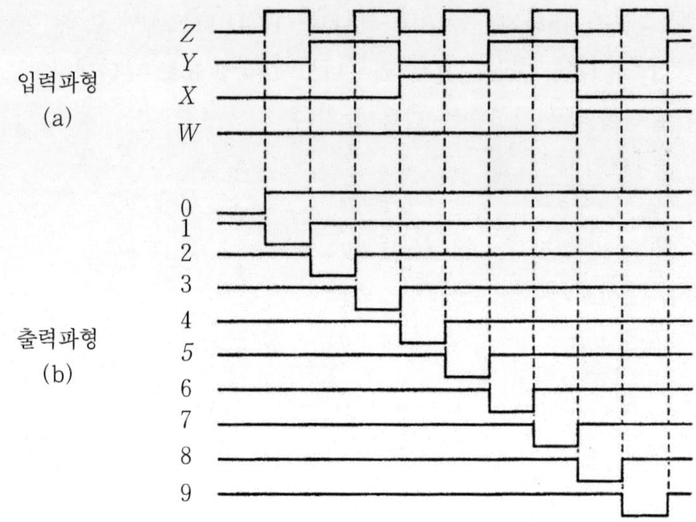

3. 인에이블 입력을 가지고 있는 2×4 디코더

인에이블을 가지고 있는 디코더는 입력에 인에이블 단자를 첨가시킬 때 단자 값이 '1'이 인가되면 출력값이 모두 '1'로 나타나는 집적회로이다. 〈표 7-7〉에 인에이블 입력을 가지고 있는 2×4 디코더를 보이고 있다.

표 7-7 인에이블(E) 입력을 가지고 있는 2×4 디코더 진리표

E	A	B	D_0	D_1	D_2	D_3
0	×	×	0	0	0	0
1	0	0	1	0	0	0
	0	1	0	1	0	0
	1	0	0	0	1	0
	1	1	0	0	0	1

이 진리표로 부터 카르나도와 논리식을 구해보자.

E \ AB	00	01	11	10
0				
1	D_0	D_1	D_3	D_2

그림 7-9 인에블이 있는 2×4 디코더

$$\begin{aligned} D_0 &= E\overline{A}\,\overline{B} \\ D_1 &= E\overline{A}B \\ D_2 &= EA\overline{B} \\ D_3 &= EAB \end{aligned} \qquad (7\text{-}3)$$

논리식 (7-3)으로 부터 논리도를 그리면 [그림 7-10] (a)와 같다.

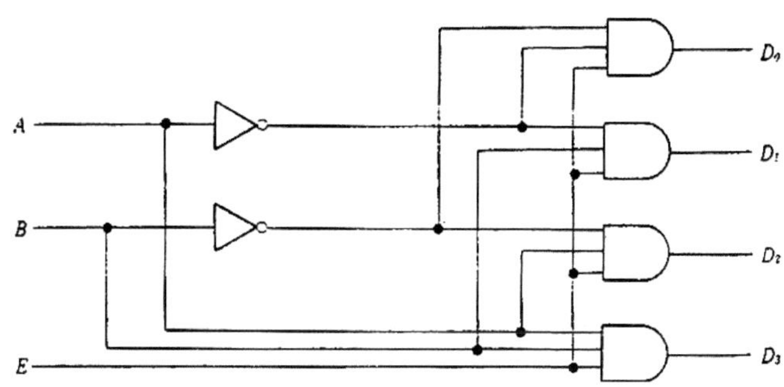

(a) 인에이블을 가지고 있는 2×4

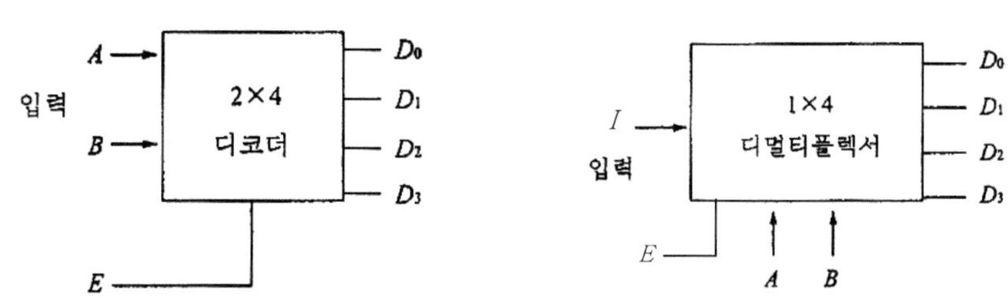

(b) 인에이블을 가지고 있는 디코더 (c) 디멀티플렉서

그림 7-10 디코더와 디멀티플렉서

[그림 7-4] 디코더 회로는 디 멀티플렉서와 같다. 또한 디멀티플렉서는 선택선을 포함하여 원하는 출력값을 조정할 수 있는 회로이다.

디코더 회로는 컴퓨터 중에서 중앙처리장치(CPU)에서 정보 n비트가 기억장치에 전송되는 중간장치로 메모리 어드레스(memory address)에 이용되고 있다.

7-3 멀티플렉서

1. 멀티플렉서

멀티플렉서(multiplexer)는 여러 개의 데이터 입력을 적은 수의 채널이나 선들을 통하여 전송하는 전송기이다. 디지털 멀티플렉서는 많은 입력선 중 하나를 선택하여 출력선에 연결하는 조합회로이다. 정상적인 경우 2^n개의 입력선과 n개의 선택선으로 되고, n개의 선택선의 비트 조합에 따라서 입력 중 어느 하나가 선택된다.

멀티플렉서는 많은 입력들 중 하나를 선택하여 선택된 입력선의 2진 정보를 출력선에 넘겨주기 때문에 데이터 선택기(data selector)라고도 한다.

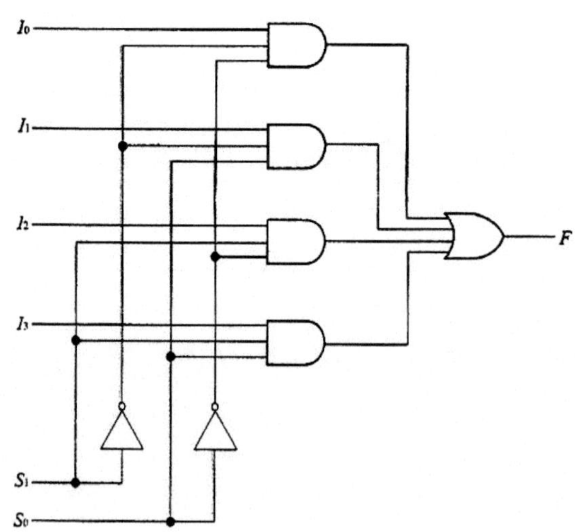

(a)

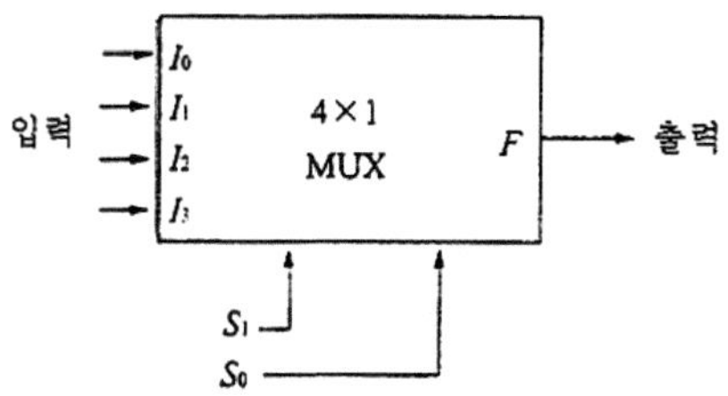

(b) 표시기호

S_1	S_0	F
0	0	I_0
0	1	I_1
1	0	I_2
1	1	I_3

(c) 함수표

그림 7-11 멀티플렉서

2. 멀티플렉서를 이용한 부울 함수의 실현 과정

먼저 함수들을 최소항(minterm)의 합으로 표현한다. 최소항에 대하여 선택된 변수들의 순서가 $A, B, C, D\cdots$라 가정한다. 여기서 A는 n변수들의 순서에서 가장 왼쪽에 있는 변수이며, $B, C, D\cdots$는 남은 $n-1$개의 변수들이다. $n-1$개의 변수들을 선택선에 연결한다. 이 때 B는 가장 순서가 높은 선택선에 연결되고, C는 그 다음의 선택선에 연결된다.

먼저 변수 A를 생각하면 순서대로 정렬된 변수들 중에서 가장 순서가 높은 변수이므로 최소항들의 목록 중 처음 절반은 $\overline{A}$를 가지며, 나머지 절반은 A를 가진다.

3개의 변수 A, B, C의 경우 8개의 최소항을 갖는데 변수 A는 최소항 0부터 3까지에서 보수로 표현되고 최소항 4부터 7까지는 그대로 표시된다. 멀티플렉서의 입력들을 목록으로 작성하고 그 입력들 아래쪽 두 행에 모든 최소항들을 첫째 행부터 써 넣는다.

[그림 7-12] (c)와 같이 첫째 행에 있는 최소항들은 원래 진리표에서 생각해 보면 $\overline{A}$를 가지며, 두 번째 행에 있는 최소항들은 A를 가진다.

함수에 포함되어 있는 최소항들은 전부 원으로 둘러싼 뒤, 각 행을 개별적으로 살펴본다.

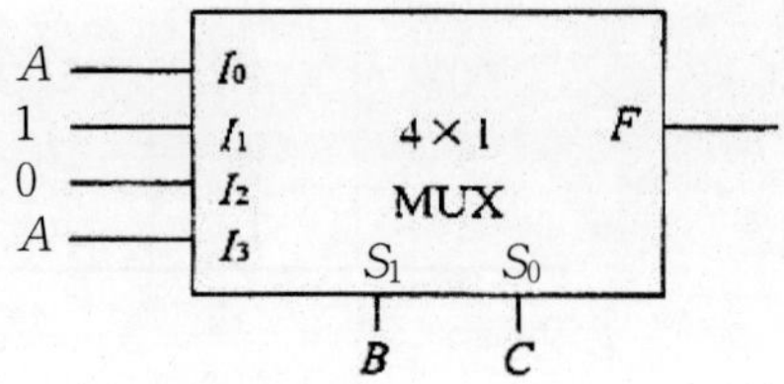

(a) 멀티플렉서 실편

최소항	A	B	C	F
0	0	0	0	0
1	0	0	1	1
2	0	1	0	0
3	0	1	1	0
4	1	0	0	1
5	1	0	1	1
6	1	1	0	0
7	1	1	1	1

(b) 진리표

	I_0	I_1	I_2	I_3
A'	0	①	2	3
A	④	⑤	6	⑦
	A	1	0	A

(c) 실현표

그림 7-12 멀티플렉서 실현 과정

① 만일 열에 속하는 두 최소항들이 둘 다 원으로 둘러싸여 있지 않다면 대응되는 MUX 입력은 0이 된다.

② 아래쪽 최소항만 원으로 둘러싸여 있다면 대응되는 MUX 입력은 A가 된다.

③ 열에 속하는 두 최소항들이 모두 원으로 둘러싸여 있다면 대응되는 MUX 입력은 1이 된다.

④ 만일 열의 위쪽 최소항만 원으로 둘러싸여 있다면 대응되는 MUX 입력은 $\overline{A}$가 된다.

$$F(A, B, C) = \sum(1, 4, 5, 7) \qquad (7\text{-}4)$$

식 (7-4)로부터 [그림 7-12] (a)의 멀티플렉서 실현표를 얻을 수 있다. 이 때 B와 C는 각각 S_1과 S_0에 연결되어져야만 한다. 변수들은 순서대로 정리했을 때

MUX 입력들을 위하여 특별히 가장 왼쪽에 있는 변수들을 선택할 필요는 없다. 사실 실현표를 수정한다면 변수들 중에서 임의로 한 변수를 택하여 MUX 입력을 사용할 수 있다.

입력 변수를 B, 선택선을 A, C를 써서 멀티플렉서를 구성하고자 할 때 선택선 S_1과 S_0에 대하여 A, C를 택한다. 이 경우 두 최소항 행의 배열은 [그림 7-13] (b)와 같다. 함수를 구성하는 최소항들을 원으로 둘러싼 뒤 앞서 설명한 것과 같이 실현표에 대한 [그림 7-13] (a)와 같은 MUX 실현을 얻게 된다.

같은 방법으로 변수들 중 다른 변수를 선택하여 MUX 입력으로 사용할 수 있다. 그러나 어떤 경우에도 하나를 제외한 모든 입력변수들은 선택선에 쓰이고 나머지 하나의 변수와 그 변수의 보수 또는 1과 0은 MUX 입력에 쓰인다.

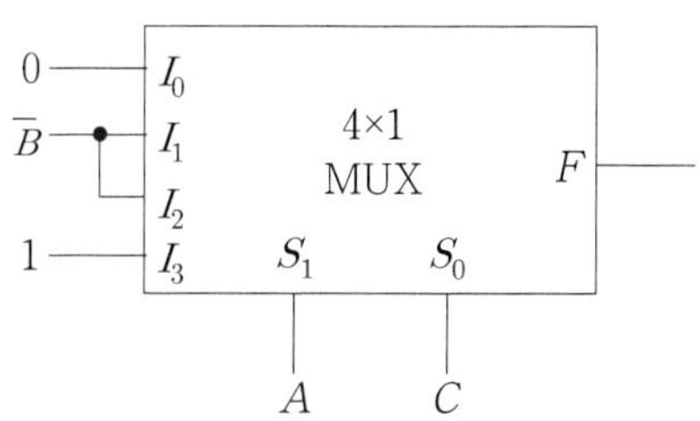

(a) MUX 실현

	I_0	I_1	I_2	I_3
$\overline{B}$	0	①	④	⑤
B	2	3	6	⑦
	0	$\overline{B}$	$\overline{B}$	1

(b) 실현표

그림 7-13 멀티플렉서 실현과정

예제 7-5

$F(A\,B\,C) = \sum(1, 4, 5, 7)$의 부울함수에서 C를 입력으로 하고 A, B를 선택선으로 하는 멀티플렉서를 실현표를 통하여 설계하여라.

풀이

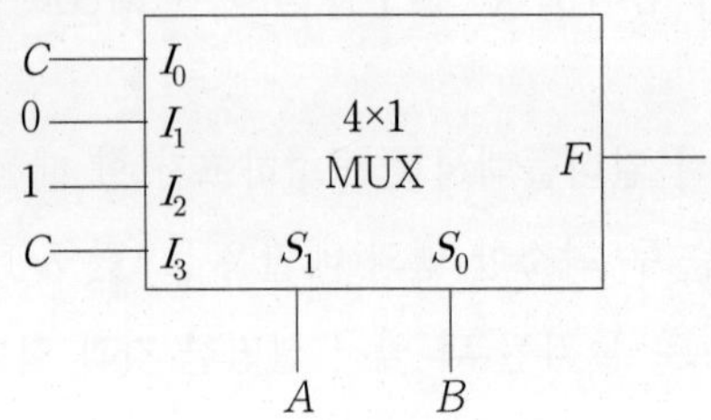

(a) MUX 실현

	I_0	I_1	I_2	I_3
$\overline{C}$	0	2	④	6
C	①	3	⑤	⑦
	C	0	1	C

(b) 실현표

그림 7-14 멀티플렉서 실현과정

그림 (a)에서 C를 입력으로 하면 $I_0 = C$, $I_1 = 0$, $I_2 = 1$, $I_3 = C$ 4개의 입력을 갖고 출력 F인 4×1 MUX가 되며 이 때 선택선은 A, B이다.

한편 실현표를 작성함에 있어 부울함수에서 진리표로 나타낸다면 최소항 1, 4, 5, 7이 '1'에 해당하므로 실현표에서 0표를 하면 된다. C에는 0, 2, 4, 6이 해당되고 C는 1, 3, 5, 7이 여기에 해당된다.

예제 7-6

$F(ABCD) = \sum(1, 4, 5, 7)$의 부울 함수에서 C를 입력으로 하고 A, B를 선택선으로 하는 멀티플렉서의 내부회로도를 그려라.

풀이

예제 7-5에서 [그림 7-14] (a) MUX실현과 (b) 실현표를 얻었다. 이 실현표와 실현을 참조하여 위의 부울 함수를 만족하는 회로도를 그려야 한다.

부울 함수를 만족하기 위해서는 부울 함수를 진리표로 나타낸 후 내부회로도를 그려도 무방하다.

따라서 C를 입력으로 하고 A, B를 선택선으로 할 때 위의 부울 함수를 만족하는 내부회로도는 [그림 7-15]와 같다.

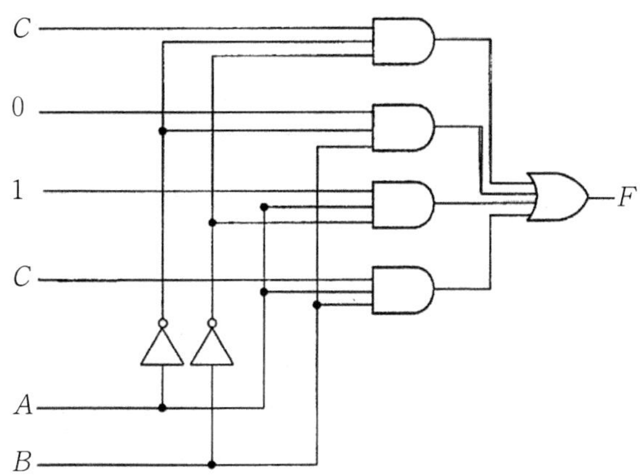

그림 *7-15* 멀티플렉서 내부회로도

지금까지는 변수가 3개인 경우를 다루었다 이제 변수 4개인 부울 함수를 실현해 보자.

$$F(ABCD) = \sum(0, 1, 2, 4, 7, 9, 11, 14) \qquad (7\text{-}5)$$

식 (7-5)로 부터 진리표 〈표 7-8〉을 그린다.

▌표 *7-8* ▌ 진리표

10진수	A	B	C	D	F
0	0	0	0	0	1
1	0	0	0	1	1
2	0	0	1	0	1
3	0	0	1	1	0
4	0	1	0	0	1
5	0	1	0	1	0
6	0	1	1	0	0
7	0	1	1	1	1
8	1	0	0	0	0
9	1	0	0	1	1
10	1	0	1	0	0
11	1	0	1	1	1
12	1	1	0	0	0
13	1	1	0	1	0
14	1	1	1	0	1
15	1	1	1	1	0

	I_0	I_1	I_2	I_3	I_4	I_5	I_6	I_7
$\overline{A}$	⓪	①	②	3	④	5	6	⑦
A	8	⑨	10	⑪	12	13	⑭	15
	$\overline{A}$	1	$\overline{A}$	A	$\overline{A}$	0	A	$\overline{A}$

(a) 실현표

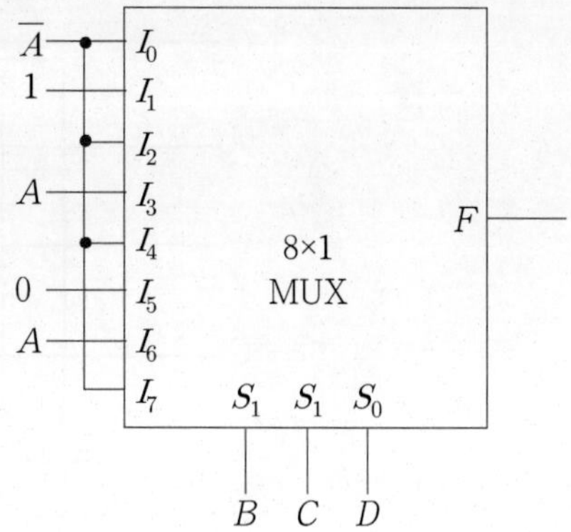

(b) MUX 실현

그림 7-16 멀티플렉서 실현과정

〈표 7-8〉 진리표에서 A가 '0'인 경우 10진수 0~7가지 실현표에서 $\overline{A}$에 속할 것이고 A가 '1'인 경우는 10진수 8~15까지 실현표에서 A에 속하도록 평행 배열한다.

진리표에서 출력값이 '1'에 해당되는 10진수에 ○표하고 그 결과치를 보면 (a) 실현표와 같다.

이 실현표에서 $I_0 = \overline{A}$, $I_1 = 1$, $I_2 = \overline{A}$, $I_3 = A$, $I_4 = \overline{A}$, $I_5 = 0$, $I_6 = A$, $I_7 = \overline{A}$ 값을 멀티플렉서 입력으로 하면 선택선은 A를 제외한 B, C, D가 된다.

이것을 그리면 [그림 7-16]의 (b)와 같은 MUX를 실현하게 된다.

예제 7-7

식 (7-5) 부울함수에서 B를 입력으로 하고, A, C, D를 선택선으로 하는 멀티플렉서를 설계하여라.

풀이

실현표를 먼저 구한다.

식 (7-5) 부울함수로 부터 나타낼 수 있는 진리표 〈표 7-8〉에서 B가 0인 경우 10진수 0~3까지와 8~11까지이다. 또 B가 1인 경우는 10진수 4~7까지와 12~15까지이다. 이것을 평행 배열하면 그림 (a)와 같은 실현표를 구할 수 있다.

	I_0	I_1	I_2	I_3	I_4	I_5	I_6	I_7
$\overline{B}$	⓪	①	②	3	8	⑨	10	⑪
B	④	5	6	⑦	12	13	⑭	15
	1	$\overline{B}$	$\overline{B}$	B	0	$\overline{B}$	B	$\overline{B}$

(a) 실현표

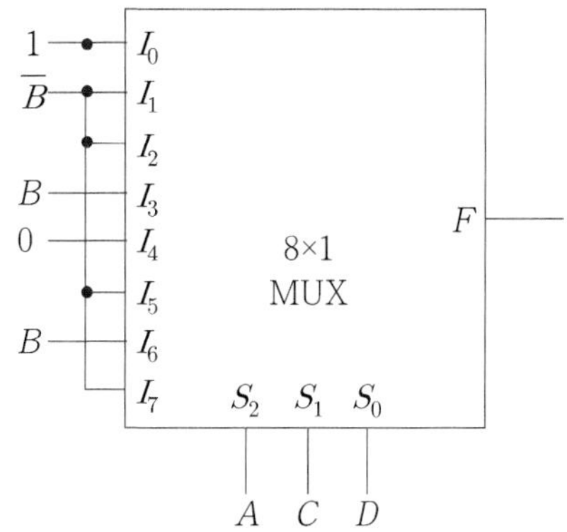

(b) MUX 실현

그림 7-17 멀티플렉서 실현과정

이 실현표에서 진리표 7-8의 출력값 $F=1$일 경우를 모두 ○표하여 그 결과치를 나타낸 것이 그림 (a) 실현표이다. 이 실현표에서 $I_0=1$, $I_1=\overline{B}$, $I_2=\overline{B}$, $I_3=0$, $I_4=0$, $I_5=\overline{B}$, $I_6=B$, $I_7=\overline{B}$로 대치하고 선택선을 A, C, D로 하면 [그림 7-17]의 (b) MUX 실현을 구할 수 있다. MUX 실현에서 선택선 $S_2=A$, $S_1=C$, $S_0=D$이다.

7-4 디멀티플렉서

멀티플렉서와는 반대의 동작을 하는 장치로서, 일명 데이터 분배기(data distributor)라고도 한다. 이것은 하나의 신호를 다수의 출력 중의 하나로 보내는 기능을 갖는 장치로서, [그림 7-18]과 같은 단극, 다스위치와 같은 동작을 한다.

스위치 와이퍼의 위치에 따라 4개의 가능한 채널 중에서 하나를 선택할 수 있다. 출력이 선택되면 입력이 그대로 전달된다. 이것은 스위치의 와이퍼를 수동적으로

움직여서 원하는 출력 채널을 선택하는 예이지만 좀더 구체적이고 복잡한 경우를 생각해보자. 보다 구체적으로 설명하면 하나의 입력선에 들어오는 신호를 n개의 선택신호에 의해 지정되는 2^n개의 출력선 중 하나로 내보내진다.

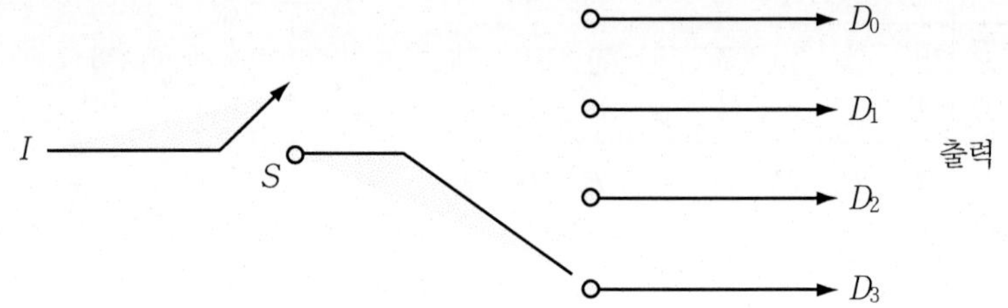

그림 7-18 스위치를 사용한 4채널 디멀티플렉서

디멀티플렉서(demultiplexer)는 디코더(복조기)와 밀접한 관계가 있다. 즉 인에이블 기능이 있는 디코더에서 인에이블선을 입력선으로 쓰고 원래의 입력선들에 의해 선택신호를 넣도록 개조하면 디멀티플렉서가 된다.

예를 들어 [그림 7-19]에 2×4 디코더와 진리표가 주어져 있다. 이 때 E를 입력 Y로, A, B를 각각 선택신호 S_0, S_1으로 바꾸어도 진리표는 변함없다. 그러므로 [그림 7-19] (c)에 보인 2×4 디코더는 그대로 [그림 7-19] (d)에 보인 1×4 디멀티플렉서가 된다.

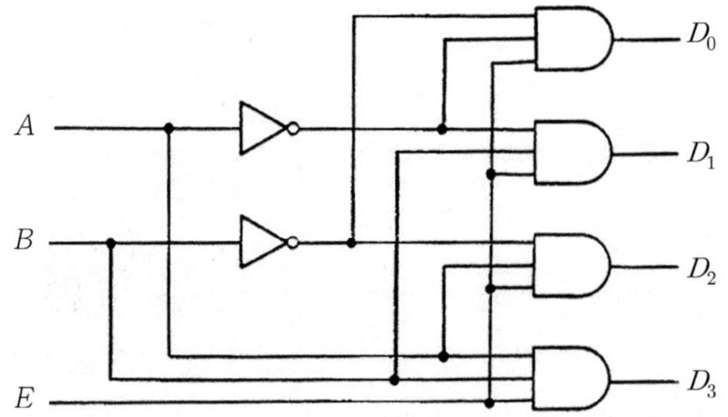

(a) 2×4 디코더

E (F)	A (S_0)	B (S_1)	D_0	D_1	D_2	D_3
0	×	×	0	0	0	0
1	0	0	1	0	0	0
	0	1	0	1	0	0
	1	0	0	0	1	0
	1	1	0	0	0	1

(b) 진리표

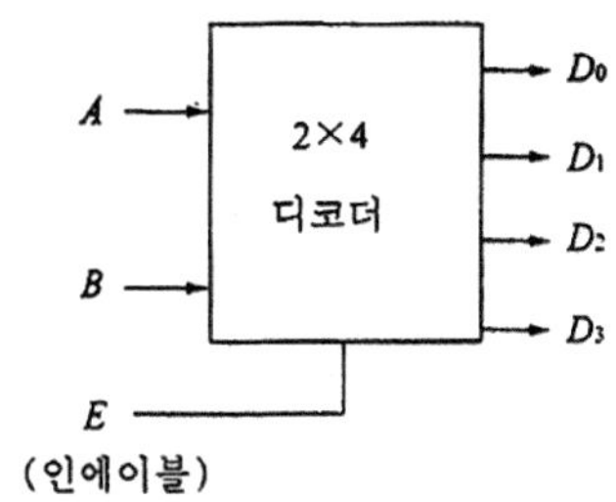

(c) 디코더 기호

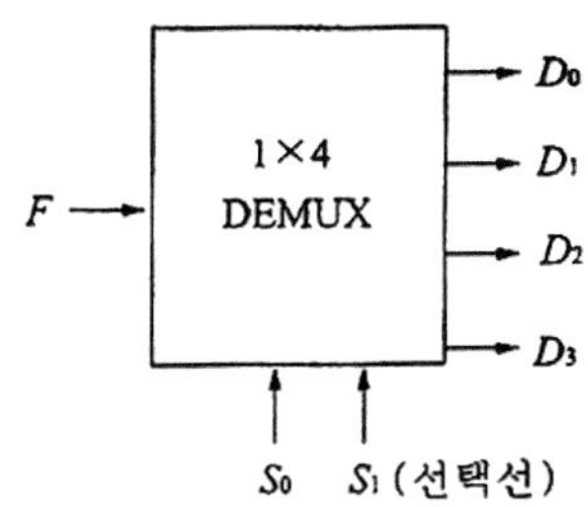

(d) 디멀티플렉서 기호

그림 7-19 디코더와 디멀티플렉서

멀티플렉서와 디멀티플렉서를 조합하면 몇 개의 정보를 공동의 전송로를 통해서

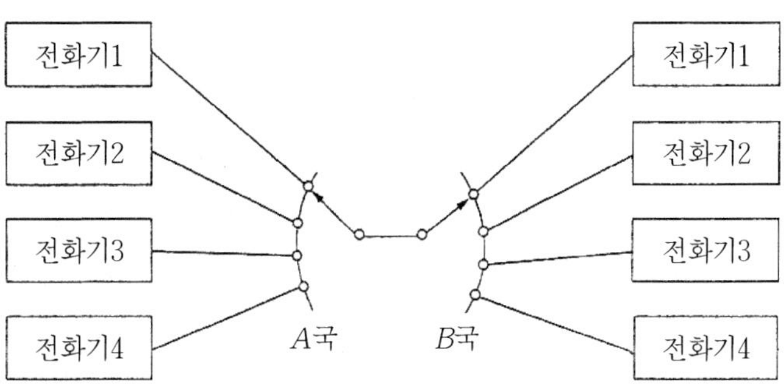

그림 7-20 전화기의 A국에서 B국 호출을 위한 멀티플렉서와 디멀티플렉서의 사용 예

각각의 목적지로 전송할 수가 있다. 예를 들면 지금 A점과 B점 사이에 한 개의 전화선이 있고, A점과 B점에는 각각 4개의 전화기가 접속되어져 있다면 전화기를 사용함에는 [그림 7-20]에 표시한 것처럼 한 대의 전화기가 접속되지 않으면 안된다.

이와 같이 전화로 대화하기 위해서는 멀티플렉서와 디멀티플렉서가 필요한 점에 이동해서 2개의 전화기를 접속하는 것이다. 이 경우 그림과 같게 화살표가 회전하고 있기 때문에 전화선이 접속 할 때까지 기다리는 접속시간(waiting time)이 필요하게 된다.

컴퓨터의 멀티플렉서와 디멀티플렉서는 거의 같은 기간이 취해져 있고 한 개의 채널에서 다른 채널에 일치해 변화시킬 수 있다. 결국, 입력 '0'은 출력 '0'과 항상 접속된 것을 의미한다. 어떤 채널을 선택하는가는 어드레스 번지에 의해 행해지며, 그 어드레스 번지는 [그림 7-21]에 표시한 것과 같게 멀티플렉서에서 공급된다.

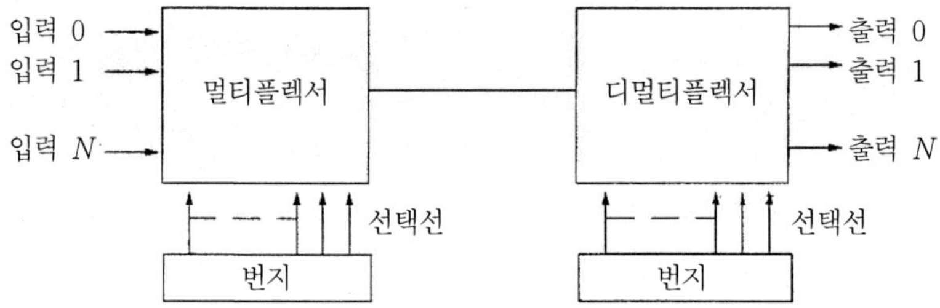

그림 7-21 멀티플렉서/디멀티플렉서의 블록도

7-5 기억장치 회로

기억장치(memory)는 프로그램과 데이터가 저장되는 컴퓨터의 일부분이다. 어떤 컴퓨터 학자들은 기억장치 대신 기억장소(storage)라는 용어를 사용하기도 한다. 처리기들이 정보를 읽고 쓸 수 있는 기억장치가 없으면, 우리가 아는 저장 프로그램식 디지털 컴퓨터(stored program digital computer)는 존재할 수 없을 정도로 중요한 부분을 차지한다.

1. 기억장치 개념

(1) 비트(bit)

기억장치의 기본 단위는 2진수(binary digit)의 약자인 비트(bit)이다. 하나의 비트는 하나의 0이나 1로 되어 있다. 이것은 가장 기본적인 단위이다.

일반적으로 2진법이 효율적이기 때문에 컴퓨터가 2진법을 사용한다고 말한다. 그것이 뜻하는 바는 전압이나 전류 따위의 어떤 연속된 물리량의 차이값들을 구별함으로써 디지털 정보를 저장할 수 있다는 것이다.

구별하여야 하는 값들이 많아질수록 인접한 값들 사이의 간격이 작아지고 컴퓨터의 신뢰성은 떨어진다. 2진수 시스템은 구별하여야 할 값들을 오직 2개만 필요로 한다. 결과적으로 그것은 숫자의 형태로 코드화되어 정보를 기록하는데 가장 신뢰성이 높은 시스템이다. 이들 코드에 관한 설명은 제2장 수의 부호화에서 설명된 것으로 이 절에서는 생략하도록 한다.

(2) 워드(word)

기억장치는 여러 개의 기억 소자(cell, location)로 구성되어 있는데, 그들 각각은 정보의 일부를 저장할 수 있다. 각각의 기억 소자는 그것의 번지(address)라고 하는 번호를 가지고 있어 이 번지를 써서 프로그램이 기억 소자에 저장된 정보를 참조할 수 있다.

만일 기억장치가 n개의 기억 소자를 가지게 되면 그들의 번지는 0부터 $n-1$까지 된다.

일부 컴퓨터들의 기억 소자당 비트 수는 다음과 같다.

Burroughs B 1700	1기억 소자당	1비트(1 bit per cell)
IBM 370	〃	8비트(8 bit per cell)
DEC PDP-8	〃	12비트
DEC PDP-11	〃	16비트
DEC PDP-15	〃	18비트

XDS 940	〃	24비트
Electrologica X 8	〃	27비트
XDS Sigma 9	〃	32비트
Honeywell 6180	〃	36비트
CDC 3600	〃	48비트
CDC Cyber	〃	60비트

몇몇 기종에서는 기억 소자 대신 워드(word)라는 용어를 사용한다. 어떤 기종에서는 (8비트) 기억 소자 대신 바이트(byte)라는 용어를 사용하고, 워드는 기종에 따라 2바이트나 4바이트를 나타내기도 한다. 이러한 상황 때문에 불행히도 많은 혼란을 일으킬 수도 있다.

기억 소자(cell)의 중요성은 이것이 번지지정 가능한 가장 최소 기본단위라는 사실이다. 각 기억 소자는 고유한 번지를 지니고 있다. 즉 연속되는 기억 소자 간에는 번지 차이가 1이다. 워드가 중요한 것은 2계층에서 레지스터(register)가 한 워드를 저장할 수 있으며, 이 레지스터는 보통 임시 기억 소자로 사용되고 또한 한 동작 내에 한 워드 전체를 꺼내고 저장할 수 있는 명령어들이 있기 때문이다. 앞으로 워드와 기억 소자간의 구별이 분명할 경우 외에는 기억장치의 기본 정보단위를 나타내는데 기억 소자보다는 워드라는 용어를 사용하겠다.

일반적으로 4비트를 1니블(nible), 8비트를 1바이트(byte), 16비트를 반워드(half word), 32비트를 1워드(word), 64비트를 배수워드(double word)라 부른다.

CPU는 메모리 번지 레지스터(memory address register : MAR)와 메모리 버퍼 레지스터(memory buffer register : MBR)의 두 레지스터를 써서 기억장치와 통신한다. CPU가 기억장치로부터 한 워드를 써서 기억장치와 통신한다. CPU가 기억장치로부터 한 워드를 읽을 필요가 있을 때 그것이 명령어나 데이터를, CPU는 원하는 워드의 번지로 MAR에 가져다 놓고 기억장치에 기록신호(read signal)를 보낸다. 기억장치가 작동을 시작하고 한 메모리 사이클 후에 필요한 워드를 CPU가 가져가서 사용할 수 있는 장소인 메모리 버퍼 레지스터(MBR)에 넣게 된다. 또한 기억장치에 워드를 기록할 때는 CPU가 기록해 둘 곳의 번지를 MAR에, 기록할 워드를 MBR에 가져다 놓는다. 그리고 나서 CPU는 기록작동(store operation)을 시작하도록 기억장치에 신호를 보낸다.

소수의 몇몇 컴퓨터를 제외하면, 비록 제 1계층 프로그램에서는 MAR과 MBR을 항상 전송(access)할 수 있지만, 제 2계층 프로그램에서는 직접 전송할 수 없다.

2. 기억회로

기억회로는 디코더와 OR 게이트를 포함하는 회로로서 N개의 입력 변수에 의해 2^n개의 디코더 출력인 최소항이 나온다. 이들 최소항 중에서 필요한 입력들을 선별하여 OR 게이트에 연결하는 과정을 ROM의 프로그래밍이라 한다. 그러므로 ROM은 선별된 2진 정보가 집합되어 저장되어 있는 기억장소(cell)로서 전원에 관계없이 항상 일정한 정보가 남아 있게 되는 것이 일반적이다.

ROM은 N개의 입력선과 M개의 출력선으로 구성된다. 입력변수들의 각 비트 조합은 번지(address)가 된다. 출력선에서 나오는 각 비트 조합은 워드(word)라 불리어진다. 이 때 하나의 번지에 대해 하나의 워드가 대응된다. 따라서 ROM에는 2개의 서로 다른 워드가 저장되어 있다. 임의의 시간에 출력선에 나타나는 워드는 입력선에 적용되는 번지에 따라서 결정된다. ROM은 워드의 개수인 2^n개와 워드당 비트 수인 M개수로 특정지워진다.

ROM에서 워드의 개수는 N개의 입력선이 2개의 워드를 지정할 수 있다는 사실로부터 결정된다. 때때로 ROM은 포함하고 있는 전체 기억장소(cell)들의 수 $(2^N \times M)$에 의해 표시할 수 있다.

예를 들어 256개의 기억장소를 갖는 ROM은 각각 4비트로 된 64개의 워드로 구성되어질 수 있다. 이 때, 이 ROM은 각각 4비트로 된 64개의 워드로 구성되어질 수 있다. 이 때, 이 ROM은 4개의 출력선과 $2^6 = 64$개의 워드를 지정하기 위한 6개의 입력선을 가지게 된다. ROM 속에 저장되는 총 비트수는 64×4=256비트이다.

즉, ROM은 AND와 OR 게이트들로 구성된 결합회로이다. [그림 7-22]은 64×4 ROM의 내부구조로서 최소항들의 합이 AND-OR 실현만일 필요는 없으며, 다른 두 단계 최소항 실현일 수도 있다. 따라서 보통 두 번째 단계는 연결고리들의 연결을 쉽게 하기 위한 결선이다.

ROM은 디지털 컴퓨터 시스템의 설계에서 매우 중요하다. ROM은 복잡한 조합회로들을 실현하는 데 사용되며, 그 외에 많은 다른 곳에서도 통용된다.

ROM의 논리도를 살펴보면 ROM의 각 출력은 N 입력변수들의 최소항들을 전부 합한 것이다. 임의의 부울 함수는 최소항들의 합으로 표현할 수 있다. 함수에 포함되어 있지 않은 최소항들의 연결고리를 끊어서 각 ROM 출력은 조합회로에서 하나의 출력변수들에 대한 부울 함수를 만들 수 있다.

N개의 입력과 M개의 출력을 가지고 있는 조합회로에 대해 $2^N \times M$ ROM 프로그램표(program table)를 작성해 주면 된다. 실제로 프로그래밍하는 것은 프로그램표에 나열되어 있는 차례에 따르는 하드웨어 과정이다.

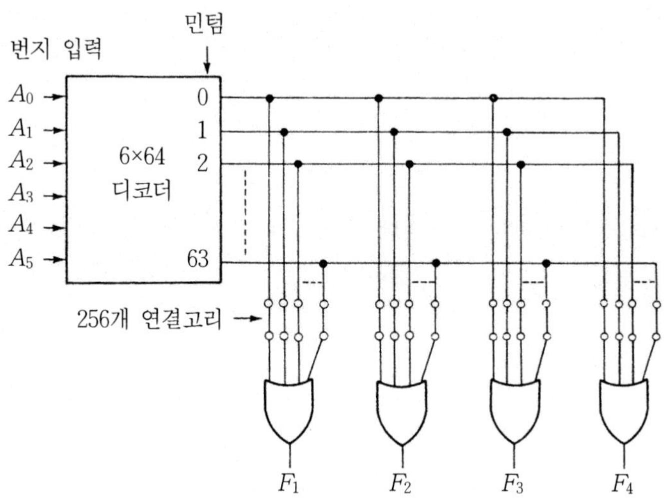

그림 7-22 64×4 ROM의 논리도

다음 예를 가지고 이 과정을 설명해 보자. [그림 7-23] (a)의 진리표는 2개의 출력을 가지고 있는 어떤 조합회로에 대한 것이다. 이 때 부울 함수들은 최소항들의 합으로 표현할 수 있다.

$$
\begin{aligned}
F_1(A_1, A_0) &= \sum(1, 2, 3) \\
F_2(A_1, A_0) &= \sum(0, 2)
\end{aligned}
\qquad (7\text{-}6)
$$

조합회로가 ROM을 써서 실현할 때 함수들은 진리표로 최소항들의 합으로 표현되어야만 한다. 만일 출력함수들을 간소화하려면 이 회로는 단지 하나의 OR 게이트와 인버터만을 써도 된다. 이것은 ROM으로 실현하기에는 간단한 조합회로의 예이지만 ROM의 이점은 복잡한 조합회로를 간단하게 설계할 수 있는 장점이 된다. 이 조합회로를 실현하는 ROM은 2개의 입력과 2개의 출력을 가져야만 한다. 따라서 ROM의 크기는 4×2가 된다.

A_1	A_0	F_1	F_2
0	0	0	1
0	1	1	0
1	0	1	1
1	1	1	0

(a) 진리표

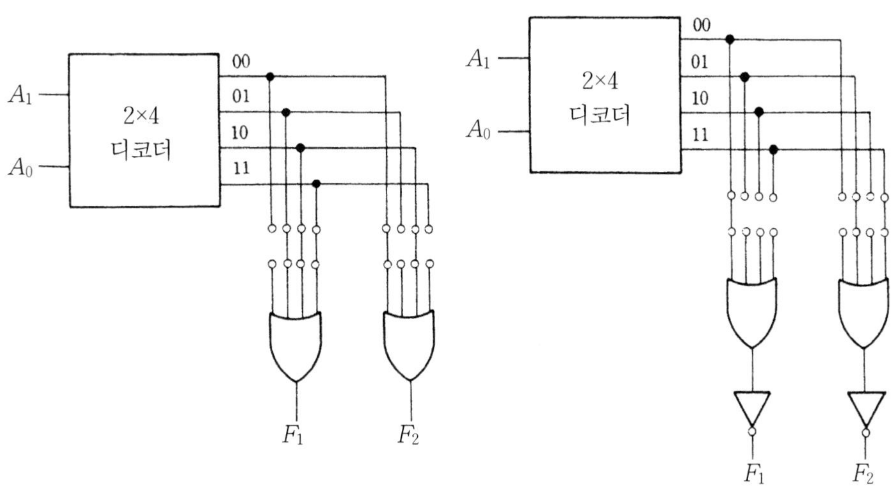

(b) AND-OR 게이트들로 된 ROM (c) AND-OR-INVERT 게이트들로 된 ROM

그림 7-23 4×2 ROM의 조합회로

[그림 7-23] (b)는 그런 ROM의 내부구조를 보여 준다. 지금 8개의 연결고리 중 어느 것이 끊어져야 하고 어느 것이 연결된 채 남아 있어야 하는 지를 결정해야 한다.

이것은 진리표 내의 출력 부울 함수들로부터 쉽게 얻어진다. 출력을 0으로 하는 최소항들에 대해 그 최소항들에 대응하는 OR 게이트로의 연결고리들은 제거한다. 여기서 우리는 OR 게이트로의 여는(open) 입력은 0으로써 작용한다고 가정해야 한다.

어떤 ROM에서는 각 OR 게이트에 인버터가 연결되어 있다. 그 결과 ROM의 출력들은 처음에 모두 0으로 규정된다. 그런 ROM을 프로그래밍하는 과정은 진리표에서 출력을 1로 하는 최소항들에 대한 연결고리를 제거하는 것이다. 이 때 OR 게이트의 출력은 함수의 보수가 되지만 인버터가 OR 게이트에 연결되어 있기 때문에 ROM은 정상적인 함수를 출력하게 된다. 이 사실은 [그림 7-23] (c)의 ROM에서 볼 수 있다.

실제로 ROM으로 회로를 설계할 때 [그림 7-23] 처럼 ROM 내에서 연결고리들의 내부 게이트 연결을 보일 필요는 없다. 이것은 다만 설명 목적으로 보여진 것이다.

설계자가 할 일은 특별한 ROM을 지정해서 [그림 7-23] (a)와 같은 ROM 진리표를 제공하는 것이다. 진리표는 ROM을 프로그래밍하는 데 필요한 모든 정보를 준다. 어떠한 내부 논리도 진리표에 수반될 필요는 없다.

예제 7-8

〈표 7-9〉 ROM 진리표를 사용하여 조합회로를 설계하여라. 이 회로는 3비트 수를 받아서 6비트에 해당하는 2진수를 출력하는 회로이다.

▌표 7-9▌ 진리표

입력			출력						10진수
A_2	A_1	A_0	B_5	B_4	B_3	B_2	B_1	B_0	
0	0	0	0	0	0	0	0	0	0
0	0	1	0	0	0	0	0	1	1
0	1	0	0	0	0	1	0	0	4
0	1	1	0	0	1	0	0	0	9
1	0	0	0	1	0	0	0	0	16
1	0	1	0	1	1	0	0	1	25
1	1	0	1	0	0	1	0	0	36
1	1	1	1	1	0	0	0	1	49

풀이

첫 단계는 조합회로에 대한 진리표를 유도하는 것이다. 대부분의 경우 이것이 설계에 필요한 전부이다. 그러나 가끔 조합회로의 진리표에서 어떤 성질들을 사용하여 좀더 작은 ROM 진리표를 얻을 수 있다.

〈표 7-9〉는 조합회로에 대한 진리표이다. 모든 가능한 수들을 수용하기 위해 3개의 입력과 6개의 출력이 필요하다. 그러나 우리는 진리표에서 출력 B_0와 입력 A_0가 항상 같다는 것을알 수 있다. 따라서 ROM이 B_0를 출력할 필요는 없다. 더구나 B_1이 0이므로 이 출력은 언제나 알려져 있는 상태이다.

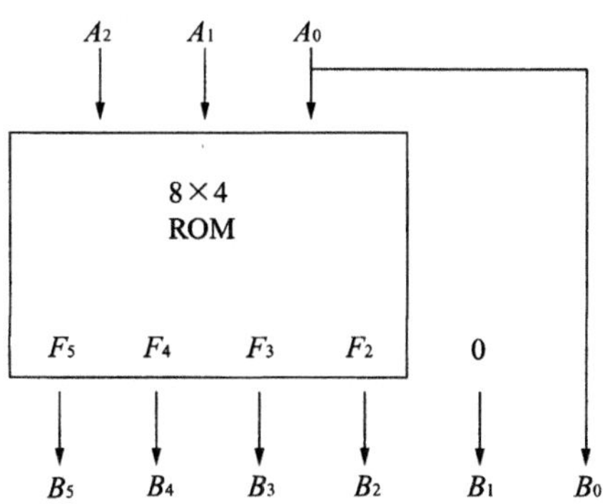

(a) 블록도

$A_0 = B_0,\ B_1 = 0$

A_2	A_1	A_0	B_5	B_4	B_3	B_2
0	0	0	0	0	0	0
0	0	1	0	0	0	0
0	1	0	0	0	0	1
0	1	1	0	0	1	0
1	0	0	0	1	0	0
1	0	1	0	1	1	0
1	1	0	1	0	0	1
1	1	1	1	1	0	0

(b) ROM 진리표

그림 7-24 ROM 블록도와 진리표

따라서 실제로 ROM의 출력은 4개만 필요하며 다른 2개는 쉽게 얻어질 수 있다. 필요한 최소 크기의 ROM은 3개의 입력과 4개의 출력을 가지게 된다. 3개의 입력은 8개의 워드를 규정하므로 ROM의 크기는 8×4가 된다. 이것은 [그림 7-24]에 있다.

조합회로의 다른 두 출력은 0과 A_0와 같다. [그림 7-24]의 진리표는 ROM을 프로그래밍하는 데 필요한 모든 정보를 가지고 있으며 블록도는 연결들을 보여 준다.

7-6 PLD

이것은 주로 AND 게이트와 OR 게이트의 배열구조를 갖는 IC로서 각 게이트 입력에 [그림 7-25]와 같은 퓨즈-링크(fuse-link)가 연결되어 있다. 사용자가 적당한 곳에 퓨즈-링크를 전자적으로 차단시킴으로써 AND-OR 형식으로 된 조합논리함수를 실현할 수 있다.

어떤 PLD(programmable logic device)는 플립플롭을 거쳐 출력을 입력으로 궤환시킨 것도 있으며 이 경우에는 순서논리회로를 실현할 수 있다.

PLD를 사용하면 IC의 수를 줄일 수 있다.

예를 들면 5~6개의 IC를 20핀 PLD 1개로 대치할 수 있다. [그림 7-25]는 PLD의 원리를 설명하기 위한 것으로 퓨즈-링크 AND 어레이(array), OR 어레이를 나타내고 있다. 사용자가 퓨즈-링크를 차단하는 것으로 프로그램한다고 하며, 이것은 프로그래머(programmer)라는 장치를 사용함으로써 쉽게 수행할 수 있다.

[그림 7-25] (b)는 프로그램된 결과를 보인 것이다.

AND 게이트 어레이에서 퓨즈-링크에 의하여 연결된 수직선과 수평선은 동일한 전위에 있으므로 이 조합논리회로의 입출력 관계는 식 (7-7)과 같다.

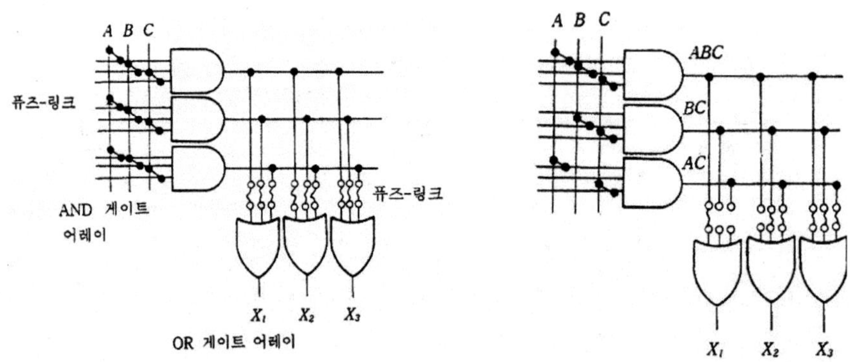

(a) 게이트 어레이 (b)

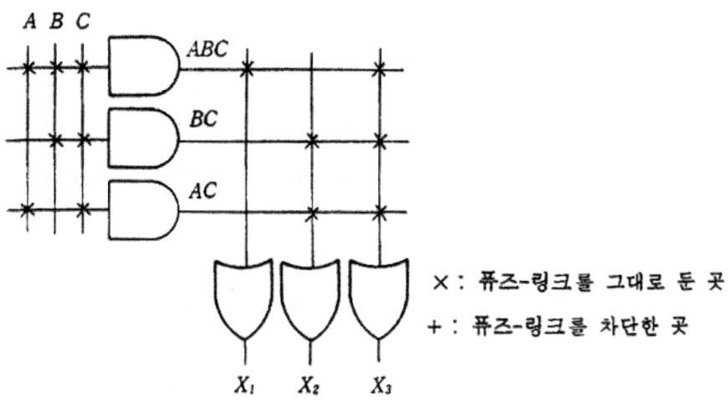

(c)

그림 7-25 PLD의 퓨즈-링크

$$X_1 = ABC$$
$$X_2 = BC + AC \tag{7-7}$$
$$X_3 = ABC + BC + AC$$

이상과 같이 AND 입력과 OR 입력 양쪽을 다 프로그램할 수 있는 PLD를 PLA(programmable logic array)라 하며 가장 융통성있게 프로그램할 수 있다. 반면에 동작 속도와 집적도가 다소 저하된다.

한편 AND 입력을 고정시키고, OR 입력만을 프로그램할 수 있는 PLD를 PLE(programmable logic element)라고 하며 AND 입력만을 프로그램할 수 있고 OR 입력은 고정되어 있는 PLD를 PAL(programmable array logic)라고 한다. 현재 가장 널리 쓰이는 것은 PAL이다. 이상의 IC들은 퓨즈-링크가 한번 차단되면 원상 회복이 안되는 일회용이다. 이에 반해 몇 번이라도 지워서 다시 쓸 수 있는 EPROM, EEPROM 형식의 EPLD(erasable PLD)는 연구 개발 단계에서 매우 유용하다.

[그림 7-25] (c)는 (b)를 간단히 그린 것이며, ×표는 퓨즈-링크를 그대로 남겨둔 곳이고, 이것이 없는 교차점은 퓨즈-링크를 차단시킨 곳을 나타낸 것이다.

PLD를 분류하면 다음과 같다.

- *PLD
  - 지울 수 없는 PLD
    - PLA → AND 프로그램, OR 프로그램
    - PLE → AND 고정, OR 프로그램
    - PAL → AND 프로그램, OR 고정
  - 지울 수 있는 PLD
    - EPROM
    - EEPROM

예제 7-9

다음 논리식을 PLD 퓨즈-링크로 나타내어라.

$$X_1 = ABC + AB$$
$$X_2 = ABC + BC + AC \qquad (7\text{-}8)$$
$$X_3 = AB + BC + AC$$

풀이

입력 변수는 A, B, C이고 이들의 곱항은 ABC, AB, BC 그리고 AC 4개로 이루어져 있고 출력 X_1, X_2 그리고 X_3는 각각 이들 곱항의 합으로 이루어져 있다.
따라서 PLD의 퓨즈-링크는 [그림 7-26]과 같다.

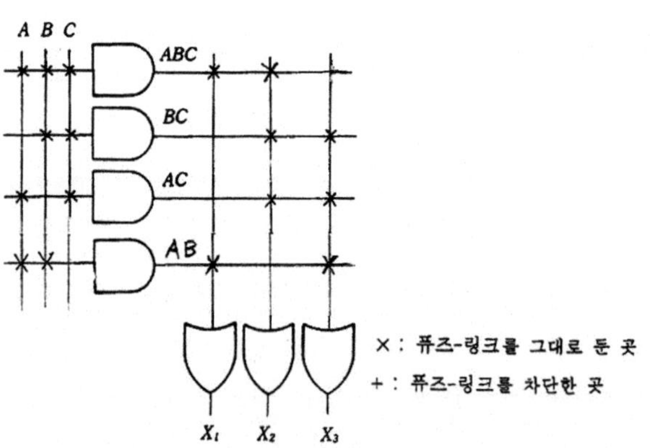

(c)

그림 7-26 PLD 퓨즈-링크

1. PLA

ROM에서 이용할 수 있는 비트 조합들을 전부 사용하는 것이 아니고 일부는 쓰이지 않게 된다. 이것은 이용할 수 있는 장치의 손실이라 할 수 있다. 즉 무시항 번지에 대응하는 워드는 프로그래밍할 필요가 없으며 처음 상태(모두 0 또는 모두 1) 대로 놓아 두게 된다.

무시항 조건들의 수가 지나치게 많은 경우 PLA(programmable logic array)로 불려지는 LSI 부품을 사용하는 것이 좀더 경제적이다. PLA는 개념적으로 ROM과 비슷하다.

그러나 PLA는 변수 전체를 디코딩하지 않고 ROM 처럼 모든 최소항들을 만들지도 않는다. PLA에서 디코더는 AND 게이트들의 집합으로 되어 있고 입력 함수들의 곱의 항을 만들어 낸다. PLA 내부에서 AND 게이트들과 OR 게이트들은 그들 사이에 있는 연결고리들이 처음부터 모두 연결되어 있다.

특정 부울 함수들은 필요없는 고리들을 끊고 필요한 연결고리들은 그대로 남겨둠으로써 곱의 합(sum of product)으로 실현할 수 있다.

PLA 블록도는 [그림 7-27]과 같다. PLA는 n개의 입력, m개의 출력, k개의 곱항, m개의 합항들로 구성한다. 곱항들은 k개의 AND 게이트로 구성되며, 합항들은 m개의 OR 게이트로 이루어진다.

PLA의 크기는 입력 수, 곱항들의 수, 합항의 개수인 출력수에 의해 명시된다. 대표적인 PLA는 16개의 입력, 48개의 곱항 그리고 8개의 출력을 가진다. 이 때 연결고리의 개수는 $2n \times k + k \times m + m$이다. 반면에 ROM의 연결고리는 $2^n \times m$개이다.

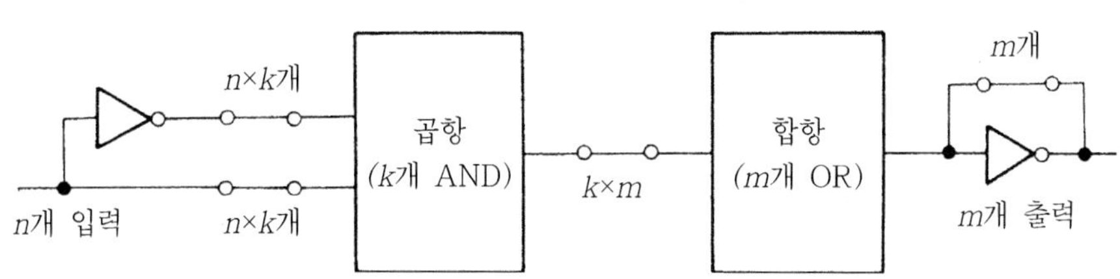

그림 7-27 PLA블록도

예제 7-10

입력 A, B, C, D, E인 5개의 PLA 프로그래밍과정에서 1단계 퓨즈-링크(fuse-link), 2단계, 3단계 퓨즈-링크를 구하고 전체 퓨즈-링크를 구하여라. 단 AND 개수는 4, OR 개수는 3개라고 한다.

풀이

1단계 퓨즈-링크는 입력이 5개 일 때 Not gate일 경우를 합치면 10개가 된다.

1단계 퓨즈-링크 개수 $X = 2nk = 2 \times 5 \times 4 = 40$개

2단계 퓨즈-링크 개수 $Y = k \times m = 4 \times 3 = 12$개

3단계 퓨즈-링크 개수 $Z = m = 3$개

PLA 프로그래밍과정 전체 개수 $W = X + Y + Z = 40 + 12 + 3 = 55$개

[그림 7-28]은 특정 PLA의 내부 구조이다. 이것은 3개의 입력과 3개의 곱항, 그리고 2개의 출력을 가지고 있다. 그런 PLA는 너무 작아서 상업적으로 이용할 수 없지만 여기서는 단지 설명 목적으로 사용한 것이다.

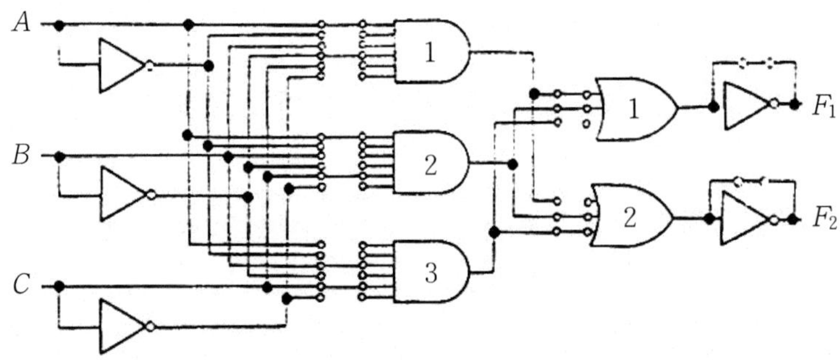

그림 7-28 3개의 입력, 3개의 곱항, 2개의 출력을 가진 PLA

각 입력과 그 입력의 보수는 모든 게이트의 입력에 연결고리를 통해 연결한다. 출력 인버터에도 각각 연결고리가 존재한다. 선택된 연결고리를 끊고 다른 것은 그대로 남겨둠으로써 부울 함수들을 곱항으로 실현하는 것이 가능하다.

POM처럼 PLA도 마스크 프로그램 가능(mask-programmable)이거나 현장 프로그램 가능(field-programmable)의 두 가지가 있다. 마스크 프로그램 가능 PLA의 경우 주문자는 제조업자에게 PLA 프로그램표를 제공해야 한다. 이 표는 요구된 입출력 사이의 내부 통로를 가지는 주문된 PLA를 산출하는 데 사용된다. PLA의 또 다른 형태는 FPLA(field PLA)이다. 사용자는 확실히 추천된 과정을 보고 FPLA를 프로그래밍할 수 있다. 상업적인 하드웨어 프로그램 장치들도 FPLA들과 결합하여 사용하기도 한다.

[그림 7-29] (a)에 있는 조합회로의 진리표를 살펴보자. ROM은 최소항들의 합으로 조합회로를 실현하며, PLA는 곱의 합(sum of product)으로 함수를 표현하므로 단순화되어진 함수들은 다음의 [그림 7-29] (b)의 맵들로부터 얻어진다.

$$F_1 = A\overline{B} + AC$$
$$F_2 = AC + BC \qquad (7\text{-}9)$$

A	B	C	F_1	F_2
0	0	0	0	0
0	0	1	0	0
0	1	0	0	0
0	1	1	0	1
1	0	0	1	0
1	0	1	1	1
1	1	0	0	0
1	1	1	1	1

(a) 진리표

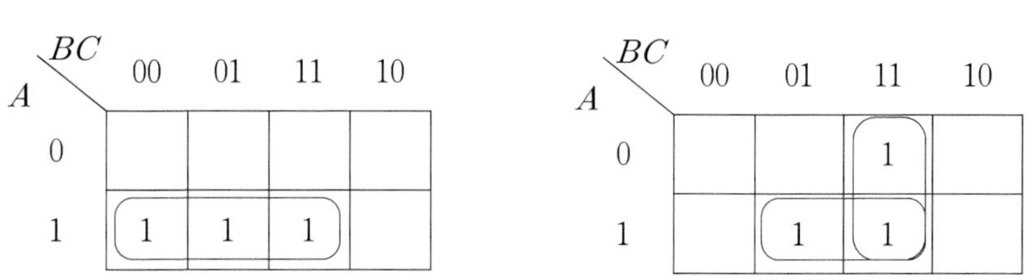

$F_1 = A\overline{B} + AC$ $F_2 = AC + BC$

(b) 단순화된 맵

	곱항 \ 구분	입력 A	입력 B	입력 C	출력 F_1	출력 F_2
$A\overline{B}$	1	1	0	–	1	–
AC	2	1	–	1	1	1
BC	3	–	1	1	–	1
					T	T

(c) PLA 프로그램표

그림 7-29 PLA 수행에 요구되는 단계

이 조합회로에는 3개의 서로 다른 곱항, $A\overline{B}$, AC, BC 등이 있다. 이 회로는 3개의 입력과 2개의 출력을 가진다. 그래서 다음의 [그림 7-28]의 PLA는 이 조합회로를 실현하는 데 사용된 것이다.

PLA를 프로그래밍한다는 것은 AND-OR-NOT 형태로 통로들을 지정하는 것이다. 대표적인 PLA 프로그램표가 [그림 7-29] (c)에 있다. 이것은 3개의 예로 구성된다. 첫 번째 예는 곱항에 번호를 매긴 것이다. 두 번째 예는 요구되는 AND 게이트와 입력들 사이의 통로를 규정한다. 세 번째 예는 AND 게이트와 OR 게이트들 사이의 통로를 규정한다. 우리는 각 출력 변수 밑에 출력 인버터가 건너 뛰어진다면 T(true)를 쓰고 출력에 인버터가 사용된다면 C(complement)를 쓴다. 맨 왼쪽에 있는 곱항들은 표의 일부가 아니며, 그것들을 참고사항으로만 사용된다.

출력 변수들은 함수를 구성하는 모든 곱항들에 대해 1로 표시하면 된다. [그림 7-29]에서 $F_1 = A\overline{B} + AC$에서 곱항 1과 2에 대해서는 '1'로 표시되고, 곱항 3에 대해서는 '-'로 표시되며, 출력 예에서 '1'로 표시된다. 마찬가지로 $F_2 = AB + BC$에서 F_2는 곱항 2, 3에 대해 1로 표시한다. '-'로 표시된 곱항은 연결할 필요가 없다. 마지막으로 T는 출력 인버터에 연결고리가 그대로 떼지 않고 남게 되는 것을 뜻한다. 이 회로에 대한 PLA의 내부 연결이 [그림 7-28]에서 보여진다. OR 게이트의 열려있는(open) 입력은 0처럼 작동하고 출력 인버터를 단락(short circuit)한 것은 이 회로를 손상하지 않고 통과함을 뜻한다.

예제 7-11

논리함수가 각각 다음과 같이 정의되어지고 3개의 입력, 4개의 곱항, 2개의 출력을 가질 때 PLA를 사용하여 결합회로를 실현하여라.

$$F_1(A, B, C) = \sum(3, 5, 6, 7)$$

$$F_2(A, B, C) = \sum(0, 2, 4, 7)$$

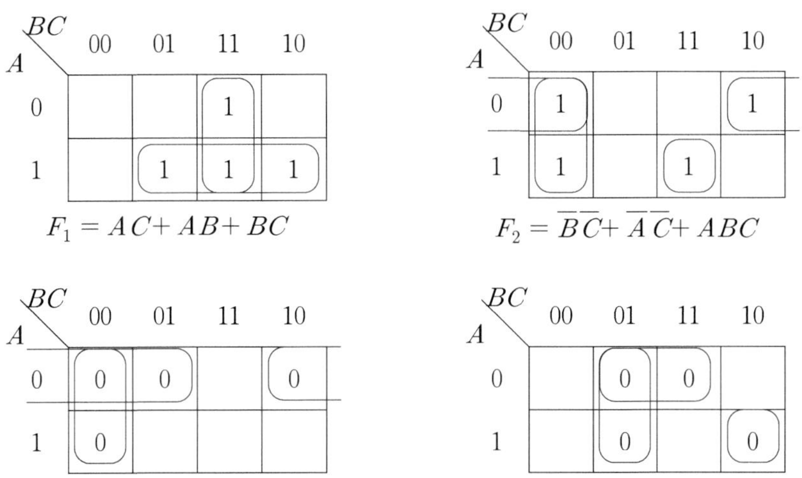

(a) 단순화 맵

	곱항 \ 구분	입력 A	입력 B	입력 C	출력 $\overline{F_1}$	출력 F_2
$\overline{B}\,\overline{C}$	1	–	0	0	1	1
$\overline{A}\,\overline{C}$	2	0	–	0	1	1
$\overline{A}\,\overline{B}$	3	0	0	–	1	–
ABC	4	1	1	1	–	1
					C	T	T/C

(b) PLA 프로그램표

그림 7-30 PLA 결합회로 실현

풀이

두 함수는 [그림 7-30]의 맵들에 의해 단순화되어진다. 함수의 정상 형태와 보수 형태가 둘 다 단순화되어진다. 다음 조합은 곱항의 수를 최소로 만든다.

$$\overline{F_1} = \overline{B}\,\overline{C} + \overline{A}C + \overline{A}\,\overline{B}$$

$$F_2 = \overline{B}\,\overline{C} + \overline{A}\,\overline{C} + ABC$$

여기서 4개의 곱항으로 선별되어 $\overline{B}\,\overline{C} + \overline{A}\,\overline{C} + \overline{A}\,\overline{B}$, ABC의 조합회로에 대한 PLA 프로그램표가 [그림 7-30]에 있다. $\overline{F_1}$는 출력 인버터 앞에서 산출되어 인버터를 거치므로 PLA 출력은 F_1이 된다. 따라서 $\overline{F_1}$은 그 아래에 C로 표시되었지만 정상 출력이다.

예제 7-12

3개 입력, 4개 출력인 부울 함수를 PLA로 설계하여라.

$$F_0(A, B, C) = \overline{A}\,\overline{B} + A\overline{C}$$

$$F_1(A, B, C) = A\overline{C} + B$$

$$F_2(A, B, C) = \overline{A}\,\overline{B} + B\overline{C}$$

$$F_3(A, B, C) = B + AC$$

풀이

PLA의 이해와 일반적 표시법에 익숙하기 위해 내부 구조를 알기 쉽게 그리면 [그림 7-31] (b)와 같다. PLA의 AND 게이트(곱의 부분) 부분은 ROM의 그것과는 달리 선택된 입력 변수들의 곱항만을 실현하였다. 배열 중의 필요점에 스위치 소자를 써서 연결함으로써 AND 배열 내에서 곱항들을 구성하였다.

출력에 필요한 곱항들을 고르기 위해 OR 배열 내에 스위치 소자를 썼다. 이것을 등가 AND-OR 배열로 그리면 [그림 7-32]와 같고 PLA 프로그램표는 〈표 7-10〉과 같다. [그림 7-32]는 [그림 7-33]과 같이 간단히 표시하기도 한다. 위에서 설명된 PLA는 2단계 AND-OR 배열로 이루어졌지만 입력변수가 많을 경우 곱항의 AND 게이트만으로는 부족하다. 그래서 이러한 설계상 문제를 해결하기 위해 3단계 PLA를 사용하며, XOR-AND-OR 배열로 구성된다.

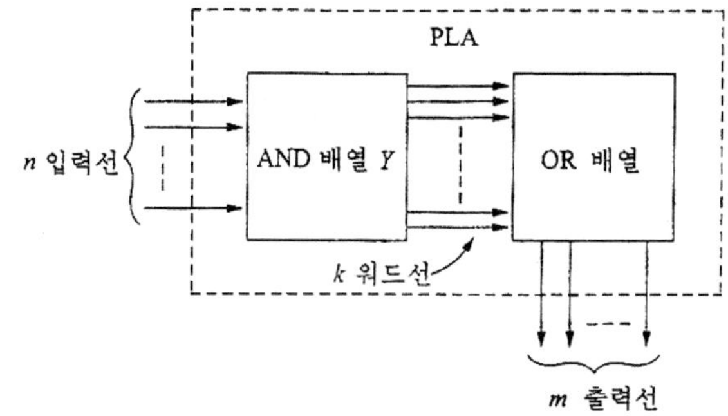

(a) PLA 논리 배열 구조

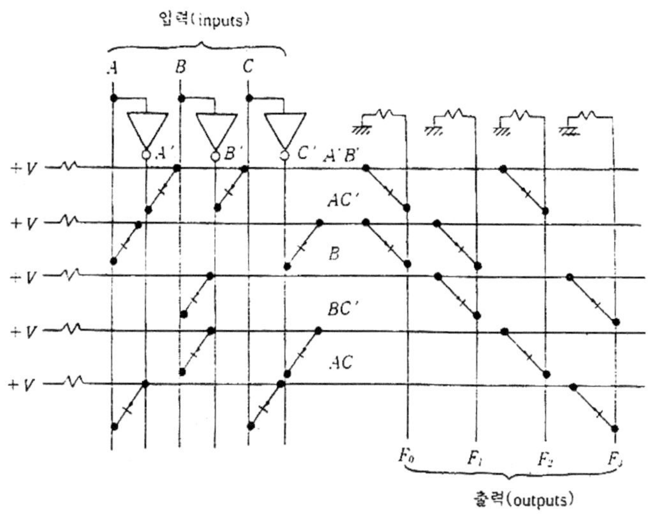

(b) 3개 입력, 5개 곱항, 4개 출력으로 된 PLA 구성회로

그림 7-31 PLA 내부 구성

▌표 7-10 ▌ PLA 프로그램표

구분 \ 곱항	입력			출력				
	A	B	C	F_0	F_1	F_2	F_3	
$\overline{A}\,\overline{B}$	0	0	-	1	-	1	-	F출력값
$A\overline{C}$	1	-	0	1	1	-	-	$F_0 = \overline{A}\,\overline{B} + A\overline{C}$
B	-	1	-	-	1	-	1	$F_1 = A\overline{C} + B$
$B\overline{C}$	-	1	0	-	-	1	-	$F_2 = \overline{A}\,\overline{B} + B\overline{C}$
AC	1	-	1	-	-	-	1	$F_3 = B + AC$
				T	T	T	T	

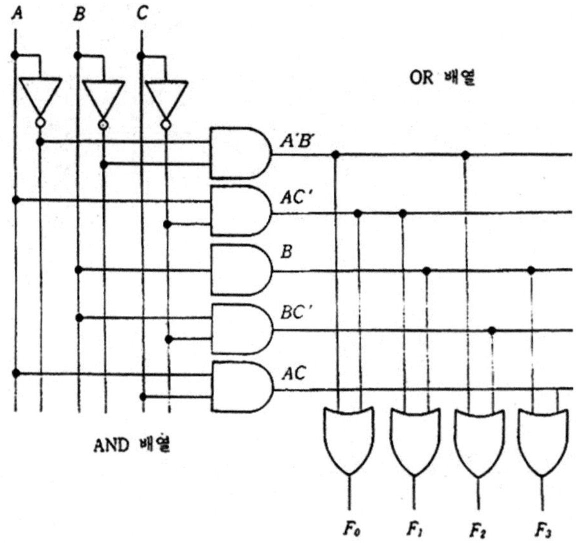

그림 7-32 그림 7-31의 등가 AND-OR 배열

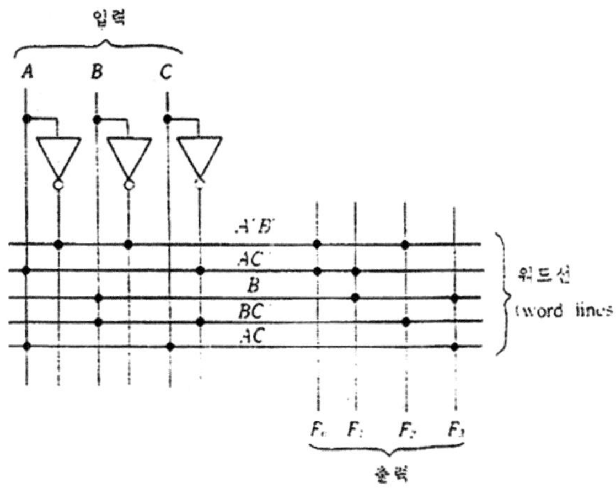

그림 7-33 그림 7-32의 등가 표시

예제 7-13

논리변수 B에 대하여 함수인 G로 표시되는 경우

$G_3 = (B_2 \oplus B_3) + (B_2 \oplus B_1)'(B_1 \oplus B_0)$

$G_2 = (B_2 \oplus B_3)(B_1 \oplus B_0)$

$G_1 = (B_2 \oplus B_1) + (B_2 \oplus B_3)$

$G_0 = B_1 \oplus B_0$

3단계 PLA로 설계하여라.

풀이

서로 다른 XOR 항을 $B_1 \oplus B_0 = E_1$, $B_2 \oplus B_1 = E_2$, $B_3 \oplus B_2 = E_3$, $(B_2 \oplus B_1)' = B_2 \oplus B_2 = \overline{E_2}$라고 놓으면, 3단계 PLA 프로그램표는 아래와 같다.

▌표 7-11 ▌ 3단계 PLA 프로그램표

구분 / XOR의 곱항	AND 배열의 입력			OR 배열의 출력			
	E_1	E_2	E_3	G_0	G_1	G_2	G_3
E_1	1	-	-	1	-	-	-
E_2	-	1	-	1	-	1	-
E_3	-	-	1	-	1	-	1
$E_1 \cdot E_3$	1	-	1	-	-	1	-
$E_1 \cdot \overline{E_2}$	1	0	-	-	-	-	1

그리고 XOR-AND-OR PLA를 접속하면 다음의 [그림 7-34]와 같이 된다.

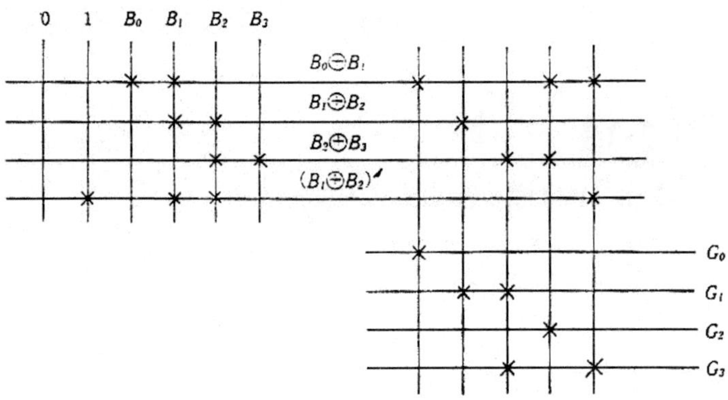

그림 7-34 3단계 PLA 회로 구성

이상과 같이 PLA를 사용하여 조합회로를 간단하게 구성하는 방법을 보였다. PLA는 ROM과 같이 많은 응용분야를 갖는 데 일반적으로 경제성을 고려한 상업 제품의 제어장치나 공장에서 자동제어에 많이 사용되고 있다.

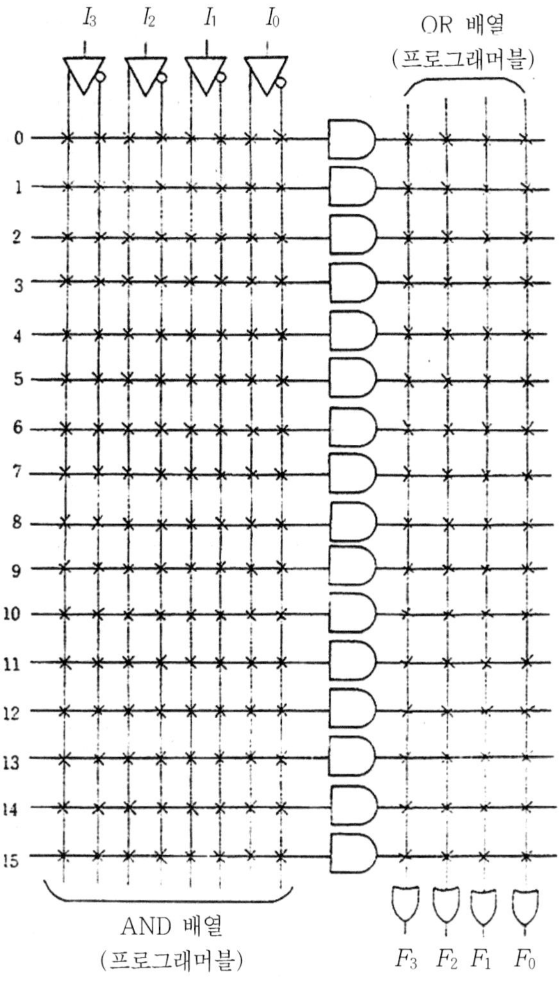

그림 7-35 4입력 4출력 PLA

지금까지는 입력 수가 적은 PLA만을 취급하였기 때문에 [그림 7-32]와 같이 AND 배열 및 OR 배열의 전체를 완성회로로 그리고 나서 그 등가 회로를 그렸다. 그러나 앞으로는 [그림 7-35]와 같이 AND 게이트와 OR 게이트의 입력 수와 관계없이 한 개의 입력만으로 그리되 4입력 4출력의 경우 AND 게이트의 입력 수는 [그림 7-36] (a)와 같이 8입력이고, OR 게이트의 입력 수는 (b)와 같이 16 입력임을 뜻한다.

PLA로서 실현할 논리함수는 반드시 적의합 형식을 가져야 하며, 입력의 수가 n개이면 2^n개의 AND 게이트를 가질 수 있다. 즉, 4입력인 경우 적의 항은 16개를 넘지 못한다. 만일 주어진 함수가 적의합 형식으로 되어 있지 않을 경우에는 그것을 우선 적의합 형식으로 고치고 항의 수를 간략화하여 줄인다.

프로그래밍은 AND 게이트 쪽에서부터 시작하며, 주어진 각 출력의 논리 방정식에 포함된 모든 적의 항에 대하여 하나씩 차례로 실시한다. 중복된 항은 그대로 넘어가며 손대지 않는다. 손대지 않은 AND 게이트의 출력은 항상 '0'이다.

AND 게이트 쪽의 프로그램이 끝나면 OR 게이트 쪽에서 실시하는데 AND 게이트 출력 중에서 필요한 것만 선택하여 OR 함으로써 원하는 출력을 얻는다. AND 게이트 쪽에서 손대지 않은 것은 OR 게이트 입력에 연결된 채로 두어도 좋다.

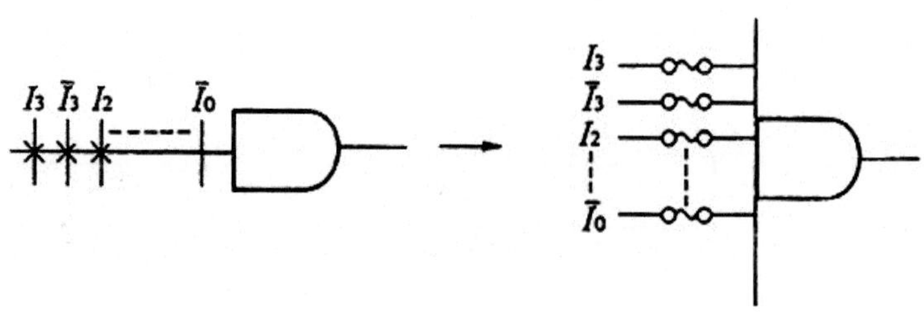

(a) AND 게이트의 입력

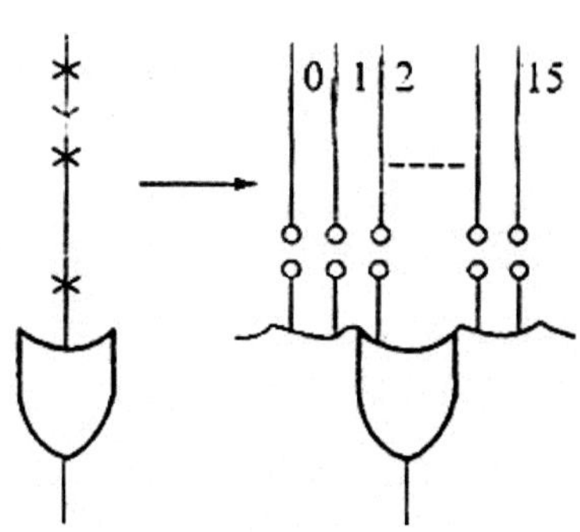

(b) OR 게이트 입력

그림 7-36 그림 7-35의 AND 게이트의 입력 수와 OR 게이트의 입력 수

예제 7-14

간략화하여 적의합 형식으로 표현된 다음과 같은 논리함수가 주어졌을 때 [그림 7-35]의 PLA로서 실현하라.

$F_1 = AB + \overline{A}BC + A\overline{B}\,\overline{C}D$

$F_2 = A\overline{B} + BC + CD + \overline{A}BC + \overline{A}\,\overline{B}\,\overline{D} + B\overline{C}D$

$F_3 = \overline{A} + B + BC + \overline{C}D + AB\overline{C}D$

풀이

F_1의 첫째항 AB는 첫 번째 AND를 택해서 그 AND 게이트의 8개 입력 중에서 AB에 해당하는 퓨즈-링크만 남기고, 나머지는 끊는다. 다음 $\overline{A}BC$를 두 번째 AND 게이트에 그리고 $A\overline{B}\,\overline{C}D$를 세 번째 AND 게이트에서 각각 해당하는 퓨즈-링크만 남기고 나머지는 모두 끊는다.

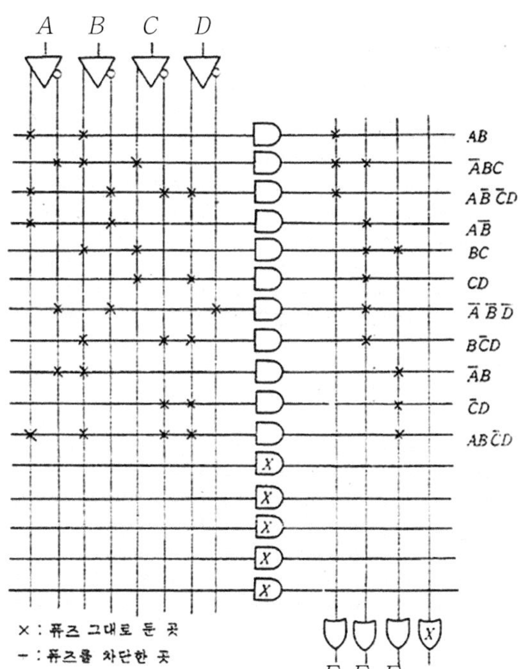

그림 7-37 프로그램된 PLA

이와 같은 순서로 위로부터 아래쪽으로 순서대로 프로그램하되 F_2에서 F_1과 중복되는 항 및 F_3에서F_2와 중복항 BC, $B\overline{C}D$는 그대로 넘어간다.

그리고 남은 AND 게이트에는 손대지 않고 그대로 둔다. 손대지 않는 AND 게이트의 출력은 항상 '0'이다. 왜냐하면 $A \cdot \overline{A} \cdot B\overline{B} = 0$이 되기 때문이다. 손대지 않은 AND 게이트와 OR게이트에는 사용하지 않는 무정의(don't care)의 표시로써 ×자를 써서 구별한다.

AND게이트의 프로그램이 끝나면 AND게이트의 출력 끝단에 해당 논리식을 쓰고, 그 논리식에 의한 것을 OR 게이트 입력에 해당하는 곳의 퓨즈-링크는 그대로 두고 나머지는 차단한다. 이와 같이 하면 [그림 7-37]과 같은 회로를 얻는다.

2. PLE

AND 게이트 입력을 고정시키고 OR 게이트 입력만 프로그래밍한다. 따라서 PLA에 비해 프로그래밍할 때 제한을 받게 된다. [그림 7-38]에서 2입력-3출력 PLE(programable logic element) 프로그램된 결과를 나타낸 것으로 프로그램하기 전 OR 게이트 쪽의 모든 수평선과 수직선 교차점에 ×표시가 있었다.

[그림 7-38]에서 AND입력의 •표는 보통 회로연결과 같이 제작때부터 고정된 수평/수직선의 연결을 나타내고 OR 입력만 프로그램되어 있다.

AND 게이트 출력은 위로부터 $m_0 = \overline{B}\,\overline{A}$, $m_1 = \overline{B}A$, $m_2 = B\overline{A}$, $m_3 = BA$와 같다. 즉, 두 입력변수의 모든 최소항 AND 게이트 출력에서 얻고 있다.

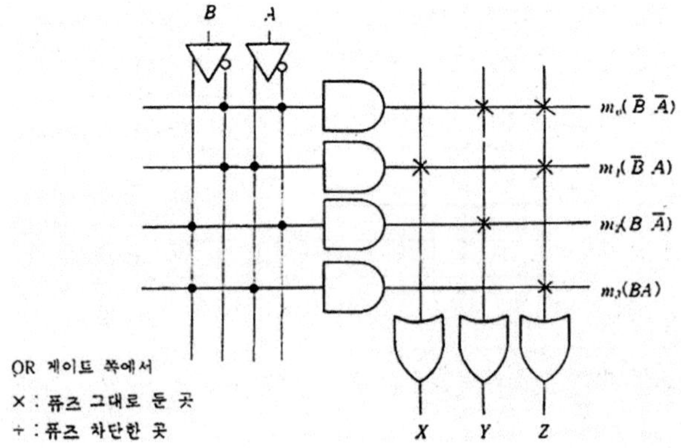

그림 7-38 PLE

입력변수가 n개이면 2^n개의 AND 게이트 출력에서 입력변수에 관한 모든 최소항을 얻는다. 따라서 위 회로의 출력은 식 (7-10)와 같다.

$$X = m_1 = \overline{B}A$$
$$Y = m_0 + m_2 = \overline{B}\,\overline{A} + B\overline{A} = \overline{A} \qquad (7\text{-}10)$$
$$Z = m_0 + m_1 + m_3 = \overline{B}\,\overline{A} + \overline{B}A + BA = \overline{B} + A$$

PLE는 PROM과 비슷하다. 주어진 논리함수에서 적(product)항이 PLE로서 실현하기에는 너무 많은 경우 PROM을 이용할 수 있다. 즉, PROM은 기억장치뿐만 아니라 범용 조합논리회로의 블록(block)으로서도 유용하다.

예제 7-15

4입력-4출력 PLE를 이용하여 2비트-2진수의 가산기를 설계하여라.

풀이

가수를 A_1, 피가수를 A_0라 하고 가산결과 합을 S_1, S_0, 최종캐리를 C라 하자. 각 출력 변수를 4개의 입력변수 A_1, A_0, B_1, B_0의 최소항들의 합으로 표현할 수 있다면 PLE의 설계가 가능하다. 입출력 변수의 논리식을 구하기 위하여 〈표 7-12〉와 같은 진리표를 작성한다.

▌표 7-12 ▌ 2비트-2진수 가산기 진리표

최소항	B_1	A_1	B_0	A_0	S_1	S_0	C
m_0	0	0	0	0	0	0	0
m_1	0	0	0	1	0	1	0
m_2	0	0	1	0	0	1	0
m_3	0	0	1	1	1	0	0
m_4	0	1	0	0	1	0	0
m_5	0	1	0	1	1	1	0
m_6	0	1	1	0	1	1	0
m_7	0	1	1	1	0	0	1
m_8	1	0	0	0	1	0	0
m_9	1	0	0	1	1	1	0
m_{10}	1	0	1	0	1	1	0
m_{11}	1	0	1	1	0	0	1
m_{12}	1	1	0	0	0	0	1
m_{13}	1	1	0	1	0	1	1
m_{14}	1	1	1	0	0	1	1
m_{15}	1	1	1	1	1	0	1

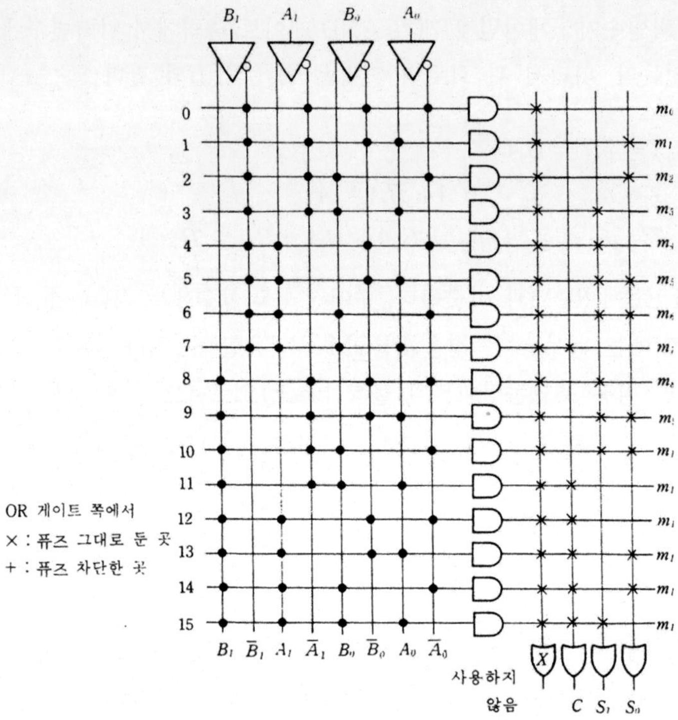

그림 7-39 4입력-4출력 PLE

〈표 7-12〉 진리표로부터 부울 함수를 구한다.

$S_1 = \sum m(3, 4, 5, 6, 8, 9, 10, 15)$

$S_0 = \sum m(1, 2, 5, 6, 9, 10, 13, 14)$

$C = \sum m(7, 11, 12, 13, 14, 15)$

이들 최소항들의 합식으로부터 PLE로서 프로그램된 결과는 [그림 7-39]와 같다.

3. PAL

이것은 PLE와 반대로 제작 때부터 OR 입력은 고정되어 있고 AND 입력만을 프로그래밍할 수 있다.

PAL(programmable array logic)보다는 프로그래밍 상 제한이 있지만 지금까지 가장 많이 사용되는 PLD이다.

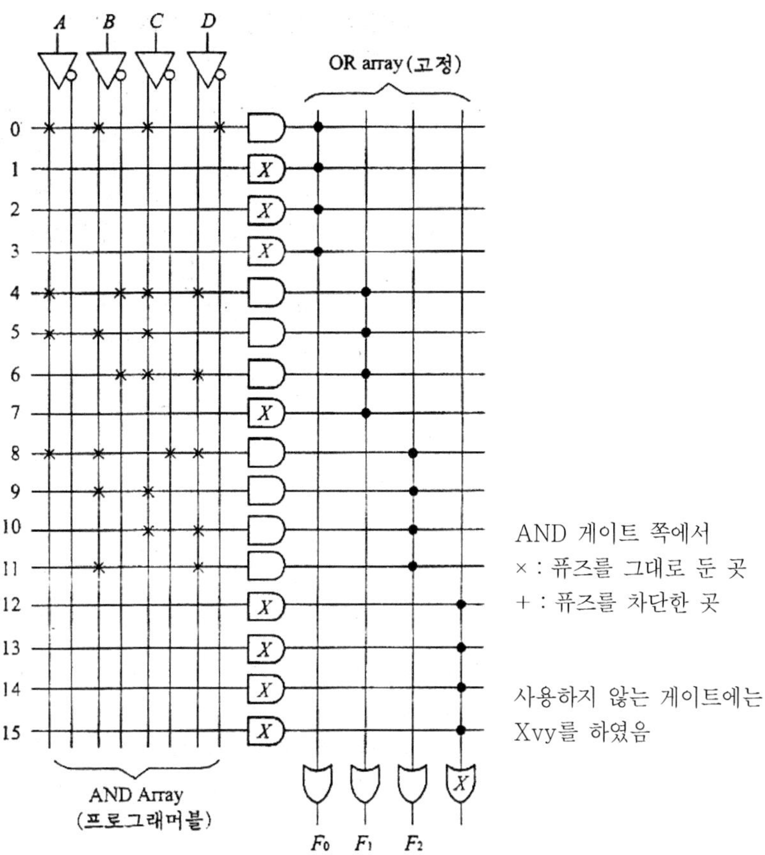

그림 7-40 4입력-4출력 PAL

[그림 7-35] 4입력-4출력 PAL을 이용하여 식 (7-11)을 실현한 회로이다.

$$F_0 = ABC\overline{D}$$

$$F_1 = A\overline{B}CD + ABC + \overline{B}CD \qquad (7\text{-}11)$$

$$F_2 = AB\overline{C}D + BC + CD + BD$$

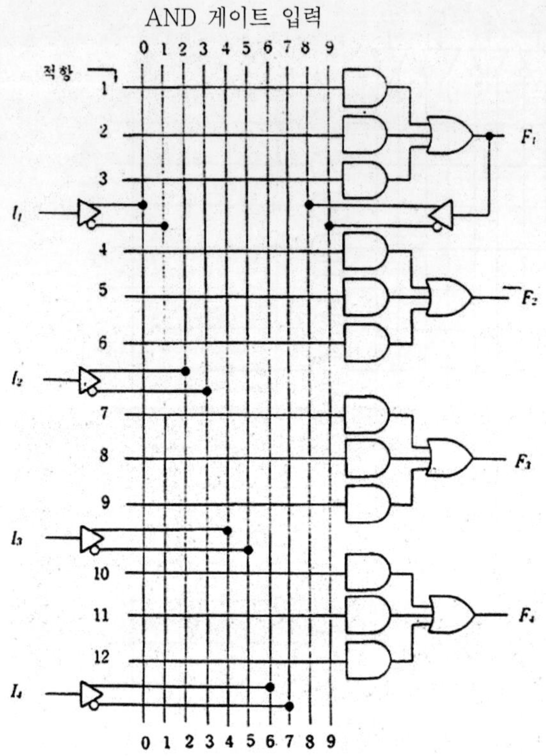

그림 7-41 4입력-4출력 3개의 AND-OR 구조를 갖는 PAL

각 OR 게이트의 입력패턴은 보는 바와 같이 고정되어 있으며, 각 OR 게이트는 4입력이므로 4개까지의 적(product)항을 합할 수 있다.

[그림 7-41]은 또 다른 구조의 4입력-4출력 PAL을 보이고 있다. 3개의 AND 출력에 OR가 연결된 부분이 4그룹으로 되어 있는데 맨 위쪽 부분의 출력은 버퍼-인버트를 거쳐 모든 AND 게이트 입력에 궤환(feedback)되어 있다.

따라서 각 AND 게이트의 입력 수는 10개이다. 여기서 입력 수 10개란 I_1, $\overline{I_1}$, I_2, $\overline{I_2}$, I_3, $\overline{I_3}$, I_4, $\overline{I_4}$, F_1, $\overline{F_1}$을 말한다. 이 회로에서 각 출력 F_1, F_2, F_3, F_4는 최대 3개의 AND항을 OR 한 것이다. 적의 항이 3개 이상의 출력에 대해서는 2개의 부분(section) 또는 그 이상을 쓴다.

예제 7-16

주어진 논리함수를 간략화하여 항의 수를 최소화한 결과 다음과 같은 논리함수를 얻었을 때 위의 [그림 7-41]의 PAL을 이용하여 실현하여라.

$$\begin{aligned} W &= AB\overline{C} + \overline{A}\,\overline{B}C\overline{D} \\ X &= A + BCD \\ Y &= \overline{A}B + CD + \overline{B}\,\overline{D} \\ Z &= AB\overline{C} + \overline{A}\,\overline{B}C\overline{D} + A\overline{C}\,\overline{D} + \overline{A}\,\overline{B}\,\overline{C}D \end{aligned} \qquad (7\text{-}12)$$

풀이

Z의 두항은 W와 같으므로

$$Z = W + A\overline{C}\,\overline{D} + \overline{A}\,\overline{B}\,\overline{C}D$$

여기서 이 모든 출력의 적항은 W를 삽입하면 3개 이하이므로 [그림 7-41]의 PAL로서 실현가능하다. 그 결과는 [그림 7-42]와 같다. 여기서 X로 표시된 AND 게이트는 사용하지 않는 것으로 그 10개 입력선에 붙은 퓨즈-링크는 그대로 둔다.

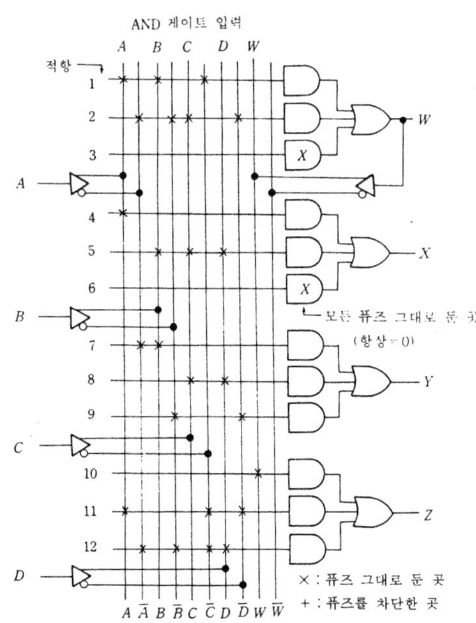

그림 7-42 PAL

연습문제

7-1 디코더의 출력을 진리표와 같이 주어질 때 출력 Y의 값을 구하라.

(1)

ABC	Y
0 0 0	m_1
0 0 1	m_2
0 1 0	m_3
0 1 1	m_4
1 0 0	m_5
1 0 1	m_6
1 1 0	m_7
1 1 1	m_8

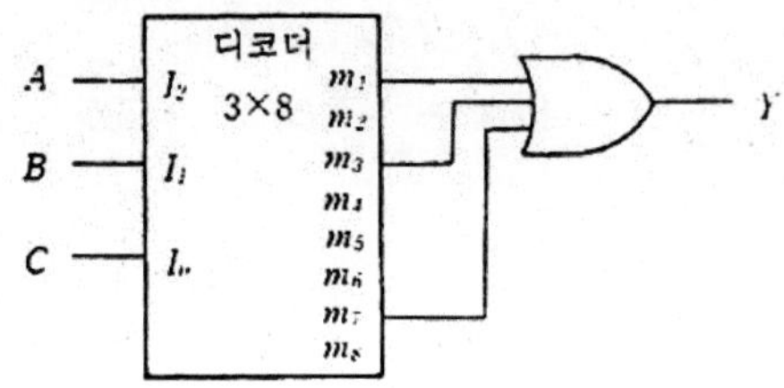

(2)

XY	Y
0 0	m_0
0 1	m_1
1 0	m_2
1 1	m_3

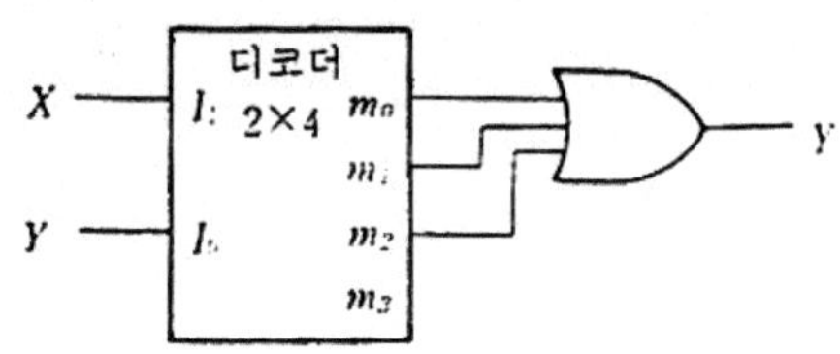

7-2 예제 7-7 8×1 MUX의 내부회로(black box)를 설계하여라.

7-3 전가산기의 MSI 소자를 그림과 같이 구성하고 A단에 BCD값과 B단에 0011을 가할 때 C단에 기대되는 값을 구하라.

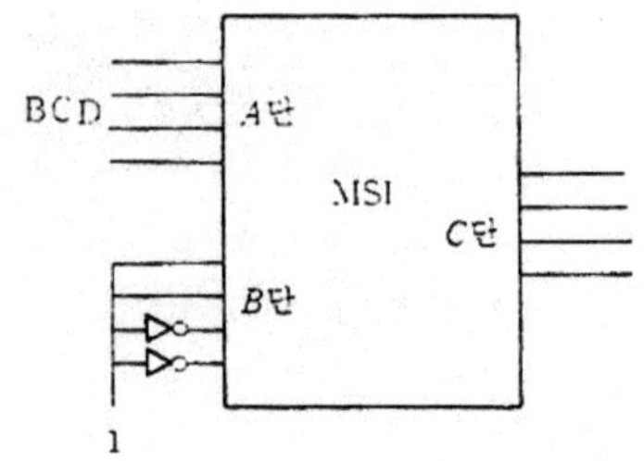

7-4 다음 회로는 다이오드를 사용한 논리회로이다. F_0에 기대되는 수식 값을 구하라.

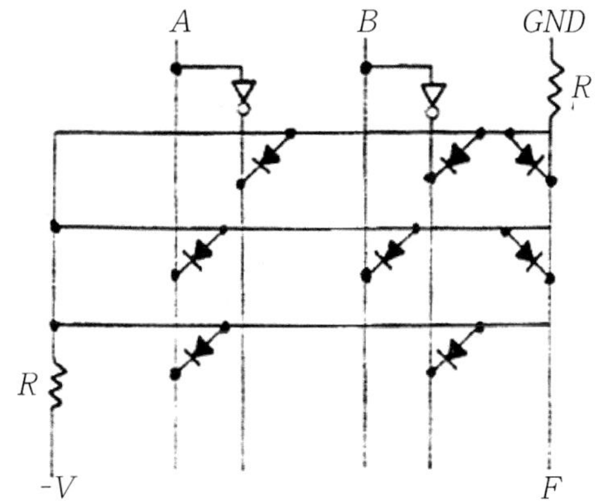

7-5 다음 회로의 ROM에서 3비트 각각의 출력을 구하라.

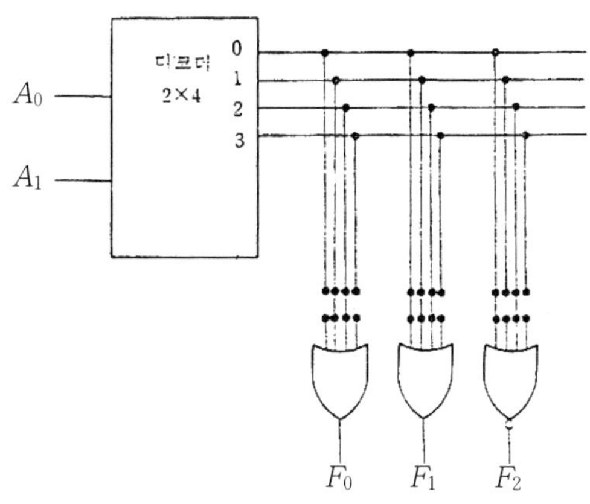

7-6 다음 회로에서 ROM의 출력 B_1, B_2비트의 출력을 구하라.

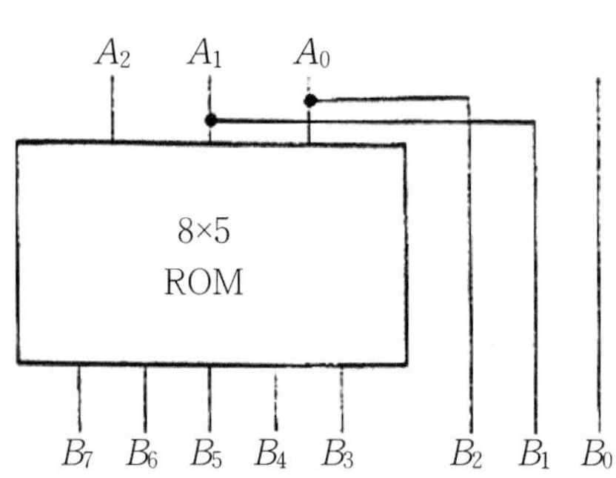

7-7 다음 ROM 회로에서 입력 코드 A_0, A_1, A_2가 101일 때 데이터 출력 D_3, D_2, D_1, D_0의 값을 구하라.

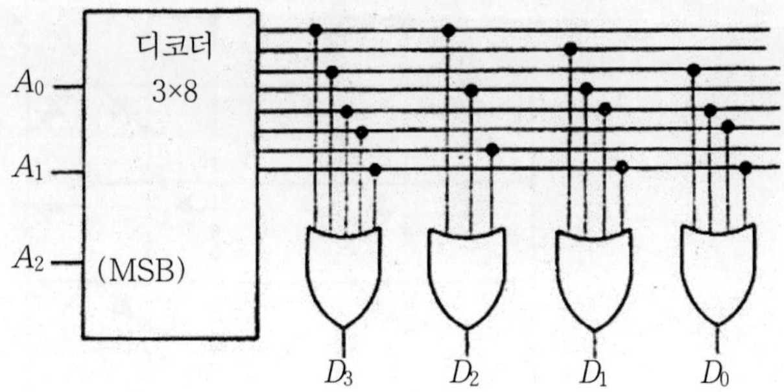

7-8 3비트 입력 디코더가 아래와 같이 구성되어 OR 결합 출력이 나갈 때 간략화된 기대되는 출력 값을 구하라.

ABC	Y
0 0 0	1
0 0 1	0
0 1 0	1
0 1 1	0
1 0 0	1
1 0 1	1
1 1 0	0
1 1	0

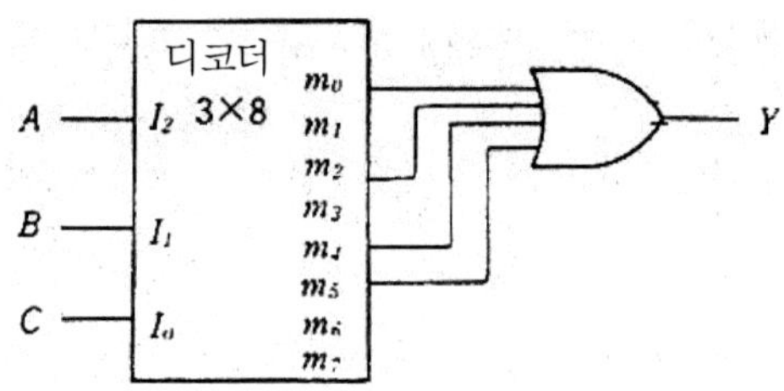

7-9 그림 7-37의 PLA를 이용하여 다음 논리식을 실현하라. 단 입력 변수는 A, B, C이다. 여기서 $F_3 = m_2 + m_6$이고 m은 최소항의 번호를 나타낸다.

$F_1 = \sum m(1, 2, 4, 6)$

$F_2 = \sum m(0, 1, 6, 7)$

$F_3 = \sum m(2, 6)$

$F_4 = \sum m(1, 2, 3, 5, 7)$

7-10 다음과 같은 진리표로부터 PLA 프로그램표를 작성하고 결합회로를 구성하여라.

입력	출력
ABC	F_1F_2
0 0 0	0 1
0 01	0 1
0 1 0	1 0
0 1 1	0 1
1 0 0	1 0
1 0 1	1 0
1 1 0	1 1
1 1 1	0 0

7-11 3개의 입력과 3개의 출력을 갖는 다음과 같은 부울함수로부터 PLA 프로그램표를 작성하고 AND, OR 배열을 통한 결합회로를 구성하여라.

$F_1(ABC) = \sum(0, 1, 4, 7)$

$F_2(ABC) = \sum(1, 3, 5)$

$F_3(ABC) = \sum(2, 4, 6, 7)$

7-12 다음 그림에서 출력 F_1, F_2를 구하라. 적항의 수를 최소로 하라.

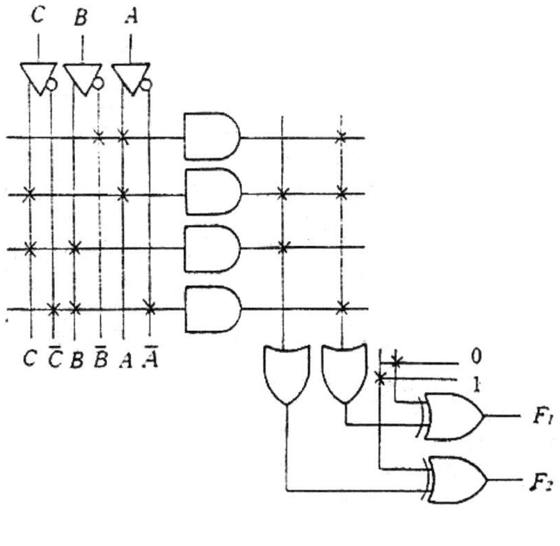

7-13 [그림 7-41]과 같은 PAL을 이용하여 다음 논리식을 실현하라(단 A=MSD, C=LSD이다.)

$F_1(ABC) = \sum m(0, 1, 2, 7)$

$F_2(ABC) = \sum m(3, 5, 6, 7)$

7-14 최소화된 논리함수가 다음과 같을 때 그림 7-41 PAL을 이용하여 실현하여라.

$W = \overline{A}BC + A\overline{B}\,\overline{CD}$

$X = A + BCD$

$Y = \overline{B}\,\overline{C} + CD + \overline{B}\,\overline{D}$

$Z = \overline{A}BC + \overline{A}B\overline{C}D + \overline{A}C\overline{D} + \overline{A}B\overline{C}D$

Chapter 08

순차논리회로

Chapter 08

순차논리회로

지금까지 다루었던 논리회로는 논리게이트를 조합적으로 결선한 조합논리회로(combinational logic circuit)이다. 즉 어떤 시각에서의 출력은 그 시각만의 입력상태 변화에 따라 결과가 좌우된다.

그러나 실제로 쓰이는 디지털 시스템은 조합회로로 된 것 같이 보이지만 대부분이 조합논리회로로 시스템에 메모리 소자를 첨가한 순차논리회(sequential logic circuit)로 구성되어 있다는 것이다.

[그림 8-1]은 조합논리회로에 시간지연회로를 첨가한 논리회로의 블록을 나타내 준 것이다.

따라서 순차회로는 조합논리회로에 메모리 소자가 피드백(feedback)되어 시간지연 효과를 갖고 있다는 것이다. 메모리 소자는 2진 정보를 저장할 수 있는 장치로서 메모리 소자에 저장된 2진 정보를 받으며 이 입력은 메모리 소자의 상태를 변화시키기 위한 조건을 결정한다.

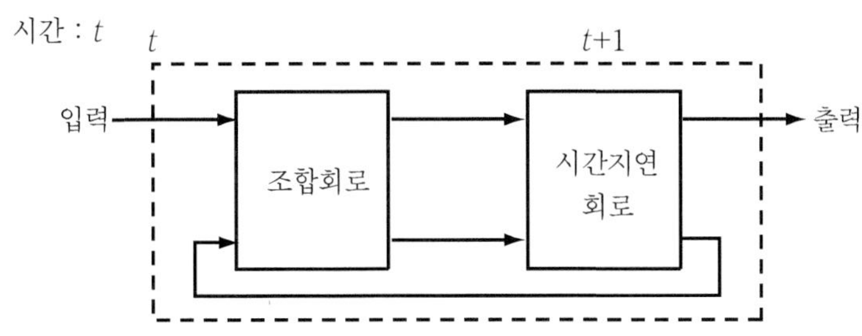

그림 8-1 순차회로의 블록도

[그림 8-1] 블록도에서 볼 수 있듯이 순차회로의 출력은 외부입력 뿐만 아니라 메모리 요소의 현재상태에서도 영향을 갖는다. 따라서 순차논리회로는 입력, 출력 그리고 내부상태의 시간순차(time sequence)로 명시된다. 순차논리회로는 신호의 타이밍에 따라서 크게 두 형태로 나누어진다. 동기식 순차회로(synchronous sequential circuit)로 동시 시간에 들어오는 신호들의 정보를 알림으로써 계통의 동작을 정의할 수 있는 시스템이고, 비동기식 순차회로(asynchronous sequental curcuit)의 동작은 그 입력신호들이 변화하는 순서에 좌우되고 어떤 시각에서도 변화될 수 있다.

일반적으로 비동기식 순차회로에 작용되는 메모리 소자는 시간지연소자(time-delay device)이다. 시간지연장치가 메모리 능력을 갖는 것은 신호가 이 소자를 통해서 전파되는데에 유한시간이 걸린다. 이 때문에 실제로 논리 게이트의 내부 전파지연(propagation delay)은 필요한 지연을 하는데 충분하다. 따라서 물리적인 시간지연장치가 따로 필요하지 않게 된다.

게이트형 비동기식 시스템에서 [그림 8-1]의 메모리 소자도 논리 게이트로 구성되어 있고, 이 논리 게이트의 전파시간지연이 필요한 메모리를 구성한다. 따라서 비동기식 순차논리회로는 피드백을 가진 조합회로라고 볼 수 있다. 이 때 논리 게이트간의 피드백으로 비안정상태가 될 수 있다.

이 비안정 문제는 설계자에게 많은 부담을 준다. 그래서 비동기식 순차논리회로는 동기식 시스템만큼 자주 쓰이지 않는다.

순차논리회로의 서론으로서 멀티바이브레이터의 개념과 성질에 대하여 간단히 살펴보자고 한다.

플립 플롭(Flip-Flop)은 쌍안정 멀티바이브레이터(bistable multivibrator)의 별명이다. 쌍안정 멀티바이브레이터는 2개의 안정된 상태를 갖고 있는 것으로 카운터(counter), 레지스터(register), 기억회로 및 펄스 발생회로로 사용되는 것으로 멀티바이브레이터의 한 종류에 속한다.

멀티바이브레이터란 한 쪽의 능동소자가 전도되어 있는 동안 다른 쪽이 차단되도록 설계된 일종의 재생회로로 다음과 같이 분류된다.

▌표 8-1 ▌ 멀티바이브레이터의 종류와 비교

멀티바이브레이터	결합소자	안정상태수	용도
쌍안정 멀티바이브레이터 (bistable multivivrator)	양쪽 모두 R	2	counter, register, 기억회로 pulse 발생회로
단안정 멀티바이브레이터 (monotable multivivrator)	한 쪽 C 다른 쪽 R	1	기억회로, pulse 발생회로 지연회로
무안정 멀티바이브레이터 (astable multivivrator)	양쪽 모두 C	0	pulse 발생회로, 등가회로 분주회로

〈표 8-1〉을 뒷받침하기 위한 멀티바이브레이터의 기본회로는 [그림 8-2]와 같다.

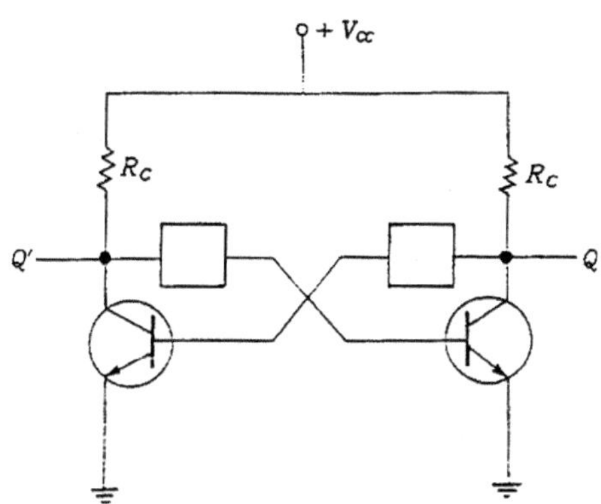

그림 8-2 멀티바이브레이터의 기본회로

먼저 쌍안정 멀티바이브레이터에 관하여 고찰하고 단안정과 무안정 멀티바이브레이터는 다음 장에서 다루기로 한다. 특히 쌍안정 멀티바이브레이터의 별명인 플립 플록(flip-flop)을 세분하여 랫치와 플립 플롭으로 그 개념을 구체적으로 설명하기로 한다. 물론 랫치도 넓은 의미에서 플립 플롭 속에 포함된다.

플립 플롭과 랫치는 2개의 안정상태를 갖는 쌍안정 소자이며 기본적으로 랫치와 플립 플롭은 같은 기능을 가지며 트리거되는 방법만 다르다. 랫치는 게이트 또는 인에이블(enable) 입력이 1인 한 상태를 바꿀 수 있다. 따라서 랫치는 어떤 입력 레벨에 의해서 제어되는데 플립 플롭은 클럭(clock) 입력이라고 불리는 트리거 신호의 천이(switching)에 의해서 제어되는 점이 다르다. 넓은 의미에서 플립 플롭을 분류하면 다음과 같다.

- 플립플롭
  - 랫치
    - 클럭이 없는 경우
      - RS 랫치
      - D 랫치
    - 클럭이 부착된 경우
      - RS 랫치
      - D 랫치
  - 플립플롭
    - RS 플립플롭(RST플립플롭)
    - D 플립플롭
    - JK 플립플롭
    - MS-JK 플립플롭

8-1 랫 치

플립-플롭은 크게 둘로 분류하면 랫치와 플립-플롭으로 분류한다. 넓은 의미에서는 랫치도 플립-플롭에 포함시킬 수 있다.

그러나 플립-플롭을 정확하게 이해하려면 그 기본인 랫치 이해하여야 플립-플롭의 동작 상태를 알게 된다. 따라서 랫치(latch)의 이해를 돕는 [그림 8-3]을 보이고 있다.

그런데 랫치의 의미는 버팀 또는 빗장이라는 뜻으로 어떤 한 상태에서 계속 그 결과가 변하지 않고 버티고 있다는 의미를 갖는다.

그림 8-3 랫치의 기본 개념을 돕는 회로

[그림 8-3]에서 랫치 기본 개념을 이햐하기 위하여 그 동작상태를 점검해 보도록 하자.

먼저 접지점을 A 단자와 연결하면 $Q=1$, $Q'=0$라는 결과를 얻게 된다.

멀티바이브레이터의 정의에 따라 두 출력 중 한 쪽의 출력이 '1'이면 다른 쪽은 '0'이 된다.

그런데 $Q=1$, $Q'=0$상태를 셋트(set)상태라고 정의한다. 따라서 A점을 접지하면 셋트 상태는 $Q=1$, $Q'=0$라는 셋트 상태로 버티고 있는 것이다. 이러한 상태의 변화불변을 랫치라고 한다.

한편 접지점을 B단자와 접속하면 $Q=0$, $Q'=1$이라는 결과를 얻게 된다. 이러한 상태는 앞서 셋트상태와 반대인 상태로 리셋(reset)상태라고 정의한다.

따라서 리셋트 상태란 $Q=0$, $Q'=1$인 상태를 말한다. 리셋트 상태는 클리어(clear) 상태라고도 한다.

랫치를 가장 쉽게 이해하기 위해 NOT 게이트를 이용하였으나 실제로는 표준게이트인 NOR 게이트나 NAND 게이트를 각각 2개를 이용하여 NOR 게이트를 이용한 랫치와 NAND 게이트를 이용한 랫치를 주로 이용하고 있다.

이제 NOR 게이트와 NAND 게이트를 이용한 RS-랫치에 관하여 학습하기로 한다. 이러한 랫치를 체계적으로 설명하기 위해서는 클럭이 없는 경우와 클럭이 있는 경우로 분류하여 설명하기로 하되 먼저 클럭이 없는 경우 RS-랫치와 D-랫치 그리고 클럭이 있는 경우 RS-랫치와 D-랫치의 순으로 논하기로 한다.

1. 클럭이 없는 RS-랫치

클럭이 있는 경우란 RS-랫치를 구성하는 NOR 게이트나 NAND 게이트 앞 쪽에 스티어링게이트(steering gate)를 두게 됨으로서 R(reset), S(set) 단자와 함께 두는 클럭단자(clock) CK단자를 두게 될 경우다. 보다 구체적인 설명은 클럭이 있는 경우 때 설명하기로 하고 우선 없는 경우부터 논하기로 한다.

클럭이 없는 경우도 NOR 게이트와 NAND 게이트를 이용한 경우가 있는데 먼저 NOR 게이트를 이용할 때를 먼저 설명하기로 한다.

(1) NOR 게이트를 이용한 RS-랫치

NOR 게이트를 이용한 RS-랫치에서는 넓은 의미에서의 플립-플롭 중의 한 분류인 랫치에서 클럭이 없는 NOR 게이트 2개만을 이용하여 랫치를 구성한다.

이 NOR 게이트 2개 만으로 구성된 RS-랫치의 동작원리, 동작상태, 진리표, 논리기호 및 입출력파형에 대하여 설명하기로 한다.

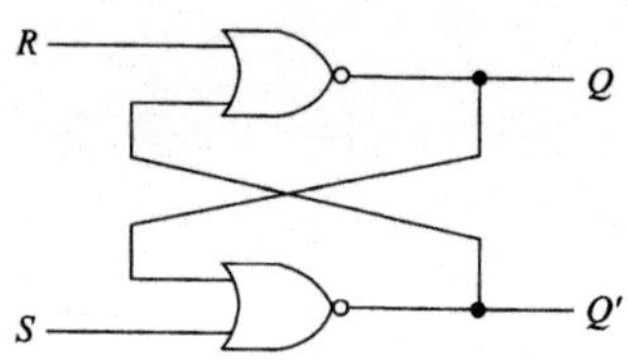

(a) 논리도

R S	Q Q'
0 1	1 0
0 0	1 0
1 0	0 1
0 0	0 1
1 1	부 정

(b) 진리표

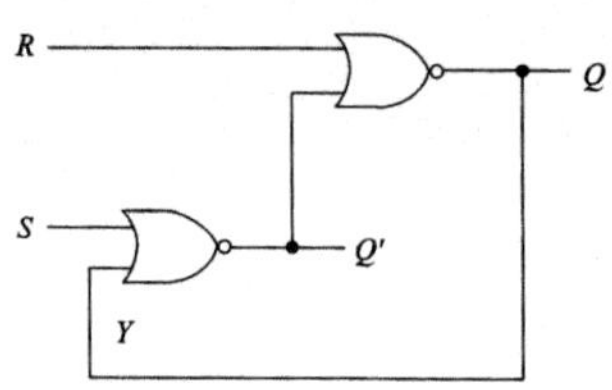

(c) RS 랫치 등가 논리도

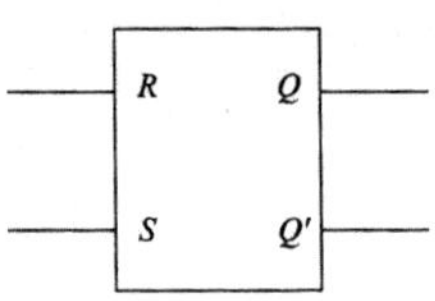

(d) 논리기호

그림 8-4 클럭이 없는 NOR 게이트를 이용한 RS-랫치

[그림 8-4] (a)논리도에서 입력 두 단자를 R, S라 하고 출력 2단자를 Q와 Q'라고 정의한 것이다. 이 말은 R, S의 입력단자를 서로 바꾸어도 안되고, 출력 Q, Q'의 두 단자를 서로 바꾸어서도 안 된다는 말이다.

이제 $S=1$, $R=0$의 값을 입력 하면 $S=1$이 NOR 게이트를 통과하면 $Q'=0$이 되고 Q'값이 피드백(feedback)되어 $R=0$과 함께 $Q=1$이 된다. 따라서 $Q=1$, $Q'=0$이라는 셋트(set)값을 갖는다.

NOR 게이트의 특성은 OR 게이트의 특성을 보면 알 수 있다. OR 게이트는 두 입력 중 어느 하나만 High가 되어도 출력이 High가 되므로 NOR 게이트 경우는 어느 하나만 High가 되어도 출력은 Low가 된다. 다시 말해서 OR 게이트의 입력 중 어느 하나가 Low면 나머지 입력값에 의해 출력이 결정되기 때문에 NOR 게이트에서는 R, S값 중 High인 '1'의 값을 먼저 입력하면 출력값을 바로 얻고 이와 같은 출력값을 피드백 시켜서 나머지 난자의 출력도 함께 얻어낼 수 있다.

같은 방법으로 (a)논리도에서 $R=1$, $S=0$ 때도 먼저 $R=1$의 입력에 대한 출력을 구하면 $Q=0$이 되고 이 $Q=0$의 값이 피드백 되어 $S=0$과 NOR 게이트를 통과하면 $Q'=1$이 된다. 즉 $Q=0$, $Q'=1$이면 리셋트(reset)상태가 된다.

$R=0$, $S=0$인 상태를 불변이라고 하는데 $R=0$, $S=1$을 입력하면 출력 $Q=1$, $Q'=0$인 셋트상태가 되고 이 때 두 입력 $R=0$, $S=1$을 다같이 $R=S=0$으로 입력 변화를 시키면 $R=S=0$전의 상태 즉 $R=0$, $S=1$인 셋트인 상태로 그대로 변화 없이 같은 상태인 셋트상태로 유지한다는 의미에서 불변이라고 한다.

마찬가지로 $R=1$, $S=0$이면 출력 $Q=0$, $Q'=1$인 리셋상태가 된다. 이 때 입력 $R=S=0$으로 바꾸면 출력은 변화하지 않고 그대로 $Q=0$, $Q'=1$인 리셋트 상태로 유지한다. 그래서 전 상태와 같으므로 불변인 셈이 된다.

마지막으로 $R=1$, $S=1$이면 $Q=0$, $Q'=0$이 되는데 이것은 부정이라고 정의한다.

왜냐하면 멀티바이브레이터의 정의는 두 출력 중 $Q=0$이면 $Q'=1$이거나, $Q=1$이면 $Q'=0$이 반드시 출력되도록 작동되게 되어 있다. 따라서 정의에 어긋나므로 부정이라고 하면 $R=S=1$의 입력은 모순된 입력이 되어 사용치 말아야 되며 부득이한 경우라면 두 출력 모두 $Q=Q'=0$이 되는데 이러한 모순된 상태를 부정이라고 한다.

이러한 입출력 상태를 표로 나타낸 것이 [그림 8-4] (b)의 진리표이다.

또 논리도 (a) 그림은 그림 (c)와 같이 NOR 게이트로 구성할 수 있고 이러한 그림 (a)나 (b)를 기호로 표시하면 그림 (d)와 같다.

예제 8-1

클럭이 없는 NOR 게이트를 이용한 RS-랫치회로의 입력파형에 따른 출력파형을 그려라.

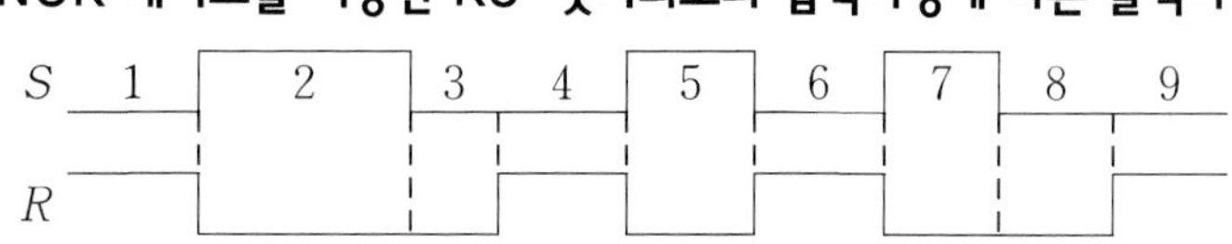

풀이

입력 S와 R 단자 파형의 구간을 9단계로 나눈다.

① 1단계 $S=0$, $R=1$이면 [그림 8-4] (b) 진리표에서 $Q=0$, $Q'=0$이 되어 리셋트 상태

② 2단계 $S=1$, $R=0$이면 출력 $Q=1$, $Q'=0$이 되어 셋트 상태

③ 3단계 $S=0$, $R=0$이면 불변이라 바로 전 상태인 셋트 상태 유지

④ 4단계 $S=0$, $R=1$이면 출력 $Q=0$, $Q'=1$인 리셋트 상태

⑤ 5단계 $S=1$, $R=0$이면 출력 $Q=1$, $Q'=0$인 셋트 상태

⑥ 6단계 $S=0$, $R=1$이면 출력 $Q=0$, $Q'=1$인 리셋트 상태

⑦ 7단계 $S=1$, $R=0$이면 출력 $Q=1$, $Q'=0$이 되어 셋트 상태

⑧ 8단계 $S=0$, $R=0$이면 불변, 전 상태인 셋트 상태

⑨ 9단계 $S=0$, $R=1$이면 출력 $Q=0$, $Q'=1$인 리셋 상태

이와 같이 입력파형에 따른 출력파형을 시간대 별로 나타낸 그림을 타임차트(time chart)라고 하며 [그림 8-5] 클럭이 없는 NOR 게이트를 이용한 RS-랫치 입출력파형이 그려진다.

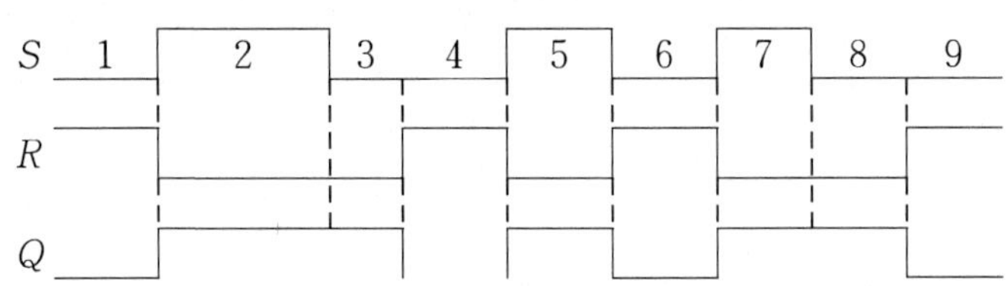

그림 8-5 클럭이 없는 NOR 게이트를 이용한 RS-랫치 입출력파형

(2) NAND 게이트를 이용한 RS-랫치

NAND 게이트 2개로 클럭이 없는 기본 RS-랫치의 논리도, 동작원리, 동작상태, 진리표, 등가논리도 및 논리기호에 관하여 설명하기로 한다.

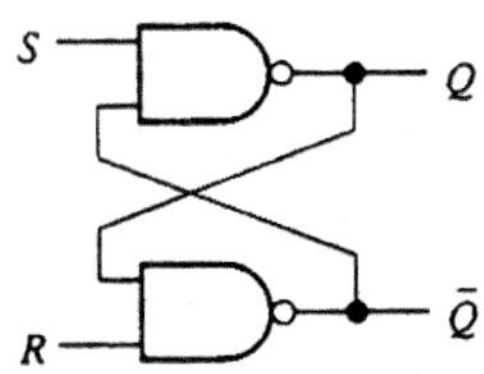

(a) 논리도

R S	Q Q'
0 1	0 1
1 1	0 1
1 0	1 0
1 1	1 0
0 0	부 정

(b) 진리표

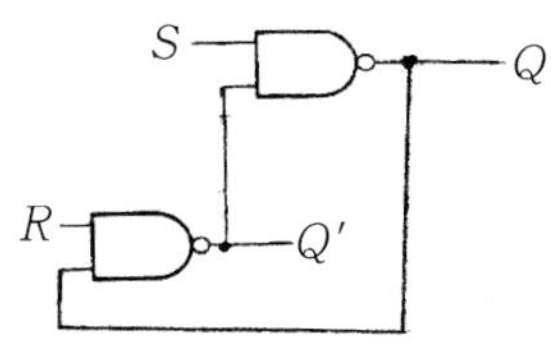

(c) RS-랫치 등가논리도

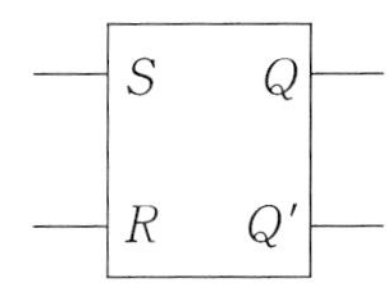

(d) 논리기호

그림 8-6 클럭이 없는 NAND 게이트를 이용한 RS-랫치

[그림 8-6] NAND 게이트를 이용한 RS-랫치 (a) 노리도로 부터 동작상태를 보면 입력 S, R 출력 Q, Q' 논리도와 같이 정의한다. 따라서 입력 S, R은 NOR 게이트 때와는 반대나 출력 Q와 Q'는 항상 윗쪽이 Q아랫쪽이 Q'로 모든 플립-플롭에서 동일하게 정의하고 있다.

이제 NAND 게이트 입력 $S=1$, $R=0$을 가하면 R단자 '0'입력에 의하여 출력 $Q'=1$이 되고, $Q'=1$이 피드백 되어 $S=1$과 합치면 NAND 출력인 $Q=0$이 되어 $Q=0$, $Q'=1$인 리셋 상태가 된다. 이러한 리셋 상태에서 $S=R=1$로 입력 변화를 주면 출력에서는 전혀 변화가 없는 바로 전 상태인 리셋 상태로 머문다. 따라서 이 상태를 변화가 없는 불변상태라고 한다.

또 입력 $S=0$, $R=1$을 가하면 S단자 '0'입력에 의하여 출력 $Q=1$이 되고, $Q=1$이 피드백 되어 $R=1$과 합치면 NAND 출력인 $Q'=0$이 되어 $Q=1$, $Q'=0$인 셋트 상태가 된다. 이러한 셋트 상태에서 $S=R=1$로 입력 변화를 주면 출력에서는 전혀 변화가 없는 바로 전 상태인 셋트 상태로 머문다. 따라서 이러한 상태도 변화가 없는 불변상태라고 한다.

끝으로 $S=R=0$이 되면 $Q=Q'=1$이 되어 부정인 상태가 된다. 이와 같은 입출력상태를 표로 나타낸 것을 진리표라고 하는데 NOR 게이트와 NAND 게이트로 구성할 경우 RS-랫치 진리표는 정 반대가 됨을 알 수 있다.

지금까지는 클럭이 없는 기본 RS-랫치에 대하여 NOR 게이트 경우와 NAND 게이트 경우를 비교해본 것이다.

예제 8-2

클럭이 없는 NAND 게이트를 이용한 RS-랫치회로의 입력 파형에 따른 출력파형을 그려라.

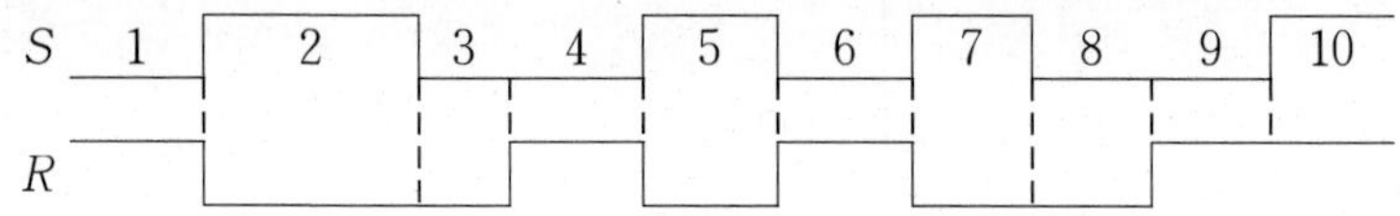

풀이

입력 단자 S와 R 파형의 구간을 10단계로 나눈다.

① 1단계 $S=0$, $R=1$이면 [그림 8-6] (b) 진리표에서 $Q=1$, $Q'=0$이 되어 셋트 상태

② 2단계 $S=1$, $R=0$이면 출력 $Q=0$, $Q'=1$로 리셋트 상태

③ 3단계 $S=0$, $R=0$이면 출력 $Q=Q'=1$로 부정의 상태

④ 4단계 $S=0$, $R=1$이면 출력 $Q=1$, $Q'=0$으로 셋트 상태

⑤ 5단계 $S=1$, $R=0$이면 출력 $Q=0$, $Q'=1$로 리셋트 상태

⑥ 6단계 $S=0$, $R=1$이면 출력 $Q=1$, $Q'=0$으로 셋트 상태

⑦ 7단계 $S=1$, $R=0$이면 출력 $Q=0$, $Q'=1$로 리셋트 상태

⑧ 8단계 $S=0$, $R=0$이면 출력 $Q=Q'=1$로 부정의 상태

⑨ 9단계 $S=0$, $R=1$이면 출력 $Q=1$, $Q'=0$으로 셋트 상태

⑩ 10단계 $S=1$, $R=1$이면 불변으로 9단계 상태와 같은 셋트 상태

이와 같은 입력파형의 변화에 따른 출력파형을 그리면 [그림 8-7]과 같다.

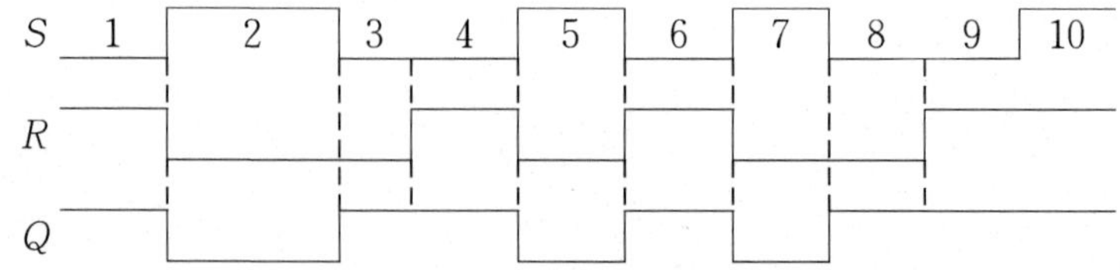

그림 8-7 클럭이 없는 NAND 게이트를 이용한 RS-랫치 입출력파형

2. 클럭이 없는 D-랫치

D-랫치의 'D'는 지연(delay)이라는 의미가 있고 또 하나의 의미는 정보전달(data transfer)이라는 의미를 갖는다.

이와 같이 D-랫치는 정보를 지연시키고 전달하는데 목적이 있다고 하겠다.

이제 D-랫치의 논리도, 동작상태, 진리표 및 논리기호에 대하여 설명해 보도록 한다. 논리도는 [그림 8-8]과 같다.

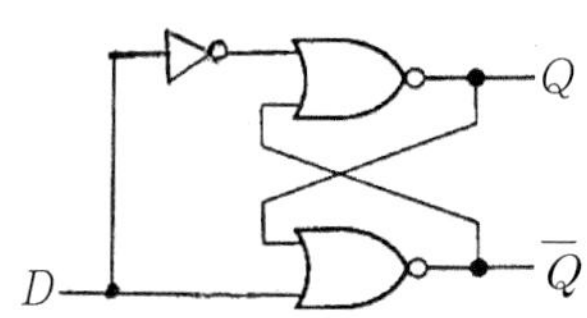

(a) NOR게이트 D-랫치

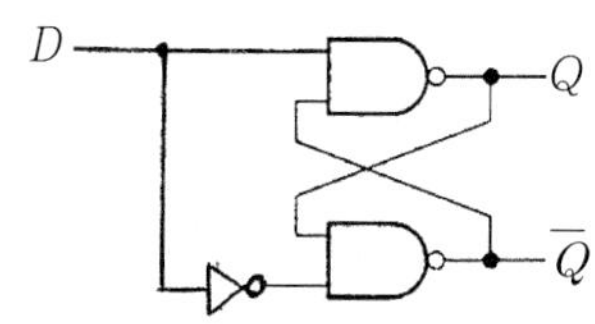

(b) NAND게이트 D-랫치

D	Q Q'
0	0 1
1	1 0

(c) 진리표

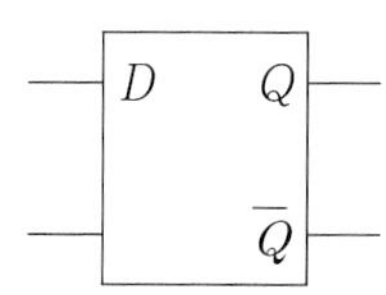

(d) 논리기호

그림 8-8 클럭이 없는 D-랫치

진리표에서 입력이 Low이면 출력도 Low이고, 입력이 Hihg이면 출력값도 High가 된다. 그림 (a)에서 NOR 게이트 2개와 NOT 게이트 1개로 구성 되었으며 [그림 8-4] (a) 논리도와 (b) 진리표를 보면 R, S 입력이 다같이 0이거나 다같이 1을 제외하면 $R=0$, $S=1$일 때 $Q=1$이고$R=1$, $S=0$이면 $Q=0$값을 갖는다.

다시 말해서 S와 R값이 서로 다를 때 S값이 그대로 출력에 전달 된다는 사실을 알 수 있다. 따라서 [그림 8-4] (a) 논리도와 (b) 진리표에서 불변과, 부정을 제외한 나머지 사실만을 다룬 것이 D-랫치임을 알 수 있다.

$R=S=0$은 불변이고, $R=S=1$이면 사용하지 말라는 부정이므로 이 두 사실을 배제하면 D-랫치가 되므로 이 때 진리표와 논리도를 D-랫치에 적용한 것이 [그림

8-8] (a)와 같은 D-랫치 논리도를 구할 수 있다.

같은 방법으로 클럭이 없는 NAND 게이트를 이용한 RS-랫치 [그림 8-6] (a) 논리도와 (b) 진리표를 이용하면 [그림 8-8] (b)와 같은 클럭이 없는 NAND 게이트를 이용한 D-랫치도 구할 수 있다. 단 진리표와 논리기호는 다같이 [그림 8-8] (c)와 (d)를 공동으로 하고 있다.

이제 클럭이 없는 D-랫치의 입력파형에 대한 출력파형에 대하여 예를 들어 설명해 보자.

예제 8-3

클럭이 없는 D-랫치의 입력에 다음과 같은 파형을 인가할 때 출력파형을 구하라.

풀이

입력단자에 인가되는 D파형의 구간을 9단계로 나눈다.

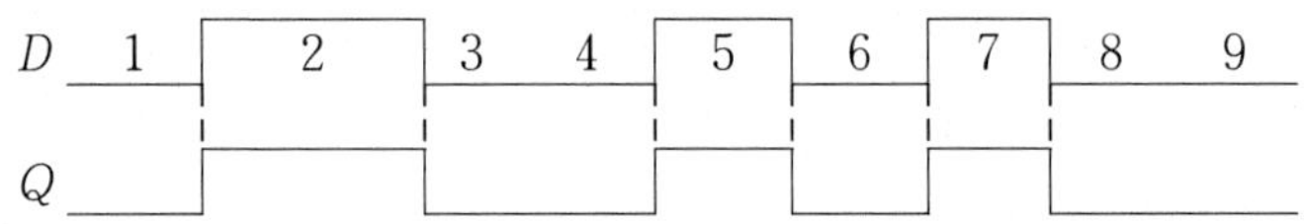

그림 8-9 클럭이 없는 D-랫치의 입출력파형

① 1단계 $D=0$이면 [그림 8-8] (c) 진리표에서 $Q=0$, $\overline{Q}=1$이 되어 리셋 상태

② 2단계 $D=1$이면 $Q=1$로 셋트 상태

③ 3단계, 4단계, 6단계, 8단계, 9단계는 $D=0$이므로 다같이 $Q=0$, $\overline{Q}=1$로 리셋트 상태

④ 5단계, 7단계는 $D=1$이므로 다같이 $Q=1$, $\overline{Q}=0$으로 셋트 상태

3. 클럭이 있는 RS-랫치

클럭이 있는 RS-랫치 경우에도 NOR 게이트로 구성할 수 있고, NAND 게이트로 구성할 수도 있다.

이러한 NOR 게이트와 NAND 게이트로 구성한 논리도, 동작상태를 나타낸 진리표 등을 [그림 8-10]에서 보이고 있다.

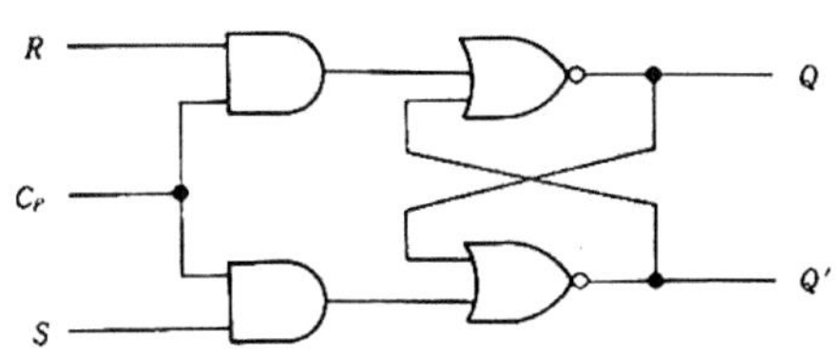

(a) NOR게이트 RS-랫치 논리도

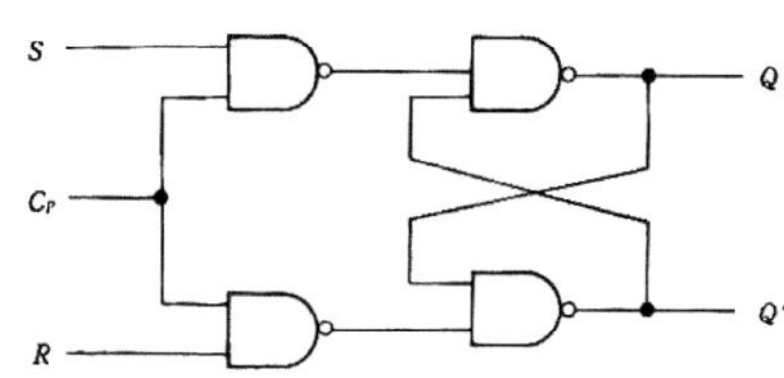

(b) NAND게이트 RS-랫치 논리도

C_p	R S	Q_t+1
0	× ×	Q_t
1	0 0	Q_t
	0 1	1
	1 0	0
	1 1	부정

(c) 진리표

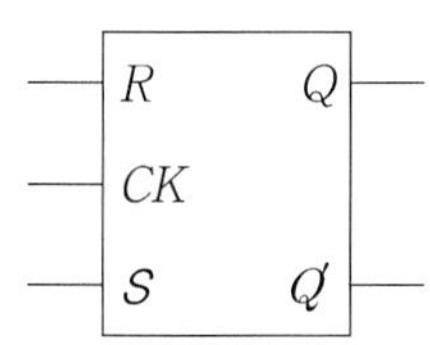

(d) 논리기호

그림 8-10 클럭이 부착된 RS-랫치

그림 (a) 클럭이 부착된 NOR 게이트 RS-랫치 논리도에서는 기본 NOR 게이트 앞의 두 개의 AND 게이트를 스티어링 게이트(steering gate)라고 한다. 스티어링 게이트란 방향을 조정한다는 의미로 조향게이트라고도 한다. 이것은 마치 자동차 4 바퀴 중 앞 바퀴에 해당된다.

그림 (b)의 NAND 게이트 경우에는 NAND 게이트 앞 쪽에 있는 스티어링 게이트도 NAND 게이트를 사용한다.

그림 (a)에서는 AND 게이트를 조향게이트로 이용되므로써 NOR 게이트를 사용한 기본 논리도에서 작동되는 동작상태인 진리표와 같아진다. 그러나 그림 (b)에서는 기본 NAND 게이트에 조향게이트를 AND의 부정한 NAND를 사용함으로써 진리표가 정반대로 작동상태가 달라진다.

이렇게 됨으로써 클럭이 부착된 두 개의 (a), (b) 논리도에서 동작상태는 동일해져서 공동으로 진리표(c)가 된다.

논리기호에서는 그림 (d)는 NOR 게이트 경우이고 NAND 게이트 경우에는 입력단자 R과 S를 서로 바꾸면 된다.

진리표에서 ψ란 '0'이든 '1'이든 무관한 돈케어(don't care)를 의미한다. 또 $C_p=0$은 정지된 상태고 $C_p=1$이란 작동상태로 자동차의 시동에 해당된다고 하면 이해하는데 도움이 될 것 같다.

이제 실제 상태를 예를 들어 설명해 보고자 한다.

예제 8-4

클럭이 부착된 RS-랫치 회로에서 입력파형에 대한 출력파형을 구하라(단, 초기 상태는 리셋트임).

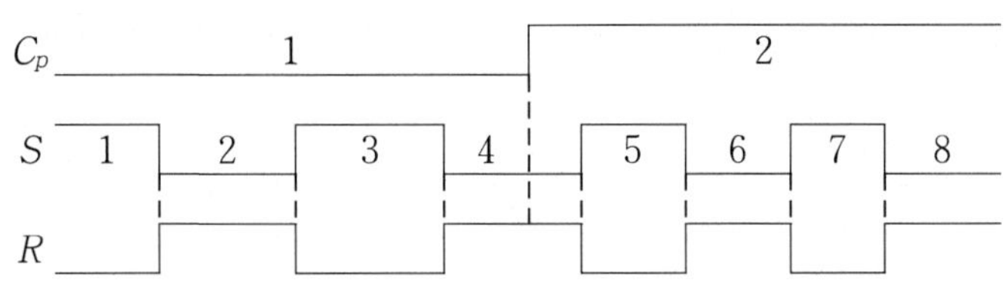

풀이

① C_p구간을 2단계로 분류하고 S와 R 입력의 구간을 8단계로 분류한다.

② C_{p_1}의 구간에서는 $C_p=0$인 상태는 시동꺼진 상태로 처음 상태 리셋을 그대로 유지한다.

그러나 C_{p_2}의 구간에서는 $C_p=1$인 상태는 시동이 켜진 상태로 S와 R의 조향게이트 상태에 따라 그대로 방향전환을 자유롭게 진리표 상태대로 동작한다.

③ 따라서 C_p가 2인 구간에서 4단계 $S=0$, $R=1$로 리셋트 상태

④ 5단계와 7단계에서 $S=1$, $R=0$으로 셋트 상태

⑤ 6단계와 8단계에서 $S=0$, $R=1$로 리셋트 상태

이들의 상태를 종합하면 입출력파형은 [그림 8-11]과 같다.

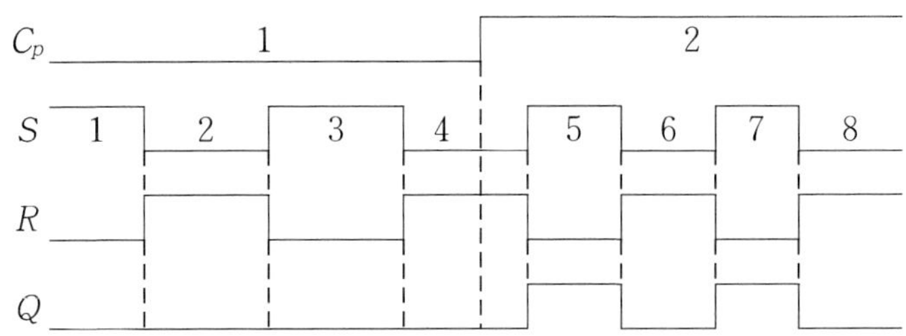

그림 8-11 클럭이 부착된 RS-랫치 입출력파형

4. 클럭이 있는 D-랫치

클럭이 있는 D-랫치 논리도는 클럭이 없을 때의 D-랫치와 같은 방법으로 [그림 8-8] (a)와 (b)같이 같은 원리로 동작하도록 한다.

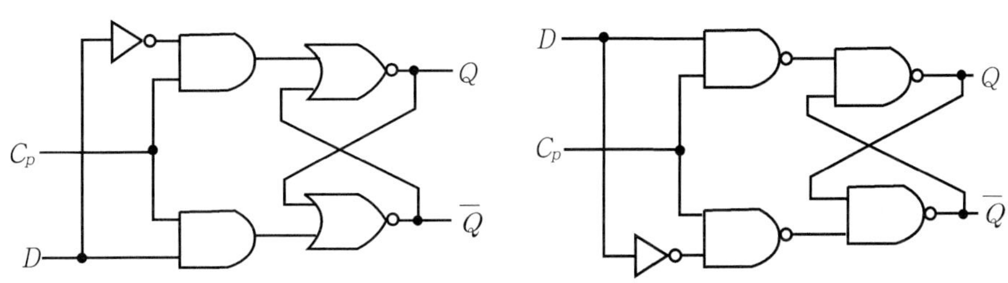

(a) NOR게이트 D-랫치 논리도 (b) NAND게이트 D-랫치 논리도

C_p	D	Q $\overline{Q}$
0	×	불 변
1	0	0 1
	1	1 0

(c) 진리표

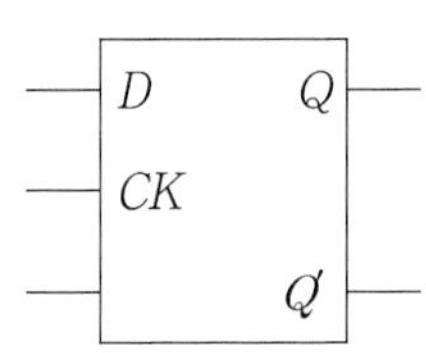

(d) 논리기호

그림 8-12 클럭이 있는 D-랫치

그림 (a)에서 NOR 게이트에는 스티어링게이트는 AND 게이트이므로 이 AND 게이트는 C_p단자를 제외하면 윗쪽 단자는 R, 아랫쪽 AND 단자가 S단자이므로 S단자는 D단자로 R단자는 NOT 게이트를 거쳐 D단자와 결속하면 결국 D단자의 입력신호 하나로 출력이 결정된다.

이것을 진리표로 나타내면 [그림 8-12] 진리표 (c)와 같다.

[그림 8-12] (b) NAND 게이트 D-랫치 논리도에서는 클럭이 있는 RS-랫치 논리도에서 C_p단자를 제외하면 윗쪽 단자가 S단자 있는 쪽이 D단자가 되고, 아랫쪽이 R단자이므로 NOT 게이트를 통과하여 D단자와 결속하면 결국 D단자의 입력신호 하나로 출력이 결정된다.

진리표는 NOR 게이트 경우나 NAND 게이트 경우나 다 같이 그림 (c) 진리표와 같다. 그리고 논리기호도 함께 쓰고 있다.

D-랫치에서 입력파형에 대한 출력파형의 변화모양을 예를 들어 설명하기로 한다.

예제 8-5

클럭이 있는 D-랫치에서 입력파형에 대한 출력파형을 구하라(단 초기 상태는 리셋트라고 한다).

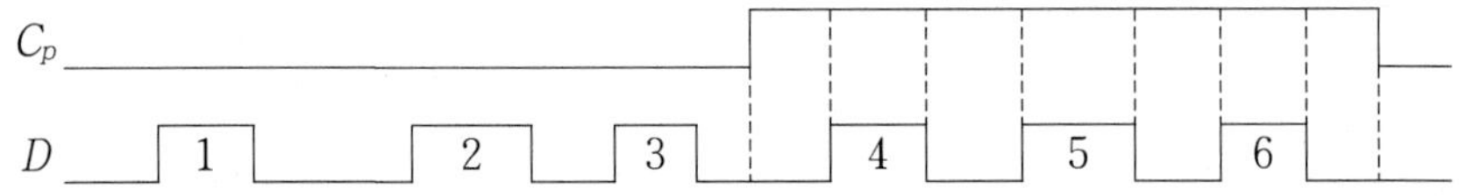

풀이

클럭이 있는 D-랫치는 [그림 8-12]와 같다. 이들 중 동작상태는 진리표 (c)와 같다. 입력 $C_p=0$인 경우는 불변 상태이고 $C_p=1$일 때 입력 D의 데이터가 그대로 출력에 전달된다.

따라서 입력상태 $C_p=0$일 때

① 1단계, 2단계, 3단계의 변화에도 불구하고 초기 상태가 리셋트 임으로 그대로 $C_p=0$인 구간만은 변화하지 않고 리셋트 상태임

입력상태 $C_p=1$일 때

② 4단계, 5단계 및 6단계가 $D=1$이므로 출력이 셋트 상태, 그외의 단계는 출력이 리

셋 상태임

이때 $C_p = 1$인 구간을 랫치 구간이라고 한다.

이것을 종합하여 입력파형에 대한 출력파형을 나타내면 [그림 8-13]과 같다.

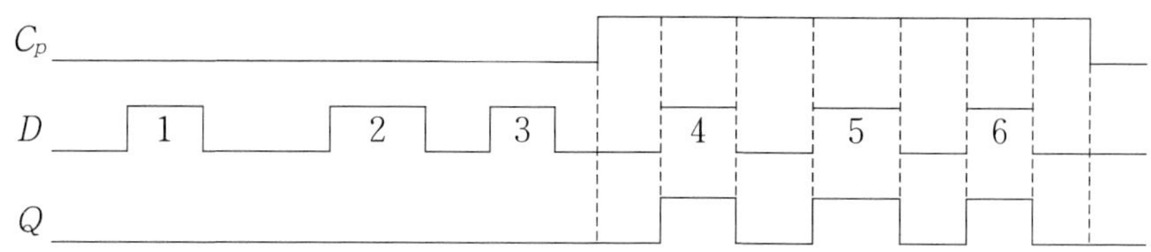

그림 8-13 클럭이 있는 D-랫치 입·출력파형

보다 구체적인 예를 더 들어 보기로 한다.

[그림 8-14]는 해독기와 표시기를 가진 10진 계수기이다. 여기서 7475 4개의 D-랫치인 MSI로 구성된 해독기와 표시기를 갖추고 있다. 7475는 7490에서 최종적으로 계수된 데이터를 일시 저장하는 역할을 하고 있다. 7490이 계수(count)하는 동안 데이터가 빠른 속도로 변화하여 표시기가 깜박이게 된다.

이와 같은 현상을 피하기 위해 D-랫치 7475를 이용한다.

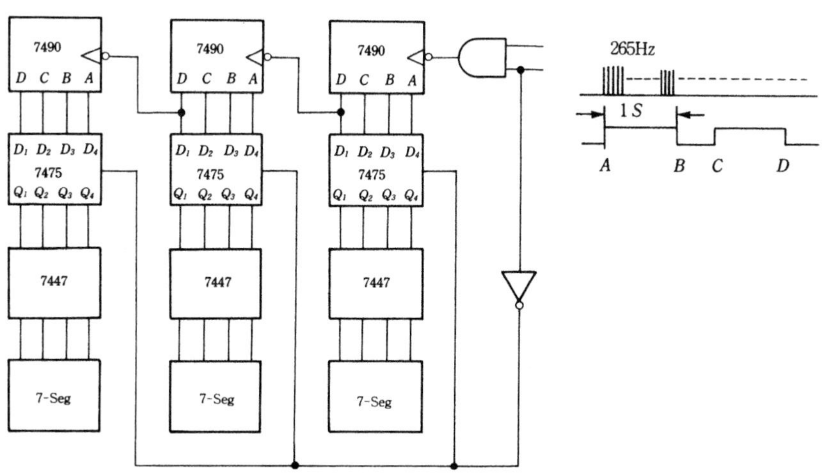

그림 8-14 해독기와 표시기를 가진 10진 계수기

[그림 8-14]에서 1sec 구간인 A와 B사이에 7490 계수기는 입력 펄스 수를 계수하게 되며 이러한 BCD(8421) 출력은 계속 변화하게 된다.

이 변화는 BCD 출력이 7475 D-랫치에 공급되면 인버터(not gate)로 인하여 계수가 지속되는 동안 이 MSI 7475는 차단 상태에 있게 된다.

따라서 입력 데이터를 출력측으로 읽어내지 못한다.

계수가 끝나면 입력 주파수가 265Hz이므로 7490에서 출력되는 BCD 출력은 0010, 0110, 0101이 된다.

B시각에서는 7475 MSI가 전도 상태에 있으므로 7490 카운터의 BCD 출력이 7475의 출력측으로 나타나게 되고 이것이 7447로 공급된다.

7447은 BCD 해독기이다. 따라서 B 시각부터 265Hz라는 수가 나타나게 된다.

C 시각에서 7490이 셋트(set)되고 계수가 새로이 시작되며, 같은 시각부터 7475도 비활성 상태가 되어 BCD 출력 0010, 0110, 0101이 그대로 유지된다.

7490 계수기가 새로이 계수하는 동안 이 BCD는 일시 기억된다. 즉, 새로운 계수가 진행되는 동안 최종 표시는 10진수 265를 계속 가리키게 된다.

D 시각에 이르면 표시되었던 데이터 값이 지워지고 새로운 숫자로 바뀌어진다.

이와 같은 7475 D-랫치 MSI는 주파수 카운터나 디지털 전압계 등에 최종 표시가 깜박이는 것을 막기 위해 사용되고 있으면 D-랫치 동작의 좋은 예가 되고 있다.

8-2 플립플롭

랫치는 버팀 또는 빗장이라는 뜻이고, 플립플롭(flip-flop)은 재주를 잘 넘는 공주제비라는 별명을 가질 정도로 디지털 논리회로 중에서 매우 중요한 위치를 차지하고 있다. 카운터회로와 레지스터회로 구성요소로 작동하고 있다.

이러한 플립-플롭에는 RS, D, JK, MS-JK, T 플롭이 있으며 이들에 대한 논리도, 동작상태를 나타내는 진리표 및 논리기호에 관하여 설명하기로 한다.

1. RS-플립플롭

플립-플롭(flip-flop)은 클럭펄스(clock pulse)라고 하는 입력 트리거 신호의 천이에 의하여 출력신호가 제어 된다.

따라서 플립-플롭은 클럭펄스(C_p)라는 천이 신호가 필요함으로 클럭이 부착된 RS-랫치 논리도와 같다.

단지 제어 방법이 랫치에서는 R, S의 입력에 의해 결정된다면 플립-플롭은 R, S의 입력보다 클럭펄스의 천이가 더욱 중요한 결정적인 요인이 되고 있다.

RS-플립플롭의 논리도에는 NOR 게이트를 이용한 [그림 8-10] (a)와 NAND 게이트를 이용한 (b)와 꼭 같은 논리도를 가지며 진리표도 (c)와 같다.

단지 랫치와 플립-플롭의 차이점이 플립-플롭에서는 클럭펄스라고 하는 입력 트리거 신호의 천이에 따라 출력신호가 달라지기 때문에 트리거 방식에 관하여 좀더 자세히 논하기로 한다.

이제 RS 플립플롭이 트리거 신호의 천이(switching)에 의하여 제어되므로 클럭펄스는 레벨(level)이 아닌 정진행 에지(positive edge) 또는 부진행 에지(negative edge) 방식으로 트리거 시킨다.

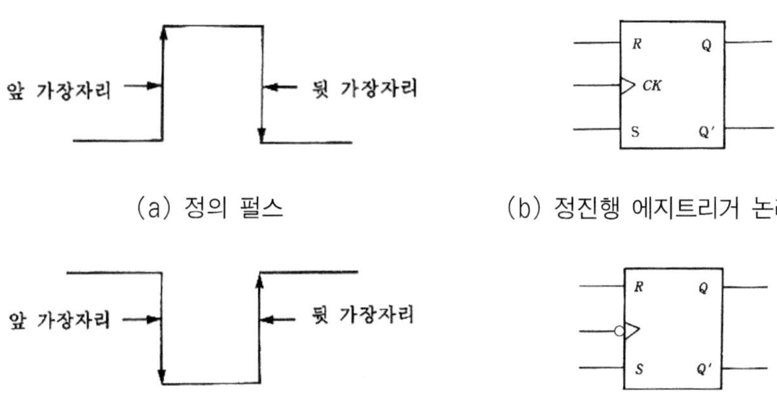

(a) 정의 펄스　(b) 정진행 에지트리거 논리회로

(c) 부의 펄스　(d) 부진행 에지트리거 논리기호

그림 8-15 플립-플롭의 트리거 펄스와 에지트리거 논리기호

[그림 8-15] (a) 정의 펄스에서 앞 가장자리(leading edge)를 정에지(positve edge)라고 하고 뒷 가장자리(trailing edge)를 부에지(negative edge)라고 한다.

그러나 (c)부의 펄스에서는 앞 가장자리가 부진행 에지이고 뒷 가장자리가 정진행 에지가 된다. RS 플립플롭의 트리거 신호를 정진행으로 트리거시킬 때 그림 (b)와 같고 그림 (d)는 부진행으로 트리거 시킬 때의 논리기호를 나타낸 것이다.

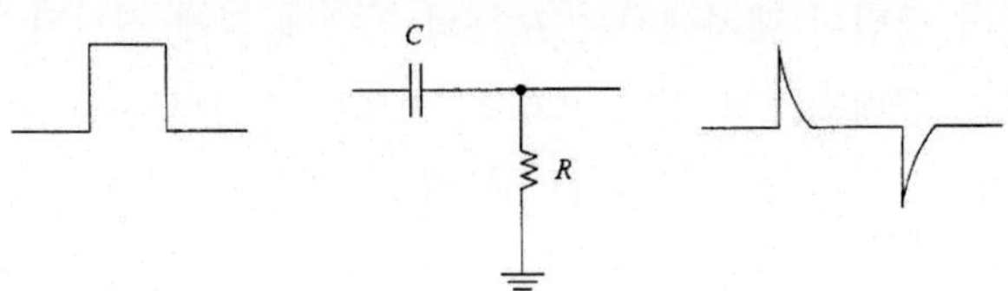

(a) 미분회로

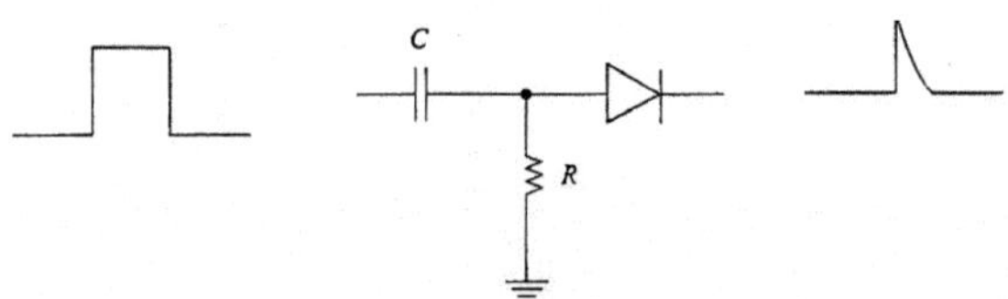

(b) 정진행 파형

그림 8-16 정진행 엣지트리거 방식

이 때 클럭펄스를 정진행 에지 방식으로 트리거 시키려면 [그림 8-16] (a)의 미분회로를 거쳐 (b)와 같이 다이오드(diode)를 통과시키면 정진행 파형을 얻을 수 있다.

이와 같이 필립플롭은 클럭신호에 의해서 정해진 시점 즉, 에지 트리거(edge trigger) 된 시점에서 R, S를 샘플링(sampling)하여 출력하는 것이다.

이 때 그림 (b)의 다이오드 접속을 미분회로에 반대방향으로 접속하면 부진행 에지 파형을 얻게 될 것이다.

그러나 트리거 필스가 에지가 아닌 레벨, 즉 1을 지속하는 동안 입력 R, S의 변화를 출력한다면 클럭이 부착된 경우라도 랫치로 동작하게 되므로 클럭이 부착된 RS 랫치에 속한다.

예제 8-6

다음과 같은 엣지트리거 방식 RS-플립플롭에서 입력펄스에 따른 출력파형을 구하라(단 초기 상태는 리셋트라고 한다).

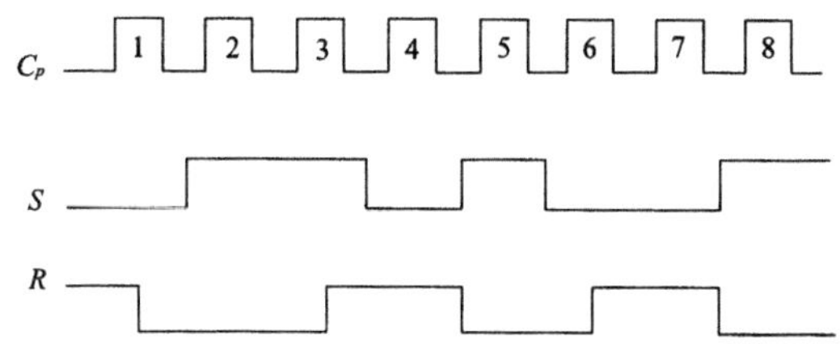

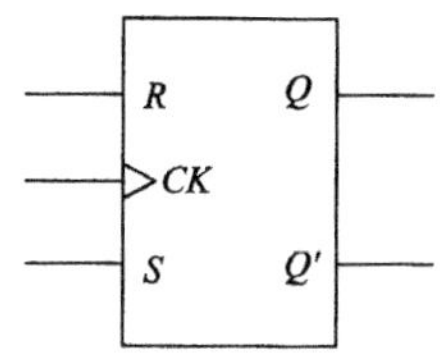

풀이

트리거 방식에는 정진행 방식과 부진행 방식이 있다. 논리기호에서 *CK*단자 표시는 정진행 방식임을 알 수 있다.

그리고 트리거 시키기 전 상태는 리셋이라는 점에 유의 하면서 단계적으로 [그림 8-10] (c) 진리표와 [그림 8-16] 정진행 엣지트리거 방식에 따라 설명하기로 한다.

① 초기 상태가 리셋으로 엣지트리거 1단계 시작전까지 유지된다.

② 1단계 정진행 엣지트리거가 작동하면 $C_p=1$, $S=0$, $R=1$로 리셋 상태 그리고 $C_p=1$이 된 바로 직후 부터 다음 $C_p=1$이 될 때까지 계속 $C_p=0$ 상태로 리셋상태 그대로 불변상태가 지속된다.

③ 2단계 정진행 엣지트리거에서 $S=1$, $R=0$으로 셋트 상태 지속

④ 3단계 정진행 엣지트리거에서 $S=1$, $R=0$으로 셋트 상태 지속

⑤ 4단계 정진행 엣지트리거에서 $S=0$, $R=1$로 리셋트 상태 지속

⑥ 5단계 정진행 엣지트리거에서 $S=1$, $R=0$으로 셋트 상태 지속

⑦ 6단계 정진행 엣지트리거에서 $S=0$, $R=0$으로 불변상태(셋트) 지속

⑧ 7단계 정진행 엣지트리거에서 $S=0$, $R=1$로 리셋트 상태 지속

⑨ 8단계 정진행 엣지트리거에서 $S=1$, $R=0$으로 셋트 상태 지속

이러한 정진행 엣지트리거 방식에 의한 출력파형을 종합하면 [그림 8-17]과 같다.

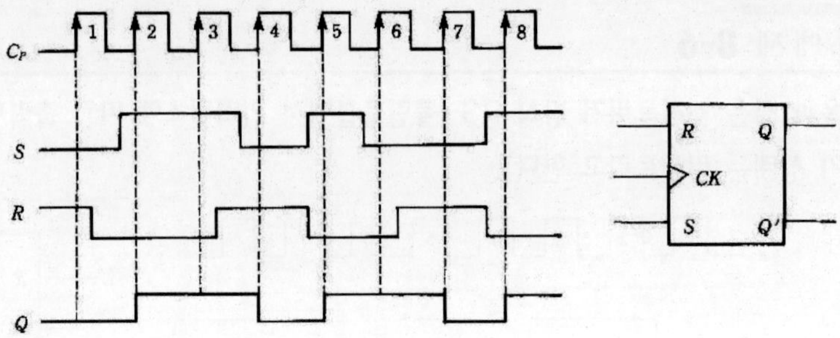

그림 8-17 정진행 엣지트리거 입출력파형

예제 8-7

다음 그림과 같은 엣지트리거 방식 RS-플립플롭에서 입력펄스에 따른 출력파형을 구하라.(단 초기 상태는 셋트이고, NAND 게이트를 사용한 플립-플롭임)

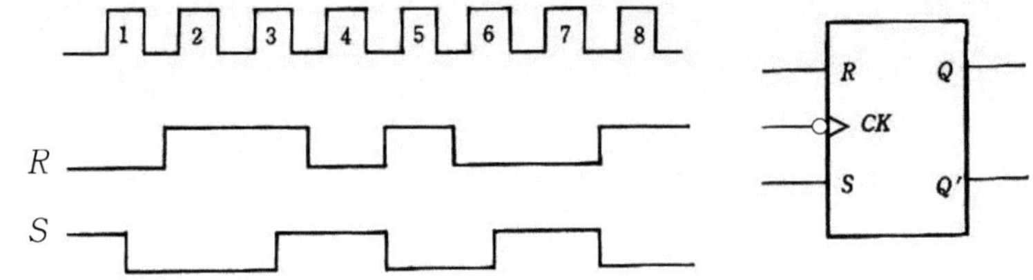

풀이

논리기호에서 CK단자 표시는 부진행 방식임을 알 수 있다. 그리고 트리거 시키기전 상태는 셋트라는 점에 유의한다. [그림 8-10] 진리표 (c)와 [그림 8-16] 정진행 엣지트리거 방식과 반대임을 유의하면서 설명하기로 한다.

① 1단계 부진행 트리거가 작동되기 전까지는 초기 상태인 셋 상태를 그대로 유지한다.

② 1단계 부진행이 작동되면 $R=0$, $S=0$으로 불변(셋트) 상태 지속
$C_p=0$이지만 부진행이 시작되면 실제 CK단자에 입력되는 파형 $CK=1$에 해당됨에 유의해야 한다.

③ 2단계 부진행 엣지트리거에서 $R=1$, $S=0$으로 리셋 상태 지속

④ 3단계 부진행 엣지트리거에서 $R=1$, $S=1$은 부정(NAND 게이트를 사용한 $Q=Q'=1$)으로 셋트 상태 지속

⑤ 4단계 부진행 엣지트리거에서 $R=0$, $S=1$로 셋트 상태 지속
⑥ 5단계 부진행 엣지트리거에서 $R=1$, $S=0$으로 리셋트 상태 지속
⑦ 6단계 부진행 엣지트리거에서 $R=0$, $S=1$로 셋트 상태 지속
⑧ 7단계 부진행 엣지트리거에서 $R=0$, $S=1$로 셋트 상태 지속
⑨ 8단계 부진행 엣지트리거에서 $R=1$, $S=0$으로 리셋트 상태 지속

이러한 부진행 엣지트리거 방식에 의한 출력파형을 종합하면 [그림 8-18]과 같다.

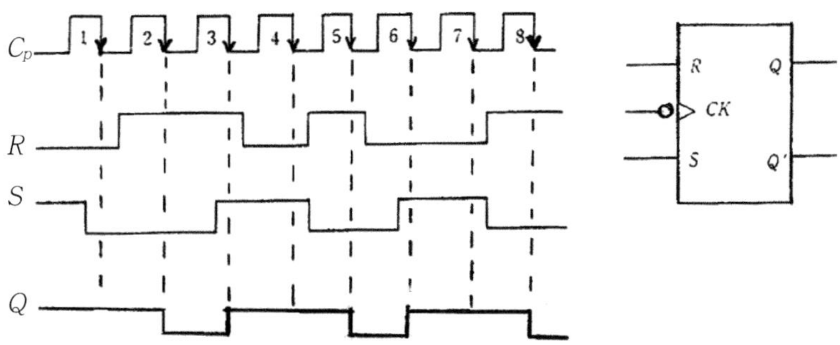

그림 8-18 부진행 엣지트리거 입출력파형

지금까지 논리도, 동작상태를 나타내는 진리표 및 논리기호로 부터 입력파형에 대한 출력파형을 얻었다.

이러한 입출력 파형이 아닌 논리식으로 나타내는 것을 상태방정식(state equation)이라고 한다.

(1) 상태방정식

Q_t	R	S	Q_{t+1}
0	0	0	0
0	0	1	1
0	1	0	0
0	1	1	×
1	0	0	1
1	0	1	1
1	1	0	0
1	1	1	×

(a) 상태표

Q_t \ RS	00	01	11	10
0		1	×	
1	1	1	×	

(b)카르나도맵

그림 8-19 RS-플립플롭 상태표와 카르나도맵

상태방정식을 구하기 위해서는 [그림 8-19] RS-플립플롭 상태표로 부터 상태방정식을 얻어낼 수 있다.

상태표는 [그림 8-10] RS-플립플롭 진리표에서 $C_p = 1$일 때 현재상태 Q_t, R, S의 변화에 따른 다음 출력 Q_{t+1}과의 관계를 나타낸 표이다.

이 상태표(state table)로 부터 카르나도맵에 그려 넣고 간략화하면 식 (8-1)과 같은 상태방정식을 구할 수 있다.

$$Q_{t+1} = S + \overline{R} \cdot Q_t \ (S \cdot R = 0) \qquad (8\text{-}1)$$

[그림 8-19]의 상태표와 카르나도맵에서 두 개의 부정 상태는 0의 값 또는 1의 값을 가질 수 있다.

이러한 부정의 상태를 상태표와 카르나도맵에서 ×로 표시하고 있다. 상태방정식의 $SR = 0$이라는 조건은 S와 R이 동시에 1이 될 수 없다는 것을 말하며 상태방정식의 조건으로 식 (8-1)에 포함시키고 있다.

(2) 셋트 우선 RS-플립플롭

[그림 8-19] RS-플립플롭 상태표와 카르나도맵(Karnaugh-map)에서 ×로 표시

된 부정의 상태는 0의 값 또는 1의 값을 가질 수 있다.

이 값을 1로 고정시키면 셋트 우선(clear overrides set)이 되고, 0으로 고정시키면 리셋트 우선(clear overrides reset)이 된다.

셋트 우선 RS-플립플롭 논리도와 진리표는 [그림 8-20]과 같다.

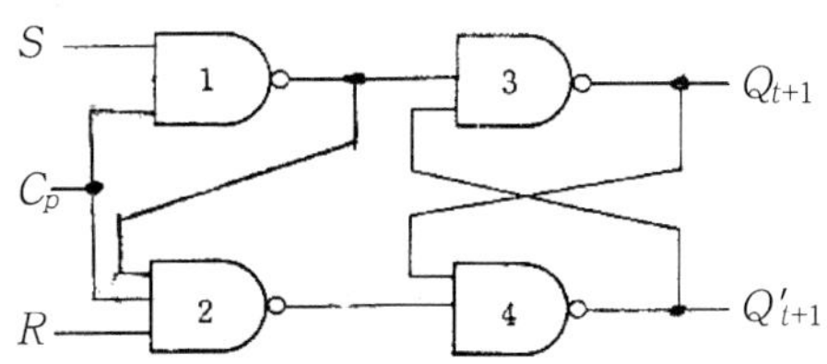

(a) 논리도

C_p	R	S	Q_{t+1}
0	×	×	Q_t
1	0	0	Q_t
	0	1	1
	1	0	0
	1	1	×

(b) 진리표

그림 8-20 셋트 우선

(a) 논리도에서는 스티어링게이트 게이트 1의 출력에서 피드백시켜 스티어링게이트 게이트 2의 입력으로 접속시킨 구조를 갖고 있으며 RS-플립플롭의 진리표에서 부정을 긍정으로 바꾸어 입력 $S=R=1$일 때도 출력이 1이 되도록 개선 시킨 논리도이다.

따라서 셋 우선이나 리셋트 우선 RS-플립플롭은, RS-플립플롭을 개선시킨 플립플롭이다.

(3) 리셋 우선 RS-플립플롭

셋트 우선과 마찬가지로 RS-플립플롭을 부정의 상태 즉 R과 S 단자에 High 입력을 가하면 부정상태가 아닌 리셋트 상태가 된다.

이와 같은 리셋트 우선 RS-플립플롭 논리도와 진리표는 [그림 8-21]에 보이고 있다.

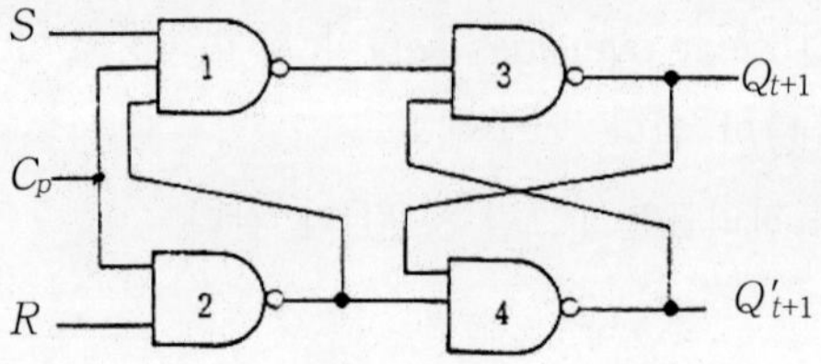

(a) 논리도

C_p	R	S	Q_{t+1}
0	×	×	Q_t
1	0	0	Q_t
	0	1	1
	1	0	0
	1	1	×

(b) 진리표

그림 8-21 리셋트 우선 RS-플립플롭

(a) 논리도에서 클럭펄스가 High인 상태에서 $R=S=1$이면 RS-플립플롭에서는 출력 $Q_{t+1}=Q'_{t+1}=1$이 되는 모순된 상태가 된다. 이러한 상태를 부정이라고 하는데 스티어링게이트 2의 출력에서 피드백시켜 스티어링게이트 1의 입력으로 접속된 리셋트 우선 논리도에서는 진리표 (b)와 같이 $C_p=1$에서 $R=S=1$이면 $Q_{t+1}=0$이 됨을 볼 수 있다.

이와 같이 RS-플립플롭을 개선시킨 것이 리셋트 우선 RS-플립플롭이다.

2. D-플립플롭

D-플립플롭은 RS-플립플롭을 변형한 플립-플롭의 한 종류이다. 이것은 D-랫치와 논리도 및 진리표는 같다. 단지 제어 시키는 방법이 클럭펄스의 천이에 의한 제어로 엣지트리거 방식을 택하므로 정진행 엣지트리거(positive edge trigger) 방식과 부진행 엣지트리거(negative edge trigger) 방식이 있다. 트리거 방식은 RS-플립플롭과 같으며 RS-플립플롭에서 불변상태와 부정상태를 제외한 두 상태 즉 입력 $R=0$, $S=1$과 입력 $R=1$, $S=0$의 두 입력 상태만을 고려한 변형된 플립플롭으로 [그림 8-22]와 같다.

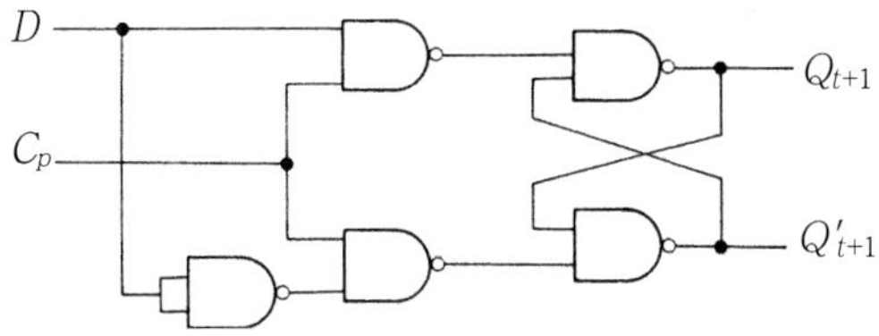

(a) NAND 게이트로 구성된 D 플립플롭 논리도

C_p	D	Q_{t+1}
0	×	Q_t
1	0	0
	1	1

(b) 진리표

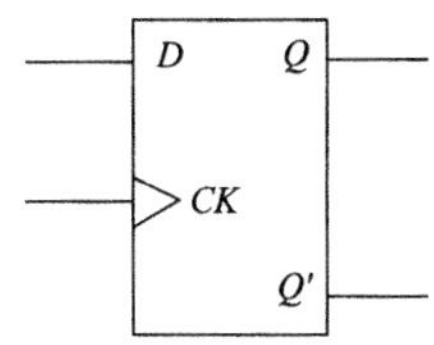

(c) 논리 기호

Q_t	D	Q_{t+1}
0	0	0
0	1	1
1	0	0
1	1	1

(d) 상태표

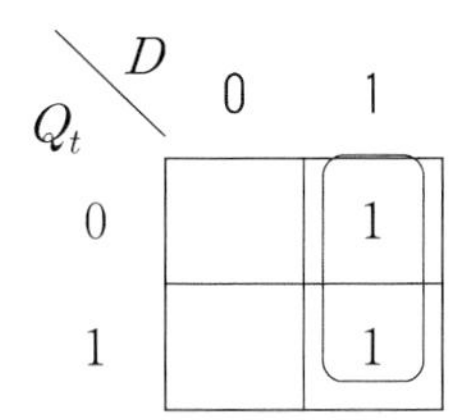

$Q_{t+1} = D$

(e) 카르나도 맵

그림 8-22 D-플립플롭

[그림 8-12] NAND 게이트 D-랫치 논리도에서는 입력 D단자와 스티어링게이트 사이에 NOT 게이트를 이용하였다.

D-랫치와 논리도 및 동작상태는 같으나 제어하는 방식만 다르다. 그런데 NAND 게이트로 구성된 D-플립플롭은 NOT 게이트와 같은 기능을 갖도록 NAND 게이트의 두 입력을 합쳐 하나의 입력으로 하면 NOT 게이트 기능을 갖는다.

따라서 보통 NAND 게이트로 구성한 D-플립플롭은 NOT 게이트 대신 NAND를 사용한다.

(b) 진리표에서 $C_p = 0$일 때는 불변이므로 Q_t인 전 상태 그대로 이다. 또 $C_p = 1$일 때 D값이 그대로 출력에 전달된다. 이것을 상태표로 그리면 $C_p = 1$일 때 $Q_t = 0$이든 1이든 D값이 그대로 전달되어 상태표는 (d)와 같이 되고 이것을 카르나도 맵

에서 간략화한 상태방정식은 식 (8-2)와 같다.

$$Q_{t+1} = D \qquad (8\text{-}2)$$

논리도 (c)는 정진행 엣지트리거 방식을 보이고 있다.

이제 예를 들어 입력파형에 따른 출력파형에 관하여 설명해 보도록 한다.

예제 8-8

다음과 같은 D-플립플롭의 입력파형에 따른 출력파형을 구하라(단 플립-플롭의 초기 상태는 셋트라고 한다).

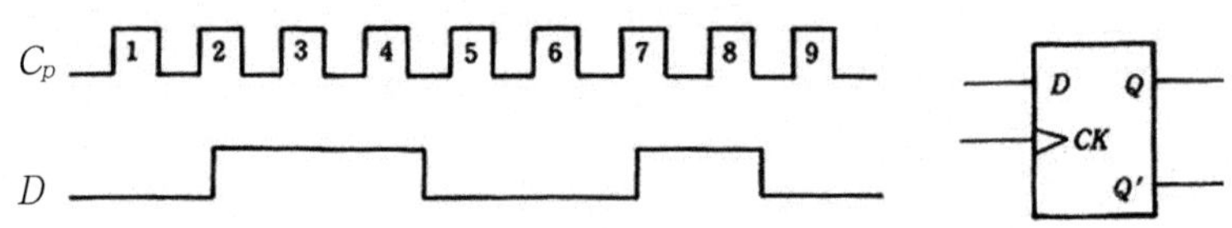

풀이

논리기호에서 클럭펄스 단자 CK의 기호가 정진행 엣지트리거 방식이다. 초기 상태가 리셋트임에 유의하면서 단계별로 설명하기로 한다.

① 1단계전 까지는 초기 상태 리셋트로 지속한다.
② 1단계 정진행 엣지트리거에서 $D=0$으로 리셋트 상태 지속
③ 2단계 정진행 엣지트리거에서 $D=0$으로 리셋트 상태 지속
④ 3단계 정진행 엣지트리거에서 $D=1$로 셋트 상태 지속
⑤ 4단계 정진행 엣지트리거에서 $D=1$로 셋트 상태 지속
⑥ 5단계 정진행 엣지트리거에서 $D=0$으로 리셋트 상태 지속
⑦ 6단계 정진행 엣지트리거에서 $D=0$으로 리셋트 상태 지속
⑧ 7단계 정진행 엣지트리거에서 $D=0$으로 리셋트 상태 지속
⑨ 8단계 정진행 엣지트리거에서 $D=1$로 셋트 상태 지속
⑩ 9단계 정진행 엣지트리거에서 $D=0$으로 리셋 상태 지속

이러한 입출력상태를 종합하면 [그림 8-23]과 같다.

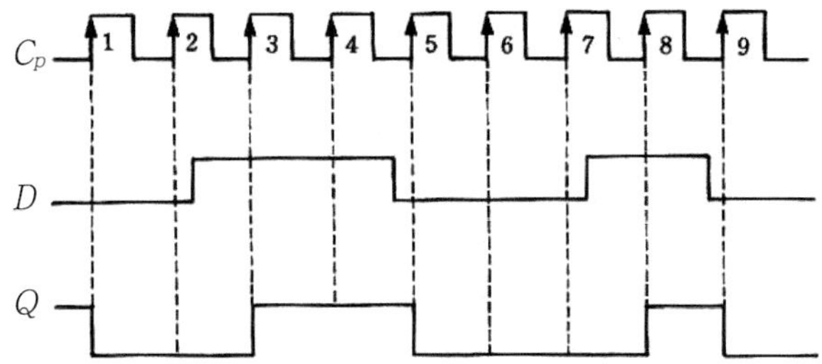

그림 8-23 정진행 엣지트리거 D-플립플롭 입출력파형

예제 8-9

다음과 같은 D-플립플롭의 입력파형에 따른 출력파형을 구하라(단 플립-플롭의 초기 상태는 셋트라고 한다)

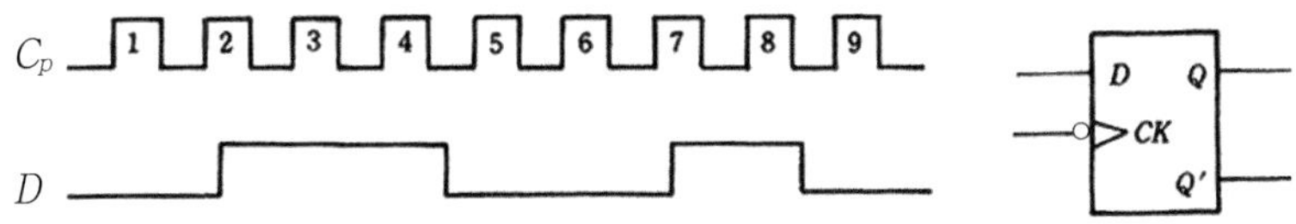

풀이

논리기호에서 클럭펄스 단자 CK의 기호가 부진행 엣지트리거 방식이다. 초기 상태가 셋트임에 유의하면서 단계별로 설명하기로 한다.

① 1단계 전 까지는 초기상태 셋트로 지속한다.
② 1단계 부진행 엣지트리거에서 $D=0$으로 리셋트 상태 지속
③ 2단계 부진행 엣지트리거에서 $D=1$로 셋트 상태 지속
④ 3단계 부진행 엣지트리거에서 $D=1$로 셋트 상태 지속
⑤ 4단계 부진행 엣지트리거에서 $D=1$로 셋트 상태 지속
⑥ 5단계 부진행 엣지트리거에서 $D=0$으로 리셋트 상태 지속
⑦ 6단계 부진행 엣지트리거에서 $D=0$으로 리셋트 상태 지속
⑧ 7단계 부진행 엣지트리거에서 $D=1$로 셋트 상태 지속
⑨ 8단계 부진행 엣지트리거에서 $D=1$로 셋트 상태 지속
⑩ 9단계 부진행 엣지트리거에서 $D=0$으로 리셋트 상태 지속

이러한 입출력상태를 종합하면 [그림 8-24]와 같다.

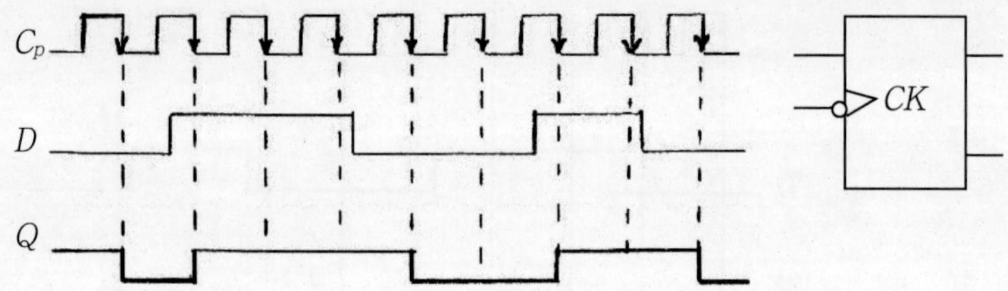

그림 8-24 부진행 엣지트리거에서 D-플립플롭 입출력파형

3. JK-플립플롭

JK 플립플롭은 디지털 시스템에서 가장 많이 사용되고 있는 플립플롭의 입력 단자 J(jack), K(king) 및 클럭 펄스 입력 단자 C_K와 출력 단자 Q, Q'를 갖고 있다. 이 JK 플립플롭은 엣지트리거 플립플롭과 마스터 슬레이브(master slave) JK 플립플롭의 두 가지가 있다.

엣지트리거 방식에는 정진행 엣지트리거와 부진행 엣지트리거 방식이 있다. 마스터 슬레이브 JK 플립플롭에 관하여는 다음 단원에서 다루기로 하고 여기서는 에지프리거 방식에 관하여 설명하기로 한다. 보통 JK 플립플롭이라고 하면 엣지트리거 방식의 JK 플립플롭을 말한다.

JK 플립플롭은 RS 플립플롭의 부정 상태를 정의하여 쓰도록 한 개선된 RS 플립플롭이다.

입력 J와 K는 S와 R과 같이 플립플롭을 셋트 또는 리셋트시킨다. J는 셋트에, K는 리셋트에 해당된다. 따라서 RS 플립플롭의 R과 S의 단자에 각각 K와 J로 대응시키면 된다.

또, 출력 Q'는 J단자가 있는 게이트에 피드백(feedback) 되고 출력 Q는 K단자가 있는 게이트에 피드백되게 하여 [그림 8-25] (a) 또는 (b)와 같이 JK 플립플롭 논리도를 구성한다.

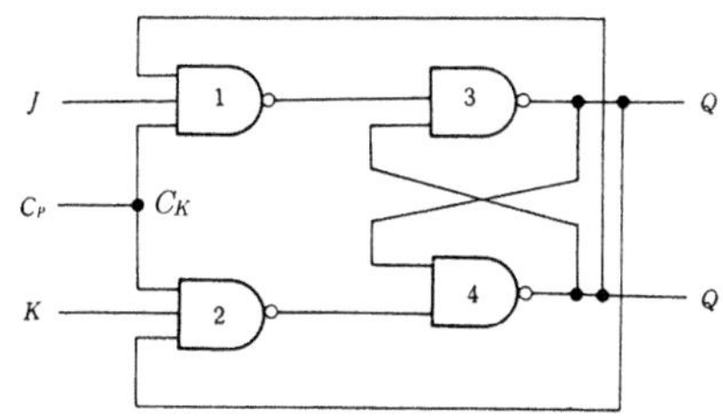

(a) NAND 게이트를 이용한 JK-F/F

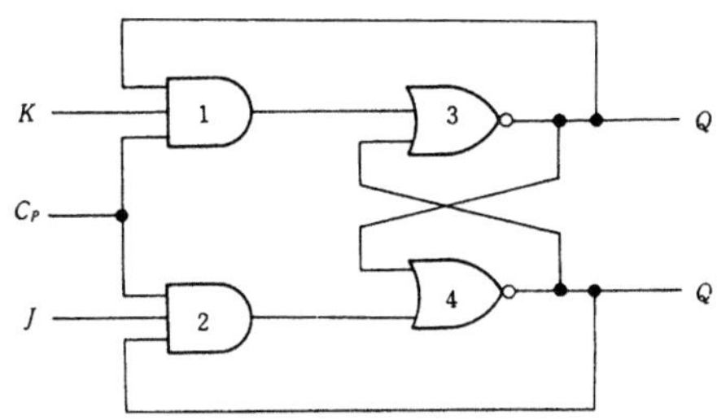

(b) NOR 게이트를 이용한 JK-F/F

C_p	J	K	Q_{t+1}
0	×	×	Q_t
1	0	0	Q_t
	0	1	0
	1	0	1
	1	1	반전

(c) 진리표

Q_t	J	K	Q_{t+1}
0	0	0	0
0	0	1	0
0	1	0	1
0	1	1	1
1	0	0	1
1	0	1	0
1	1	0	1
1	1	1	0

(d) 상태표

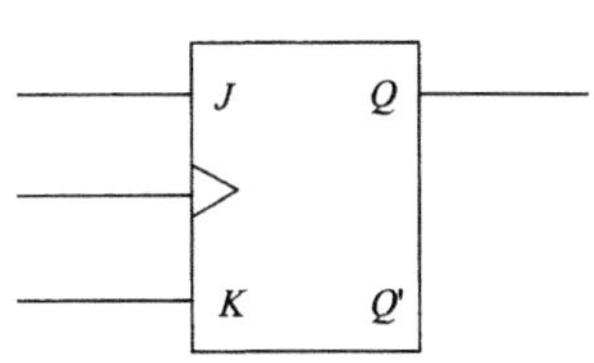

(e) 논리기호

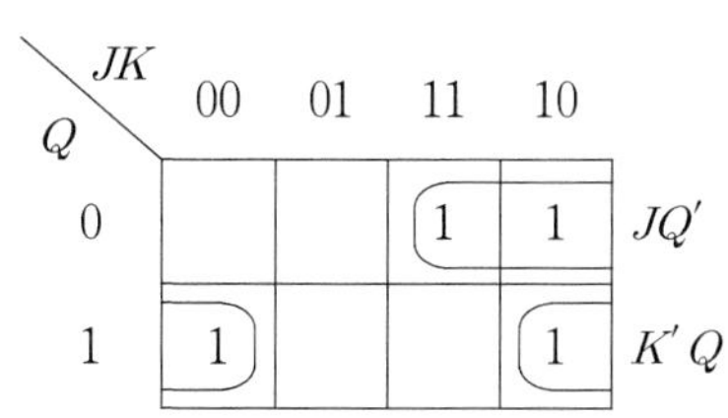

$$Q_{t+1} = JQ' + K'Q$$

(f) 카르나도 맵

그림 8-25 JK 플립플롭

[그림 8-25] (c) 진리표에서 반전이란 토글(toggle)을 의미한다. 즉, (d) 상태표에서 보면 $J=K=1$일 때 $Q_t=0$일 때 1이 되고, $Q_t=1$이면 0이 되는 것과 같이 보의 관계를 갖는다.

이와 같이 JK 플립플롭은 RS-플립플롭에서 $S=R=1$일 때의 부정 상태를 정의하여 쓰도록 한 개선된 플립-플롭이다. 또, 논리기호는 그림 (e)와 같으며 이 논리기호는 정진행 엣지방식을 표시한 것이고 부진행 엣지 방식도 있다.

상태표를 도표로 나타낸 것이 그림 (f) 카르나도 맵이다. 이것을 방정식으로 표시하면 식 (8-3)과 같다.

$$Q_{t+1} = JQ'_t + K'Q_t \tag{8-3}$$

JK 플립플롭에서 반전이 매우 중요한 의미를 갖는 데 좀더 자세히 설명하면 [그림 8-25] (a)에서 J와 K가 다같이 1이라면 Q와 Q'가 서로 반대되는 보수가 된다.

예를 들면 정진행 방식에서 클럭펄스(C_p)가 1의 상태이고 J와 K가 다 같이 1이면 출력 Q'가 게이트 1로, 출력 Q가 게이트 2로 피드백되어 그 다음 출력은 현재의 Q와 Q'가 서로 반대되는 반전 현상이 생긴다.

따라서 J와 K를 1로 고정시키고 클럭펄스(C_p)만을 계속 인가시킨다면 Q와 Q' 출력도 계속 반전하게 되는 데 이러한 플립플롭을 T 플립플롭이라 한다.

한편 신호가 입력에서 출력까지 전달되는 시간 Δt만큼 지연된 후 출력에 나타난다. 그러나 클릭 펄스의 지속 시간이 Δt보다 커지면 토글(toggle)을 반복하는 불안정한 출력 상태가 발생하는 데 이것을 레이스(race)현상이라 한다. 이러한 레이스 현상은 피드백에 의한 오동작을 일으키게 된다. 따라서 오동작을 방지하기 위하여 JK 플립플롭은 반드시 정진행 방식에서는 C_p의 지속 시간을 Δt보다 짧게 하거나 아니면 부진행 엣지 방식을 택한다.

또 다른 방법으로는 근본적인 레이스 현상을 방지하기 위하여 마스터 슬레이브 JK 플립플롭 회로를 이용한다.

이제 JK-플립플롭의 동작상태를 설명해 보기로 한다.

예제 8-10

다음과 같은 JK-플립플롭에 입력파형을 가할 때, 출력파형을 구하라(단, JK-플립플롭의 초기 상태는 리셋트라고 한다).

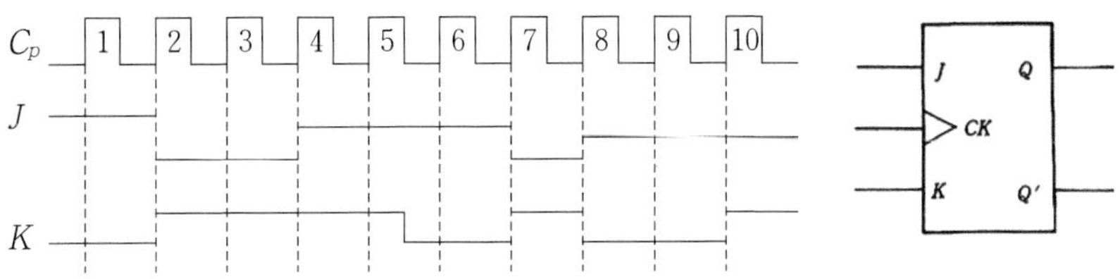

풀이

JK-플립플롭의 논리기호가 정진행 엣지트리거 방식이다.
정진행 엣지트리거 방식에 의한 입력파형에 따른 출력파형을 단계별로 설명하기로 한다.
플립-플롭의 초기상태는 리셋이다.

① 1단계 정진행 엣지트리거에서 $J=1$, $K=0$으로 셋트상태 지속
② 2단계 정진행 엣지트리거에서 $J=1$, $K=9$으로 셋트 상태 지속
③ 3단계 정진행 엣지트리거에서 $J=0$, $K=1$로 리셋트 상태 지속
④ 4단계 정진행 엣지트리거에서 $J=1$, $K=1$로 셋트 상태(반전) 지속
⑤ 5단계 정진행 엣지트리거에서 $J=1$, $K=1$로 리셋트 상태(반전) 지속
⑥ 6단계 정진행 엣지트리거에서 $J=1$, $K=0$으로 셋트 상태 지속
⑦ 7단계 정진행 엣지트리거에서 $J=0$, $K=1$로 리셋트 상태 지속
⑧ 8단계 정진행 엣지트리거에서 $J=1$, $K=0$으로 셋트 상태 지속
⑨ 9단계 정진행 엣지트리거에서 $J=1$, $K=0$으로 셋트 상태 지속
⑩ 10단계 정진행 엣지트리거에서 $J=1$, $K=1$로 리셋트 상태(반전) 지속

이와 같은 단계별 정진행 엣지트리거 방식과 초기 상태 리셋트를 종합하면 [그림 8-26] 정진행 엣지 JK-플립플롭 입출력파형을 구할 수 있다.

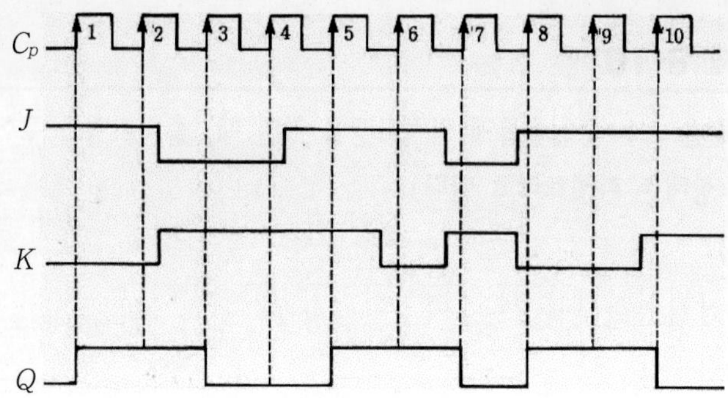

그림 8-26 정진행 엣지 JK-플립플롭 입출력파형

예제 8-11

다음과 같은 JK-플립플롭에 입력파형을 가할 때 출력파형을 구하라(단, JK-플립플롭의 초기 상태는 셋트라고 한다).

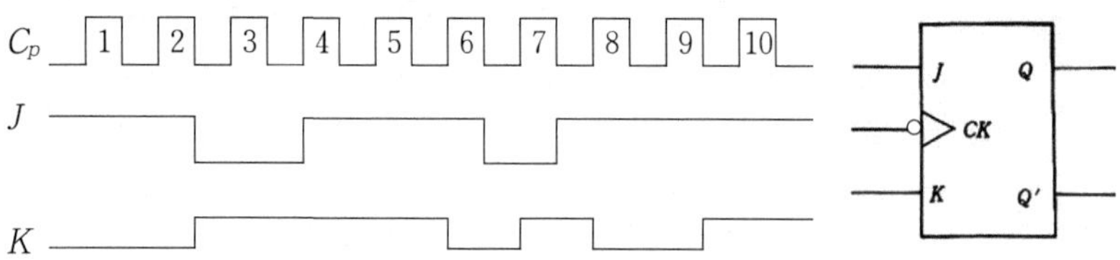

풀이

JK-플립플롭의 논리기호는 부진행 엣지트리거 방식이다. 정진행 엣지트리거 방식에 의한 입력파형에 따른 출력파형을 단계별로 설명하기로 한다.

플립-플롭의 초기 상태는 셋트이다.

① 1단계 부진행 엣지트리거에서 $J=0$, $K=1$로 리셋트 상태 지속

② 2단계 부진행 엣지트리거에서 $J=1$, $K=0$으로 셋트 상태 지속

③ 3단계 부진행 엣지트리거에서 $J=1$, $K=0$으로 셋트 상태 지속

④ 4단계 부진행 엣지트리거에서 $J=1$, $K=1$로 리셋트(반전) 상태 지속

⑤ 5단계 부진행 엣지트리거에서 $J=1$, $K=1$로 셋트(반전) 상태 지속

⑥ 6단계 부진행 엣지트리거에서 $J=0$, $K=1$로 리셋트 상태 지속

⑦ 7단계 부진행 엣지트리거에서 $J=1$, $K=0$으로 셋트 상태 지속
⑧ 8단계 부진행 엣지트리거에서 $J=0$, $K=1$로 리셋트 상태 지속
⑨ 9단계 부진행 엣지트리거에서 $J=0$, $K=1$로 리셋트 상태 지속
⑩ 10단계 부진행 엣지트리거에시 $J=1$, $K=1$로 셋트(반진) 상태 지속
이와 같은 단계별 부진행 엣지트리거 방식과 초기 셋트 상태를 종합하면 [그림 8-27] 부진행 엣지 JK-플립플롭 입출력파형을 구할 수 있다.

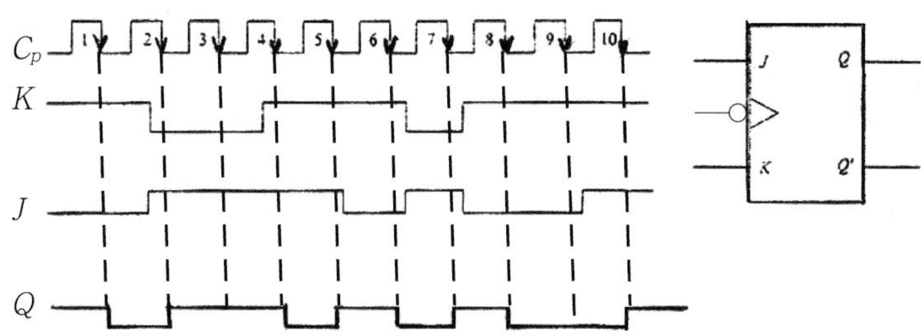

그림 8-27 부진행 엣지 JK-플립플롭 입출력파형

4. 마스터-슬레이브 JK-플립플롭

앞서 설명한 JK-플립플롭은 RS-플립플롭보다 개량된 플립플롭이지만 피드백(feedback)으로 인한 레이스(race)현상으로 오동작이 발생한다. 이러한 오동작을 방지하는 방법으로는 엣지트리거 JK-플립플롭을 쓰지만 입력 펄스의 상승시간이 길면 오동작을 할 위험성을 갖고 있으므로 마스터 슬레이브(master-slave) JK-플립플롭을 사용하게 된다.

[그림 8-28] 마스터-슬레이브 JK-플립플롭 논리도에서 J와 K의 입력 데이터가 클럭의 정진행 엣지(leading edge)에서 들어오나 클럭의 부진행 엣지(trailing edge)가 되기 전에는 출력에 나타나지 않는다. 이것은 앞단 마스터의 클럭 펄스가 1이 가해질 때 뒷단 슬레이브의 스티어링 게이트 G_5, G_6에는 0이 인가되기 때문이다.

JK-플립플롭의 마스터 슬레이브는 RS-플립플롭의 마스터-슬레이브와 흡사하나 Q출력이 G_2의 입력에, $\overline{Q}$의 출력이 G_1의 입력에 연결되는 점이 다르다.

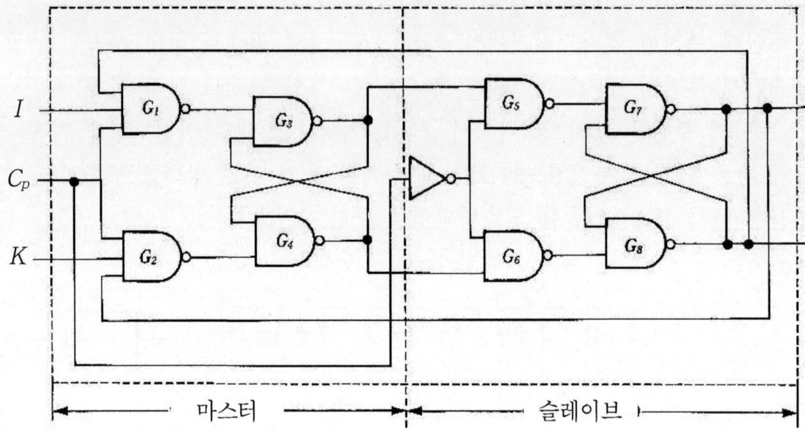

그림 8-28 마스터-슬레이브 JK-플립플롭 논리도

특히 유의해야 할 점은 슬레이브(slave)인 뒷단 입력 클럭 펄스가 1일 때는 앞단 마스터 부의 클럭 상태는 0이므로 JK 입력 데이터는 출력으로 전달되지 않고 마스터 부의 G_3와 G_4의 출력이 슬레이브의 입력으로 인가되어 최종 출력 Q에 나타나게 된다.

예제 8-12

마스터-슬레이브 JK-플립플롭에서 그림과 같은 입력파형을 가할 때 출력파형을 구하라 (단, 플립-플롭의 초기 상태는 셋트라고 한다).

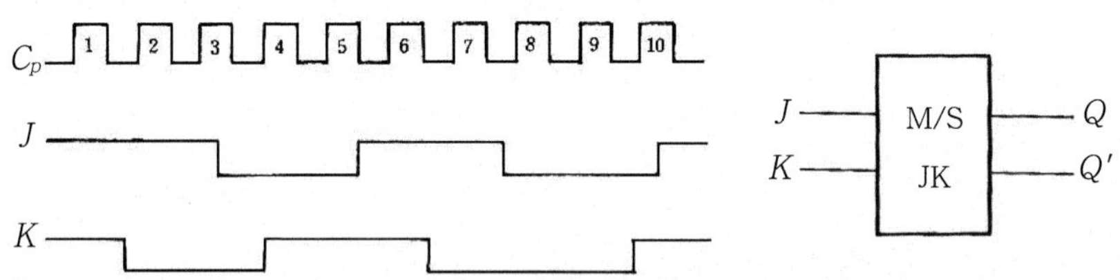

풀이

마스터-슬레이브 JK-플립플롭은 부진행 엣지트리거 방식에 속하며 마스터의 J, K신호보다 클럭펄스 신호가 더 먼저 슬레이브에 도착한다는 점과 JK-플립플롭의 동작상태 그리고 초기 상태가 셋트라는 점에 유의하면서 문제를 풀어가도록 한다.

① 1단계 부진행 엣지트리거에서 $J=K=1$로 리셋트(반전) 상태 지속

② 2단계 부진행 엣지트리거에서 $J=1$, $K=0$으로 셋트 상태 지속

③ 3단계 부신행 엣시트리거에서 $J=0$, $K=0$으로 셋트(불변) 상태 지속

④ 4단계 부진행 엣지트리거에서 $J=0$, $K=1$로 리셋트 상태 지속

⑤ 5단계 부진행 엣지트리거에서 $J=0$, $K=1$로 리셋트 상태 지속

JK-플립플롭에서는 $J=1$, $K=1$인 반전이 될 것이다.

⑥ 6단계 부진행 엣지트리거에서 $J=1$, $K=1$로 셋트(반전) 상태 지속

⑦ 7단계 부진행 엣지트리거에서 $J=1$, $K=0$으로 셋트상태 지속

⑧ 8단계 부진행 엣지트리거에서 $J=0$, $K=0$으로 셋트(불변) 상태 지속

⑨ 9단계 부진행 엣지트리거에서 $J=0$, $K=0$으로 셋트(불변) 상태 지속

⑩ 10단계 부진행 엣지트리거에서 $J=1$, $K=1$로 리셋트(반전) 상태 지속

이와 같은 단계별 부진행 엣지트리거 방식과 클럭펄스와 입력 JK 신호가 슬레이브에 도달하는 시간차로 인한 간격 그리고 초기 상태 셋트를 종합하면 [그림 8-29]와 같다.

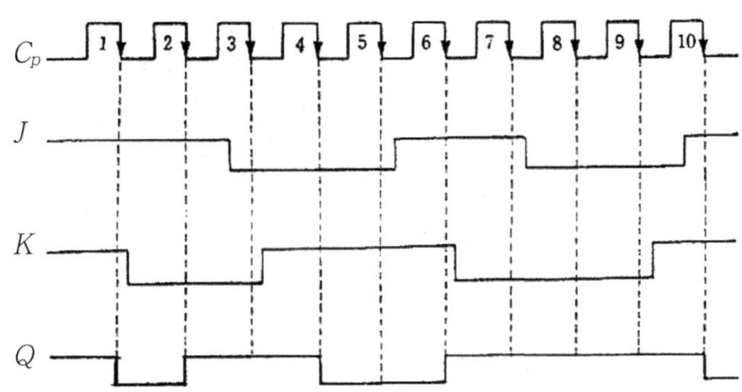

그림 8-29 마스터-슬레이브 JK-플립플롭 입출력파형

5. T-플립플롭

T-플립플롭(T-flip-flop)의 T는 반전(toggle)을 의미한다. RS-플립플롭으로 부터 T-플립플롭으로 변형이 가능하다.

D-플립플롭, 그리고 JK-플립플롭도 T-플립플롭으로의 변형이 가능하다. 이러한 변형된 T-플립플롭의 형태를 [그림 8-30]에 보이고 있다.

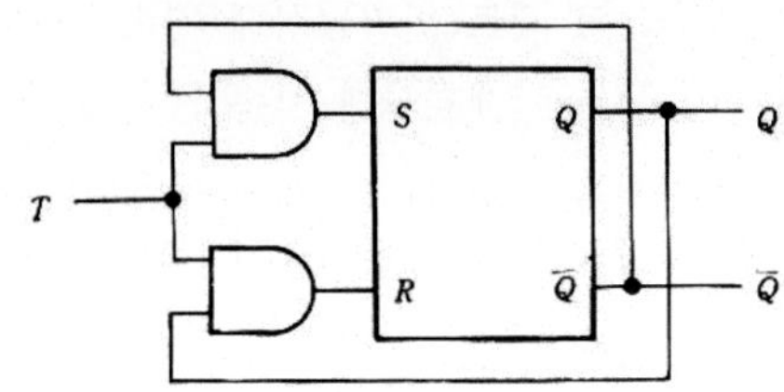

(a) RS-플립플롭을 이용한 T형

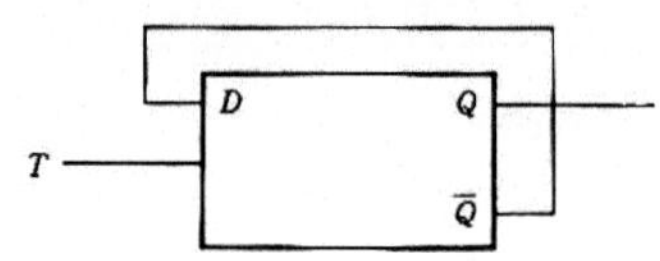

(b) D-플립플롭을 이용한 T형

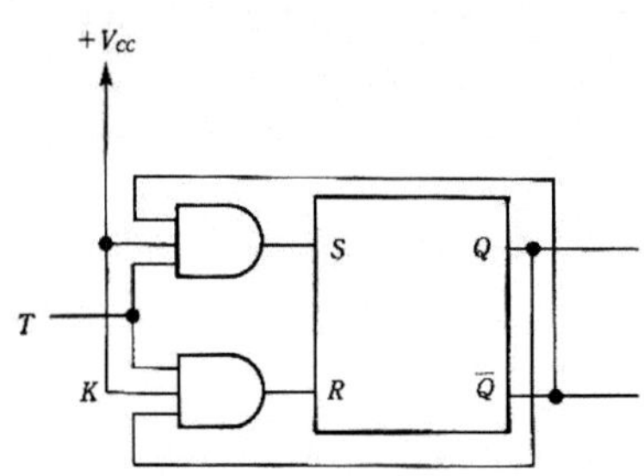

(c) JK-F/F을 이용한 T형

(d) T형 구성도

Q	T	$Q(t+1)$
0	0	0
0	1	1
1	0	1
1	1	0

(e) 특성표

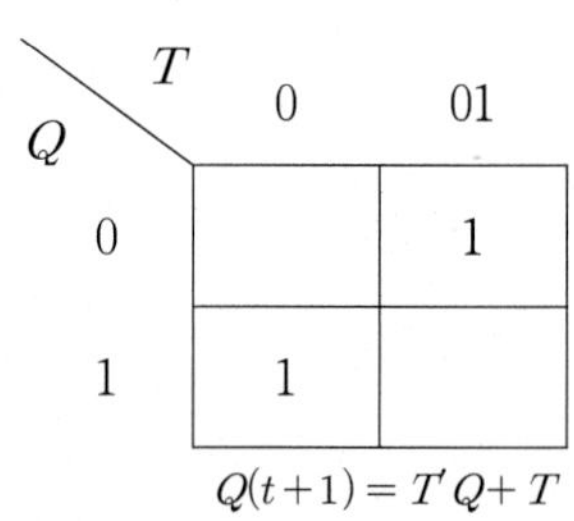

(f) 특성방정식

그림 *8-30* T-플립플롭

상태방정식은 $Q_{t+1} = T'Q + TQ'$ 이다.

이 T-플립플롭은 주파수 분할 역할을 한다. 또 클럭만으로 제어시키는 클럭제어 입력이다.

[그림 8-30] (a)는 RS-플립플롭을 이용한 T형의 조향 게이트는 기본 RS가 NOR이라면 AND, 기본 RS가 NAND라면 NAND를 사용한다. 따라서 두 가지 형태 있다.

같은 방법으로 D-플립플롭과 JK-플립플롭도 각각 두 가지 형태로 구성할 수 있다. 또 마스터-슬레이브 JK-플립플롭도 기본 RS가 NOR와 NAND가 있어 조향게이트는 두 가지 형태가 있다.

(d) T형의 구성도에서 T단자가 부진행을 보이고 있으나 이것도 정진행 엣지와 부진행 엣지 방식이 있다. 이러한 T형-플립플롭의 입력제어에 의한 출력파형에 대하여 예를 들어 설명하기로 한다.

예제 8-13

다음 그림과 같은 T형 구성도를 갖는 입력파형에 대한 출력파형을 구하라(단, 플립플롭의 초기 상태는 셋트라고 한다).

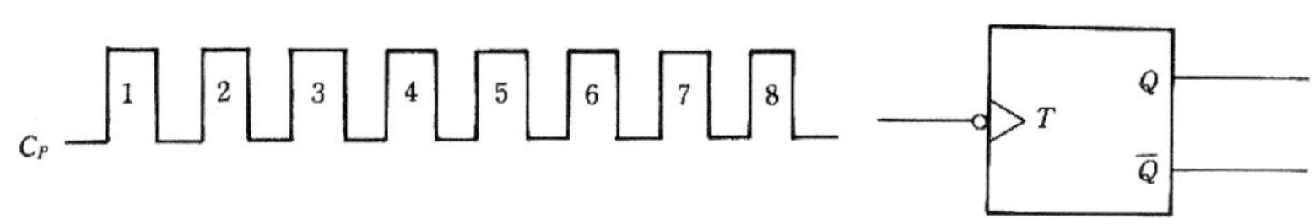

풀이

T형 구성도인 논리기호는 부진행 엣지 트리거 방식이다. 플립플롭의 초기 상태가 셋트라는 점에 유의하면서 단계별로 클럭펄스에 따른 출력파형을 구하기로 한다.

① 1단계 부진행 엣지트리거에서 초기 상태가 셋트이므로 리셋트(반전) 상태 지속
② 2단계 부진행 엣지트리거에서 셋트(반전) 상태 지속
③ 3단계 부진행 엣지트리거에서 리셋트(반전) 상태 지속
④ 4단계 부진행 엣지트리거에서 셋트(반전) 상태 지속
⑤ 5단계 부진행 엣지트리거에서 리셋트(반전) 상태 지속
⑥ 6단계 부진행 엣지트리거에서 셋트(반전) 상태 지속
⑦ 7단계 부진행 엣지트리거에서 리셋트(반전) 상태 지속

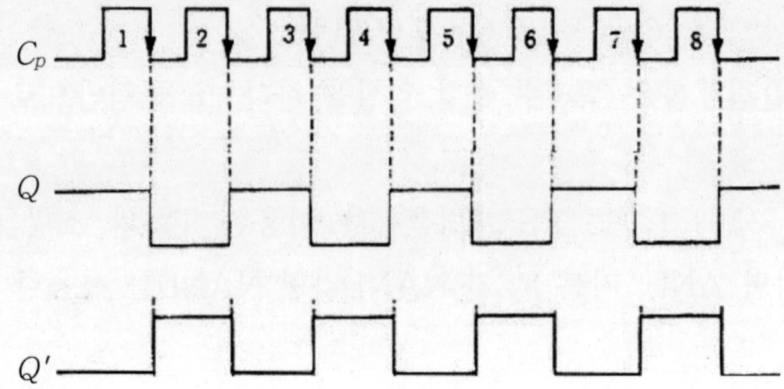

그림 8-31 T-플립플롭 부진행 엣지 입출력파형

⑧ 8단계 부진행 엣지트리거에서 셋트(반전) 상태 지속
이러한 종합상태를 [그림 8-31]에 보이고 있다.

6. 프리셋과 클리어 기능

대부분의 플립플롭을 이용한 장치에는 preset과 clear 기능을 두고 있으나, 특히 JK-플립플롭에서 가장 많이 이용하는 관계로 이들 두 기능에 대하여 살펴보기로 한다.

실제의 JK-플립플롭에서는 클럭 펄스가 들어오기 전에 초기의 값을 결정 하기 위하여 [그림 8-32]와 같이 프리셋(preset)과 클리어(clear) 단자를 두어 셋트 또는 리셋트를 시키고 있다.

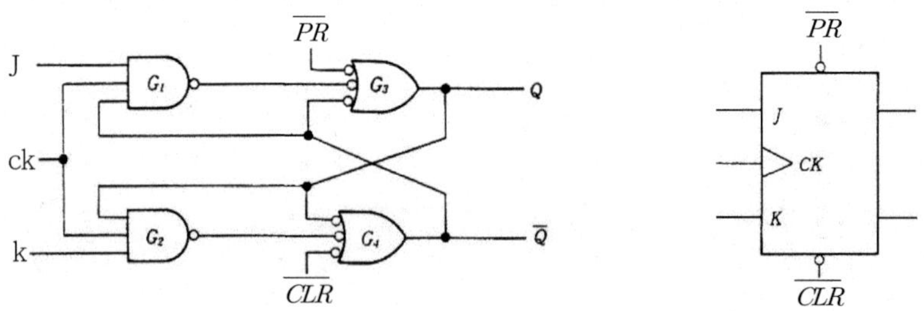

(a) preset과 clear　　(b) JK-플립플롭

그림 8-32 능동 Low preset 과 능동 Low clear를 갖는 JK-플립플롭

JK-플립플롭의 논리회로에서 나타난 G_3와 G_4게이트에 각각 PR과 CLR 단자를 둔다.

PR 단자에 0을 입력시키면 $Q=1$, $\overline{Q}=0$으로 셋트 되고 CLR 단자에 0을 입력시키면 $Q=0$, $\overline{Q}=1$로 리셋이 된다.

이 때 PR 단자에 0을 입력시켜 셋트시킬 때를 능동 Low preset, 취 단자에 0을 입력시켜 리셋시킬 때를 능동 Low clear라 한다. 반대로 PR 단자에 1을 입력시켜 셋트시킬 때는 능동 High preset, CLR 단자에 1을 입력시켜 리셋시킬 때를 능동 High clear라고 한다.

특히 프리셋과 클리어 기능의 작동은 모든 플립-플롭의 다른 어떤 기능보다 우선하여 작동한다는 것이다.

예제 8-14

프리셋과 클리어 기능이 있는 JK-플립플롭에서 입력파형에 대한 출력파형을 구하라(단, 플립-플롭의 초기 상태는 셋트라고 한다).

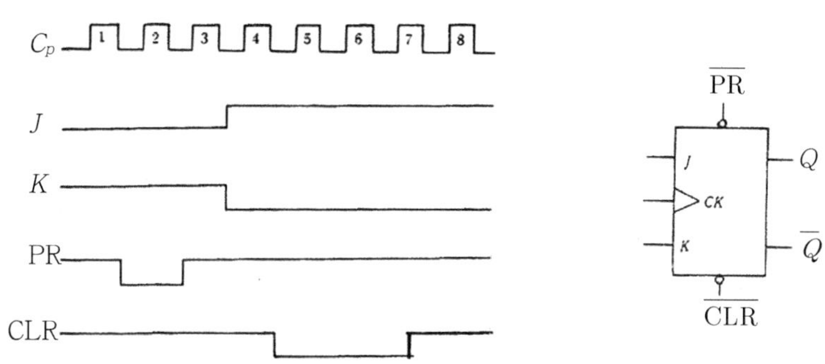

풀이

프리셋과 클리어 기능이 있는 JK-플립플롭이고 논리기호에서 정진행 엣지트리거 방식이다. 한편 능동 Low 프리셋($\overline{PR}$)과 능동 Low 클리어($\overline{CLR}$) 기능을 갖고 있다. 처음 1단계 정진행 엣지트리거 전 까지는 초기 상태로 셋트 상태가 지속된다.

① 1단계 정진행 엣지트리거에서 $J=0$, $K=1$로 리셋트 상태 지속하다 능동 Low 프리셋 작동으로 셋트 상태 지속

② 2단계 정진행 엣지트리거에서 $J=0$, $K=1$로 리셋트되나 프리셋 우선 구간이므로 셋트 상태 지속
③ 3단계 정진행 엣지트리거에서 $J=0$, $K=1$로 리셋트 상태 지속
④ 4단계 정진행 엣지트리거에서 $J=1$, $K=0$으로 리셋 상태 지속
⑤ 5단계, 6단계, 7단계까지 능동 Low 클리어 작동으로 리셋트 상태 지속
⑥ 8단계 정진행 엣지트리거에서 $J=1$, $K=0$으로 셋트 상태 지속

셋트라는 초기 상태, 능동 Low 프리셋과 능동 Low 클리어 기능 그리고 정진행 엣지트리거 등을 고려하여 종합한 결과를 [그림 8-33]과 같다.

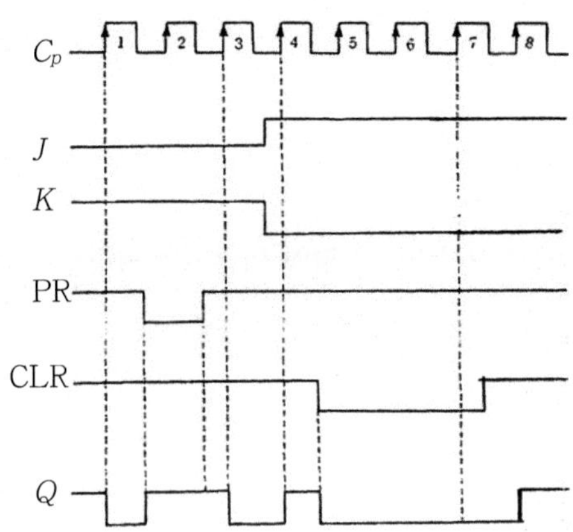

(a) 입 · 출력파형

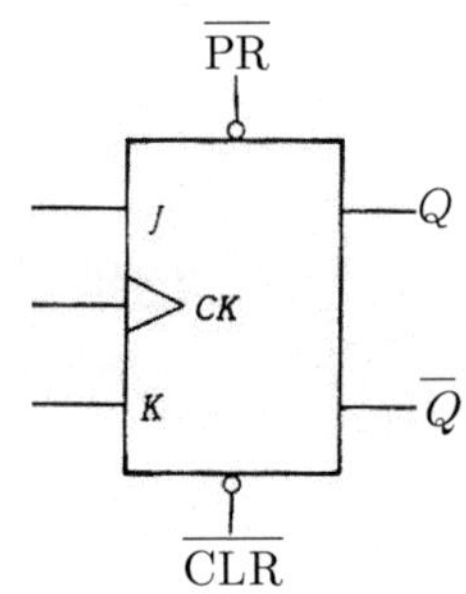

(b) 논리 기호

그림 8-33 능동 Low 프리셋과 능동 Low 클리어 기능을 가진 JK-플립플롭 입출력파형

예제 8-15

프리셋과 클리어 기능이 있는 JK-플립플롭에서 입력파형에 대한 출력파형을 구하라(단 플립플롭의 초기 상태는 셋트라고 한다).

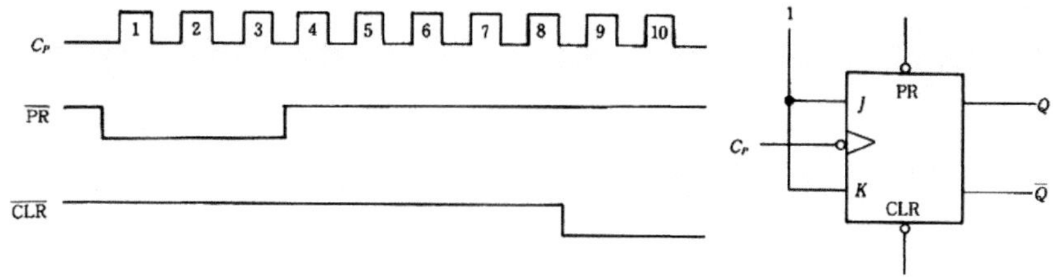

풀이

논리기호에서 능동 Low 기능을 가진 프리셋과 클리어 작동을 할 것이고, $J=K=1$에서 T-플립플롭으로 동작한다. 트리거 방식에서는 부진행 엣지트리거 방식이다.
1단계 부진행 엣지트리거 전 까지는 초기 상태가 셋트라고 한다.

① 1단계 부진행 엣지트리거에서 초기상태가 셋트면 반전되어 리셋트 상태가 되지만 1단계 전에 능동 Low 프리셋이 작동하여 셋트 상태 지속
② 2단계 3단계도 능동 Low 프리셋 작동으로 셋트 상태 지속
③ 4단계 부진행 엣지트리거에서 리셋트(반전) 상태 지속
④ 5단계 부진행 엣지트리거에서 셋트(반전) 상태 지속
⑤ 6단계 부진행 엣지트리거에서 리셋트(반전) 상태 지속
⑥ 7단계 부진행 엣지트리거에서 셋트(반전) 상태 지속
⑦ 8단계 부진행 엣지트리거에서 리셋트(반전) 상태 지속
⑧ 9단계 부진행 엣지트리거에서 셋트(반전) 상태가 되나 앞서 능동 Low 클리어 기능이 작동하여 10단계까지 계속 리셋트 상태 지속

이러한 셋트라는 초기 상태, 능동 Low 프리셋과 능동 Low 클리어 기능 그리고 부진행 엣지 T-플립플롭을 고려하면 [그림 8-34]와 같다.

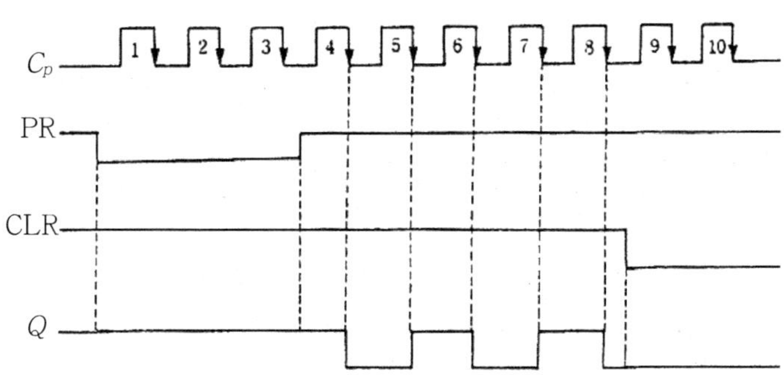

그림 8-34 능동 Low기능을 가진 T-플립플롭 입출력파형

연습문제

8-1 NAND 게이트를 이용한 기본 RS-랫치에서 입력파형에 따른 출력파형을 구하라.

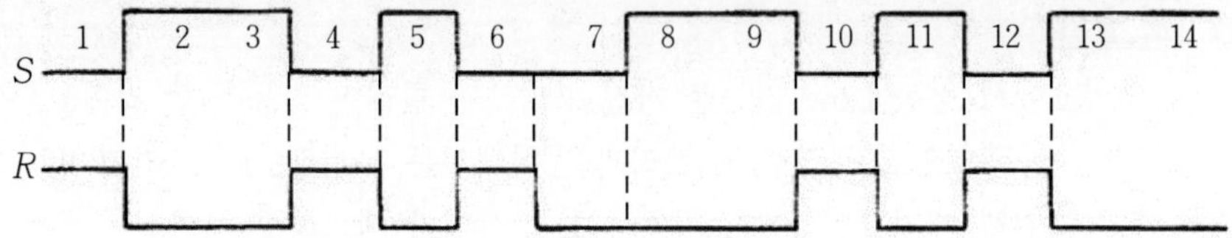

8-2 NOR 게이트를 이용한 기본 RS-랫치에서 입력파형에 따른 출력파형을 구하라.

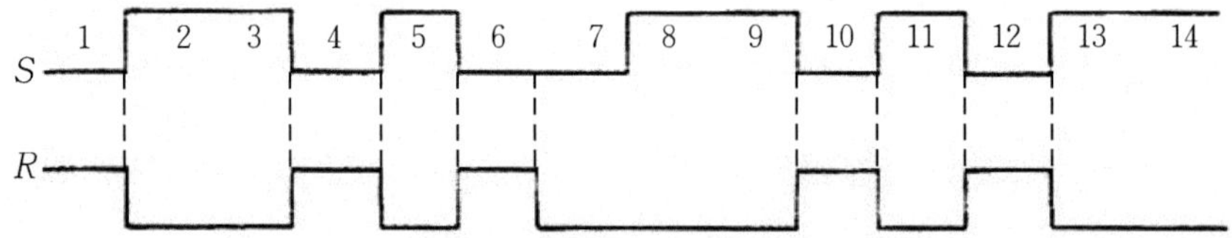

8-3 RS-플립플롭회로에서 다음과 같은 클럭펄스 제어에 따른 입력 R, S가 인가 될 때 출력 파형을 구하라(단, 플립플롭의 초기 상태는 셋트임).

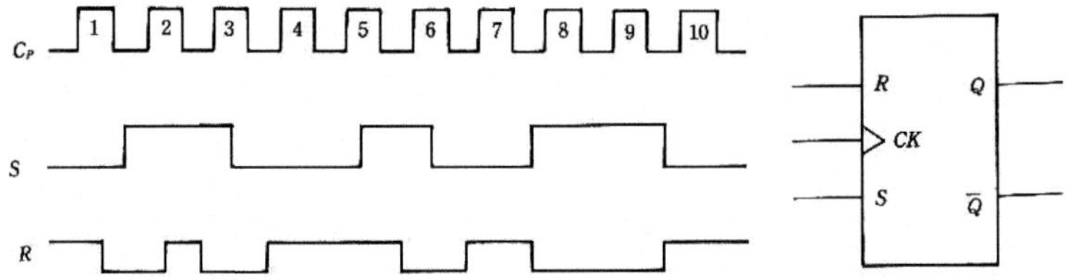

8-4 RS-플립플롭회로에서 다음과 같은 클럭펄스 제어에 따른 입력 R, S가 인가될 때 출력파형을 구하라(단 플립플롭의 초기 상태는 셋트이다).

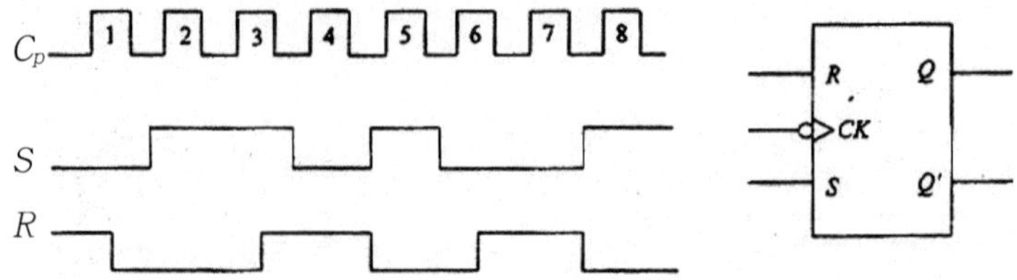

8-5 다음과 같은 D 랫치의 입력파형에 따른 출력 파형을 그려라(단, 처음상태는 셋트라 한다).

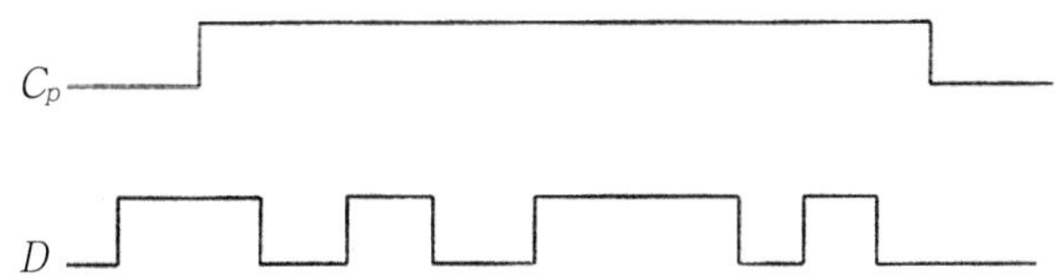

8-6 D-플립플롭에서 다음과 같은 클럭펄스 제어에 따른 입력 D가 인가 될 때 출력파형을 구하라(단, 플립플롭의 초기 상태는 셋트라 한다).

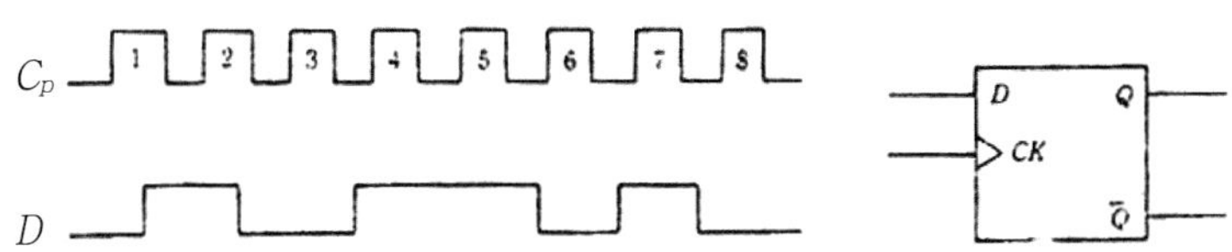

8-7 다음과 같은 JK-플립플롭 회로에서 입력에 따른 출력 파형을 그려라(단, 처음 상태는 셋트이다).

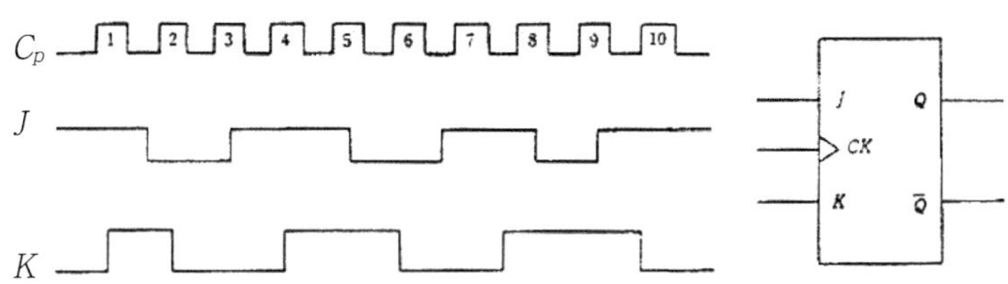

8-8 JK-플립플롭 회로에서 다음과 같은 입력에 따른 출력파형을 그려라(단, 플립-플롭의 초기 상태는 셋트임).

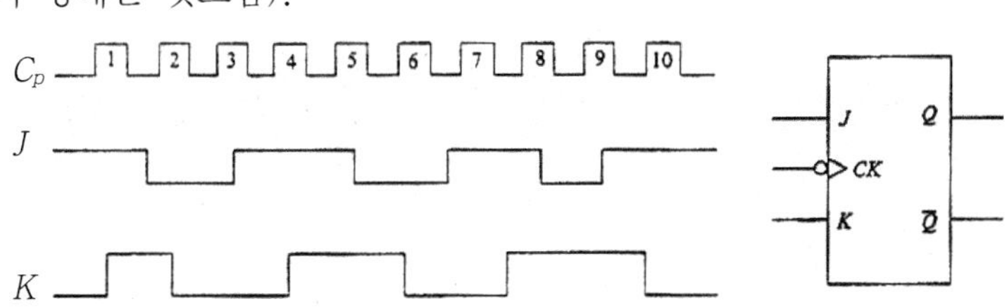

8-9 M/S-JK 플립플롭 회로에서 그림과 같은 입력을 가할 때 출력파형을 그려라(단, 플립-플롭의 초기 상태는 셋트임).

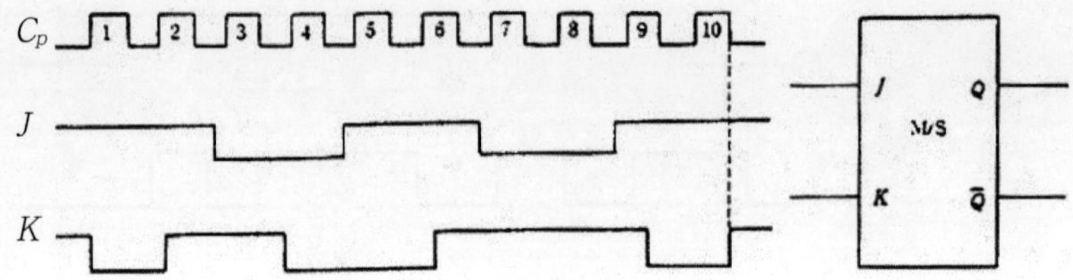

8-10 다음과 같은 T-플립플롭의 클럭펄스에 따른 출력 Q와 $\overline{Q}$의 파형을 구하라(단, 플립-플롭의 초기 상태는 셋트라고 한다).

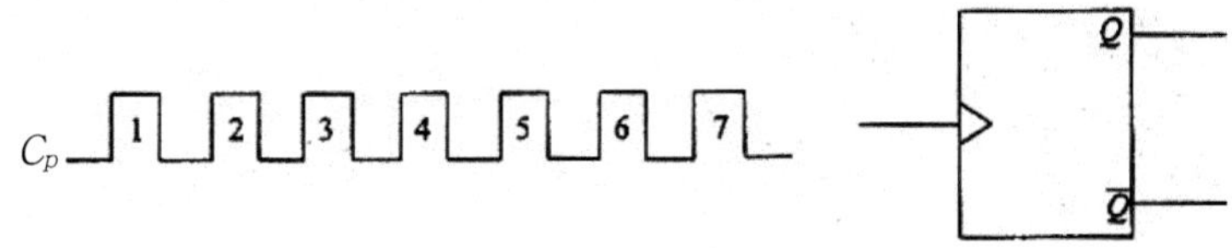

8-11 프리셋과 클리어 기능을 가진 JK-플립플롭에서 입력에 따른 출력파형을 구하라(단, 플립-플롭의 초기 상태는 셋트라고 한다).

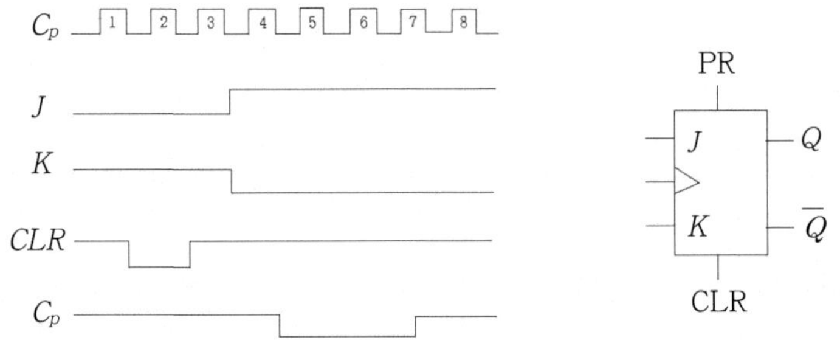

Chapter 09

카운터 회로 설계

Chapter 09

카운터 회로 설계

카운터 회로는 멀티 바이브레이터(multivibrator)의 일종인 플립-플롭 응용회로로서 입력되는 펄스의 수를 셀 수 있다.

계수기는 디지털 시스템과 디지털 계측기에 널리 이용되고 있다.

주기를 파악하기 위하여 클럭펄스와 같이 펄스의 수를 셈함으로써 그 펄스의 주파수를 알수있어 주기 파악이 가능하다.

한편 수정발진기를 이용한 정밀한 클럭 발생기의 카운터를 사용하면 두 시점간의 시간 간격을 측정할 수도 있다. 카운터는 보통 하나의 입력선과 n개의 출력선이 있다. 이것을 n비트 카운터라고 한다.

예를 들면 8비트 카운터에서는 0개에서 255까지 셀 수 있다. 별도로 제어 단자들이 있으며 이들을 통하여 계수의 시작, 끝, 계수하는 순서 등의 여러 가지 동작양식(mode)을 제어한다. 또, 카운터(counter)를 분류하면 동작 클럭 펄스의 입력 방식에 따라 첫째, 비동기식 카운터(asynchronous counter)로 입력 클럭 펄스가 앞단의 출력 값에 의하여 영향을 받게되는 것으로 리플 카운터(ripple counter)와 귀환 카운터 등이 있으며, 직접 설계하기는 조금 까다로운 절차가 필요하다.

둘째, 동기식 카운터(synchronous counter)로서 입력 클럭 펄스가 각 단의 클럭 값을 동시에 동기시키는 방식으로 순차회로에 의한 설계절차를 가질 수 있다.

일반적인 레지스터는 동기식 카운터에 의해 전송연결 방식을 취한다. 이 방식은 앞단의 정보 값을 다음 단으로 옮기는 직렬전송 방식과 각 단의 정보가 각각 출력 값으로 옮겨지는 병렬전송 방식으로 구분되며, 이들 정보 값이 각각의 정보장치로 전송되거나 옮겨오는 정보 대기장치로의 역할을 레지스터가 담당하게 된다.

셋째, 동기식과 비동기식을 결합한 결합 카운터(combinational counter)로서 직렬병렬 배합으로 구성함으로써 부품을 절약하면서 특정한 카운터를 보다 쉽게 구성할 수 있다.

- 카운터
  - 클럭펄스 인가방식
    - 동기식 카운터(synchronous counters)
    - 비동기식 카운터(asynchronous counters)
    - 결합 카운터(combinational counters)
  - 계수방식
    - 2^n진 카운터(binary counter 또는 basic counter)
    - N진 카운터
      - 귀환 펄스를 이용한 모듈러스 카운터
      - 리셋을 이용한 모듈러스 카운터
      - 직접 리셋을 이용한 모듈러스 카운터
    - 시프트 카운터
      - 링 카운터(ring counters)
      - 트위스트 카운터(johnson counters)

또, 계수기를 계수방식에 의해 분류하면 첫째, 2^n진 카운터라 부르는 2진 카운터(binary counter 또는 basic counter). 두 번째로 모듈러스 카운터(modulus counter)인 N진 카운터이다. 이것은 귀환 펄스를 이용한 방식과 리셋을 이용한 방식 및 직접 리셋을 이용한 방식이 있다. 셋째로 시프트 카운터(shift counters) 방식으로 링 카운터(ring counters)와 트위스트 카운터(twist counters), 일명 존슨카운터(johnson counters)라고도 한다. 이와 같은 카운터를 계통적으로 분류하면 앞의 분류표와 같다.

9-1 비동기식 카운터

카운터를 분류함에 있어 클럭 펄스 인가 방식과 계수 방식이 완전 독립 분리된 것이 아니라 서로 인용하는 관계에 있다. 예를 들어 클럭 펄스 인가 방식에는 동기식 카운터와 비동기식으로 완전 독립 분류할 수 있으나 이들 방식들은 계수방식인 2n진 카운터가 될 수도 있고, N진 카운터도 될 수 있다는 말이 된다. 여기서는 클럭 펄스 인가방식을 중심으로 분류하여 다루기로 한다.

카운터는 시프트 레지스터와 마찬가지로 일련의 플립플롭을 연결한 회로이지만 그 연결하는 방법에 있어서 시프트 레지스터와 다르다. 카운터 회로에서는 주어진 플립플롭에 대하여 서로 다른 출력 상태의 수가 최대가 되도록 회로를 연결하며, 또한 입력 펄스에 대하여 출력 상태가 규칙적으로 변하도록 한다.

클럭 펄스 인가 방식, 즉 플립플롭의 트리거 방식에 따라 비동기식 카운터(asynchronous counters)와 동기 카운터(synchronous counters) 및 결합 카운터(combinational counters)로 분류할 수 있다. 이중 비동기식 카운터를 직렬 카운터(serial counter), 리플 카운터(ripple counter) 또는 캐스케이드 카운터(cascade counter)라고도한다. 그러나 동기식 카운터는 모든 플립플롭이 같은 클럭 펄스에 의해서 동시에 트리거되며 병렬 카운터(parallel counter)라고도 한다.

결합 카운터는 비동기식과 동기식을 결합한 것으로 클럭 인가방식, 즉 트리거 방식이 직렬과 병렬을 혼합한 결합 방식이다. 비동기식 카운터는 동기식 카운터에 비하여 회로가 간단한 장점이 있으나 전달지연(propagation delay)이 큰 단점이다.

1. 비동기식 Count-Up 카운터

T-플립플롭은 2진 계수의 동작을 한다. 이것을 이용하여 카운터중 가장 간단한 비동기 Count-Up 카운터의 동작을 살펴보기로 한다. Count-Up 카운터는 입력 펄스의 수를 세어 올라가는 것으로 [그림 9-1]은 비동기식 Count-Up 카운터 회로를 보인 것이고, [그림 9-2]에서는 이 회로의 출력 파형을 보이고 있다.

회로에서 알 수 있듯이 비동기식 Count-Up 카운터는 앞단의 출력 Q가 뒷단의 클럭 펄스 C_p로서 사용된다. 또, 출력 파형에서 알수 있듯이 비동기식 Count-Up 카운터의 플립플롭들은 클럭 펄스가 1에서 0으로 바뀔 때 동작하고 있으며, 클럭 펄스가 들어오기 전에는 모든 플립플롭들을 0으로 클리어(clear)시킨다.

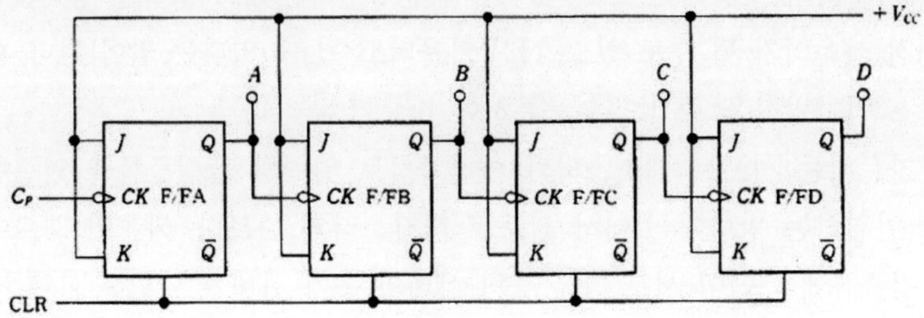

그림 9-1 비동기식 Count-Up 카운터 회로

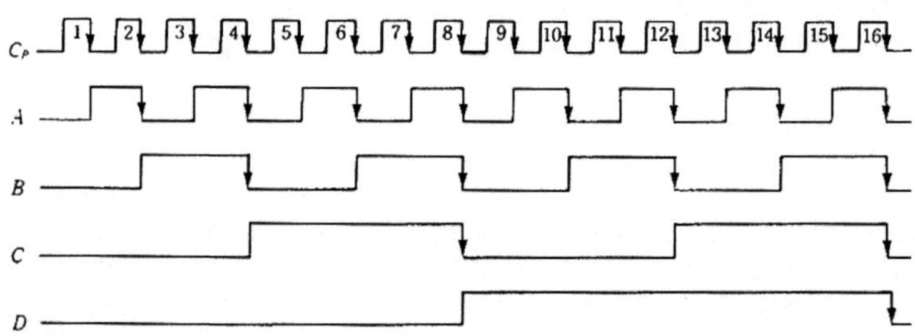

그림 9-2 비동기식 Count-Up 카운터 출력 파형

앞단 플립플롭에 두 개의 클럭 펄스가 들어갈 때마다 뒷단에는 한 개씩의 클럭 펄스가 들어가게 된다. 따라서 맨 왼쪽 플립플롭이 아랫자리수(LSB)이고 맨 오른쪽 플립플롭이 윗자리수(MSB)를 나타낸다.

2. 비동기식 Count-Down 카운터

비동기식 Count-Up 카운터와 마찬가지로 카운터 중 가장 간단한 비동기식 Count-Down 카운터의 동작을 살펴 보기로 한다.

Count-Down 카운터는 입력 펄스의 수를 세어 내려가는 것으로 [그림 9-3]은 비동기식 Count-Down 카운터 회로를 보인 것이고, [그림 9-4]에서는 이 회로의 출력 파형을 보이고 있다.

비동기식 Count-Down 카운터 회로가 Count-Up 카운터 회로와 다른 점은 앞단 플립플롭의 출력 $\overline{Q}$가 뒷단의 플립플롭의 클럭 펄스로 사용된다는 점이다. 또한 Count-Down 카운터에서는 [그림 9-3]에서 볼 수 있듯이 클럭 펄스가 들어오기 전에 플립플롭들은 1로 preset(pr)시켜 두고 한 개의 클럭 펄스가 들어올 때마다 출력은 하나씩 감소하게 된다.

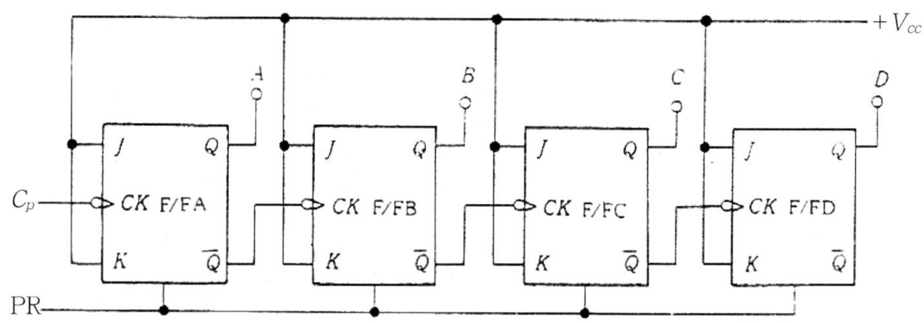

그림 9-3 비동기식 Count-Down 카운터 회로

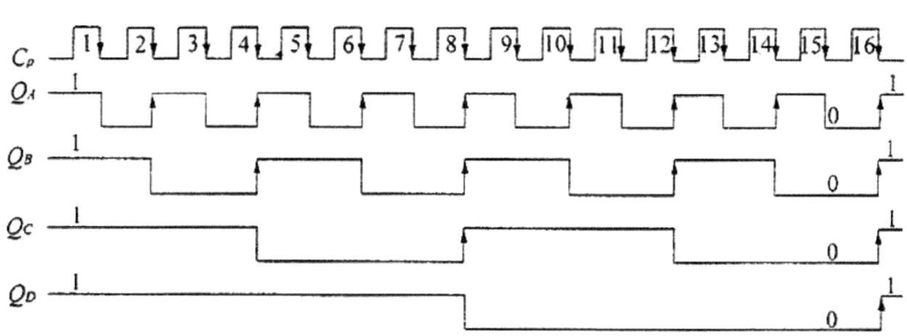

그림 9-4 비동기식 Count-Down 카운터 출력 파형

이와 같이 비동기식 Count-Down 카운터의 회로와 출력 파형에서 동작 원리를 이해할 수 있으며, 이것을 표로 나타내면 〈표 9-1〉과 같다.

▌표 9-1 ▌비동기식 Count-Down 카운터 계수 동작표

클럭 펄스(C_p)	D	C	B	A
0	1	1	1	1
1	1	1	1	0
2	1	1	0	1
3	1	1	0	0
4	1	0	1	1
5	1	0	1	0
6	1	0	0	1
7	1	0	0	0
8	0	1	1	1
9	0	1	1	0
10	0	1	0	1
11	0	1	0	0
12	0	0	1	1
13	0	0	1	0
14	0	0	0	1
15	0	0	0	0
16	1	1	1	1

3. 비동기식 Up/Down 카운터

비동기식 Up/Down 카운터는 Count-Up 카운터와 Count-Down 카운터를 결합한 것으로서 선택신호에 의해서 어느 한가지로 선택하여 동작시킬 수 있다.

[그림 9-5]의 비동기식 Up/Down 카운터 회로와 같이 AND, OR 게이트를 조합하여 카운터를 구성하면 Up/Down 신호가 1이면 Q가 다음 단의 클럭 펄스(C_p)에 접속되고, 0이면 $\overline{Q}$가 다음 단의 클럭 펄스에 접속되므로 Up/Down이 가능하다.

Up-Counter일 경우에는 처음 reset을 작동한 후, Down Counter는 preset를 한 후 클럭 펄스에 의해 카운터하게 된다. 이 회로는 엄밀히 말하면 4 비트 2진식(binary) Up/Down 비동기 16진 카운터인데 보통 4 비트 Up/Down counter라 한다.

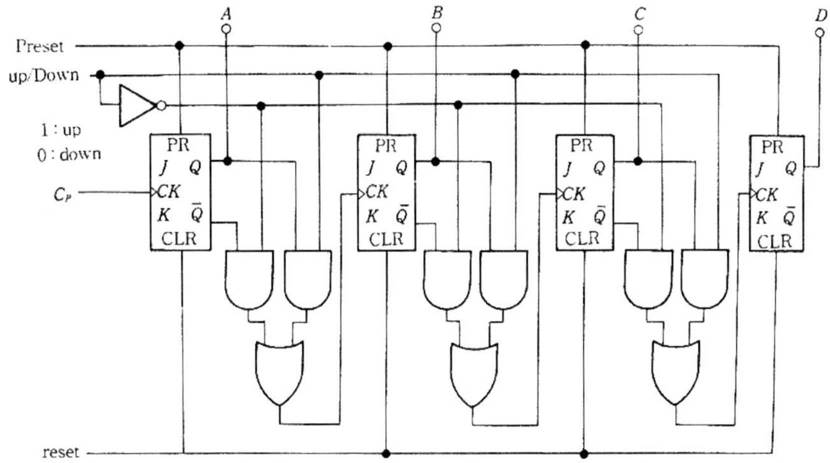

그림 9-5 비동기식 Up/Down 카운터

4. 비동기식 10진 카운터

10진 카운터는 카운터 중에서 가장 많이 사용되는 것으로서 10을 모듈러스(modulus)로 하는 modulus 10 카운터 이다. 4개의 플립플롭을 직렬로 연결하면 일반적으로 16가지의 출력상태가 생기게 되는 데, 10진 카운터는 여기에 귀환(feedback)를 가함으로써 출력 상태만이 반복되도록 한 것이다.

[그림 9-6]의 비동기식 10진 카운터 회로에서 10번째 클럭 펄스가 들어오면 원래 출력은 1010이 되어야 하는 데, 이 때 NAND 게이트 출력이 0으로 바뀌게 되므로 이것이 귀환되어 결국 모든 플립플롭을 클리어(clear)시켜 맨 처음의 상태 0000으로 되돌아가게 된다. 이러한 관계를 〈표 9-2〉에 나타내고 있다.

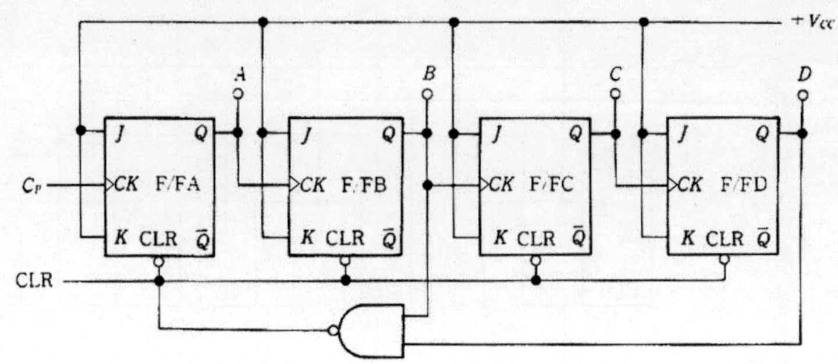

그림 9-6 비동기식 10진 카운터 회로

▌표 9-2 ▌ 비동기식 10진 카운터 계수 동작표

클럭 펄스(C_p)	D	C	B	A
0	0	0	0	0
1	0	0	0	1
2	0	0	1	0
3	0	0	1	1
4	0	1	0	0
5	0	1	0	1
6	0	1	1	0
7	0	1	1	1
8	1	0	0	0
9	1	0	0	1
10	1	0	1	0
10	0	0	0	0
11	0	0	0	1

9-2 동기식 카운터

비동기식 카운터는 전단의 출력에 의하여 트리거되는 데 반해 동기식 카운터(synchronous counter)는 모든 플립플롭들이 같은 클럭 펄스에 의해 동시에 트리거된다는 점이 다르다.

따라서 동기식 카운터는 비동기식 카운터에 비해 입력신호의 전달지연시간이 훨씬 짧아진다. 예를 들어 TTL 플립플롭의 경우 대체적으로 한 개의 플립플롭이 갖는 지연시간이 25 [ns] 정도이므로 4개의 플립플롭을 종속접속하여 16진 카운터를 구성할 경우 클럭 펄스와 최종단의 출력 사이에는 100[ns](4×25ns) 정도의 전송지연 시간이 발생하게 된다.

이러한 전송지연은 사용할 수 있는 최대 클럭 주파수를 제한하게 되며 한 상태와 다음 상태 사이에 잠정적으로 중간 상태가 존재할 수 있어 논리상의 오차를 발생하게 한다는 점에서 비동기식 카운터가 동기식에 비하여 불리하다. 이러한 점에서 동기식 카운터의 이점이 있는가 하면 구조상으로 회로가 복잡하다는 점에서 비동기식보다 불리하다.

1. 동기식 Count-Up 카운터

동기식 Count-Up 카운터는 모든 플립플롭들이 동일한 클럭 펄스에 의해서 동시에 동작한다는 점을 제외하고는 비동기식 Count-Up 카운터와 마찬가지이다.

[그림 9-7]의 동기식 Count-Up 카운터에서와 같이 앞단의 출력 Q들을 모두 모아 AND 게이트로 묶어서 다음 단의 J와 K 입력에 동시에 연결하고, 모든 플립플롭에 클럭 펄스를 접속시키면 동기식 Count-Up 카운터 회로를 구성하게 된다.

입력 클럭 펄스(C_p)의 인가에 의한 출력 A, B, C, D의 출력 파형을 [그림 9-8]에 나타내고 있다.

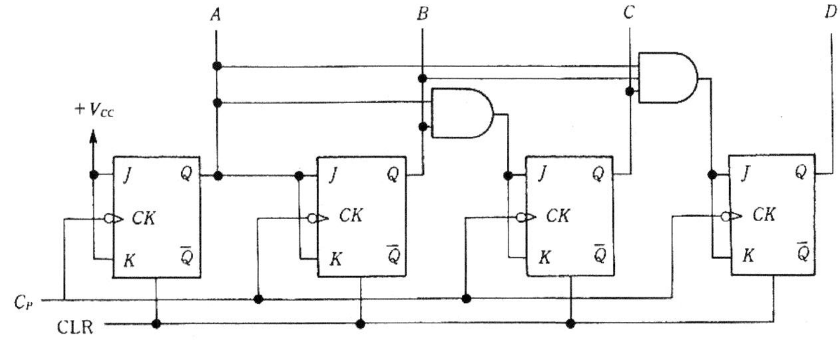

그림 9-7 동기식 Count-Up 카운터 회로

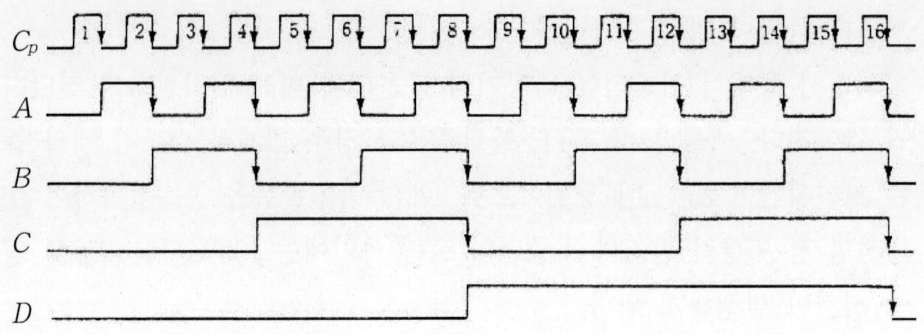

그림 9-8 동기식 Count-Up 카운터 출력 파형

2. 동기식 Count-Down 카운터

동기식 Count-Down 카운터는 모든 플립플롭들이 동일한 클럭 펄스에 의해서 동시에 동작한다는 점을 제외하고는 Count-Down 카운터와 마찬가지이다.

[그림 9-9] 동기식 Count-Down 카운터와 같이 앞단의 출력 $\overline{Q}$들을 모두 모아 AND 게이트로 묶어서 다음 단의 JK 입력에 동시에 연결하고 모든 플립플롭에 클럭 펄스를 접속시키면 동기식 Count-Down 카운터 회로를 구성하게 된다.

입력 클럭 펄스(C_p)의 인가에 의한 출력 A, B, C, D의 출력 파형을 [그림 9-10]에 나타내고 있다.

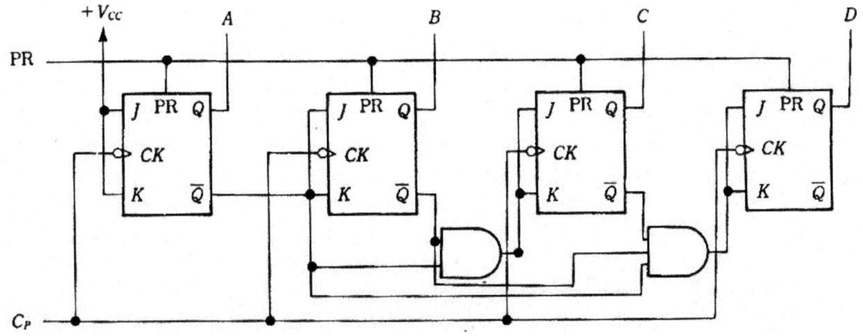

그림 9-9 동기식 Count-Down 카운터 회로

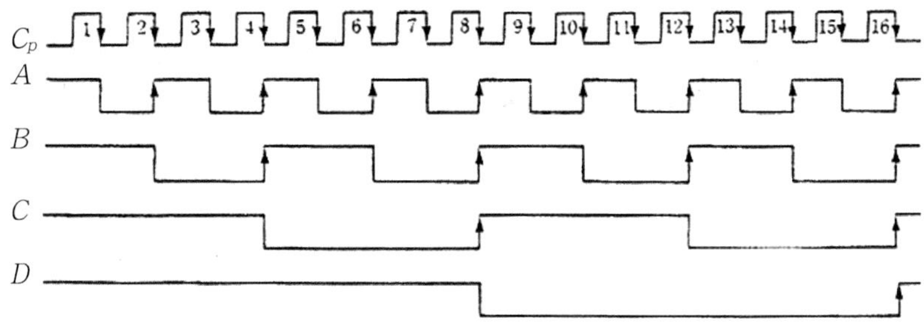

그림 9-10 동기식 Count-Down 카운터 출력 파형

3. 리플캐리 카운터

[그림 9-11]과 같이 앞단 플립플롭의 입력 J, K와 출력 Q를 모아서 다음 단 플립플롭의 J, K 입력으로 결선되도록 구성된 회로로서 순수한 동기식 카운터 회로에 비하여 AND 게이트가 같은 JK-플립플롭을 이용한 동기식 카운터에 비해 그 입력 수가 2개인 입력만 가지면되므로 간소화되어 있는 이점이 있다.

한편, 전송지연시간(delay time)은 순수한 동기보다 길고 비동기보다 짧다. 따라서 순수한 동기식 카운터의 장점을 다소 희생하면서 AND게이트의 입력 수 증가라는 단점을 보완시킨 것이 절충식 동기 카운터이다.

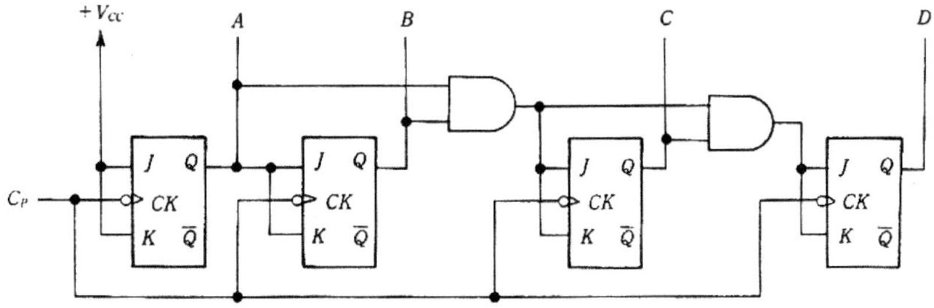

그림 9-11 리플 캐리 카운터(ripple carry counter)

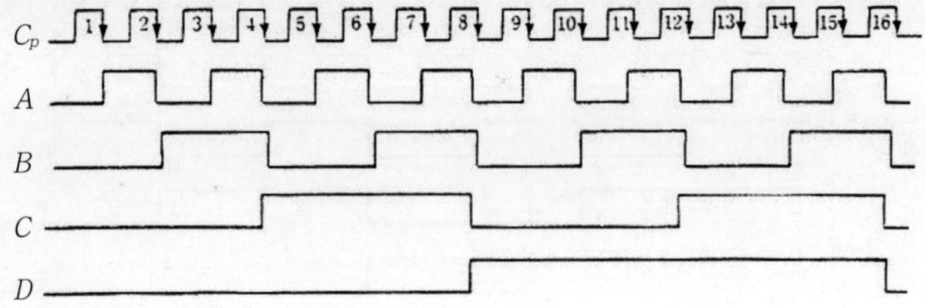

그림 9-11-1 동기식 리플캐리 카운터 출력 파형

4. modulus N 카운터

N개의 서로 다른 출력 상태를 갖는 카운터를 modulus N 카운터라고 한다. 즉, N개의 서로 다른 출력 상태를 나타낸 후 다시 원래의 상태로 돌아간 다음 다시 N개의 출력 상태를 반복하게 되어있다.

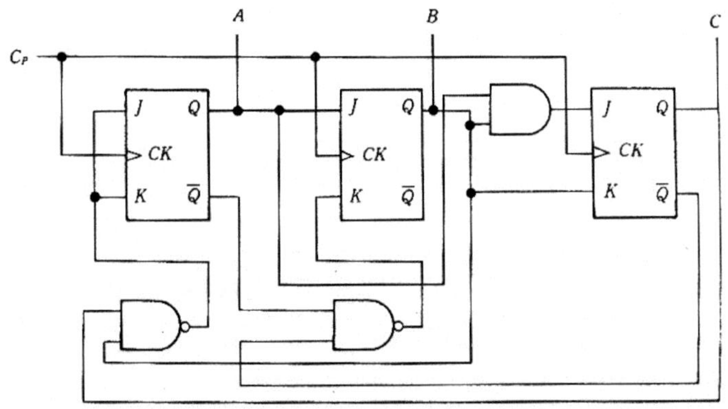

그림 9-12 동기식 modulus 7 카운터

[그림 9-12]는 modulus 7 카운터를 나타낸 것이고, 출력 상태는 〈표 9-3〉과 같다.

모든 N값에 대하여 modulus N 카운터를 구성할 수 있으며, modulus N_1, 카운터와 modulus N_2 카운터를 직렬로 연결하면 $N = N_1 N_2$의 관계가 성립된다.

▌표 9-3 ▌ modulus 7 카운터 계수 동작표

클럭 펄스 인가 수	C	B	A
0	0	0	0
1	0	0	1
2	0	1	0
3	0	1	1
4	1	0	0
5	1	0	1
6	1	1	0
7	0	0	0

9-3 N진 카운터

1. 귀환 펄스를 이용한 모듈러스 카운터(modulus counter)

일반적으로 필요한 카운터의 플립플롭 수는 계수(count)하고자 하는 수(N)보다 바로 위의 수를 나타낼 수 있는 2^n값을 택하고 이 택한 값에서 수(N)를 감한 나머지 수만큼 귀환시켜 카운터 동작이 앞서도록 선택하여야 한다.

즉, 3단의 2진 카운터는 8개의 펄스를 센 후 0으로 클리어(clear)되고 다시 시작하지만 모듈러스 6 카운터에서는 6개의 펄스를 센후 0으로 되돌아간다. 이것을 [그림 9-13] 귀환 펄스를 이용한 mod-6 카운터에 나타내고 있다.

계수 동작표와 입출력 파형은 〈표 9-4〉와 [그림 9-14]와 같다.

[그림 9-13]에서 F/FB의 트리거 입력은 2개의 입력 펄스를 계수한 후의 F/FA 단의 출력이므로 F/FB 단의 트리거 입력은 계수를 2만큼 앞지르게 한다. 따라서 F/FB단 입력으로 펄스를 귀환시키면 원하는 만큼 계수를 앞서게 할 수 있다.

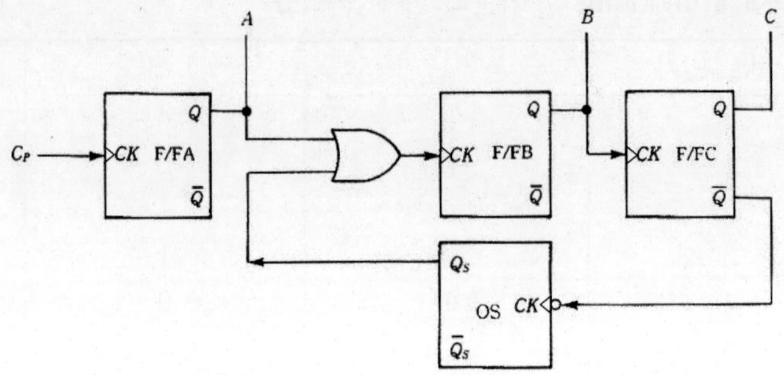

그림 9-13 귀환 펄스를 이용한 mod-6 Counters

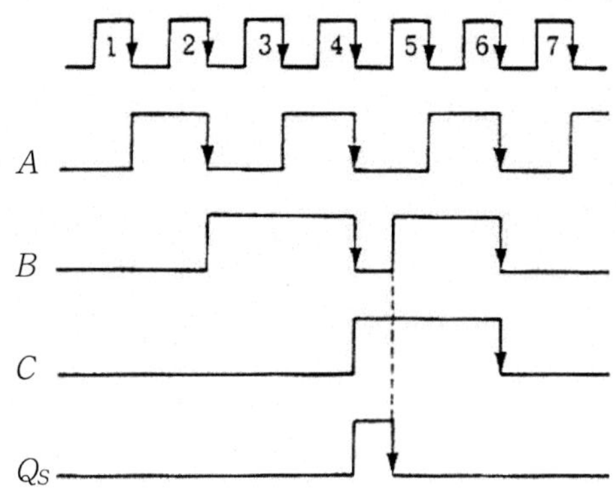

그림 9-14 귀환 펄스 입출력 파형

[그림 9-13]에서 귀환된 펄스는 F/FB단을 별도의 시각에 토글시켜 카운터를 2만큼 앞서게 하여 mod-6 카운터의 계수과정을 이루게 한 것으로서 [그림 9-14]의 귀환 펄스 입출력 파형에서도 잘 나타내주고 있다.

한편 귀환형의 카운터에서는 단안정 멀티바이브레이터(mono-stable multivibrator)가 가장 높은 클럭 주파수(clock rate)에 클럭 펄스(여기서는 F/FB단)의 한펄스 간격보다 짧은 폭의 펄스를 내도록 조절하여야 한다.

예컨대 한펄스가 시작된후 1[μs]지나야 귀한 펄스가 그회로를 트리거시킬수 있다면 그 카운터 단은 1[MHz]의 비유로 동작할수 있어야 한다.

▌표 9-4 ▌ 귀환형 mod-6 계수 동작표

C_p	C	B	A
0	0	0	0
1	0	0	1
2	0	1	0
3	0	1	1
4	1 ↓ 1	0 ↓ 1	0 ↓ 0
5	1	1	1
6	0	0	0

2. 리셋형 카운터

귀환형에서는 귀환펄스가 계수를 앞서게 하는 경우, 즉 카운터의 계수과정과 입력 펄스·수와의 대응성이 상실되는 데 이러한 단점을 제거하기 위하여 고안된 것으로써 원하는 수를 계수한 후, 각 단의 출력에 논리회로를 써서 디코딩(decoding)하여 카운터를 리셋(reset)시켜 등가적인 2진 카운터를 얻는 방식이다. 이러한 방식을 취하면 입력 펄스의 수와 2진식으로 표시된 카운터의 수가 등가적으로 일치되는 장점이 있다.

[그림 9-15]에서 먼저 클리어(clear)시켜 D, C, B, A를 모두 0으로 하고 클럭 펄스(C_p)를 인가하여 인가 수를 9번 계수하면 출력 D, C, B, A가 1001을 나타낸다.

다음 클럭 펄스 인가 수 10번을 인가하면 D, C, B, A의 출력이 1010을 나타내어 10의 계수를 NAND 게이트로 디코딩(decoding) 하여 $D, \overline{C}, B, \overline{A}$에는 1111이 NAND 게이트로 입력되는 순간 NAND게이트의 평상시 출력 1에서 0으로 되므로 단안정 멀티바이브레이터(OS)로 트리거된다.

이러한 동작에 의하여 F/F을 모두 클리어시켜 D, C, B, A를 다시 0으로 복귀시킨다. 따라서 9번을 계수한 후의 입력 펄스는 카운터의 계수를 0으로 만들어 완전히 한 계수과정이 완료된다. 이러한 클럭 펄스 인가 수에 따른 계수 동작표를 〈표 9-5〉에 보이고 있다.

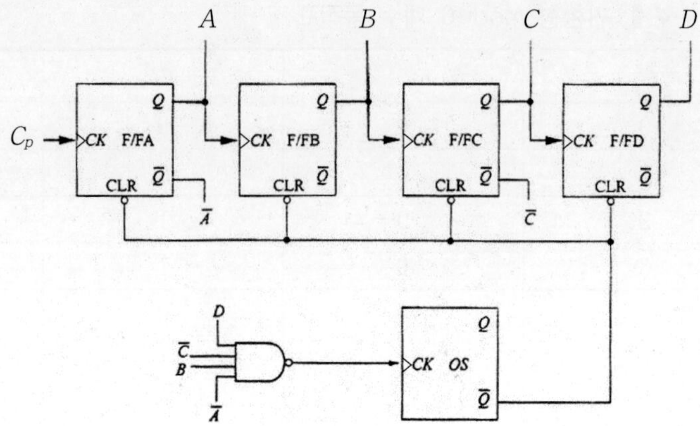

그림 9-15 리셋을 이용한 10진 카운터

▌표 9-5 ▌ 리셋형 mod-10 계수 동작표

C_p	D	C	B	A
0	0	0	0	0
1	0	0	0	1
2	0	0	1	0
3	0	0	1	1
4	0	1	0	0
5	0	1	0	1
6	0	1	1	0
7	0	1	1	1
8	11	0	0	0
9	1	0	0	1
10	1 ↓ 0	0 ↓ 0	1 ↓ 0	0 ↓ 0

3. 직접 리셋형 카운터

귀환형과 리셋형의 단점을 제거하기 위한 방법으로 단안정 멀티 바이브레이터를 사용하지 않고 정확히 원하는 계수를 하기 위하여 직접 리셋형이 이용되고 있다. 이러한 직접 리셋형은 집적회로소자로 많이 만들어진다.

[그림 9-16]은 직접 리셋형 mod-6카운터를 보인 것으로 〈표 9-6〉의 mod-6계수 동작표로부터 직접 리셋형을 설계하는 과정을 설명하기로 한다.

출력 A는 C_p에 의한 토글(toggle)이다. 출력 B는 A가 1에서 0으로 될 때 토글하나 $C \neq 1$일 때이므로 $Q_C = 1$이면 $\overline{Q_C}$는 0이므로, 이 때 0을 F/F의 J_B단자에 결선하면 F/FB의 $J_B = 0$일 때는 $Q_B = 0$이된다.

▌표 9-6▌ 리셋형 mod-6 계수 동작표

C_p	C	B	A
0	0	0	0
1	0	0	1
2	0	1	0
3	0	1	1
4	1	0	0
5	1	0	1
6	0	0	0

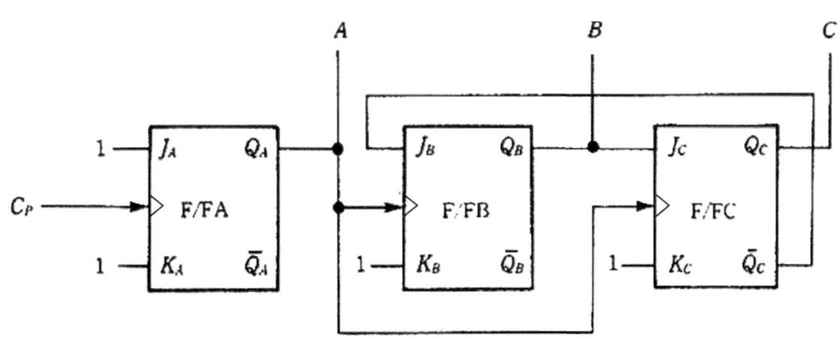

그림 9-16 직접 리셋형 mod-6 카운터

끝으로 출력 C의 경우 A가 1에서 0이 되면 리셋되나 $Q_B = 1$이면 리셋되지 말아야 하므로 Q_B를 F/FC의 J_C에 직결하면 된다. 다른 말로 표현하면 Q_C는 Q_A가 1에서 0

가 될 때 Q_B값이 전달 되므로 Q_B를 F/FC의 J_C에 직결하고 K_C를 1로 하면 된다.

이렇게 하여 논리회로를 설계한 것이 [그림 9-16] 직접 리셋형 mod-6 카운터가 된다. 같은 방법으로 mod-10 카운터를 설계하기 위하여 계수동작표 〈표 9-7〉을 이용한다.

출력 A는 C_p에 의한 토글이다. 출력 B는 A가 1에서 0이 되면 토글하나 $D \neq 1$일 때라는 단서가 붙는다. 출력 C는 B가 1에서 0으로 될 때 토글하고 출력 D는 A가 1에서 0이 될 때 리셋되나 B와 C가 동시에 0일 때만 제외된다. 이러한 점을 고려하여 결선하면 [그림 9-17]과 같은 직접 리셋형 mod-10 카운터를 설계하게 된다.

표 9-7 직접 리셋형 mod-10 계수 동작표

C_p 인가 수	D	C	B	A
0	0	0	0	0
1	0	0	0	1
2	0	0	1	0
3	0	0	1	1
4	0	1	0	0
5	0	1	0	1
6	0	1	1	0
7	0	1	1	1
8	1	0	0	0
9	1	0	0	1
10	0	0	0	0

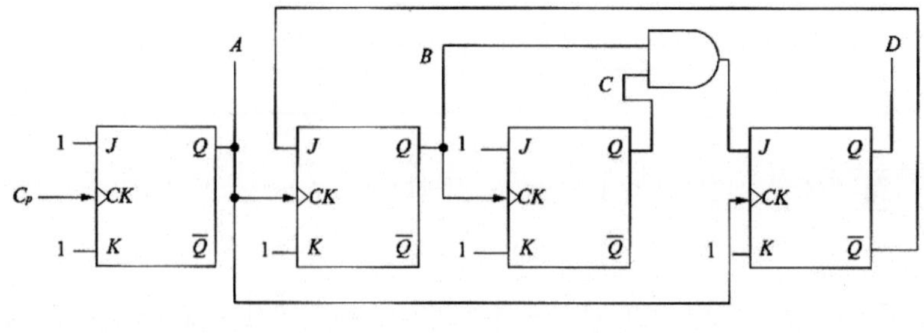

그림 9-17 직접 리셋형 mod-10 카운터

예제 9-1

다음표는 mod-5 카운터의 계수 동작표이다. 이것을 직접 리셋형카운터로 설계하여라.

C_p	C	B	A
0	0	0	0
1	0	0	1
2	0	1	0
3	0	1	1
4	1	0	0
5	0	0	0

풀이

첫째 : A는 C_p에 의해 토글하나 $C=1$일 때만은 안된다.

둘째 : B는 A가 1→0 때 토글한다.

셋째 : C는 C_p에 의해 리셋되나 출력 A와 B가 동시에 1일 때는 제외된다.

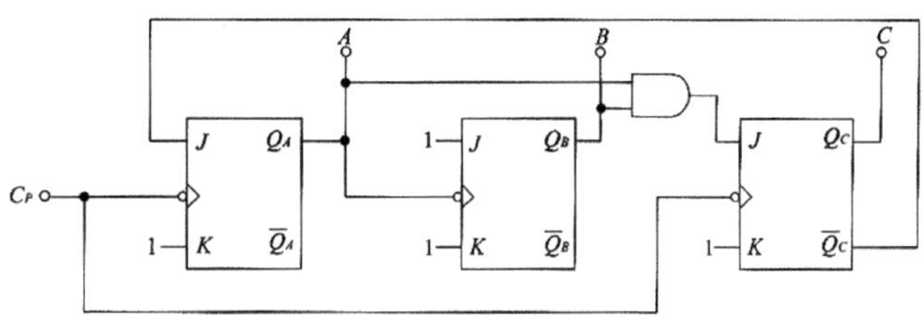

9-4 시프트 카운터

1. 링 카운터

링 카운터(ring counter)는 시프트 레지스터(shift counter)를 응용한 가장 간단한 카운터로서 [그림 9-18]과 같이 직렬 입력, 병렬 출력 시프트 레지스터의 최종 출력을 다시 입력에 귀환시킨 일종의 순환 시프트 레지스터이다. 링 카운터는 항상 첫 번째 플립플롭의 출력 Q_0를 1로, 나머지 플립플롭은 모두 0이 되게 preset과 reset을 걸어준다. 한편 클럭 펄스(C_p)인가 수에 따라 Q_1, Q_2, Q_3에 논리 1이 시프트(shift)된다.

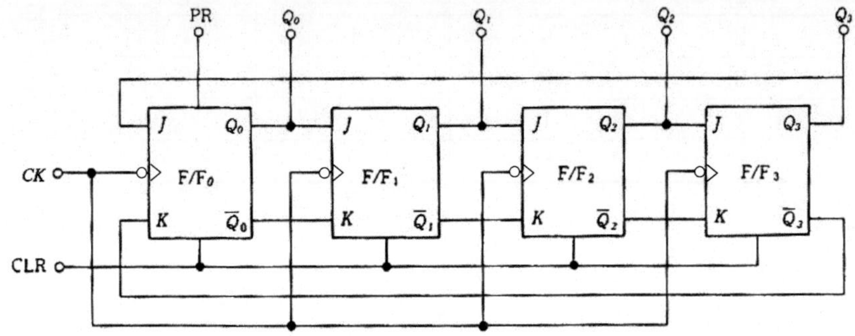

그림 9-18 링 카운터(ring counter)

이렇게 됨에 따라 다섯 번째 클럭 펄스에 대해서는 다시 처음 상태로 되돌아가서 Q_0, Q_1, Q_2, Q_3 가 1000으로 되므로 링 카운터는 4까지 셀 수 있는 카운터인 셈이다.

일반적으로 N개의 플립플롭으로 구성된 링 카운터는 N가지의 출력상태가 나오며 8421 2진 카운터(binary counter)가 2^n가지 임에 반해 링 카운터(ring counter)는 극히 비효율적이나 복호기(decoder)가 별도로 필요하지 않다는 장점을 갖고 있다.

C_p인가에 따른 계수 동작표를 보면 〈표 9-8〉과 같다.

▌표 9-8 ▌ 링 카운터의 계수 동작표

C_p 인가수	Q_0	Q_1	Q_2	Q_3
0	1	0	0	0
1	0	1	0	0
2	0	0	1	0
3	0	0	0	1
4(0)	1	0	0	0

이 계수 동작표를 time chart로 그려보면 [그림 9-19]와 같다.

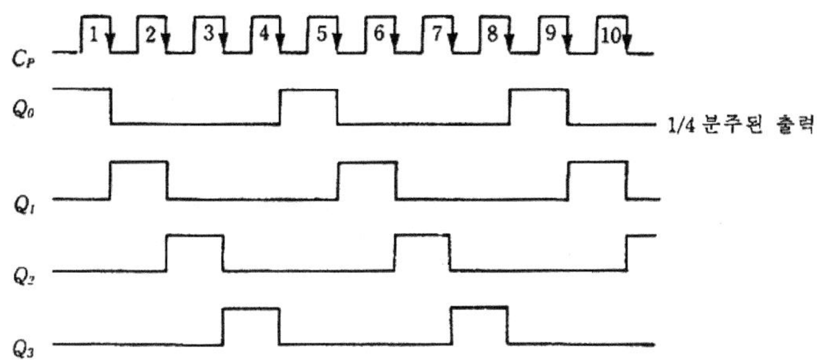

그림 9-19 링 카운터(time chart)

[그림 9-19]의 링 카운터에서 알 수 있듯이 [그림 9-18]의 링 카운터는 플립플롭이 4개로 구성되어 있어 출력 주파수는 입력 클럭 주파수의 1/4이 된다. 따라서 ÷4 카운터가 된다. 또, 출력 1/4, 즉 25%의 듀티 사이클(duty cycle)을 가지고 있다.

일반적으로 N개의 플립플롭으로 구성된 링 카운터의 출력 주파수와 % 듀티 사이클은 식 (9-1)과 식 (9-2)로 표시할 수 있다.

$$\text{출력주파수} f_0 = \frac{fi}{N} \tag{9-1}$$

$$\%\text{듀티사이클} D_0 = \frac{1}{N} \times 100 \tag{9-2}$$

링 카운터를 구성하는 데 있어서 D형 플립플롭의 수는 제한이 없다. [그림 9-18]은 JK 플립플롭을 사용한 4단 링 카운터를 나타낸것이지만, 각 단의 J와 K는 상보대칭이므로 사실상 JK 플립플롭은 D형 플립플롭으로 접속되어 있다.

식 (9-1)에서 보면 링 카운터는 어떤 모듈러스(modulus)로나 구성할 수 있다는 것을 알 수 있으며 모듈러스는 단순히 플립플롭의 단수가 된다.

그러나 일반적으로 링 카운터는 같은 모듈러스를 갖는 2단 카운터보다 더 많은 플립플롭 단을 필요로 한다. 예를 들면, ÷16 2진 카운터는 4개의 T형 플립플롭을 필요로 하지만, ÷16 링 카운터를 구성하는 데는 16개의 D형 플립플롭이 필요하다.

앞에서 설명한 바와 같이 링 카운터는 하나의 플립플롭이 셋트되도록 ($Q_0 = 1$)

초기화하여야 한다. 여기서 [그림 9-19]와 같이 링 카운터 회로에서 최초에 전원이 가해졌을 때 하나의 플립플롭만이 셋트되는 확률은 적다. 따라서 사용되는 플립플롭은 프리셋(preset)과 클리어(clear)입력의 양쪽을 갖추고 있어야 한다.

[그림 9-18]의 링 카운터는 4단 링 카운터의 초단 플립플롭을 1로, 나머지를 0으로 셋트시켜 초기화한 것이다.

2. 존슨 카운터

존슨 카운터(johson counter)는 일명 트위스트 링 카운터(twist ring counter), 워킹 링 카운터(walking ring counter), 또는 스위치 테일 카운터(switch tail counter)라고도 한다.

[그림 9-20]에서 볼 수 있듯이 존슨 카운터가 링 카운터와 다른 점은 첫 번째 단의 입력 J와 K를 각각 네 번째 단의 $\overline{Q}$와 Q로 바꾸어 취했다는 점이다. 따라서 〈표 9-10〉의 계수 동작표와 같이 8가지의 출력 상태가 됨을 알 수 있다.

일반적으로 N단의 플립플롭을 사용하는 경우 $2N$개의 출력 상태가 발생함으로 링 카운터보다 효율적인 면에서는 우수하나 존슨카운터의 경우는 복호기(decoder)가 필요하다는 단점을 갖고 있다.

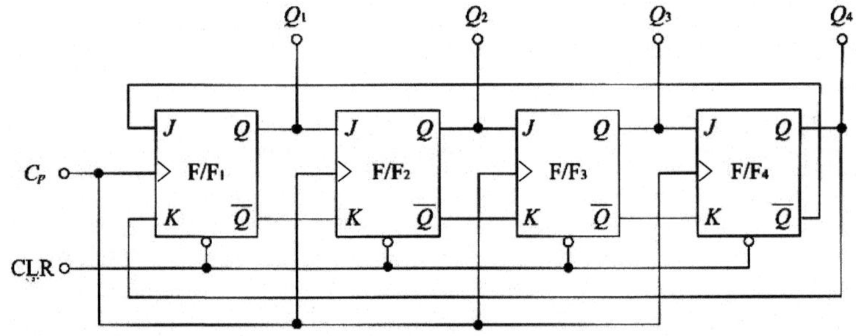

그림 9-20 존슨 카운터(johnson counter)

존슨 카운터가 구조면에서 링 카운터와 유사하지만 출력 주파수는 링 카운터의 1/2이다. 따라서 존슨 카운터가 N단으로 구성할 경우의 출력 주파수는 식 (9-3)과 같다.

$$출력주파수 f_0 = \frac{fi}{2N} \tag{9-3}$$

한편 링 카운터의 듀티 사이클은 $1/N$인데 반해 존슨 카운터의 출력 파형은 [그림 9-21]과 같이 대칭이므로 % 듀티 사이클은 50[%]가 된다. 〈표 9-9〉의 계수 동작표를 time chart로 그려보면 [그림 9-21]과 같다.

▌표 9-9▐ 존슨 카운터의 계수 동작표

C_p인가수	Q_1	Q_3	Q_2	Q_1
0	0	0	0	0
1	0	0	0	1
2	0	0	1	1
3	0	1	1	1
4	1	1	1	1
5	1	1	1	0
6	1	1	0	0
7	1	0	0	0
8(0)	0	0	0	0

한편 존슨 카운터는 복호기가 필요하다는 단점이 있어 디코더를 위한 논리식 [그림 9-21] F/F 4개에서 8가지, 즉 0~7을 표시하는 복호기는 $Q'_4 Q'_1 = 0, Q'_2 Q_1 = 1,$

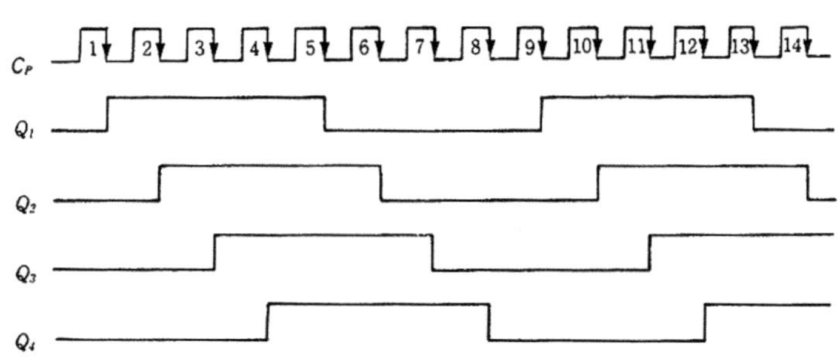

그림 9-21 존슨 카운터 time chart

$Q'_3 Q_2 = 2$, $Q'_4 Q_3 = 3$, $Q_4 Q_1 = 4$, $Q_2 Q'_1 = 5$, $Q_3 Q'_2 = 6$, $Q_4 Q'_3 = 7$로 각각 AND 게이트를 사용하면 된다.

9-5 동기식 카운터회로 해석

본절에서는 동기 카운터회로를 접했을 때, 이 논리회로를 해석함에 있어 다음과 같은 절차가 필요하다.

① 계수회로로부터 각 플립플롭의 제어 입력에 대한 논리식을 세운다.
② 상태표(state table)를 작성한다.
③ 상태 할당(state assignment)을 한다.
④ 상태도(state diagram)를 그린다.
⑤ 계수 순차표(count sequence table)를 작성한다.

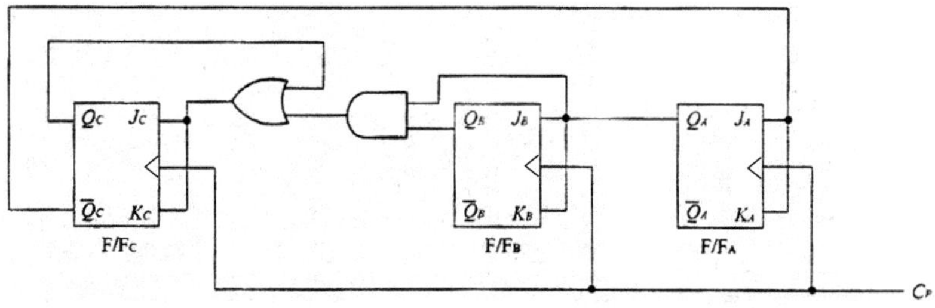

그림 9-22 5진 계수기

[그림 9-22] 5진 계수기에 대하여 앞서 논리회로 해석의 절차에 따라 계수회로 해석을 하도록 한다.

첫째, 각 플립플롭의 제어 입력에 따른 논리식을 세워보면

$$F/F_A\text{에서 } J_A = K_A = \overline{Q_C} \tag{9-4}$$

F/F_B에서 $J_B = K_B = \overline{Q_A}$ (9-5)

F/F_C에서 $J_C = K_C = Q_A \cdot Q_B + Q_C$ (9-6)

식(9-4), (9-5), (9-6)과 같이 된다.

둘째, 상태표를 작성함에 있어 현재 상태에서 클럭 펄스를 인가하면 식 (9-4), (9-5), (9-6)에 의하여 J_A, K_A와 J_B, K_B 및 J_C, K_C의 상태를 알 수 있고 이들에 의하여 다음 상태 Q_A, Q_B, Q_C의 결과를 얻는다.

이와 똑같은 현재 상태의 입력 변화를 주면 〈표 9-10〉의 상태표를 완성시킬 수 있다.

셋째, 상태 할당(state assignment)을 한다.

$Q_C = 0$, $Q_B = 0$, $Q_A = 0$인 상태를 S_0라 하면 $S_0[0, 0, 0]$로 할당 하며, $S_1[0, 0, 1]$, $S_2[0, 1, 0]$, $S_3[0, 1, 1]$, $S_4[1, 0, 0]$, $S_5[1, 0, 1]$, $S_6[1, 1, 0]$, $S_7[1, 1, 1]$과 같이 할당된다.

넷째, 상태도(state diagram)를 그린다.

▮ 표 9-10 ▮ 상태표

현재 상태			현재 제어 입력						다음 상태		
Q_C	Q_B	Q_A	J_C	K_C	J_B	K_B	J_A	K_A	Q_C	Q_B	Q_A
0	0	0	0	0	0	0	1	1	0	0	1
0	0	1	0	0	1	1	1	1	0	1	0
0	1	0	0	0	0	0	1	1	0	1	1
0	1	1	1	1	1	1	1	1	1	0	0
1	0	0	1	1	0	0	0	0	0	0	0
1	0	1	1	1	1	1	0	0	0	1	1
1	1	0	1	1	0	0	0	0	0	1	0
1	1	1	1	1	1	1	0	0	0	0	1

〈표 9-10〉 상태표에서 현재 상태 $S_0[0, 0, 0]$을 입력하고 클럭 펄스를 인가하면 다음 상태는 $S_1[0, 0, 1]$을 얻게 된다. 다시 현재 상태 두 번째 S_1를 입력하면 현재 제어 입력에 의하여 다음 상태는 다음 상태 두 번째인 출력 [0, 1, 0], 즉 S_2를 얻어낼 수 있고 현재 상태 S_2입력 세 번째를 입력하면 다음 상태 출력 [0, 1, 1]인 S_3를

얻는다. 출력 S_3를 입력 현재 상태 네 번째를 입력하면 네 번째 출력 [1, 0, 0]인 S_4를 얻고 S_4출력을 현재 입력 상태에 넣고 현재 제어 입력에 따른 클럭 펄스를 인가하면 다섯 번째 출력인 S_0인 [0, 0, 0]인 다음 상태가 된다.

여기서 현재 상태 $S_5[1, 0, 1]$을 입력하면 $S_3[0, 1, 1]$인 출력, S_6입력은 S_2출력, S_7입력은 S_1이라는 다음 상태의 출력을 얻게되므로 [그림 9-23]과 같은 상태도(state diagram)가 된다.

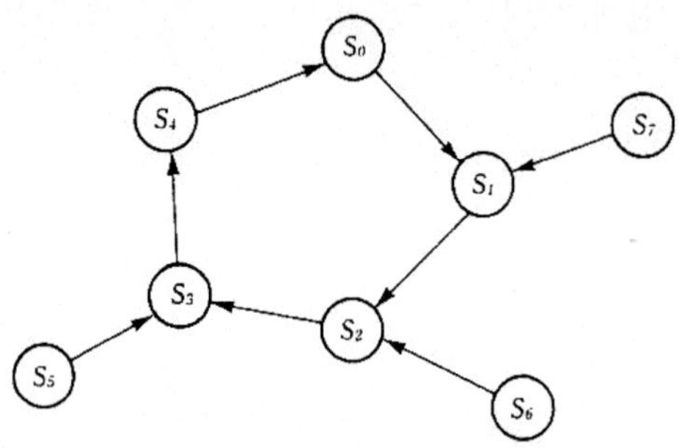

그림 9-23 상태도

이 상태도를 이용하여 마지막으로 계수 순차표(count sequence table)를 작성하면 〈표 9-11〉가 완성된다.

▌표 9-11 ▌ 계수 순차표

Count	출력			상태 할당
C_p	Q_C	Q_B	Q_A	S
0	0	0	0	S_0
1	0	0	1	S_1
2	0	1	0	S_2
3	0	1	1	S_3
4	1	0	0	S_4
5	0	0	0	S_0

이상과 같은 절차에 의하여 계수 순차표에서와 같이 클럭 펄스(C_p)를 순차적으로 인가하면 S_0에서 S_4까지 순환하는 모듈-5진 계수기임을 알 수 있다.

예제 9-2

[그림 9-24] 4진 계수기를 해석함에 있어 앞에서 논한 절차에 따라 해석하여라.

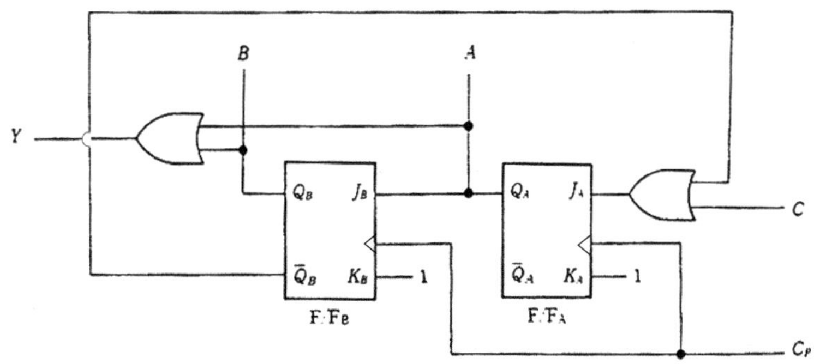

그림 9-24 4진 계수기

풀이

첫째, 계수회로로부터 각 플립플롭의 제어 입력에 대한 논리식을 세운다.

$$F/F_A\text{에서 } J_A = C + \overline{B},\ K_A = 1 \tag{9-7}$$

$$F/F_B\text{에서 } J_B = A,\ K_B = 1 \tag{9-8}$$

둘째, 상태표를 작성하면 〈표 9-11〉과 같다.

먼저 현재 C입력은 0와 1의 두 경우로 생각 할 수 있고 현재 출력 $Y = A + B$가 되고 표에서 현재 상태 B_i와 A_i값에 의한 것이다. 식 (9-7)과 (9-8) 제어 입력에 따라 현재 상태 B_i, A_i가 다음 상태인 B_j, A_j가 된다.

▌표 9-12▐ 상태표

현입력	현상태		제어입력				다음상태		현출력
C	Q_B	Q_A	J_B	K_B	J_A	K_A	Q_B	Q_A	Y
0	0	0	0	1	1	1	0	1	0
	0	1	1	1	1	1	1	0	1
	1	0	0	1	0	1	0	0	1
	1	1	1	1	0	1	0	0	1
1	0	0	0	1	1	1	0	1	0
	0	1	1	1	1	1	1	0	1
	1	0	0	1	1	1	0	1	1
	1	1	1	1	1	1	0	0	1

셋째, 상태 할당(state assignment)을 다음과 같이 한다.

$S \to [B, A]$라 하면 $S_0 \to [0, 0]$, $S_1 \to [0, 1]$,
$S_2 \to [1, 0]$, $S_3 \to [1, 1]$

여기서 B와 A는 [그림 9-24] 계수기에서 출력 Q_B와 Q_A를 의미한다.

넷째, 〈표 9-12〉 상태표는 현재 상태에 따라 현 입력에 의한 식(9-7)과 (9-8)에 의하여 다음 상태와 현출력을 얻게 되는 데 이러한 표를 상태 천이표(state transition table)라 하며, 보다 상세히 설명하면 현재 상태(current state) B_i와 A_i가 [0, 0]이고 현입력 C가 0일 때 다음 상태 B_j, A_j가 [0, 1]이고 현출력이 0이며, 현입력이 1일 때 다음 상태가 B_j, A_j가 [0, 1]이고 현출력이 0이다.

같은 방법으로 현상태가 B_i와 A_i가 [0, 1]이고 현입력 C가 0일 때 다음 상태 가 [0, 1]이고 현출력이 1이며, 현입력이 1일 때 다음 상태 B_j, A_j가 [1, 0]이고 현출력이 1이다. 이와 같이 하여 현상태 [1, 0]와 [1, 1]일 때도 같은 방법으로 하면 〈표 9-13〉과 같은 상태 천이표를 작성할 수 있다.

▌표 9-13 ▌ 상태 천이표 $[B_j, A_j J/Y]$

현상태 (currentstate)	현재입력(C)	
	0	1
00	[0, 1]/0	[0, 1]/0
01	[1, 0]/1	[1, 0]/1
10	[0, 0]/1	[0, 1]/1
11	[0, 0]/1	[0, 0]/1

▌표 9-14 ▌ 간략화 한 상태 천이표

CS	C	
	0	1
S_0	$S_1/0$	$S_1/0$
S_1	$S_2/1$	$S_2/1$
S_2	$S_0/1$	$S_1/0$
S_3	$S_0/1$	$S_0/1$

한편 〈표 9-13〉 상태 천이표를 간략화하면 〈표 9-14〉와 같이 된다.

다섯째 이 상태 천이표에 의한 상태도(state diagram)를 그리면 [그림 9-25]와 같은 모듈-3 카운터라는 해석을 하게 된다.

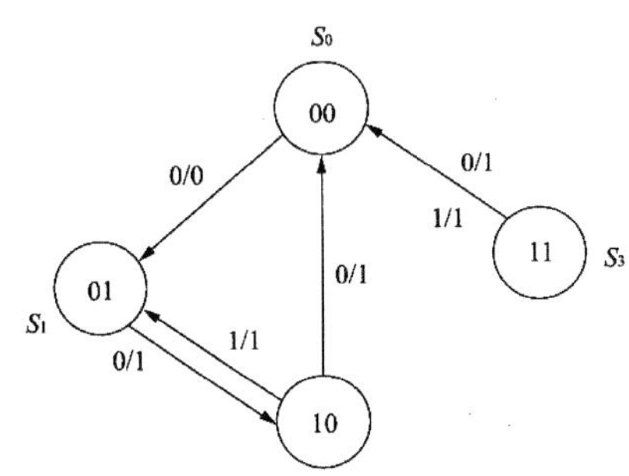

그림 9-25 상태도

9-6 동기식 카운터회로 설계

1. JK 플립플롭을 이용한 카운터 설계

본 절에서는 동기 카운터회로 해석을 바탕으로 하여 해석절차의 역순으로 설계해 보도록 한다.

우선 계수 순차표(count sequence table)가 〈표 9-15〉와 같은 순차표를 갖는 6진 계수기를 설계해 보자.

첫째, 계수 순차표에 따른 상태 할당을 하면

▌표 9-15 ▌ 6진 계수 순차표

계수	출력			상태 할당
C_p	Q_C	Q_B	Q_A	S
0	0	0	0	S_0
1	0	0	1	S_1
2	0	1	0	S_2
3	0	1	1	S_3
4	1	0	0	S_4
5	1	0	1	S_5
6	0	0	0	S_0

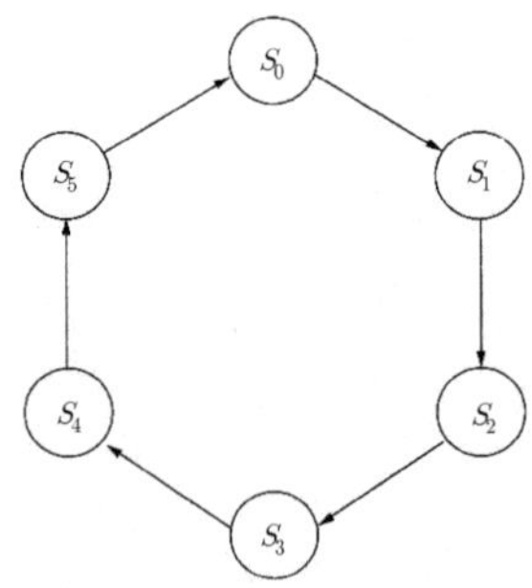

그림 9-26 상태도

$S[Q_C, Q_B, Q_A]$라 할 때 $S_0[0,0,0]$, $S_1[0,0,1]$, $S_2[0,1,0]$, $S_3[0,1,1]$, $S_4[1,0,1]$로 할당된다.

둘째, 상태도(state diagram)를 그리면 [그림 9-26]과 같다

셋째, 천이표(transition table)를 작성한다.

작성하는 요령은 〈표 9-16〉 천이 형태표에서 현재 상태 '0'이 다음 상태 '0'으로 변하면 천이 형태를 0, 현재 상태 '0'이 다음 상태 '1'로 변하면 천이 형태를 α, 현재 상태 '1'이 '0'으로 변하면 천이 형태를 β_1현재 상태 '1'이 다음상태 '1'로 변하면 천이 형태를 1로 간주하면 〈표 9-17〉 제어 입력 형태표와 결론을 얻게 된다.

▌표 9-16 ▌ 천이 형태표

현재 상태	다음 상태	천이 상태
0	0	0
0	1	α
1	0	β
1	1	1

▌표 9-17 ▌ 제어 입력 형태표

천이 상태	제어 입력	
	J	K
0	0	×
α	1	×
β	×	1
1	×	0
ϕ	×	×

〈표 9-17〉 제어 입력 형태표에서 천이 형태 0가 제어입력 형태 변환이 $J=0$, $K=X$라는 의미는 $X=0$ 또는 1을 의미하고 don't care와 같은 의미가 되어 d로 표시해도 된다. 또 이 표에서 $\phi=d$를 의미하고 역시 0도는 1을 나타낸다. 이렇게 하여 종합적인 변형표를 작성한 것이 〈표 9-18〉 천이표로 완성된다.

▌표 9-18 ▌ 천이표

현재 상태			다음 상태			천이 형태			제어입력					
Q_C	Q_B	Q_A	Q_C	Q_B	Q_A	F/F_C	F/F_B	F/F_A	J_C	K_C	J_B	K_B	J_A	K_A
0	0	0	0	0	1	0	0	α	0	×	0	×	1	×
0	0	1	0	1	0	0	α	β	0	×	1	×	×	1
0	1	0	0	1	1	0	1	α	0	×	×	0	1	×
0	1	1	1	0	0	α	β	β	1	×	×	1	×	1
1	0	0	1	0	1	1	0	α	×	0	0	×	1	×

1	0	1	0	0	0	β	0	β	×	1	0	×	×	1
1	1	0	ϕ	ϕ	ϕ	ϕ	ϕ	ϕ	×	×	×	×	×	×
1	1	1	ϕ	ϕ	ϕ	ϕ	ϕ	ϕ	×	×	×	×	×	×

J_C :

A \ CB	00	01	11	10
0			×	×
1		1	×	×

$J_C = B \cdot A$

K_C :

A \ CB	00	01	11	10
0	×	×	×	
1	×	×	×	1

$K_C = A$

J_B :

A \ CB	00	01	11	10
0		×	×	
1	1	×	×	

$J_B = \overline{C} \cdot A$

K_B :

A \ CB	00	01	11	10
0	×		×	×
1	×	1	×	×

$K_B = \overline{C}A$ 또는 A

J_A :

A \ CB	00	01	11	10
0	1	1	1	1
1	×	×	×	×

$J_A = 1$

K_A :

A \ CB	00	01	11	10
0	×	×	×	×
1	1	1	×	1

$K_A = 1$

그림 9-27 카르나도(karnaugh map)

넷째, 이러한 천이표로부터 제어 입력 논리식을 카르나도법(karnaugh map)에 의하여 논리식을 작성한다.

먼저 $Q_C \to C$, $Q_B \to B$, $Q_A \to A$라 하면 〈표 9-19〉 제어 입력으로부터 J_C, K_C 와 J_B, K_B 및 J_A, K_A 에 대하여 카르나도를 작성하여 논리식을 구한다.

결론적으로 논리식은 다음과 같다

$$F/F_A \ : \ J_A = K_A = 1 \tag{9-9}$$

$$F/F_B \ : \ J_B = K_B = \overline{Q_C} \cdot Q_A \text{ 또는 } K_B = Q_A \tag{9-10}$$

$$F/F_C \ : \ J_C = Q_B \cdot Q_A,\ K_C = Q_A \tag{9-11}$$

다섯째, 논리도(logic diagram)를 논리식 (9-9), (9-10), (9-11)에 의하여 그리면 [그림 9-28]과 같다.

식 (9-10)에서 논리도를 간략하게 하기 위하여 $J_B = K_B = \overline{A} \cdot Q_A$를 취하는 것이 좋다.

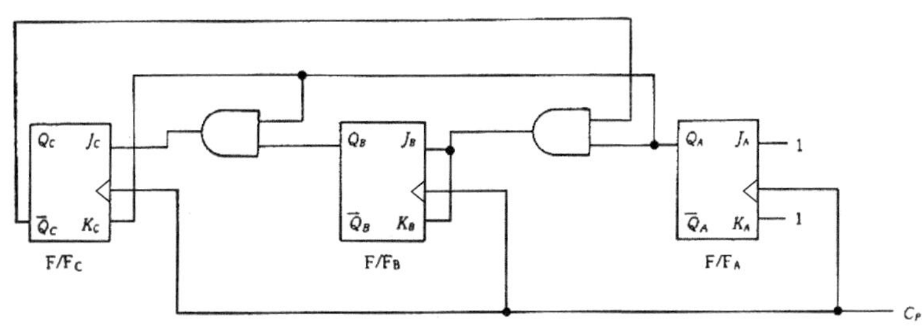

그림 9-28 동기식 6진 카운터 논리도

예제 9-3

〈표 9-19〉와 같이 작동하는 mod-10동기식 카운터를 설계하여라.

▌표 9-19 ▌ mod-10 카운터 순차표

계수	출력				상태 할당
C_K	Q_D	Q_C	Q_B	Q_A	S
1	0	0	0	0	S_0
2	0	0	0	1	S_1
3	0	0	1	0	S_2
4	0	0	1	1	S_3
5	0	1	0	0	S_4
6	0	1	0	1	S_5
7	0	1	1	0	S_6
8	0	1	1	1	S_7
9	1	0	0	0	S_8
10	1	0	0	1	S_9
11	0	0	0	0	S_0

풀이

mod-10카운터 순차표에서 계수 순차표(count sepuence table)와 상태 할당을 한꺼번에 나타내고 있다. 다음 설계순서는 상태도(state diagram)를 그려보자.

첫째, 상태도를 상태할당에 의하여 그리면 [그림 9-29]와 같다.

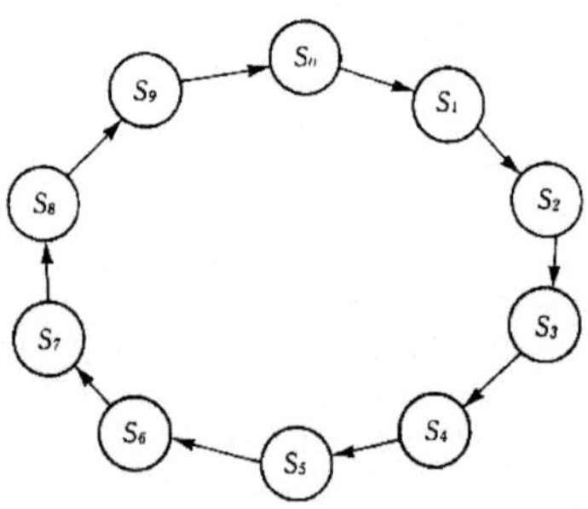

그림 9-29 상태도

▮ 표 9-20 ▮ 천이표

현재 상태				다음 상태				천이 형태				제어 입력							
Q_D	Q_C	Q_B	Q_A	Q_D	Q_C	Q_B	Q_A	F/	F/	F/	F/	J_D	K_D	J_C	K_C	J_B	K_B	J_A	K_A
0	0	0	0	0	0	0	1	0	0	0	α	0	×	0	×	0	×	1	×
0	0	0	1	0	0	1	0	0	0	α	β	0	×	0	×	1	×	×	1
0	0	1	0	0	0	1	1	0	0	1	α	0	×	0	×	×	0	1	×
0	0	1	1	0	1	0	0	0	α	β	β	0	×	1	×	×	1	×	1
0	1	0	0	0	1	0	1	0	1	0	α	0	×	×	0	0	×	1	×
0	1	0	1	0	1	1	0	0	1	α	β	0	×	×	0	1	×	×	1
0	1	1	0	0	1	1	1	0	1	1	α	0	×	×	0	×	0	1	×
0	1	1	1	1	0	0	0	α	β	β	β	1	×	×	1	×	1	×	1
1	0	0	0	1	0	0	1	1	0	0	α	×	0	0	×	0	×	1	×
1	0	0	1	0	0	0	0	β	0	0	β	×	1	0	×	0	×	×	1

둘째, 천이표를 작성하면 〈표 9-20〉과 같다.

셋째, 제어 입력 논리식을 작성하면 [그림 9-30]과 같다.

이러한 천이표로부터 입력 논리식을 카르나도법(karnaugh map)에 의하여 논리식을 작성한다. 먼저 $Q_D \rightarrow D$, $Q_C \rightarrow C$, $Q_B \rightarrow B$, $Q_A \rightarrow A$라 하여 〈표 9-20〉 제어 입력으로부터 다음과 같은 논리식을 얻게 된다.

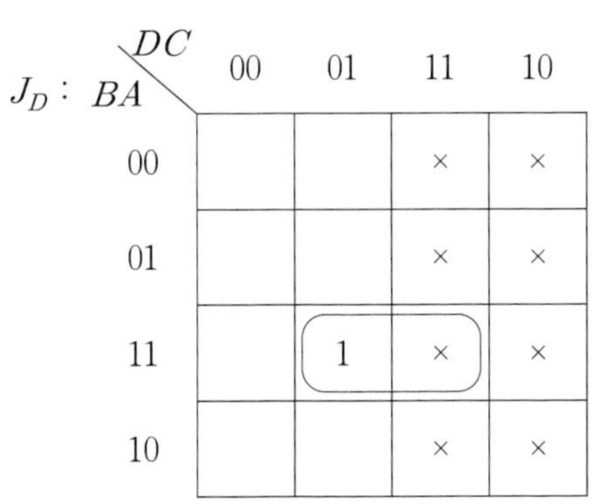

$J_D = C \cdot B \cdot A$

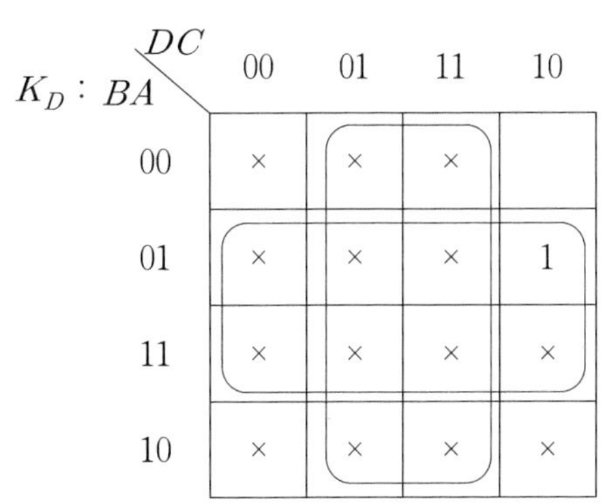

$K_D = A$

J_C :

BA \ DC	00	01	11	10
00		×	×	
01		×	×	
11	1	×	×	×
10		×	×	×

$J_C = B \cdot A$

K_C :

BA \ DC	00	01	11	10
00	×		×	×
01	×		×	×
11	×	1	×	×
10	×		×	×

$K_C = B \cdot A$

J_B :

BA \ DC	00	01	11	10
00			×	
01	1	1	×	
11	×	×	×	×
10	×	×	×	×

$J_B = \overline{D} \cdot A$

K_B :

BA \ DC	00	01	11	10
00	×	×	×	×
01	×	×	×	×
11	1	1	×	×
10			×	×

$K_B = A$ or $\overline{D} \cdot A$

J_A :

BA \ DC	00	01	11	10
00	1	1	×	1
01	×	×	×	×
11	×	×	×	×
10	1	1	×	×

$J_A = 1$

K_A :

BA \ DC	00	01	11	10
00	×	×	×	×
01	1	1	×	1
11	1	1	×	×
10	×	×	×	×

$K_A = 1$

그림 9-30 카르나도 (karnaugh map)

결론적으로 논리식은 다음과 같다.

$$F/F_A \; ; J_A = K_A = 1 \tag{9-12}$$

$$F/F_B \; ; J_B = \overline{D} \cdot A, \; K_B = A \text{ or } \overline{\mathrm{D}} \cdot \mathrm{A} \tag{9-13}$$

$$F/F_C = J_C = K_C = B \cdot A \tag{9-14}$$

$$F/F_D = J_D = C \cdot B \cdot A, \; K_D = A \tag{9-15}$$

넷째, 식 (9-12), (9-13), (9-14), (9-15)에 의하여 논리도를 그리면 [그림 9-31]과 같다.

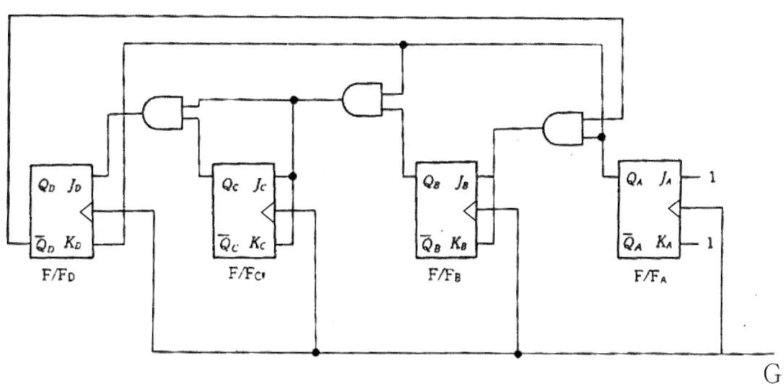

그림 9-31 mod-10동기식 카운터 논리도

식(9-13)에서 $K_B = \overline{D} \cdot A$를 택하면 $J_B = K_B$가 되어 논리도가 간편하게 된다.

예제 9-4

3초과 코드 mod-10계수기를 설계하여라.

풀이

첫째, 10진 계수 순차표를 작성하면 〈표 9-21〉과 같다.

▌표 9-21▌ 3초과 코드 mod-10계수기 순차표

계수	출력				상태 할당
C_K	Q_D	Q_C	Q_B	Q_A	S
1	0	0	1	1	S_0
2	0	1	0	0	S_1
3	0	1	0	1	S_2
4	0	1	1	0	S_3
5	0	1	1	1	S_4
6	1	0	0	0	S_5
7	1	0	0	1	S_6
8	1	0	1	0	S_7
9	1	0	1	1	S_8
10	1	1	0	0	S_9
11	0	0	1	1	S_0

〈표 9-21〉에서 계수 순차표(count sequence table)와 상태 할당을 함께 나타내고 있다.
둘째, 이것으로부터 상태도(state diagram)를 그리면 [그림 9-32]와 같다.
셋째, 상태도에 따라 천이표를 작성하면 〈표 9-22〉와 같다.

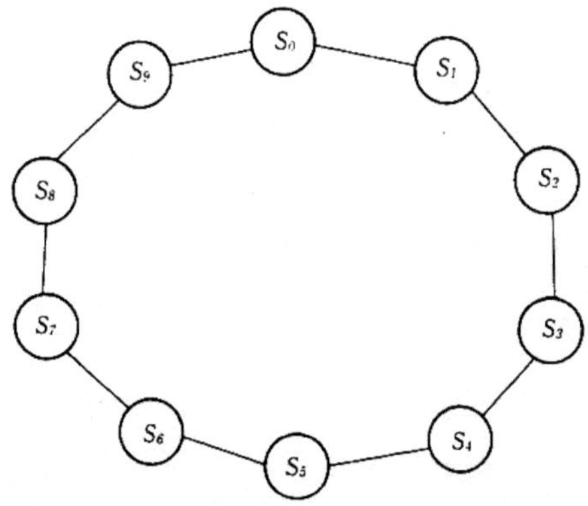

그림 9-32 상태도

▌표 9-22 ▌ 천이표

현재 상태				다음 상태				천이 형태				제어 입력							
Q_D	Q_C	Q_B	Q_A	Q_D	Q_C	Q_B	Q_A	F/F_D	F/F_C	F/F_B	F/F_A	J_D	K_D	J_C	K_C	J_B	K_B	J_A	K_A
0	0	1	1	0	1	0	0	0	α	β	β	0	×	1	×	×	1	×	1
0	1	0	0	0	1	0	1	0	1	0	α	0	×	×	0	0	×	1	×
0	1	0	1	0	1	1	0	0	1	α	β	0	×	×	0	1	×	×	1
0	1	1	0	0	1	1	1	0	1	1	α	0	×	×	0	×	0	1	×
0	1	1	1	1	0	0	0	α	β	β	β	1	×	×	1	×	1	×	1
1	0	0	0	1	0	0	1	1	0	0	α	×	0	0	×	0	×	1	×
1	0	0	1	1	0	1	0	1	0	α	β	×	0	0	×	1	×	×	1
1	0	1	0	1	0	1	1	1	0	1	α	×	0	0	×	×	0	1	×
1	0	1	1	1	1	0	0	1	α	β	β	×	0	1	×	×	1	×	1
1	1	0	0	0	0	1	1	β	β	α	α	×	1	×	1	1	×	1	×

넷째, 이 천이표에서 현재상태 Q_D, Q_C, Q_B, Q_A가 0011에서 1100까지 작동하며 0000, 0001, 0010, 1101, 1110, 1111의 입력은 무정의(don't care) 상태가 되어 [그림 9-33] 카르나도에서 'X'로 처리된다.

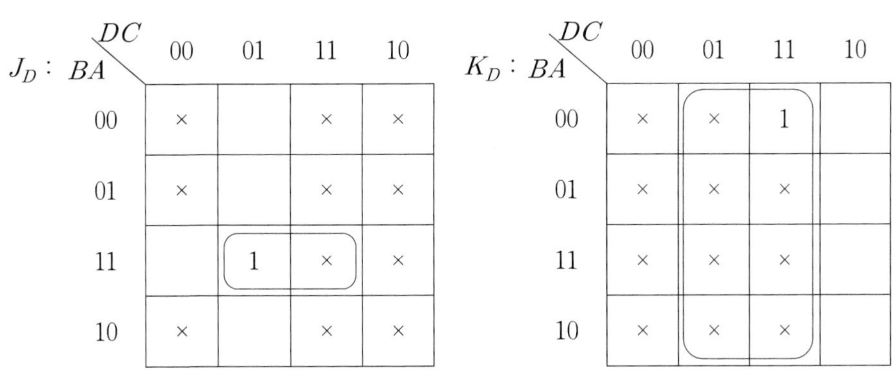

$J_D = C \cdot B \cdot A$　　$K_D = C$

J_C :

BA \ DC	00	01	11	10
00	×	×	×	
01	×	×	×	
11	1	×	×	1
10	×	×	×	

$J_C = B \cdot A$

K_C :

BA \ DC	00	01	11	10
00	×		1	×
01	×		×	×
11	×	1	×	×
10	×		×	×

$K_C = D + B \cdot A$

J_B :

BA \ DC	00	01	11	10
00	×		1	
01	×	1	×	1
11	×	×	×	×
10	×	0	×	×

$J_B = DC + A$

K_B :

BA \ DC	00	01	11	10
00	×	×	×	×
01	×	×	×	×
11	1	1	×	1
10	×		×	

$K_B = A$

J_A :

BA \ DC	00	01	11	10
00	×	1	1	1
01	×	×	×	×
11	×	×	×	×
10	×	1	×	1

$J_A = 1$

K_A :

BA \ DC	00	01	11	10
00 10	×	×	×	×
01	×	1	×	1
11	1	1	×	1
10	×	×	×	×

$K_A = 1$

그림 9-33 카르나도(karnaugh map)

따라서 논리식은 (9-16), (9-17), (9-18), (9-19)와 같다.

$$F/F_A\ ;\ J_A = K_A = 1 \quad (9\text{-}16)$$

$$F/F_B\ ;\ J_B = D \cdot C + A,\ K_B = A \quad (9\text{-}17)$$

$$F/F_C\ ;\ J_C = B \cdot A,\ K_C = D + B \cdot A \quad (9\text{-}18)$$

$$F/F_D\ ;\ J_D = C \cdot B \cdot A,\ K_D = C \quad (9\text{-}19)$$

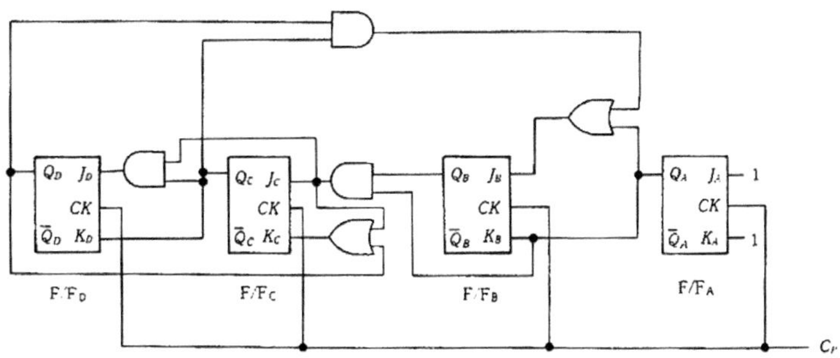

그림 9-34 3초과 코드 mod −10 동기식 카운터 논리도

다섯째, (9-16), (9-17), (9-18), (9-19)에 의하여 논리도를 그리면 [그림 9-34] 3초과 코드 mod-10동기식 카운터와 같다.

2. T-플립플롭과 D-플립플롭을 이용한 카운터 설계

[그림 9-35]와 같은 상태표가 있다고 가정하고 이 상태표를 만족하는 T-플립플롭을 설계하여 보자.

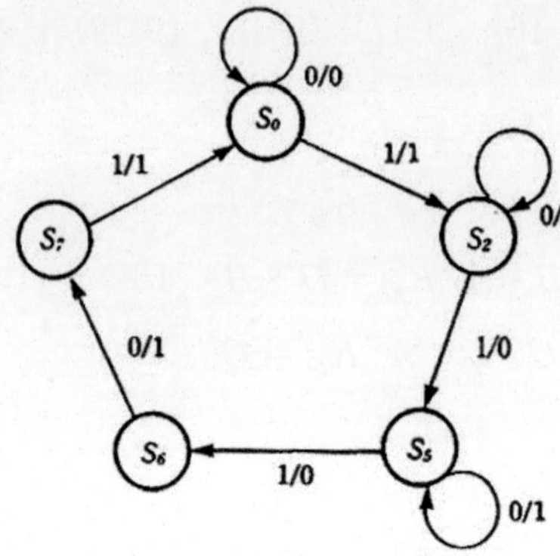

그림 9-35 상태도

첫째, 상태도로부터 〈표 9-23〉과 같은 상태표를 작성한다. 일례를 들면 $S_0 \rightarrow S_2$까지의 변화는 [1/1]까지의 변화는 [1/1] 즉 입력이 '0'이고 출력이 '0'일 때 $S_0 \rightarrow S_0$로 변화하고, [1/1]즉 입력이 '1'일 때 출력이 '1'로 변하면 $S_0 \rightarrow S_2$로 상태변화를 한다. 이와같이 하여$S_2 \rightarrow S_5 \rightarrow S_6 \rightarrow S_7 \rightarrow S_0$와 같은 계수 순차를 반복하게 되는 상태표를 작성한다.

▌표 9-23 ▌ 상태표

10진수	현재 상태			입력	다음 상태			출력	제어 입력		
N	Q_C	Q_B	Q_A	X	Q_C	Q_B	Q_A	Y	T_C	T_B	T_A
0	0	0	0	0	0	0	0	0	0	0	0
1	0	0	0	1	0	1	0	1	0	1	0
4	0	1	0	0	0	1	0	1	0	0	0
5	0	1	0	1	1	0	1	0	1	1	1
10	1	0	1	0	1	0	1	1	0	0	0
11	1	0	1	1	1	1	0	0	0	1	1
12	1	1	0	0	1	1	1	1	0	0	1
15	1	1	1	1	0	0	0	1	1	1	1

둘째, 상태표로부터 제어 입력 논리식을 얻기 위하여 상태표에서 현재 상태 Q_C, Q_B, Q_A와 입력 X와 함께 4비트를 카르나도의 입력으로 하고 제어 입력

T_C, T_B, T_A및 출력 Y를 각각 구하기 위하여 10진수 N ; 0, 1, 4, 5, 10, 11, 12, 15를 제외한 2, 3, 6, 7, 8, 9, 13, 14는 don't care를 취하는 카르나도(karnaugh map)를 작성하면 [그림 9-36]과 같게 된다.

카르나도에서 편의상 $Q_C \rightarrow C$, $Q_B \rightarrow B$, $Q_A \rightarrow A$로 한다.

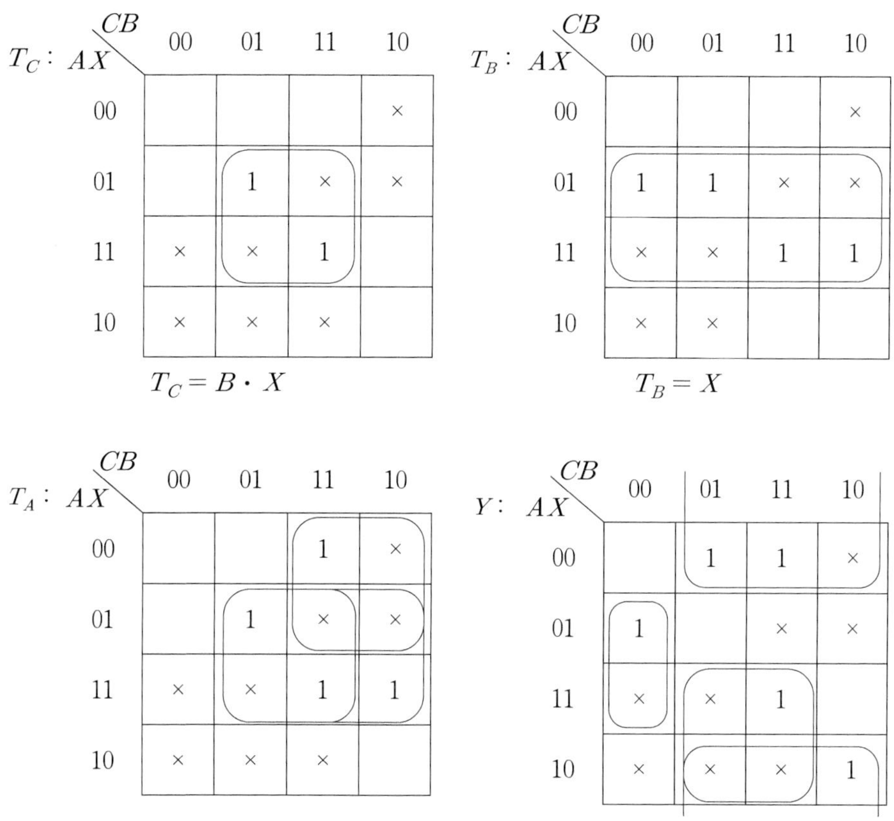

$T_C = B \cdot X$　　$T_B = X$

$T_A = C\overline{A} + BX + CX$ 또는
$T_A = C\overline{A} + BX + AX$

$Y = \overline{C}\,\overline{B}X + B\overline{X} + C\overline{X} + \overline{C}A$

그림 9-36 카르나도

따라서 F/F_A, F/F_B, F/F_C의 제어 입력 및 출력 Y의 논리식은 다음과 같다.

$$F/F_A : T_A = C\overline{A} + BX + CX \text{ 또는 } = C\overline{A} + BX + AX \quad (9\text{-}20)$$

$$F/F_B ; T_B = X \quad (9\text{-}21)$$

$$F/F_C ; T_C = BX \quad (9\text{-}22)$$

$$\text{출력 } Y = \overline{C}\,\overline{B}X + B\overline{X} + C\overline{X} + \overline{C}A \quad (9\text{-}23)$$

셋째, 이 논리식으로부터 다음의 [그림 9-37]과 같은 논리도를 구할 수 있다.

이번에는 D-플립플롭을 이용한 카운터를 설계하여 보자. D-플립플롭도 T-플립플롭과 똑같은 설계방식으로 하면 되고 단지 T-플립플롭 대신 D-플립플롭을 이용한다는 면에서의 차이점 밖에 없다.

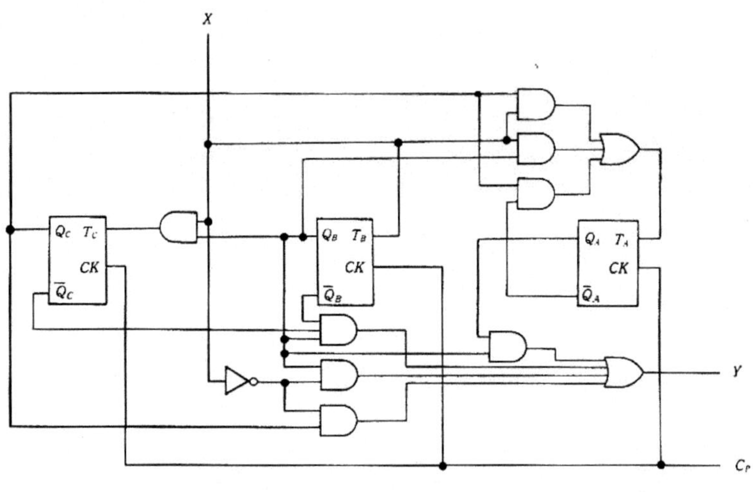

그림 9-37 mod-5동기식 T-플립플롭 논리도

우선 [그림 9-38] 상태도가 있다고 보고 이 상태도에 따른 상태표, 카르나도에 의한 입력 논리 제어식을 구하여 논리도를 그리면 된다.

첫째, [그림 9-38] 상태표로부터 상태표를 작성하면 〈표 9-24〉와 같다.

상태표를 작성함에 있어 현재 상태 3비트와 입력 1비트를 합쳐 총 3비트 부울 변수를 갖고 10진수 2, 3, 4, 5, 10, 11, 12, 13이 제외되어 간소화 과정에서 don't care에 속한다. 또, 현재 상태에서 다음 상태로 변할 때 제어 입력은 D-플립플롭의 특성방정식 $Q_{(t+1)} = D$에서 제어 입력을 구하면 상태표가 완성되고 이 표로부터 카르나도법을 이용하여 제어 입력 논리식을 구한다.

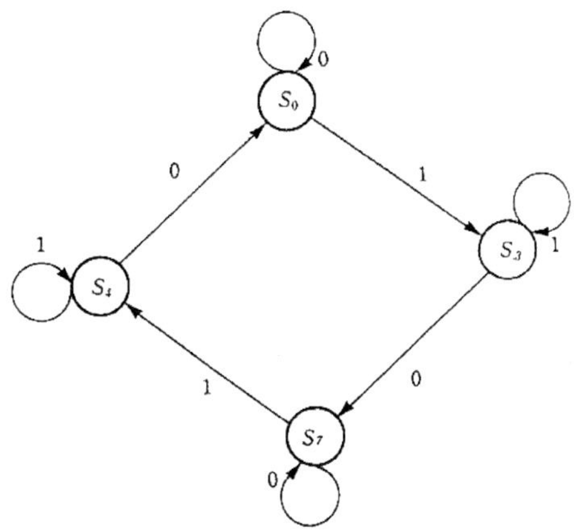

그림 9-38 D-플립플롭을 이용한 동기식 상태도

▌표 9-24 ▌ 상태표

10진수	현재 상태			입력	다음 상태			제어 입력		
N	Q_C	Q_B	Q_A	X	Q_C	Q_B	Q_A	D_C	D_B	D_A
0	0	0	0	0	0	0	0	0	0	0
1	0	0	0	1	0	1	1	0	1	1
6	0	1	1	0	1	1	1	1	1	1
7	0	1	1	1	0	1	1	0	1	1
14	1	1	1	0	1	1	1	1	1	1
15	1	1	1	1	1	0	0	1	0	0
8	1	0	0	0	0	0	0	0	0	0
9	1	0	0	1	1	0	0	1	0	0

둘째, 제어 입력 논리식을 위한 카르나도를 구하면 [그림 9-39]로부터 논리식 (9-24), (9-25)가 된다.

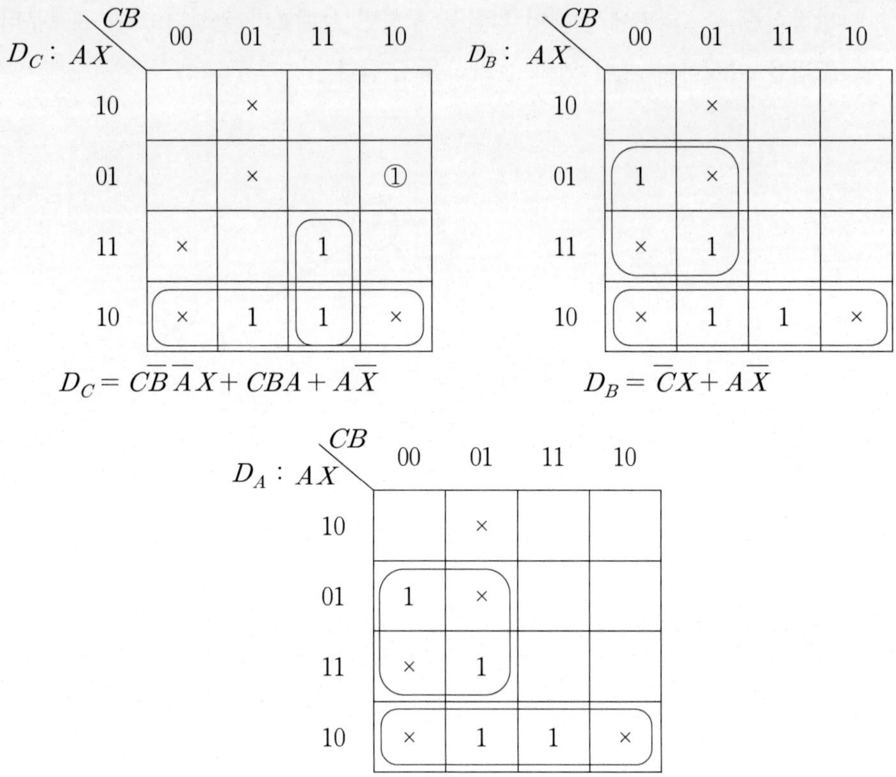

$D_C = C\overline{B}\,\overline{A}X + CBA + A\overline{X}$

$D_B = \overline{C}X + A\overline{X}$

$D_A = \overline{C}X + A\overline{X}$

그림 9-39 카르나도

[그림 9-39] 카르나도에서 $Q_A \rightarrow A$, $Q_B \rightarrow B$, $Q_C \rightarrow C$로 표시한 것이다. 따라서 제어 입력 논리식은 다음과 같다.

$$D_A = D_B = \overline{C}X + A\overline{X} \tag{9-24}$$

$$D_C = \overline{A}\,\overline{B}CX + ABC + A\overline{X} \tag{9-25}$$

셋째, 이러한 제어 입력 논리식으로부터 [그림 9-38] D-플립플롭을 이용한 동기식 카운터 논리도를 그리면 [그림 9-40]과 같다.

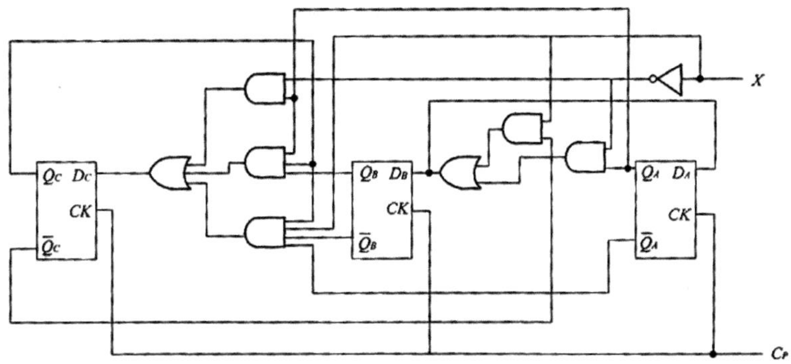

그림 9-40 D플립플롭을 이용한 동기식 4진 카운터 논리도

연습문제

9-1 클럭 펄스 인가방식과 계수 방식에 의하여 카운터회로를 분류하라.

9-2 다음 그림은 비동기식 Up/Down카운터이다. 동작원리를 구체적으로 설명하라.

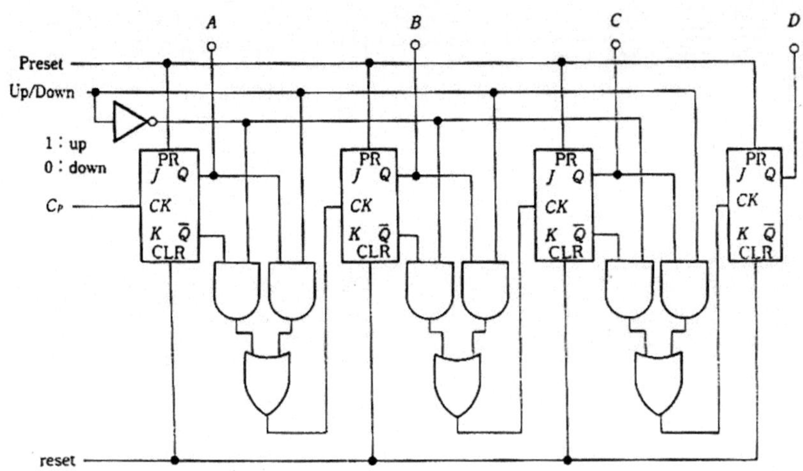

9-3 카운터의 모듈러스(modulus)는 어떻게 결정되는지 설명하라.

9-4 동기식 카운터와 비동기식 카운터의 차이점을 설명하라.

9-5 동기식 Mod-5카운터를 처음 클리어(clear)시키고 클럭 펄스(C_p)를 7회 인가시키면 이때의 출력 논리값을 구하라.

9-6 다음과 같은 mod-5계수 동작표를 만족하는 직접 리셋형 카운터를 설계하라.

계수	*C*	*B*	*A*
0	0	0	0
1	0	0	1
2	0	1	0
3	0	1	1
4	1	0	0
5	0	0	0

9-7 다음과 같은 mod-7카운터의 계수 동작표를 만족하는 직접 리셋형 카운터를 설계하라.

계수	*C*	*B*	*A*
0	0	0	0
1	0	0	1
2	0	1	0
3	0	1	1
4	1	0	0
5	1	0	1
6	1	1	0
7	0	0	0

9-8 링 카운터와 존슨 카운터의 차이점을 설명하라.

9-9 플립플롭 5개 단을 사용한 링 카운터(ring counter)의 %듀티 싸이클(duty cycle)을 구하라.

9-10 존슨 카운터(johnson counter)에서 플립플롭의 단수를 5개로 했을 때 %듀티 싸이클을 구하라.

9-11 4단 링 카운터에서 입력 클럭 펄스(clock pulse)를 1MHz로 하면 출력 주파수는 얼마나 되나?

9-12 출력 주파수를 입력 주파수의 1/100로 줄이고 싶다면 링 카운터의 플립플롭의 개수를 몇 개로 하면 되나?

9-13 모듈러스 계수기가 다음 회로와 같이 주어지고 그 출력파형도 함께 주어져 있을 때 이 회로의 계수기는 몇진 계수기인가?

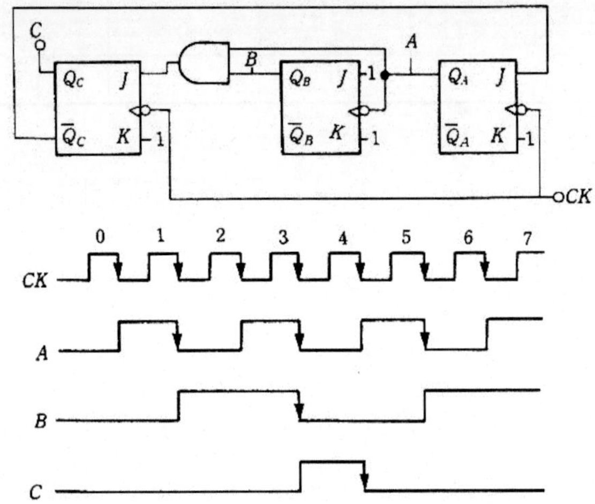

9-14 다음 그림은 귀환펄스를 이용한 계수기 이다. 계수표를 작성하라.

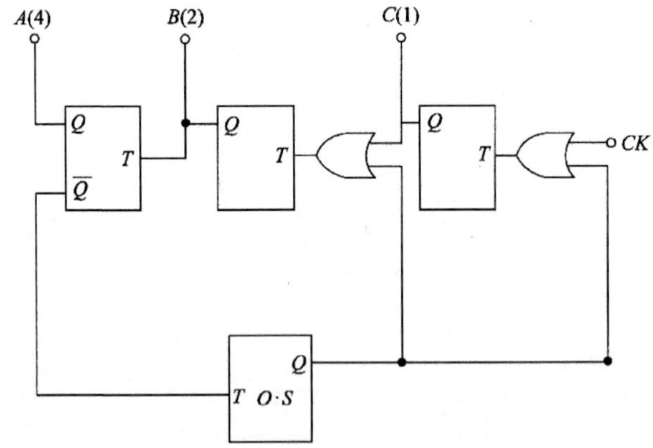

9-15 다음 동기식 카운터의 회로를 해석하라.

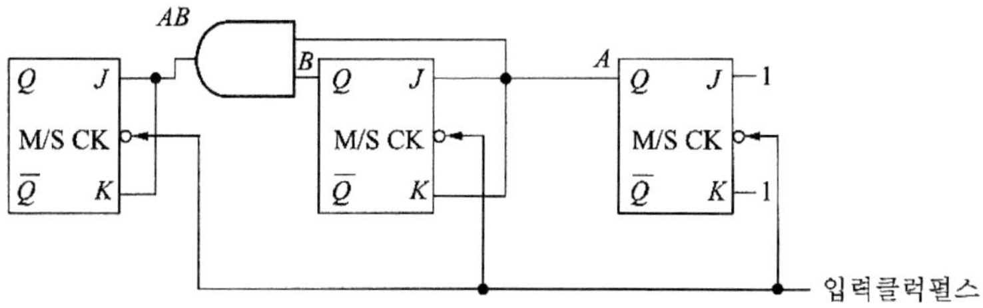

9-16 M/S-JK 플립플롭을 사용하여 동기식 mod-12카운터를 설계하라.

9-17 M/S-JK 플립플롭을 사용하여 동기식 mod-7카운터를 설계하라.

9-18 동기식 3초과 카운터를 설계하라.

Chapter 10

레지스터

Chapter 10 레지스터

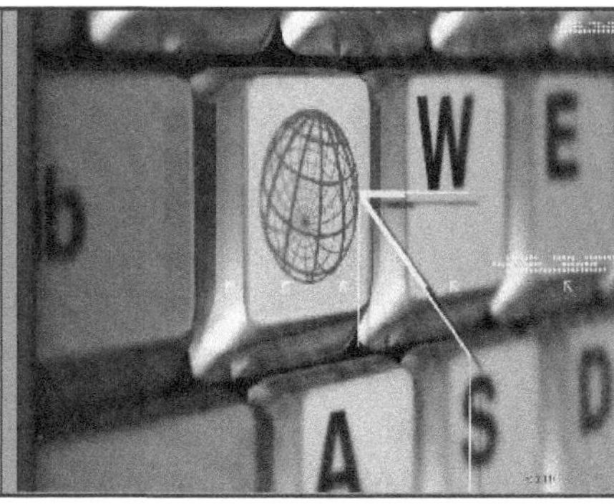

레지스터(register)는 앞서 다룬 플립플롭을 연결한 일련의 플립플롭들로서 데이터를 일시 저장하거나 전송하는 장치로서 대부분의 디지털 시스템이나 컴퓨터에 있어서 매우 중요한 기능을 갖고 있다. 특히 컴퓨터 시스템간의 병렬-직렬 데이터 전송이나 각종 연산조작에 이용되고 있다.

시프트 레지스터는 주로 입력된 데이터를 저장하고 자리 이동을 하는 데 사용되며 입출력 방식에 따라 직렬-직렬, 직렬-병렬, 병렬-직렬, 병렬-병렬의 4가지로 분류되며, 데이터 이동방식에 따라 좌측 시프트 레지스터, 우측 시프트 레지스터 및 양방향 시프트 레지스터의 세가지로 분류되고, 입출력 방식과 이동 방식을 자유자재로 할 수 있는 만능 시프트 레지스터(universal shift register)가 있으며 이들에 대한 개통도는 다음과 같다.

- 레지스터
  - 입출력 방식
    - 직렬-직렬 방식(serial in-serial out system)
    - 직렬-병렬 방식(serial in-parallel out system)
    - 병렬-직렬 방식(parallel in-serial out system)
    - 병렬-병렬 방식(parallel in-parallel out system)
  - 데이터 이동 방식
    - 좌측 이동 방식(shift left system)
    - 우측 이동 방식(shift right system)
    - 양측 이동 방식(bidirection shift system)
  - 입출력과 데이터 이동 방식-만능 방식(universal system)

10-1 데이터 입출력 방식

1. 직렬입력-직렬출력 시프트 레지스터

직렬 입력-직렬 출력 시프트 레지스터(serial in-serial out shift register)란 데이터를 입력측에서 직렬로 받아들여 출력측에서 직렬로 시프트시키는 입출력 방식이다. 즉, 데이터를 1비트씩 입력하여 1비트씩 출력한다는 의미를 갖는 것으로 [그림 10-1]과 같다. 이 방식은 4비트 직렬 입력-직렬 출력 시프트 레지스터로 클리어 입력을 갖춘 D형 플립플롭 4개를 캐스케이드로 접속하였다.

이 시프트 레지스터는 4개의 플립플롭으로 구성되어 있으므로 4비트의 데이터를 저장할 수 있으며 하나의 데이터 입력, 클럭 입력, 클리어 입력 및 2개의 콤플리멘터리(complimentary) 출력을 가지고 있다.

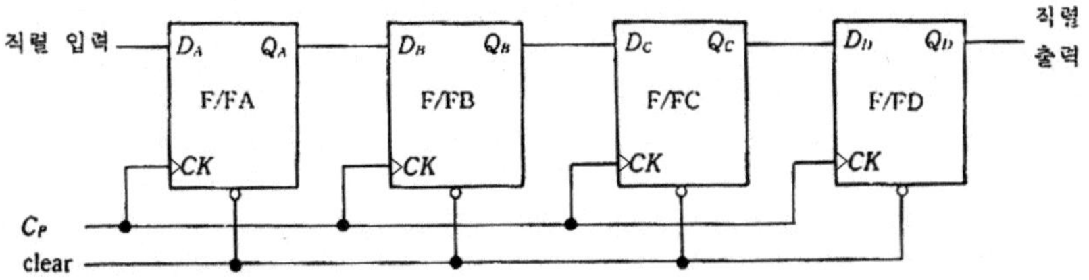

그림 10-1 직렬입력-직렬출력 시프트 레지스터

여기서 직렬 입력-직렬 출력 시프트 레지스터의 동작을 설명하기 위하여 4비트 2진수 1001을 처리하는 방법을 알아보도록 한다.

[그림 10-2]의 직렬 입력-직렬 출력 시프트 레지스터의 저장순서에서 맨 처음 순간적으로 클리어(clear) 입력을 작동케하여 리셋시킨다. 4비트 2진수의 맨 오른쪽 비트(1)가 데이터 입력에 가해지고 첫 번째 클럭 펄스가 가해지면 F/F_A가 셋트되어 1이 저장된다. 따라서 $Q_A = 1$의 상태가 된다.

두 번째 비트(0)가 데이터 입력에 가해지고 두번째 펄스가 가해지면 $Q_A = Q_B = 1$

이므로 F/F_B가 셋트되어 $Q_B=1$의 상태가 됨과 동시에 F/F_A는 $D_A=0$이므로 리셋되어 $Q_A=0$이 된다. 즉 F/F_A에 저장되어 있던 첫 번째 비트(1)가 F/F_B로 이동되고 F/F_A에는 두 번째 비트(0)가 새롭게 저장된다. 따라서 $Q_B=1$, $Q_B=0$의 출력 상태가 된다.

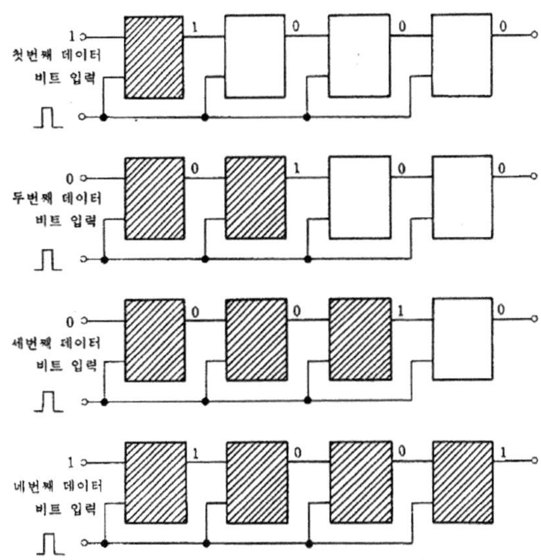

그림 10-2 직렬입력-직렬출력 시프트 레지스터 저장 순서

세 번째 비트(0)가 데이터 입력에 가해지고, 세 번째 클럭 펄스가 가해지면 $Q_A=1$, $Q_B=0$, $D_C=Q_B=1$이므로 F/F_A, F/F_B 및 F/F_C는 $Q_C=1$, $Q_B=0$, $Q_A=0$의 출력 상태가 된다. 즉, 첫 번째 비트가 세 번 자리 이동을 한 셈이 된다.

끝으로 마지막 데이터 비트(1)가 가해지고 네 번째 클럭 펄스가 가해지면 F/F_A가 셋트되는 동시에 F/F_B, F/F_C, F/F_D는 $Q_D=1$, $Q_C=0$, $Q_B=0$, $Q_A=1$ 출력값을 갖는다.

이상과 같이 4비트 2진수 1001이 시프트 레지스터의 4개의 F/F에 순서대로 저장되는 것이다.

이 상태는 전원이 가해져 있는 한 그대로 유지된다. 이들 4개의 비트를 시프트 레지스터로부터 끌어 내리면 직렬로 자리이동을 시키면서 끌어내야 한다. 가장 간단한 방법은 입력을 0으로 하고 3개의 클럭 펄스를 차례로 인가하는 방법이다.

처음 출력 $Q_A = 1$이 되며 이어서 0, 0 및 1의 순서로 된다. 네 번째 클럭 펄스로 입력 0이 4개의 F/F을 모두 통과하므로 시프트 레지스터의 출력은 0이 된다. 즉, 4비트 2진수가 직렬로 출려되어 4개의 F/F의 출력이 모두 0으로 클리어 된다.

4비트 데이터가 자리이동을 하면서 레지스터로 부터 출력되는 순서는 [그림 10-3]의 직렬입력-직렬출력 시프트 레지스터와 같다.

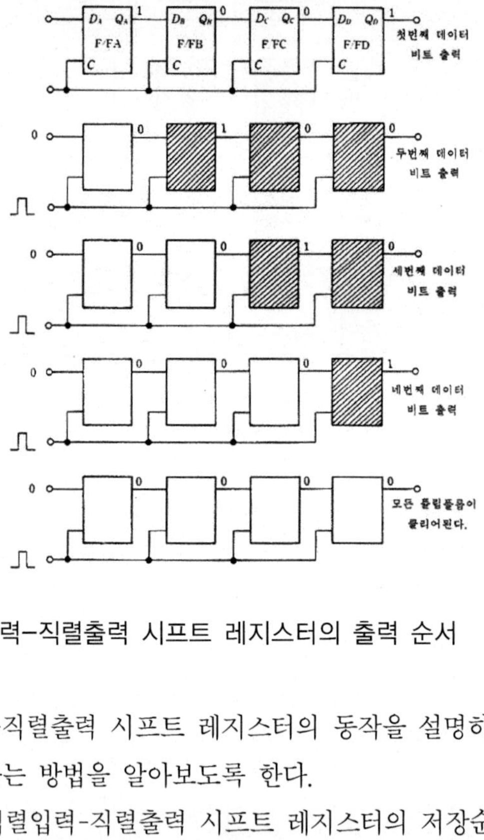

그림 10-3 직렬입력-직렬출력 시프트 레지스터의 출력 순서

여기서 직렬입력-직렬출력 시프트 레지스터의 동작을 설명하기 위하여 4비트 2진수 1001을 처리하는 방법을 알아보도록 한다.

[그림 10-2]의 직렬입력-직렬출력 시프트 레지스터의 저장순서에서 맨 처음 순간적으로 클리어(clear) 입력을 작동케하여 리셋시킨다. 4비트 2진수의 맨 오른쪽 비트(1)가 데이터 입력에 가해지고 첫 번째 클럭 펄스가 가해지면 F/F_A가 셋트되어 1이 저장된다. 따라서 $Q_A = Q_B = 1$의 상태가 된다.

두 번째 비트(0)가 데이터 입력에 가해지고 두 번째 펄스가 가해지면 $Q_A = Q_B = 1$

이므로 F/F_B가 셋트되어 $Q_B = 1$의 상태가 됨과 동시에 F/F_A는 $D_A = 0$이므로 리셋되어 $Q_A = 0$이 된다. 즉 F/F_A에 저장되어 있던 첫 번째 비트(1)가 F/F_B로 이동되고 F/F_A에는 두 번째 비트(0)가 새롭게 저장된다. 따라서 $Q_B = 1$, $Q_A = 0$의 출력 상태가 된다.

클리어와 프리셋 동작은 클럭 펄스와는 관계없이 독립적(비동기적)으로 이루어진다. 그러나 일단 클리어되거나 프리셋되면 클리어(CLR)가 반드시 0이고, 프리셋 입력이 1이어야만 매 클럭 펄스마다 직렬입력-직렬출력 시프트 레지스터의 정상적인 동작이 이루어진다.

2. 직렬입력-병렬출력 시프트 레지스터

직렬입력-병렬출력 시프트 레지스터(serial in-parallel out shift registers)는 [그림 10-4]와 같이 D형 플립플롭을 사용하여 각 레지스터로부터 출력을 끌어내는 점을 제외하고는 직렬입력-직렬출력 레지스터의 플립플롭의 구성과 같다. 각 비트(bit)가 시프트되고 저장되면 각 플립플롭의 출력이 해당 데이터를 나타내게 된다.

직렬입력-병렬출력 시프트 레지스터는 데이터를 직렬로 출력하는 대신 모든 데이터 비트를 동시에 끌어냄으로 병렬출력이 된다. 이 방식은 디지털 컴퓨터에서 직렬-병렬 변환기 등으로 널리 사용되고 있다. 대표적인 패키지로는 74164 TTL 8비트와 CMOS 74C164를 들 수 있는데 이 회로도는 [그림 10-5]와 같다. F/FA만 D형으로 접속하고 나머지는 모두 RS-플립플롭형으로 접속되고 있다.

74164는 2개의 직렬입력을 NAND하여 그 출력을 게이트 신호로서 사용한다. 8비트 2진 10010011을 시프트하는 경우의 74164의 동작은 [그림 10-6]에 타이밍도로 나타내고 있다. 직렬입력-직렬출력의 경우와 마찬가지로 직렬입력-병렬출력도 캐스케이드 접속으로써 전체 용량을 늘릴 수 있다.

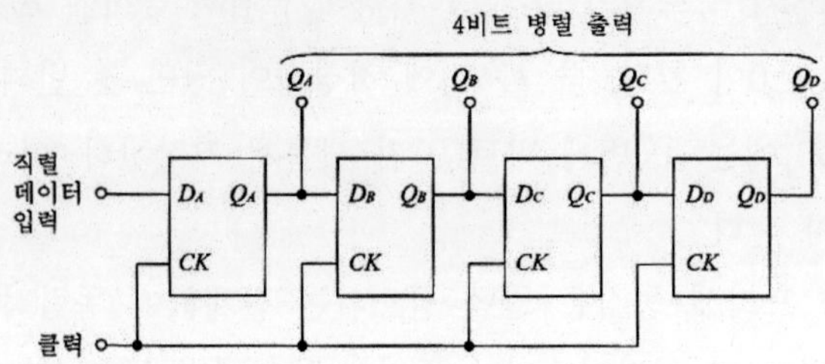

그림 10-4 직렬입력-병렬출력 시프트 레지스터

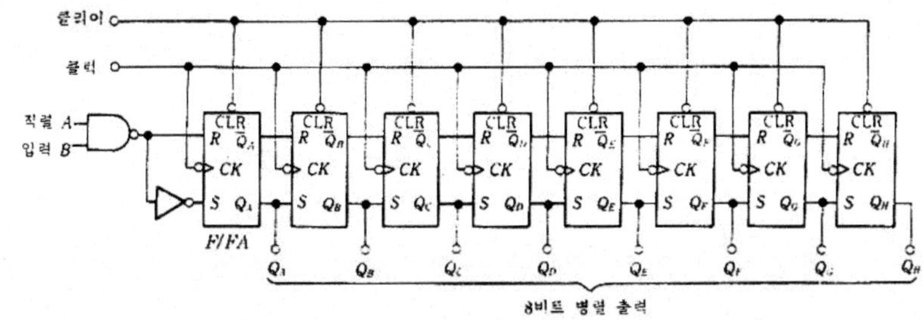

그림 10-5 74164 TTL 직렬입력-병렬출력 시프트 레지스터

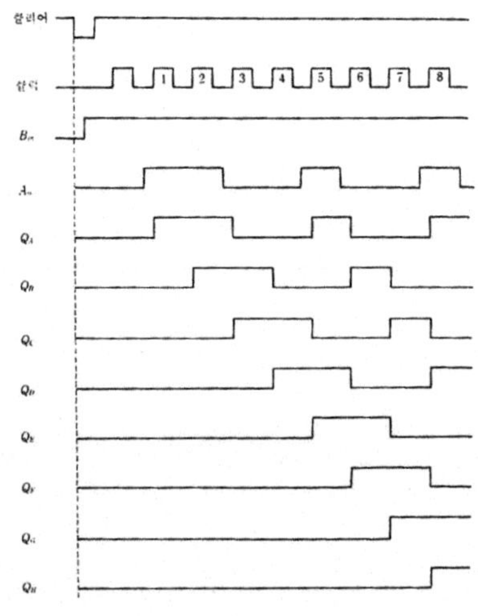

그림 10-6 2진수 10010011을 시프트하는 74164 타이밍도

3. 병렬입력-직렬출력 시프트 레지스터

병렬입력-직렬출력 시프트 레지스터(prallel in-serial out Shift register) 방식은 모든 입력 데이터 비트를 병렬 형식으로 동시에 입력한다. 일단 여러 개의 비트 데이터가 복수로 저장되면 그것을 직렬로 출력하게 된다. 따라서 이 시프트 레지스터는 디지털 컴퓨터에서 병렬-직렬 변환기 등으로 널리 이용되고 있다.

[그림 10-7]은 전형적인 4비트 병렬 입력-직렬 출력 시프트 레지스터로서 4개의 D형 F/F이 공동 클럭 입력에 의해 접속되어 있다. D_A, D_B, D_C 및 D_D의 4개 입력에 가해진 데이터는 클럭 펄스가 더해지고, 또 이들 데이터 입력에 접속된 AND 게이트를 인에이블하는 병렬 인에이블(PR) 입력이 로직 1이 될 때 각 해당 플립플롭에 저장된다.

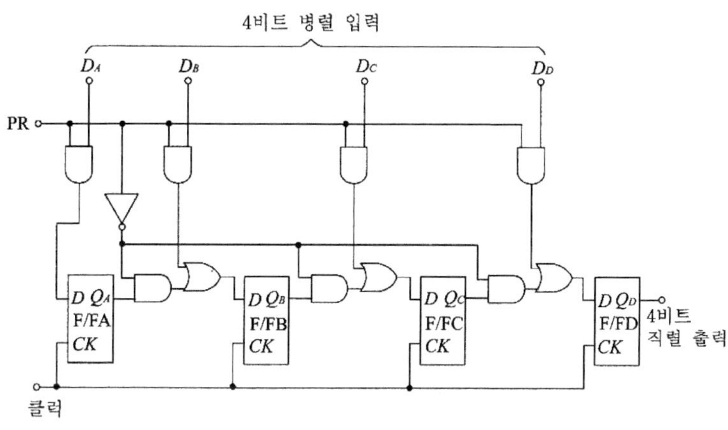

그림 10-7 4비트 병렬입력-직렬출력 시프트 레지스터

출력 데이터를 직렬로 끌어내려면 PR 입력을 먼저 로직 0으로 하여 병렬 입력 AND 게이트를 디스에이블 하는 동시에 F/F_A, F/F_B 및 F/F_C의 출력에 접속된 AND 게이트를 인에이블시켜야 한다.

다음 3개의 클럭 펄스가 가해지면 나머지 3비트를 레지스터 A를 통해 이동시킨다. [그림 10-8]의 타이밍도에서 4비트 2진수 1001을 병렬로 입력시키고 직렬로 끌어내는 경우의 동작을 보이고 있다.

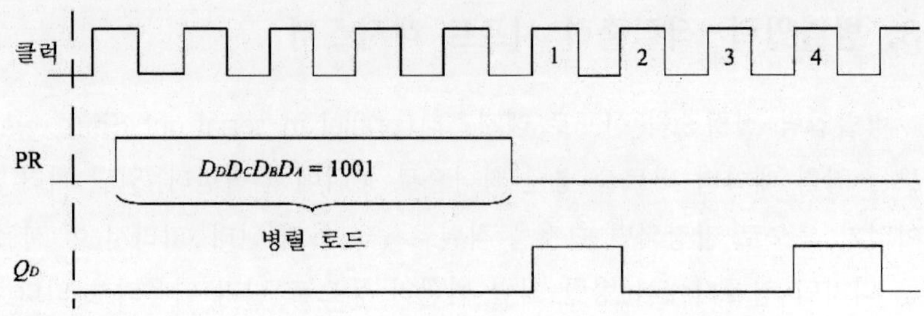

그림 10-8 2진수 1001을 처리하는 병렬입력-직렬출력 타이밍도

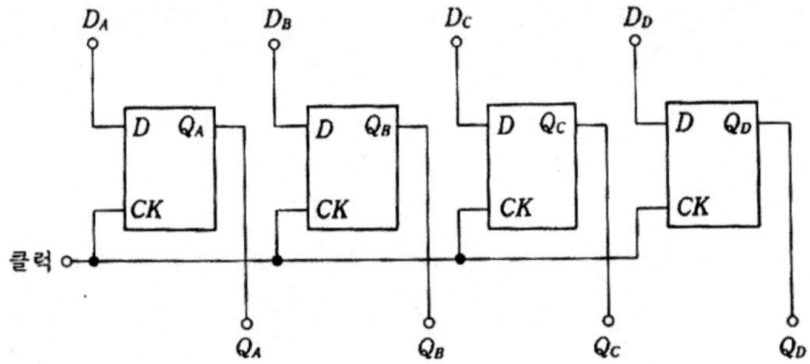

그림 10-9 4비트 병렬 입력-병렬 출력 시프트 레지스터

4. 병렬입력-병렬출력 시프트 레지스터

가장 간단한 4비트 병렬 입력-병렬 출력 시프트 레지스터(parallel in-parallel out shift register)는 [그림 10-9]와 같다.

기본적으로 공동 클럭 입력을 갖는 4개의 D형 랫치 구성으로 모든 플립플롭이 동시에 클럭되면 병렬 입력 D_A, D_B, D_C 및 D_D에 가해지는 4비트의 데이터가 동시에 병렬출력에 나타난다.

실제로 병렬 입력을 갖는 모든 IC 시프트 레지스터는 직렬입력 시프트 레지스터로서도 사용할 수 있다. 즉 병렬입력-직렬출력 및 병렬입력-병렬출력 레지스터는 각각 직렬입력-직렬출력 및 병렬입력-직렬출력 레지스터로서도 사용할 수 있다.

10-2 데이터 이동방식

1. 좌측 시프트 레지스터

데이터의 입출력 방식에서 다루었던 경우는 우측 시프트 레지스터만을 다루었으므로 여기서는 생략하고 좌측 시프트 레지스터, 양측 시프트 레지스터 및 만능 방식에 대하여 다루기로 한다.

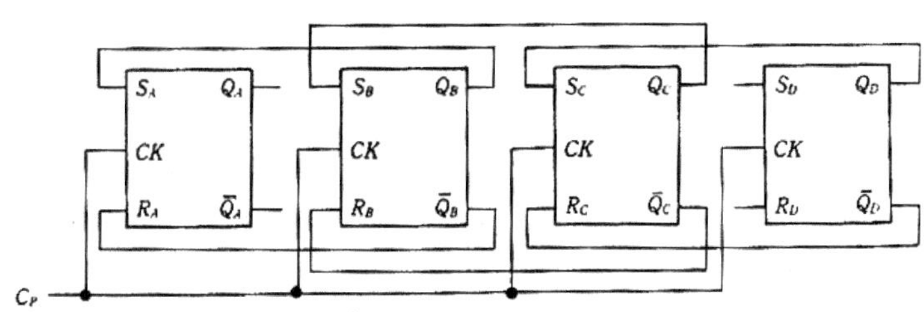

그림 10-10 좌측 시프트 레지스터

[그림 10-10]에서와 같이 좌측 시프트 레지스터는 오른쪽 시프트기능과 비슷한 방법으로 이루어진다. 다만 레지스터가 다음 돌아올 단보다 앞단의 입력으로 플립플롭의 출력을 연결하는, 즉 회전시키는 특징이 다르다.

〈표 10-1〉에 좌측으로 시프트되는 모습을 보이고 있다. 이러한 좌우 시프트 레지스터 동작을 자주 실행하게 되는 데 이것을 회전 또는 로테이트(rotate)라고도 한다.

▌표 10-1 ▌ 좌측 시프트 레지스터의 데이터 이동 예

클럭 펄스 수 (C_p)	시각 (t)	레지스터			
		Q_A	Q_B	Q_C	Q_D
0	t_n	0	1	0	1
1	t_{n+1}	1	0	1	×
2	t_{n+2}	0	1	×	×
3	t_{n+3}	1	×	×	×
4	t_{n+4}	×	×	×	×

어떤 수를 오른쪽으로 시프트하면 그 수를 2로 나누는 것과 같은 효과를 갖고, 그 수를 왼쪽으로 시프트하면 2로 곱하는 것과 같은 효과를 갖는다.

한 예로 4비트 직렬입력-병렬출력 레지스터가 현재 2진수 1000을 가지고 있다고 가정하자. 만일 이 때 직렬입력이 0이라면 클럭 펄스가 가해졌을 때 4개의 F/F단의 출력은 0100이 된다. 따라서 레지스터의 내용이 오른쪽으로 시프트되면 결과는 그 내용을 2로 나눈 것이 된다.

만일 4비트 레지스터의 내용이 0011일 때 클럭 펄스를 두 번 가하여 레지스터를 왼쪽으로 시프트시키면 1100이 된다. 결국 원래의 내용이 2로 두 번 곱한 셈이 되어 10진수 3이 12가 된다.

2. 좌우 양방향 시프트 레지스터 및 만능 레지스터

좌우 양방향 시프트 레지스터(bidirectional shift register)를 양방향 시프트 레지스터라고도 하며, [그림 10-11]과 같다. 이것이 기본적으로 4개의 D형 플립플롭과 AND 게이트 G_1, G_3, G_5 및 G_7이 인에이블되어 각 플립플롭의 입력 상태는 매번 클럭 펄스가 가해질때마다 오른쪽으로 시프트 된다.

좌우(R/L) 입력이 1이면 AND 게이트 G_1, G_3, G_5및 G_7이 인에이블되어 각 플립플롭의 입력 상태는 매번 클럭 펄스가 가해질 때마다 오른쪽으로 시프트 된다. 만일 R/L입력이 0이면 AND 게이트 G_2, G_4, G_6 및 G_8이 인에이블되어 매번 클럭 펄스가 가해질 때마다 각 단의 출력이 앞단의 입력에 가해져 레지스터의 내용이 왼쪽으로 시프트된다. 끝으로 시프트 레지스터가 직렬과 병렬 데이터의 양쪽을 받아들이는 능력을 갖는 동시에 직렬 데이터를 출력하는 능력을 가지고 있으면 이것을 만능 레지스터라고 부른다. 만능 레지스터의 대표적인 예로서는 74194와 CMOS 40104, 40194 및 74C194등이 있다.

대표적인 TTL 만능 레지스터(universal shift register)의 핀 접속도와 각종 TTL 및 CMOS 시프트 레지스터를 [그림 10-12]와 〈표 10-2〉에 나타내고 있다.

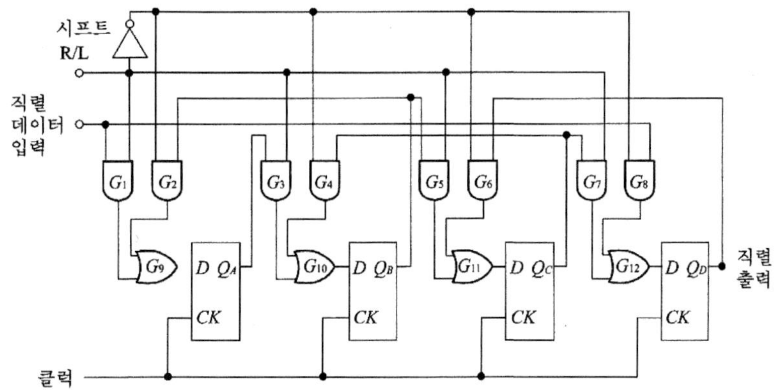

그림 10-11 4비트 양방향 직렬입력–직접출력 레지스터

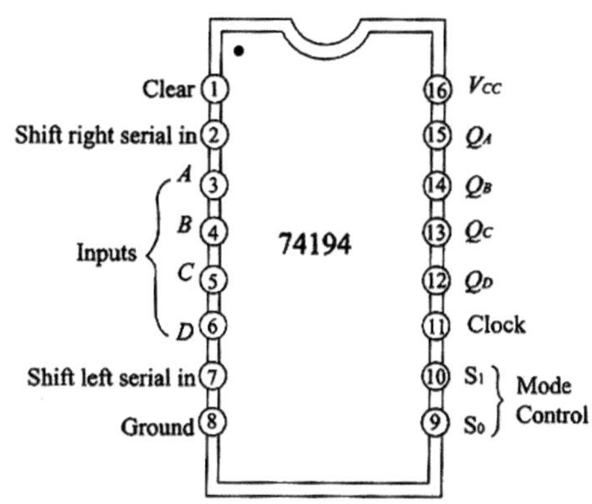

그림 10-12 74194 TTL 만능 레지스터의 핀 접속도

▌표 10-2▐ 각종 TTL 및 CMOS 시프트 레지스터

패밀리	형번호	비트 길이	종 류	시프트 방향
TTL	7491	8	직렬입력-직렬출력	우측 시프트
	7494	4	병렬입력-직렬출력	우측 시프트
	7495	4	만능	양방향 시프트
	7496	5	만능	우측 시프트
	7499	4	병렬입력-직렬출력	양방향 시프트
	74164	8	직렬입력-병렬출력	우측 시프트
	74165	8	병렬입력-직렬출력	우측 시프트
	74166	8	병렬입력-직렬출력	우측 시프트
	74194	4	만능	양방향 시프트
	74195	4	만능	우측 시프트
	74198	8	만능	양방향 시프트
	74199	8	만능	양방향 시프트
CMOS	4006	최대 18(a)	직렬입력-직렬출력	우측 시프트
	4014	6, 7, 8	병렬입력-직렬출력	우측 시프트
	4015	4(b)	직렬입력-직렬출력	우측 시프트
	4021	6, 7, 8	병렬입력-직렬출력	우측 시프트
	4031	64	직렬입력-직렬출력	우측 시프트
	4034	8	만능	우측 시프트
	4035	4	병렬입력-병렬출력	우측 시프트

패밀리	형번호	비트 길이	종 류	시프트 방향
CMOS	40100	32	직렬입력-직렬출력	양방향 시프트
	40104	4	만능	양방향 시프트
	40194	4	만능	양방향 시프트
	74C95	4	만능	양방향 시프트
	74C164	8	직렬입력-병렬출력	우측 시프트
	74C165	8	병렬입력-직렬출력	우측 시프트
	74C194	4	만능	양방향 시프트
	74C195	4	만능	양방향 시프트

(a) 4, 5, 8, 9, 10, 12, 13, 14, 16, 17 및 18의 비트 길이를 갖는다.

(b) 2회로

연습문제

10-1 입출력 방식에 따라 레지스터를 분류하라.

10-2 데이터 이동 방식에 따라 레지스터를 분류하라.

10-3 7494 TTL 4비트 직렬입력-직렬출력 시프트 레지스터 로직도를 그리고 동작원리를 설명하라.

10-4 74164 TTL 직렬입력-병렬출력 시프트 레지스터 로직도를 그리고 동작 원리를 설명하라.

10-5 [그림 10-9] 4비트 병렬입력-직렬출력 시프트 레지스터 로직회로에서의 동작원리를 설명하라.

10-6 [그림 10-14] 4비트 양방향 직렬입력-직렬출력 시프트 레지스터 회로의 동작원리를 설명하라.

Chapter 11

D/A 변환기와 A/D 변환기

11-1 D/A 변환기와 A/D 변환기의 기본 원리
11-2 반전 가산형 A/D 변환기
11-3 레더형 D/A 변환기
11-4 계수형 A/D 변환기
11-5 트래킹 A/D 변환기
11-6 병렬 데이터 처리 A/D 변환기의 구성
11-7 실제 D/A 변환기와 A/D 변환기의 응용

Chapter 11

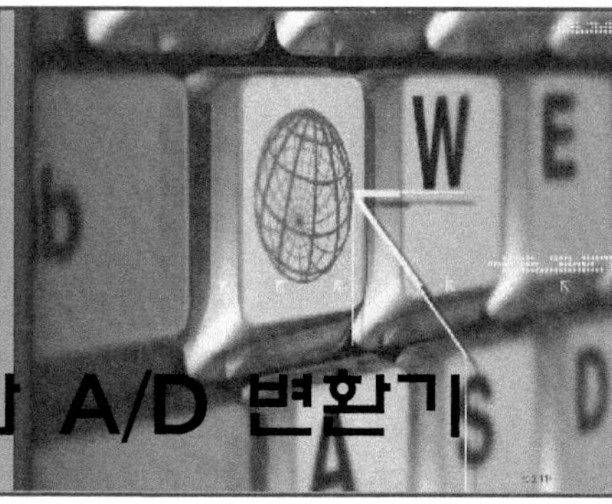

D/A 변환기와 A/D 변환기

11-1 D/A 변환기와 A/D 변환기의 기본 원리

디지털 시스템의 신호는"0"과"1"의 2진수 정보이며 이러한 디지털 신호를 아날로그 신호로 변환하고, 필요에 따라서 아날로그 신호를 디지털로 변환시킬 필요가 있다. D/A 변환기(Digital to Analog Converter)는 디지털 값을 아날로그 전압이나 전류로 변환시키며, A/D 변환기(Analog to Digital Converter)는 아날로그 전압을 디지털 값으로 변환시키는 소자이다.

[그림 11−1]에 D/A 변환기와 A/D 변환기의 기본구성을 나타내고 있다. [그림

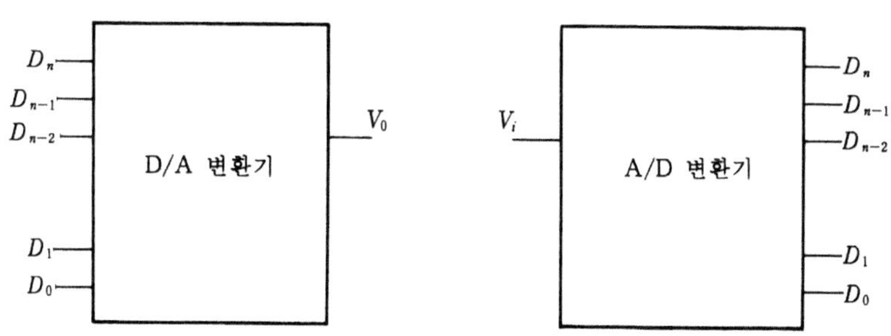

(a) (b)

그림 11-1 D/A 변화기와 A/D 변화기의 기본구성

11−1(a)]에서 2진 정보인 “1”과 “0”상태의 디지털 값은 D/A 변환기 회로를 이용하여 아날로그 전압값으로 변환된다. 이 때 D/A 변환기는 2진 정보 최하위 비트인 LSB(D_0)부터 최상위 비트 MSB(D_n)까지 입력되는 디지털 값을 아날로그 전압값으로 변환하여 출력하게 되며, MSB의 비트 값이 클수록 고정도 분해능의 아날로그 값을 얻을 수 있다. [그림 11−1(b)]에서 입력된 아날로 그 전압 V_i는 A/D 변환기(Analog to Digital Converter)를 통하여 “0”과 “1”의 디지털 로직 레벨로 변환되며, 이 때 디지털 값 출력은 $D_n(2^n)$부터 $D_n(2^n)$의 값이 된다. A/D 변환기는 2진 정보 디지털 출력 비트수와 변환시간(Conversion Time)이 필요하다.

A/D 변환기는 변환시간과 데이터의 질을 높이기 위해서 여러 가지 회로방식이 있다. 일반적으로 D/A 변환기를 회로로 구성하는 방법으로는 반전 가산형 D/A 변환기와 레더형 D/A 변환기 등이 있고, A/D 변환기는 카운팅 A/D 변환기, 트래킹 A/D 변환기, 듀열슬롭 A/D 변환기, 마이 크로컴퓨터를 이용한 A/D 변환회로, 고속 A/D 변환기 등이 있다.

11-2 반전 가산형 A/D 변환기

[그림 11−2]에 연산증폭기를 이용한 반전 가산형A/D 변환기구성을보이고있다. 반전 가산기 입력에 D_0부터 D_n까지 디지털 값이 입력되었을 때 아날로그 출력전압은 다음과 같다.

$$V_{n0} = -R_f/R_n \cdot V_i \qquad (11-1)$$

V_0 : D/A 변환기 출력전압

R_f : 귀환저항

R_n : D_0의 입력저항

V_i : 입력

[그림 11－1]에서 디지털 2진 정보는 각각의 입력조건에 따라 식 (11－1)을 적용하면 D/A 변환기의 아날로그 출력전압값을 얻을 수 있다.

이 때 귀환저항과 각각의 입력저항은

$$R_f = K/(\frac{1}{R_n} + \frac{1}{R_{n-1}} + \cdots\cdots + \frac{1}{R_1}) \tag{11-2}$$

$$R_n = 2^{n-1} \cdot R_1 \tag{11-3}$$

K : 반전 증폭기의 증폭도

R_1 : $D_0(2^0)$의 2진 정보

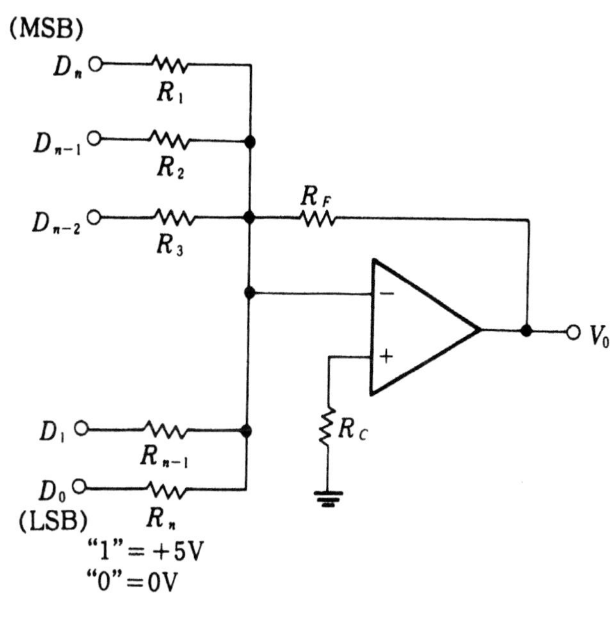

그림 11-2 반전 가산형 D/A 변환기의 구성

입력되는 디지털"0"과"1"의 2진 정보가 정확하게 0[V]와 5[V]의 전압값을 유지해야 D/A 변환기 출력전압값의 선형성을 유지할 수 있다. 일반적으로 디지털 입력회로가 TTL일 때는 CMOS나 연산 증폭기를 이용한 비교기의 회로를 통하여 논

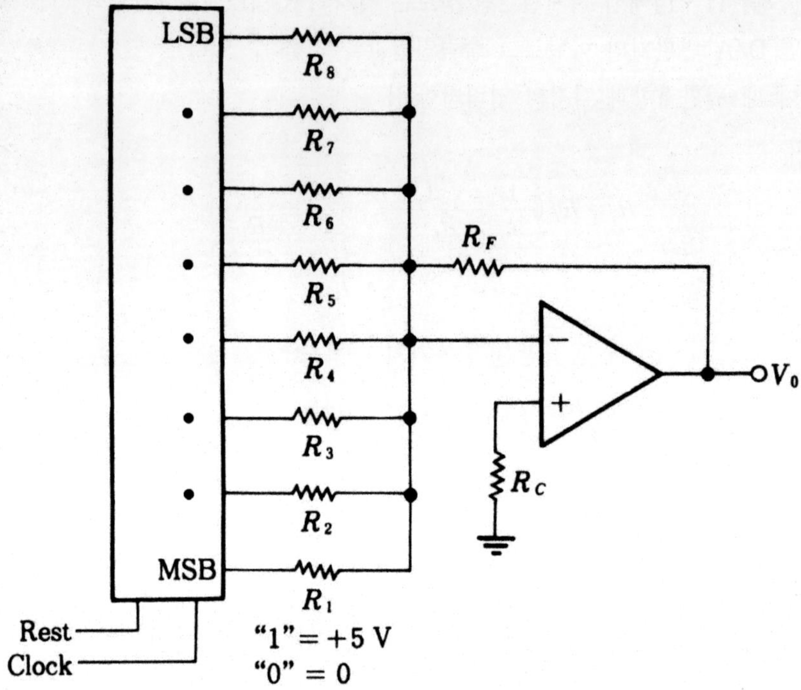

그림 11-3 반전 가산형 D/A 변환기의 응용

리출력값을 0[V]와 5[V]로 보정하는 것이 바람직하다.

반전 가산기로 사용되는 연산 증폭기는 입력저항이 높은 것을 사용한다. 위의 반전 가산형 D/A 변환기는 회로가 간단하지만 저항값 선정과 저항소자의 오차 때문에 D/A 변환값의 선형성이 떨어지므로 8비트 이하의 간단한 회로구성에서만 사용한다.

[그림 11−3]은 [그림 11−2]에 2진 카운터와 반전형 D/A 변환기 구성으로 펄스 수를 계수하여 아날로그 값으로 변환한다. 동작은 우선 리셋 신호로 2진 카운터를 초기화하고, 입력된 클럭 펄스 정보를 계수하며, 펄스 수에 상응하는 값을 아날로그 전압값으로 변환한다.

이 때 최대 계수 가능한 펄수 수는 다음과 같다.

$$f_n = 1/2^n \tag{11-4}$$

식 (11－4)보다 많은 펄스 정보가 입력되면 오버 플로 상태가 2진 카운터는 초기화되고 다시 계수되어 펄수 수와 비례하는 아날로그 값을 얻을 수 없다.

11-3 레더형 D/A 변환기

[그림 11－4]는 레더형 D/A 변환기의 기본구성으로 R과 $2R$의 레더형 저항회로와 연산 증폭기를 이용한 비반전회로로 구성한다. 위의 회로는 저항선정이 간단하여 집적회로 설계시 유리하며, 디지털 의 변환시 아날로그 값의 선형성이 양호하기 때문에 실제로 사용되는 D/A 변환기 회로이다.

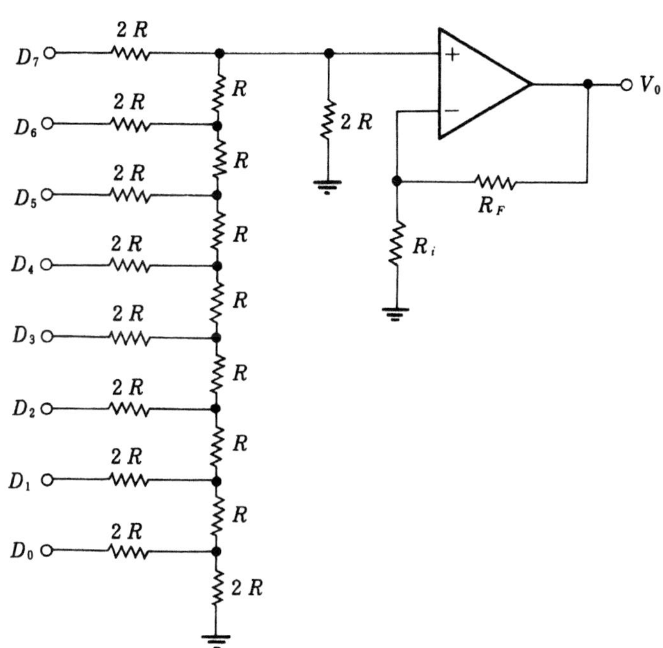

그림 11-4 반전 가산형 D/A 변환기의 구성

그림 [11－4]의 레더형 저항회로의 출력전압 Vr은 입력정보의 데이터에 따라 다음 식을 만족한다.

$$Vr = (1/2)/^{N-n} = \cdot (1/3) \cdot V_n \qquad (11\text{-}5)$$

V_r : $R/2R$레더회로의 출력전압

N : 2진 정보(D_n)의 비트 수

n : 2진 정보 "1"이 입력된 비트 수

V_n : 디지털 전압레벨

식 (11－5)를 이용하여 D/A 변환기에 입력되는 각각의 2진 정보 전압값을 식 (11－5)에 대입하여 정리하면 임의의 디지털 신호를 아날로그 출력전압으로 바꿀 수 있다. D/A 변환기의 출력전압은

$$V_0 = \{(R_f + R_i)/R_i\} \cdot (1/2)/^{N-n} \cdot (1/3) \cdot V_n \qquad (11\text{-}6)$$

레더형 D/A 변환기는 선형성이 양호하므로 8비트 이상 고정도의 D/A 변환기가 가능하며, 실제로 레더 저항회로, 비교기, 연산 증폭기 등을 내장한 D/A 변환기를 집적화하여 사용된다.

[그림 11－4] 구성의 입력회로에 2진 카운터를 이용하여 [그림 11－2]와 같은 형태로 회로를 구성하면 보다 정확한 주파수를 계수할 수 있는 D/A 변환기를 구성할 수 있다.

11-4 계수형 A/D 변환기

[그림 11－5]는 계수형 A/D 변환기의 구성이며, D/A 변환기, 비교기, 제어로직, 2진 카운터 등으로 구성된다.

회로 동작은 리셋시켜 2진 카운터 계수값을 초기화(크리어)시키면 2진 카운터의

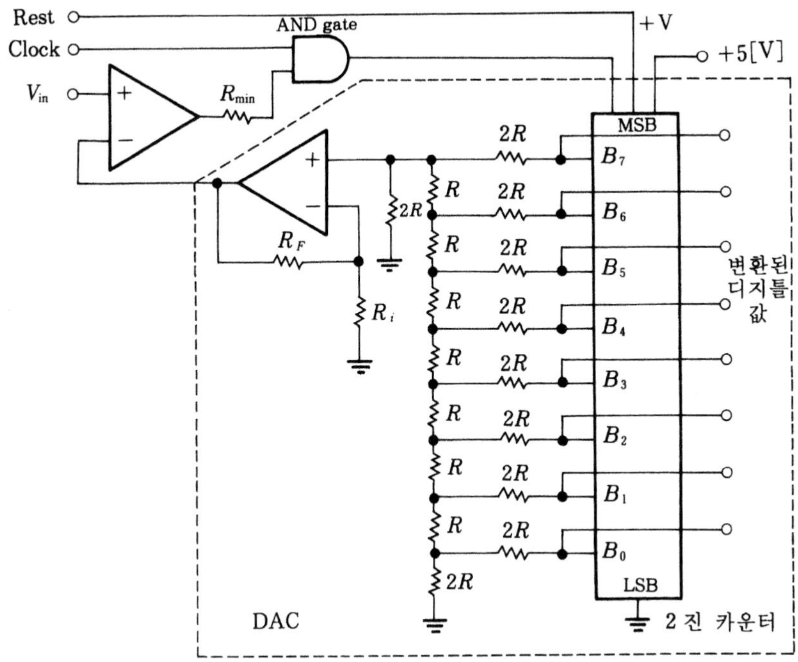

(a) 계수형 A/D 변환기의 구성

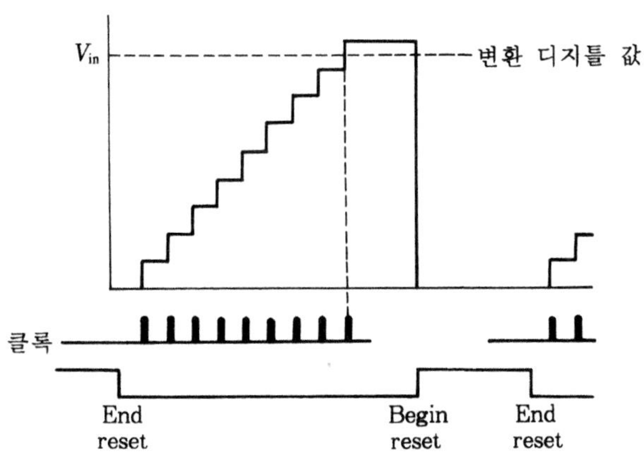

(b) 타이밍도

그림 11-5 계수형 A/D 변환기의 구성

데이터 값($D_0 - D_n$)이 모두 "0"이 되며 레더형 D/A 변환기의 리퍼런스 전압 V_a가 0[V] 된다. 클럭 주파수를AND 논리에 입력한다.

아날로그 전압 V_i가 입력되면 비교기에서 최소 0[V]와 비교하여 "1"을 출력하고, AND 논리는 클럭 주파수를 2진 카운터에 보낸다. 2진 카운터는 계수를 하여 V_a 증가시켜 $V_{in} \leqq V_a$되면 계수를 비교기가 "0"으로 되고, AND 논리의 출력이 "0"이 되어 2진 카운터의 클럭의 계수가 정지 된다. 그때 2진 카운터의 2진 출력값이 V_{in}의 디지털 변환값이다.

언급된 계수형 A/D 변환기는 비교적 변환속도가 느리므로 디지털 패널 미터 등 응답속도가 빠르지 않는 회로에 응용되고 있다.

11-5 트래킹 A/D 변환기

[그림 11-6]은 크래킹 A/D 변환기를 나타내며 레더형 D/A 변환기, 비교기, 제어로직, 업다운 2진 카운터 등으로 구성된다.

트래킹 A/D 변환기는 아날로그 입력전압값이 변할 때 계수형 A/D 변환기보다 빠른 디지털 데이터 값을 얻어낼 수 있다.

회로구성과 동작은 계수형 A/D 변환기와 같으나 2진 카운터 대신 업다운 2진 카운터를 사용하였다. 업다운 카운터는 비교기의 출력에 다라 업 모드와 다운 모드를 바꾸어 클럭값을 계수하기 때문에 입력전압 V_{in}변동에 추종된 디지털 데이터 값을 출력이 가능하다.

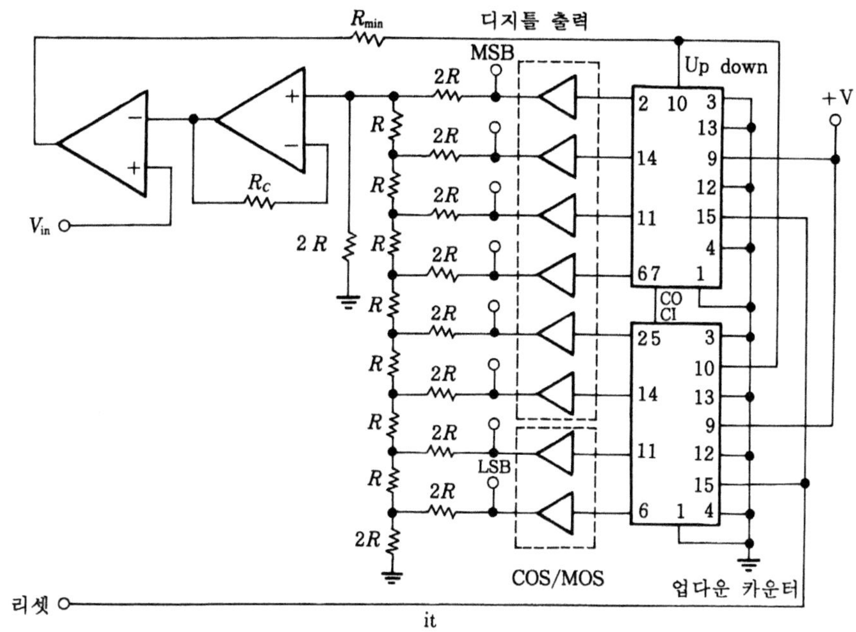

그림 11-6 트래킹 A/D 변환기의 구성

11-6 병렬 데이터 처리 A/D 변환기의 구성

[그림 11-7]은 병렬 A/D 변환기(Parallel Analog to Digital Converter)의 구성으로 빠른 A/D 변환을 실행할 수 있다. 회로구성은 저항회로에 의한 분압회로, 연산 증폭을 이용한 비교기, 인코더로 구성된다. 이 때 비교기의 기준전압이 N저항의 전압 분배기의 공급전압 V_n은 $V_n - V_{in(\max)}$이다.

2진 정보 N비트를 변환하기 위해서는 2^{N-1}의 전압 비교기와 2^N의 인코더가 필요하다. 예를 들면 아날로그 전압을 3비트의 2진 정보를 A/D 변환하기 위해서는 7개를 비교기가 필요하며 8×3 인코더를 필요로 한다.

이렇게 아날로그 전압을 디지털 값으로 변환하는 과정을 빈 변환(Bin Conversion)

이라 부르며, 아날로그 입력은 두 인접 비교기의 드레시홀드에 의해서 결정된 전압 레인지 내에서 분류되고, 빈 변환을 행하여 보다 정도가 높은 A/D 변환기를 실현할 수가 있다.

11-7 실제 D/A 변환기와 A/D 변환기의 응용

일반적으로 사용되고 있는 8비트 D/A 변환기와 A/D 변환기의 내부 구성에 관하여 요약한다.

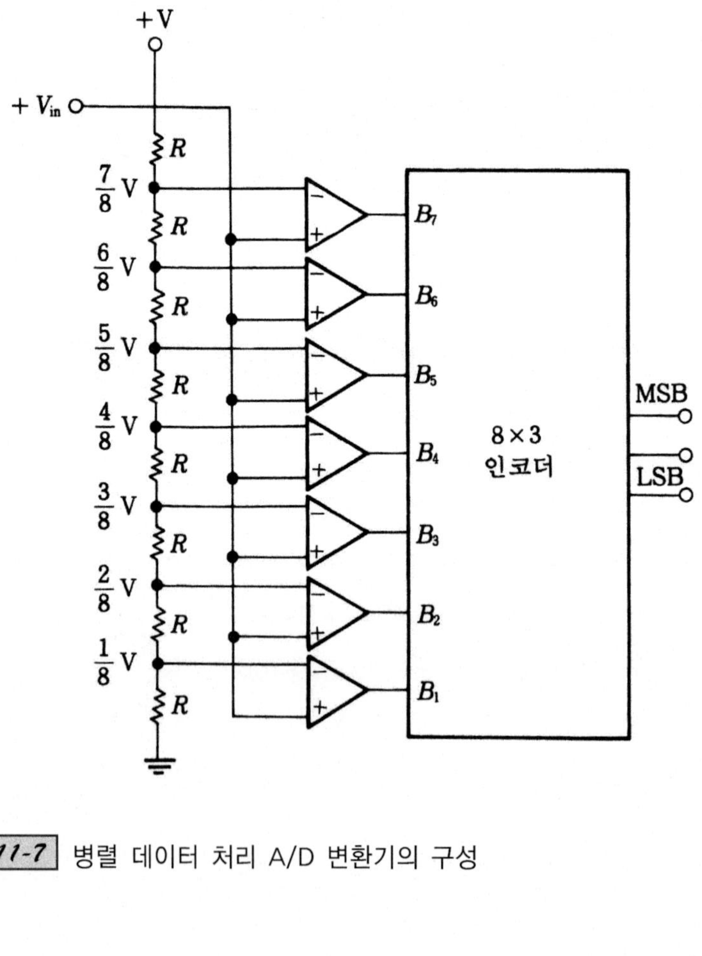

그림 11-7 병렬 데이터 처리 A/D 변환기의 구성

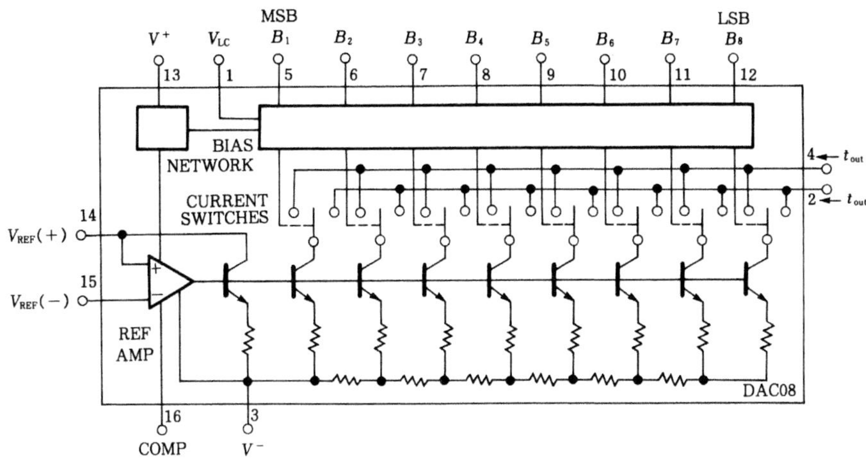

그림 11-8 8비트 D/A 변환기(DAC0800)의 내부회로 구성

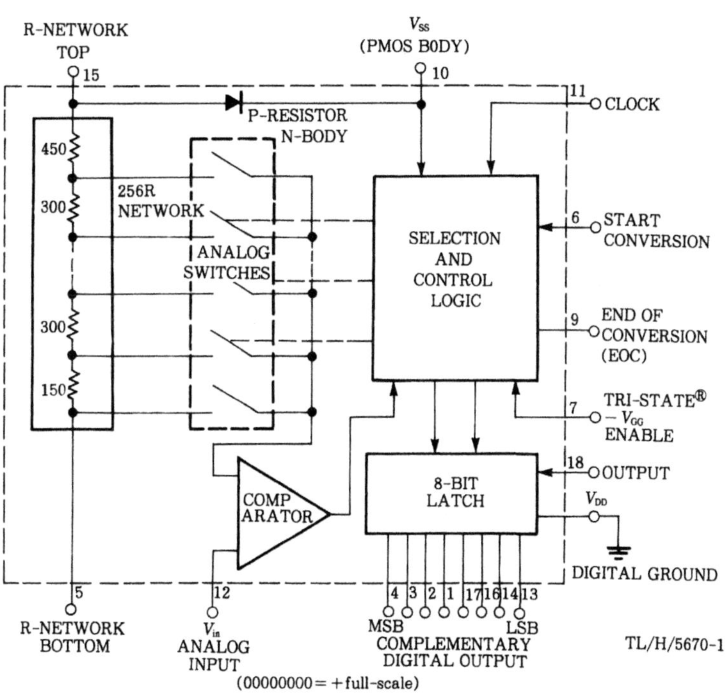

그림 11-9 8비트 A/D 변환기(ADC0800)의 내부회로 구성

[그림 11-8]은 8비트 D/A 변환기 DAC0800의 내부 구성으로 내부 트랜지스터 스위치의 조건을 결정하기 위한 바이어스 네트웍과 정확한 2진 정보 전압값을 얻기 위한 트랜지스터 스위치, $R/2R$레더 저항, 연산 증폭기를 내장하고 있다.

[그림 11-9]는 8비트 A/D 변환기 ADC0800의 내부회로 구성이다. ADC0800은 기준입력 전압을 위해서 R네트웍의 저항 분압회로, A/D 변환제어 입출력과 내부 데이터 변환을 제어하는 제어회로와 비교기, 출력 결과를 저장하는 랫치로 구성되었다.

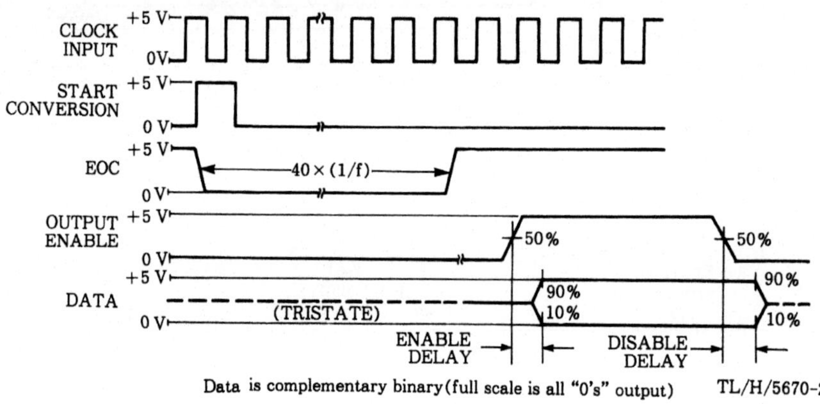

그림 11-10 8비트 계수형 A/D 변환기(ADC0800)의 타이밍도

ADC0800의 IC를 이용한 A/D 변환은 외부에서 아날로그 입력전압이 입력되고, 스타트 컴버전 입력신호를 "0"으로 하면 40X후에EDC가 "0"에서"1"로 출력된다. A/D 변환값은 EDC 신호가 "1"일 때를 감지하여 외부에서 ACD0800 인에이블 단자에 "1"을 입력하면 ADC0800은 데이터를 출력한다.

이 때 A/D 변환시간 T는 클럭 주파수가 X[kHz]라면 T=1/40X를 필요로 한다. [그림 11-10]은 ADC0800의 A/D 변환시 타이밍도이다.

부 록

부록 1 7세그먼트 BCD 표시회로

부록 2 각 장별 실습과제

부록 3 TTL IC 데이터 북

[부록 1] 7세그먼트 BCD 표시회로

1. 7-segment-BCD 표시회로

〈표 A-1〉 7-세그먼트 10진 표시기

도표내 숫자	A	B	C	D	a	b	c	d	e	f	g
0	0	0	0	0	1	1	1	1	1	1	0
1	0	0	0	1	0	1	1	0	0	0	0
2	0	0	1	0	1	1	0	1	1	0	1
3	0	0	1	1	1	1	1	1	0	0	1
4	0	1	0	0	0	1	1	0	0	1	1
5	0	1	0	1	1	0	1	1	0	1	1
6	0	1	1	0	0	0	1	1	1	1	1
7	0	1	1	1	1	1	1	0	0	0	0
8	1	0	0	0	1	1	1	1	1	1	1
9	1	0	0	1	1	1	1	0	0	1	1

1=세그먼트 표시(on), 0=세그먼트 차단(off)

(a) 7개의 표시용 세그먼트 (b) a, b, c, d, e, f, g 세그먼트로 표시된 10진수 0 (c) c, d, e, f, g 세그먼트로 표시된 -10진수 6

그림 A-1 7-세그먼트 10진수 표시기

2. LED(LIGHT EMITING DIODE) 7 SEGMENT -DRIVER

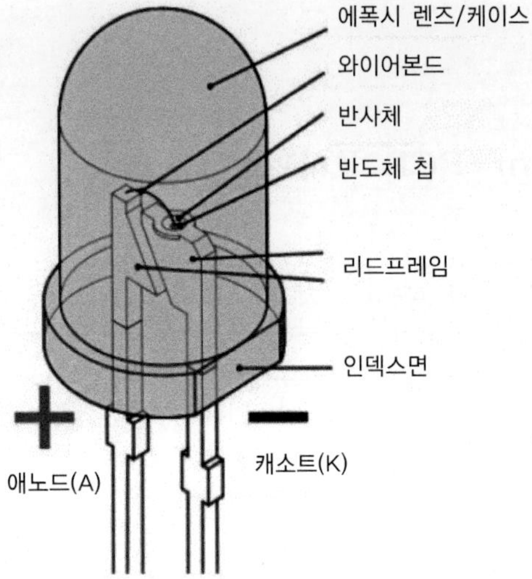

LED 패키지

Common-Anode 입력 Vcc 공통
Common-cathode 입력 GND 공통

그림 A-2 LED

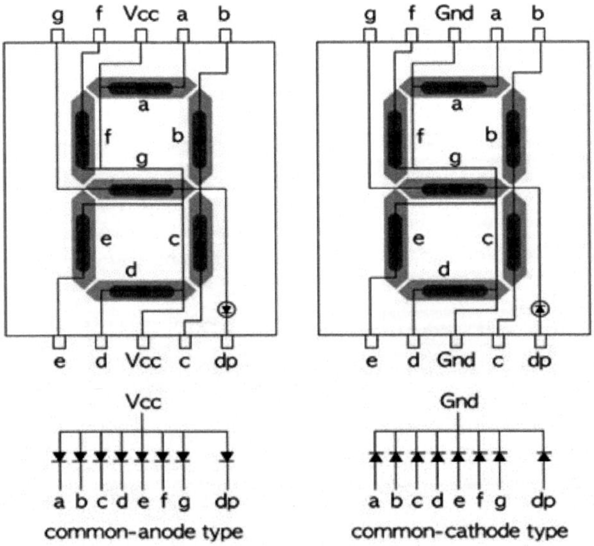

	a	b	c	d	e	f	g
0							1
1	1			1	1	1	1
2			1			1	
3					1	1	
4	1			1	1		
5		1			1		
6		1					
7				1	1	1	1
8							
9				1	1		

공통 애노드 타입

	a	b	c	d	e	f	g
0	1	1	1	1	1	1	
1		1	1				
2	1	1		1	1		1
3	1	1	1	1			1
4		1	1			1	1
5	1		1	1		1	1
6	1		1	1	1	1	1
7	1	1	1				
8	1	1	1	1	1	1	1
9	1	1	1			1	1

공통 캐소드 타입

그림 A-3 7 SEGMENT -DRIVER

3. 세그먼트 -BCD표시회로

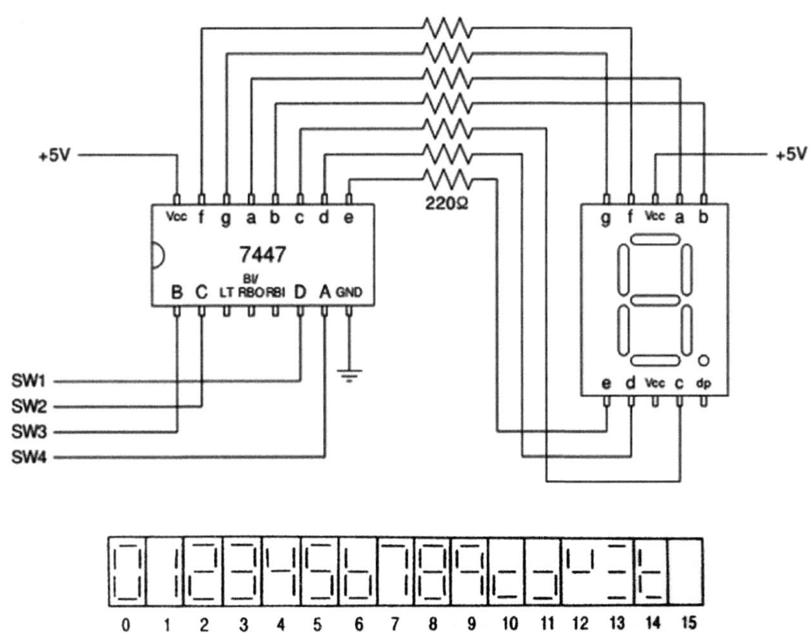

그림 A-4 7세그먼트 표시회로 결선

[부록 2] 각 장별 실습과제

[실습 1] 그림 6-1 반 가산기를 구성하고, 출력값을 표 6-1로 확인하기

[실습 2] 그림 6-3 전 가산기를 구성하고, 출력값을 표 6-2로 확인하기

[실습 3] 그림 6-6 반 감산기를 구성하고, 출력값을 표 6-3으로 확인하기

[실습 4] 그림 6-8 전 감산기를 구성하고, 출력값을 표 6-4로 확인하기

[실습 5] 그림 6-14 BCD-3초과 코드 변환기를 구성하고, 출력값을 표 6-5로 확인하기

[실습 6-1] 그림 6-17(b) 교번 코드-2진 코드 변환기를 구성하고, 출력값을 표 6-7로 확인하기

[실습 6-2] 그림 6-17(c) 2진 코드-교번코드 변환기를 구성하고, 출력값을 표 6-7로 확인하기

[실습 7] 그림 6-18(b) 3개 비트 정보를 홀수 페리티 비트로 전송할 수 있는 회로를 구성하고, 출력값을 표 6-8로 확인하기

[실습 8-1] 그림 7-4 10진-BCD 인코더(TTL 74147/10×4 인코더)회로를 구성하고, 출력값을 표 7-3으로 확인하기

[실습 8-2] 예제 7-4 BCD-10진 디코더(TTL 7442/4×10 디코더)회로를 구성하고, 출력값을 확인하기

[실습 9] 그림 7-6 3×8 디코더 회로를 구성하고, 출력값을 표 7-4로 확인하기

[실습 10] 예제 7-5 TTL 74153을 사용하여 멀티플렉서 4×1회로를 구성하고,. 출력값을 표 7-6으로 확인하기

[실습 11] 예제 7-7 TTL 74151을 사용하여 멀티플렉서 8×1회로를 구성하고, 출력값을 표 7-8로 확인하기

[실습 12] 부록 [실습 12 첨부]

[실습 13] 부록 [실습 13 첨부]

[실습 14-1] TTL 7490을 사용하여 BCD 10진 카운터를 구성하고, 출력값을 표 9-19로 확인하기.

[실습 14-2] TTL 74190을 사용하여 BCD 10진 up-down카운터를 구성하고, 출력값을 표 9-19로 확인하기

[실습 15] TTL74194를 사용하여 load(전송), shift(이동) left/right를 확인하기

[실습 16] 그림 11-3에서 4개 비트 입력으로 DAC회로를 구성하고, 출력값 V_0를 확인하기($R_0 = 8\text{k}\Omega, R_1 = 4\text{k}\Omega, R_2 = 2\text{k}\Omega, R_3 = 1\text{k}\Omega, R_f = R_c = 10\text{k}\Omega$, $V_c = 5\,V$, OP amp 082)

[실습 17] 그림 11-7에서 4개 비트에 한 개 아날로그 입력으로 ADC회로를 구성하고, 출력 디지털 3개 비트 출력을 확인하기. ($R = 1\text{k}\Omega$, $V_c = 5\,V$, TTL 74148 Encoder)

[실습 12]

그림과 같은 멀티플렉서를 이용한 전 가산기 회로를 결선하고, 입력변화에 따른 출력 S_n과 C_n을 측정하여 표를 완성하여라.

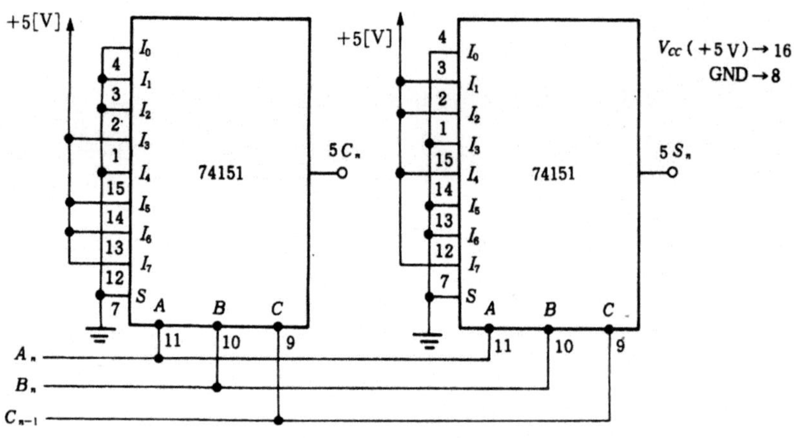

그림 A-5 멀티플렉서를 이용한 전 가산기

A_n	B_n	C_{n-1}	C_n	S_n
0	0	0		
0	0	1		
0	1	0		
0	1	1		
1	0	0		
1	0	1		
1	1	0		
1	1	1		

[실습 13]

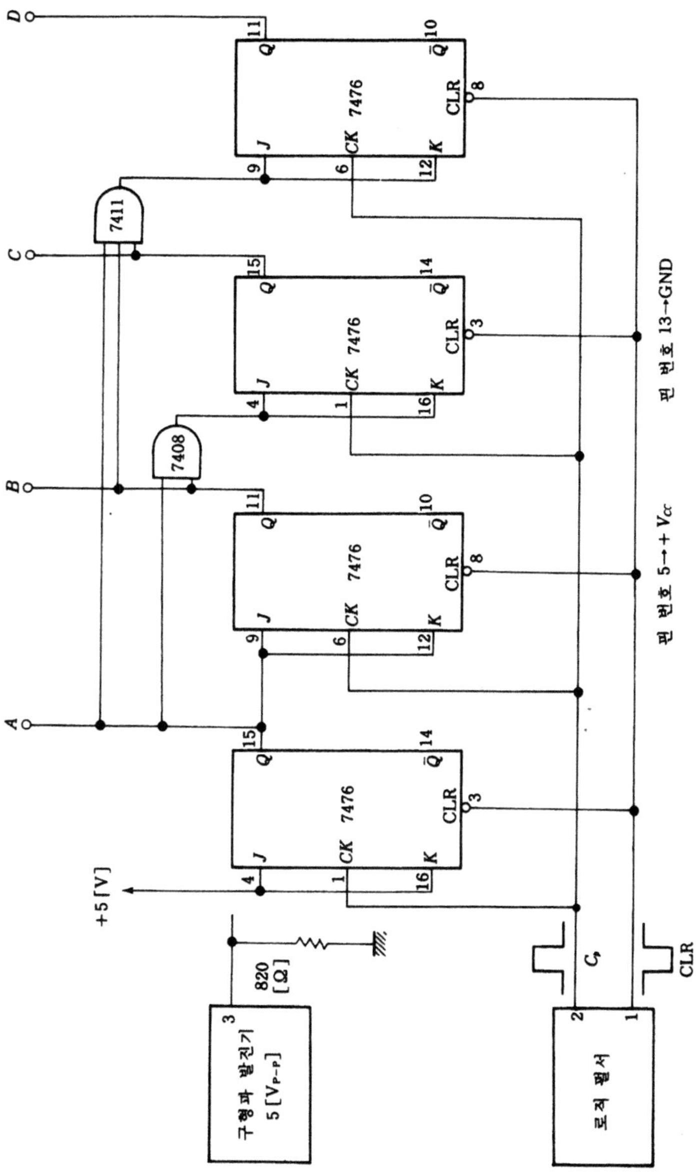

그림 A-6 동기식 Count-Up 카운터 실험회로

[부록 3] TTL IC 데이터 북

7400
Quad 2-Input NAND

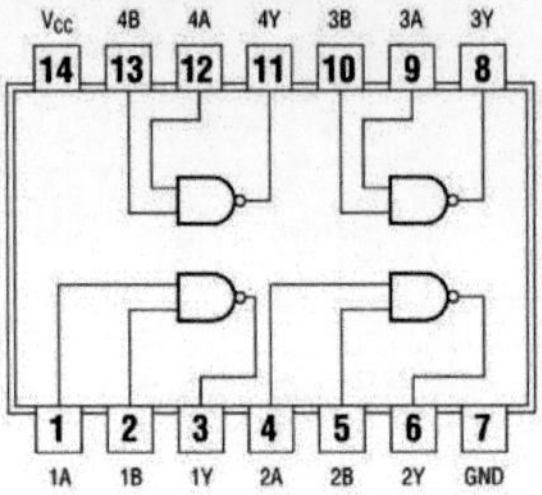

7401
Quad 2-Input NAND O.C.

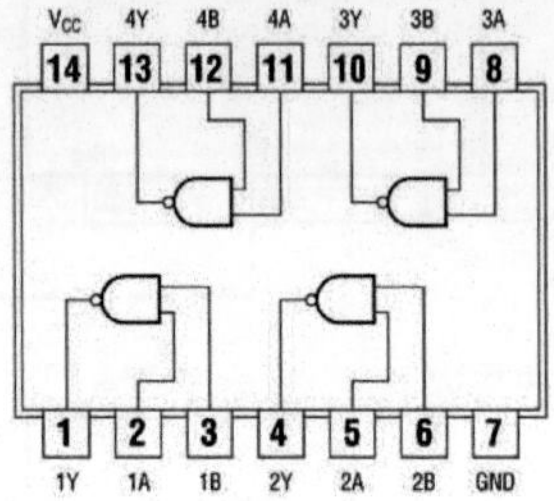

7402
Quad 2-Input NOR

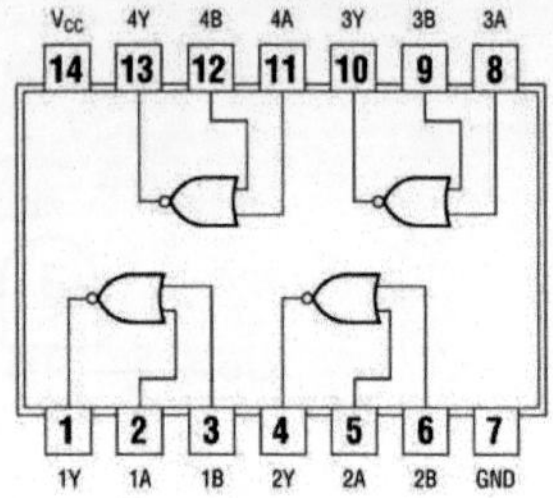

7403
Quad 2-Input NAND O.C.

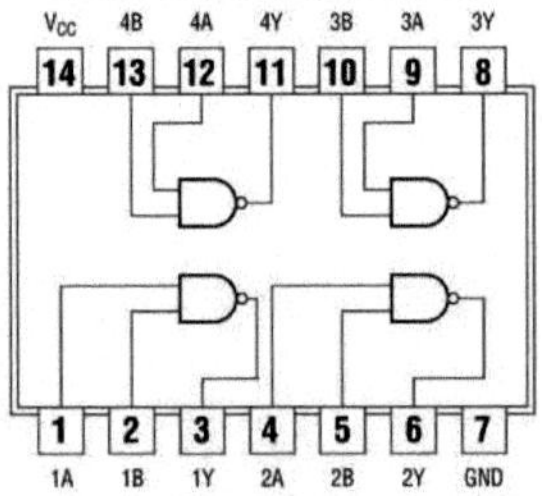

7404
Hex Inverters

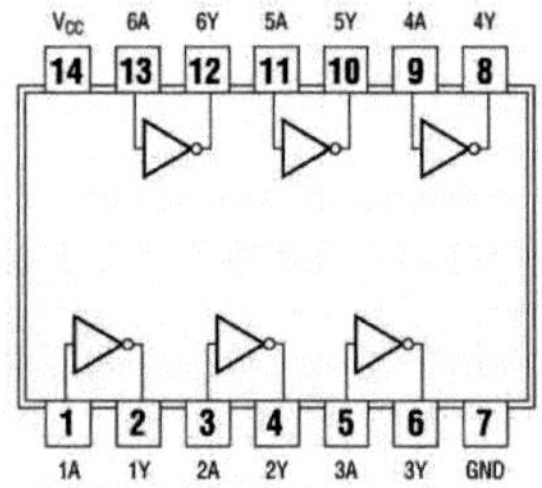

7405
Hex Inverters O.C.

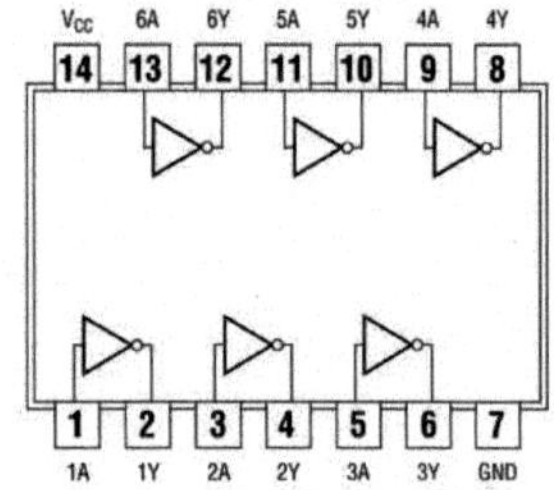

7406
Hex Inverter Buffers/Drivers O.C.

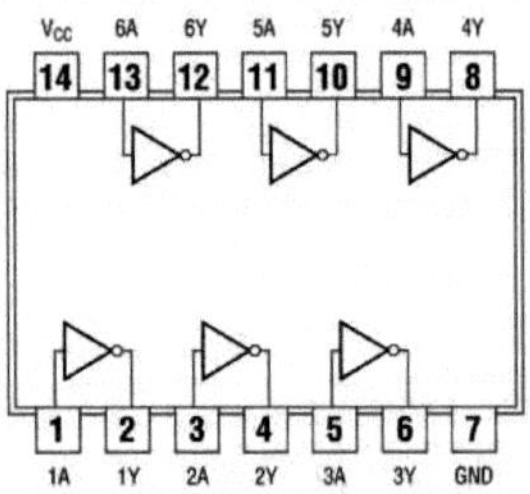

7407
Hex Buffers/Drivers O.C

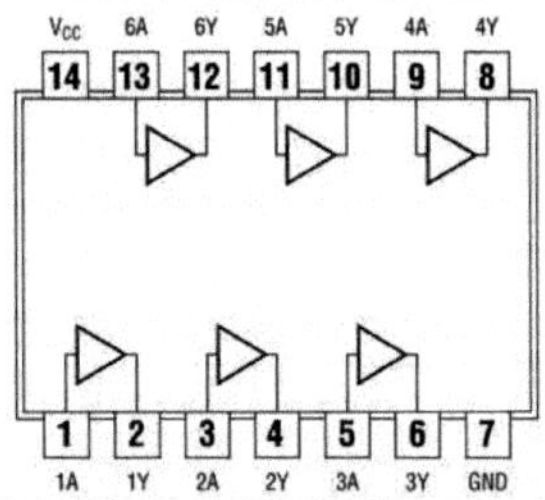

7408
Quad 2-Input AND

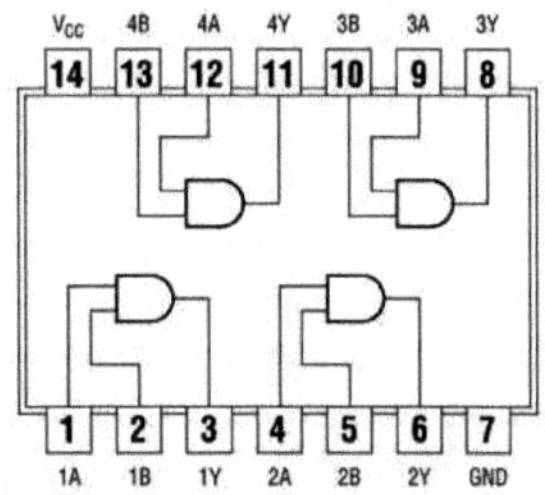

7409
Quad 2-Input AND O.C.

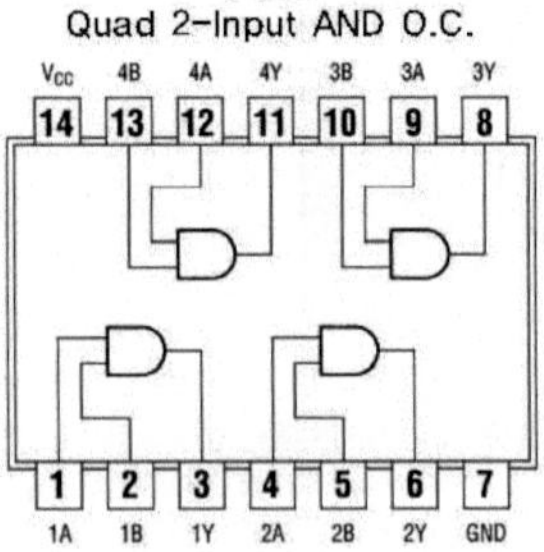

7410
Triple 3-Input NAND

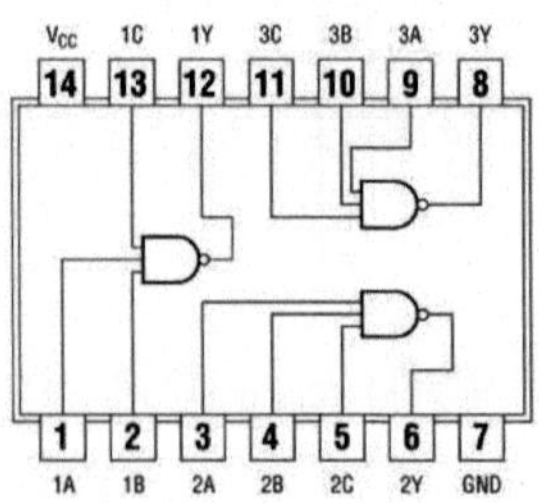

7411
Triple 3-Input AND

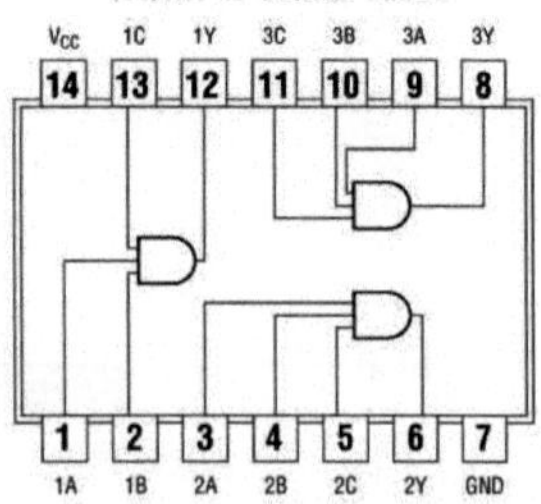

7412
Triple 3 Input NAND O.C.

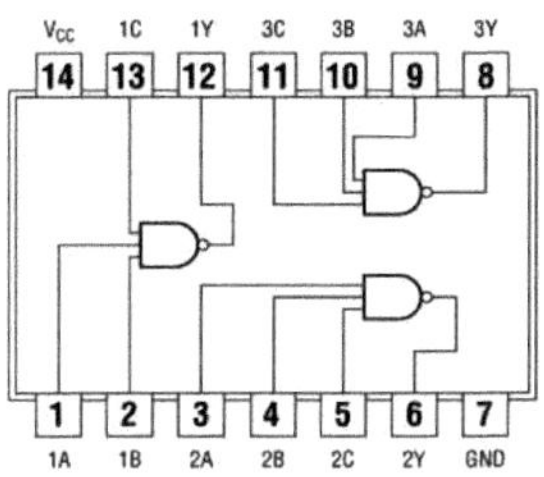

7413
Dual 4 Input NAND Schmitt Trigger

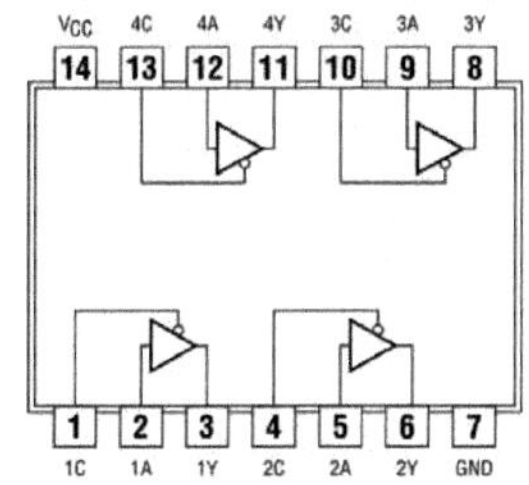

7414
Hex Schmitt Trigger Inverters

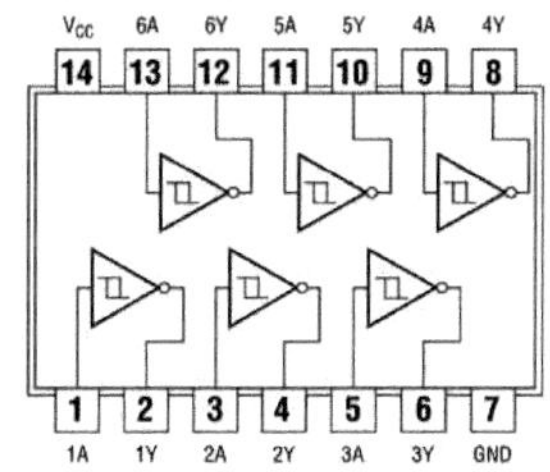

7415
Triple 3-Input AND with O.C.

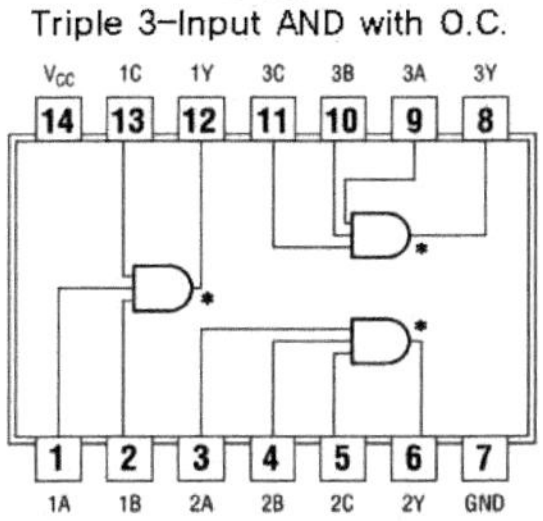

7416
Hex Inverter Buffers/Drivers O.C

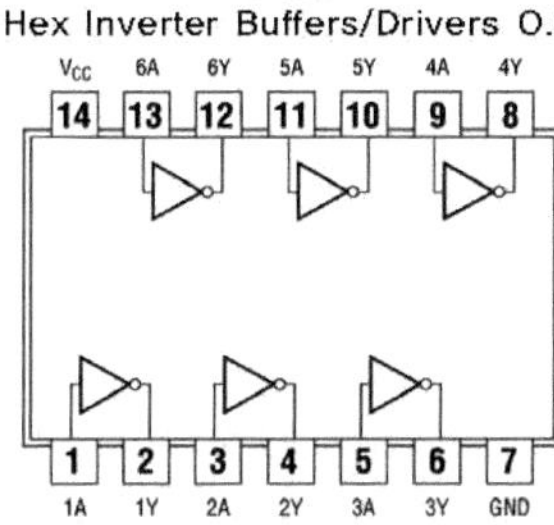

7417
Hex Buffers/Drivers O.C

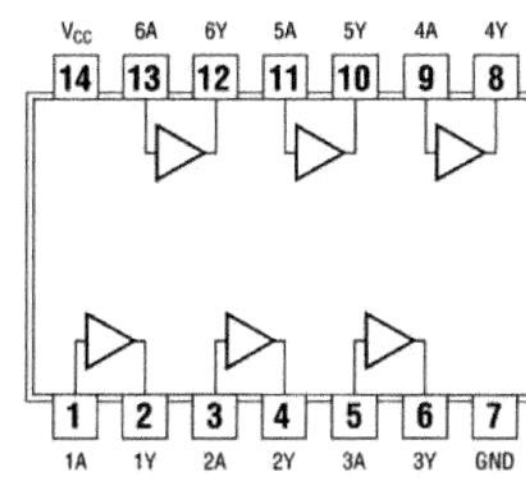

7418
Dual 4-Input NAND Schmitt Triggers

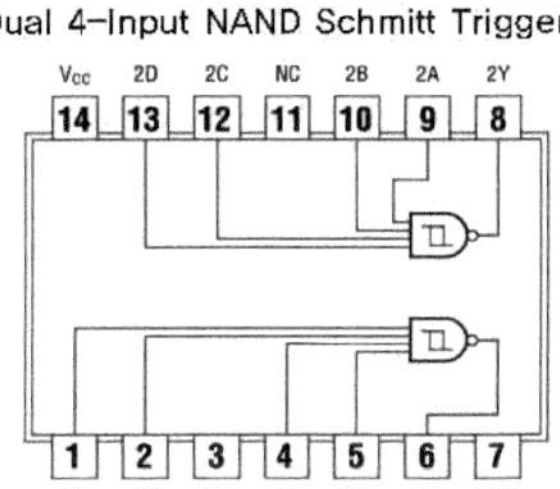

7419
Hex Schmitt Trigger Inverters

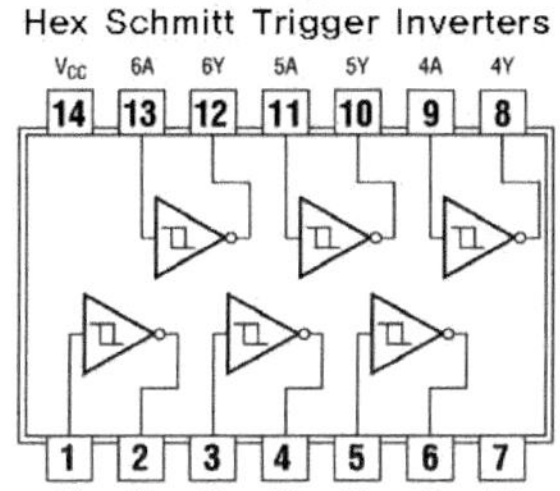

7420
Dual 4-Input NAND

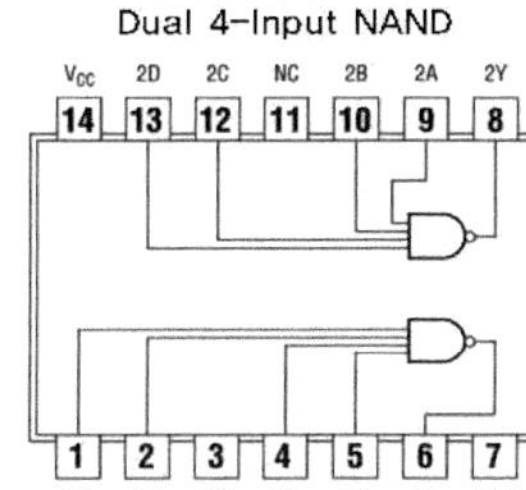

7421
Dual 4-Input AND

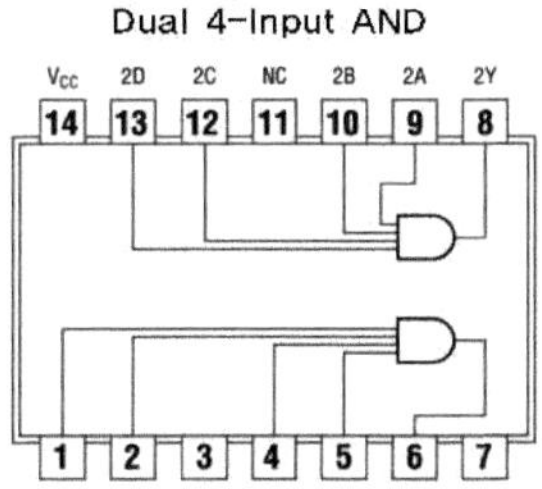

7422
Dual 4-Input NAND O.C.

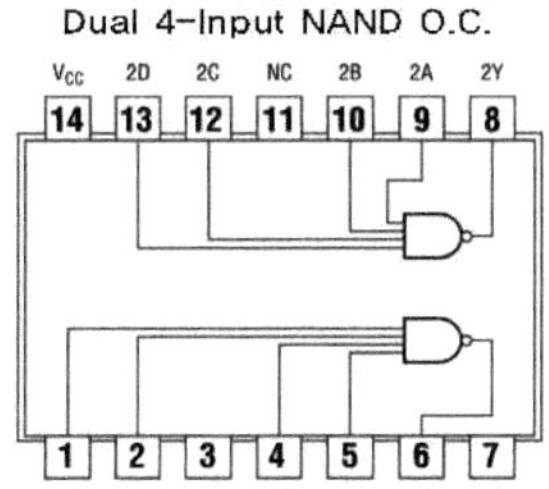

7423
Expandable Dual 4-Input NOR with strobe

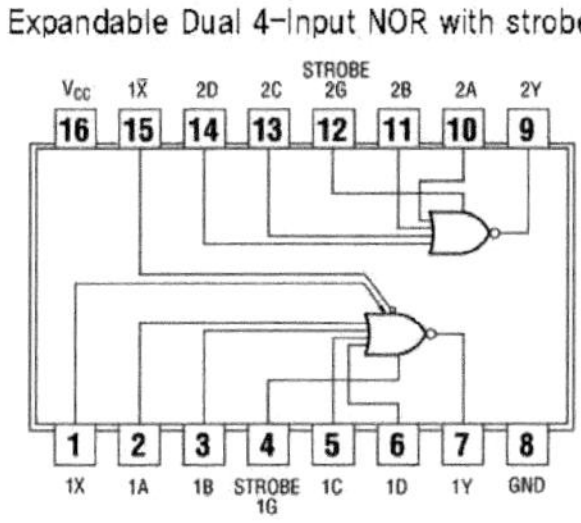

7424
Quad 2-Input NAND Schmitt Triggers

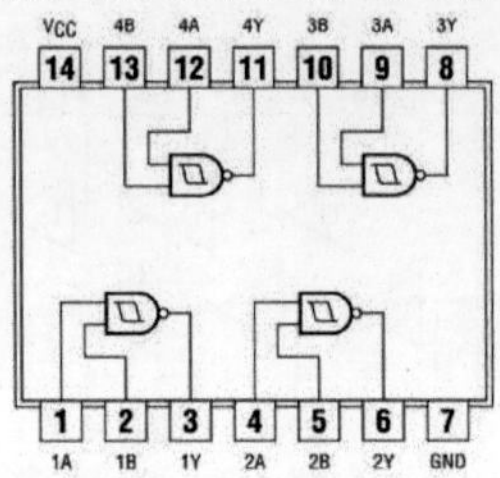

7425
Dual 4-Input NOR with Strobe

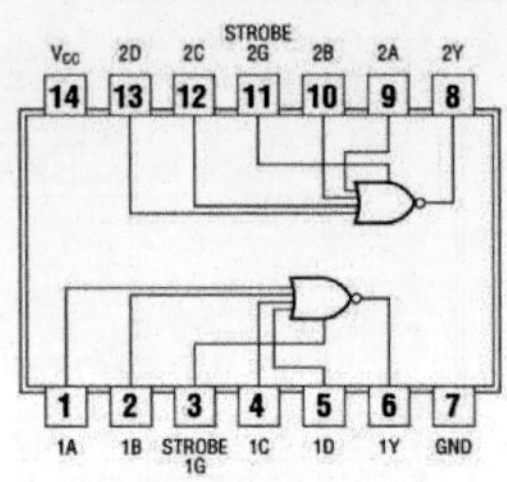

7426
Quad 2-Input High Voltage Interface NAND

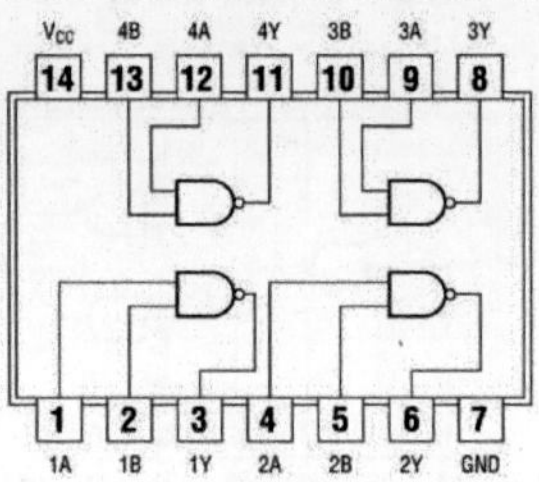

7427
Triple 3-Input NOR

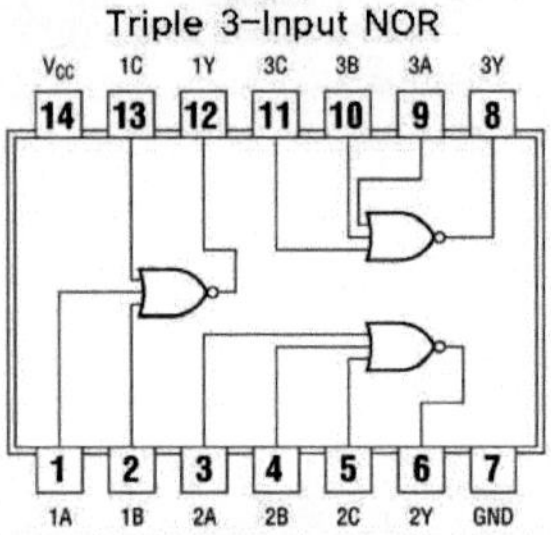

7428
Quad 2-Input NOR Buffer

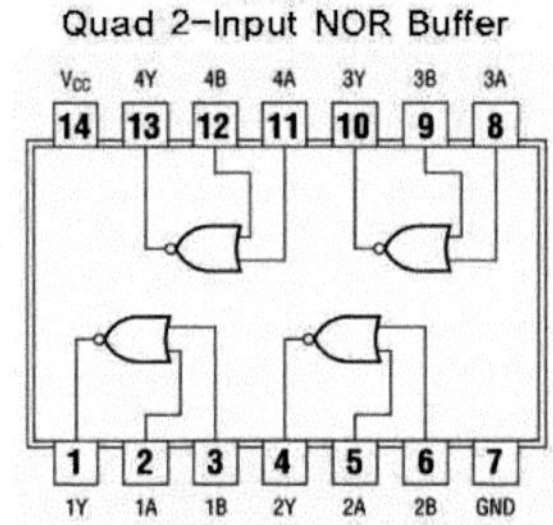

7430
8-Input NAND

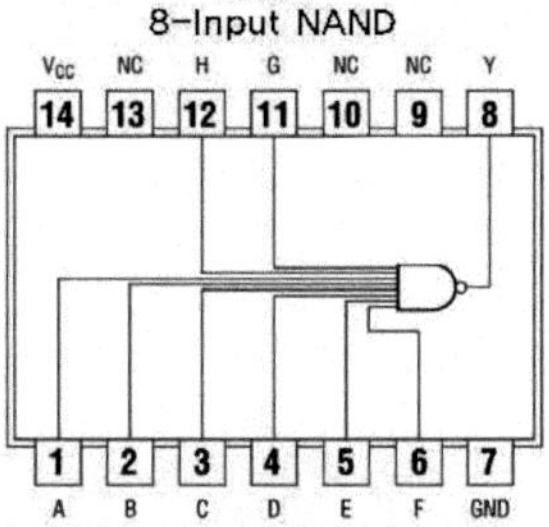

7431
Delay Elements

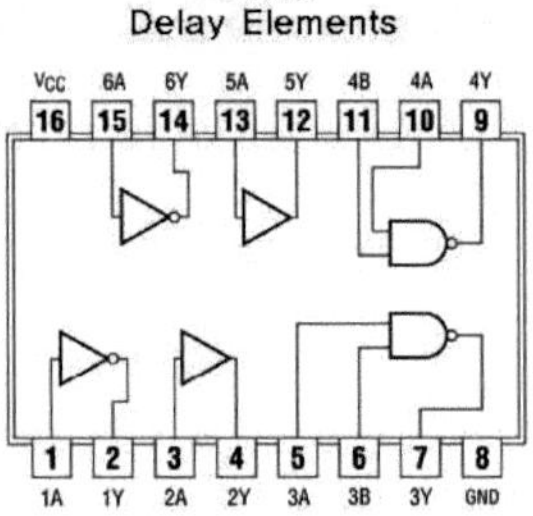

7432
Quad 2-Input OR

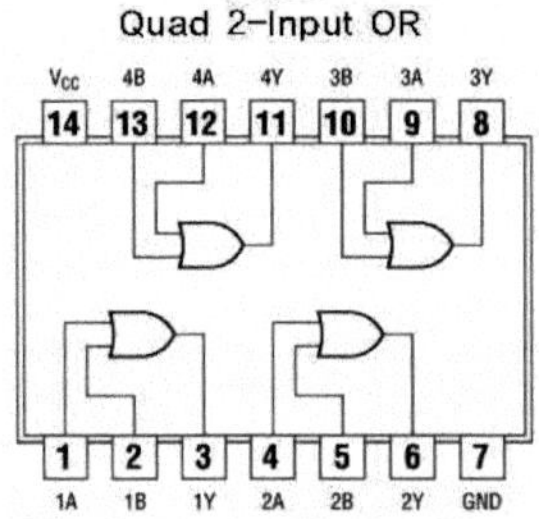

7433
Quad 2-Input NOR Buffers O.C.

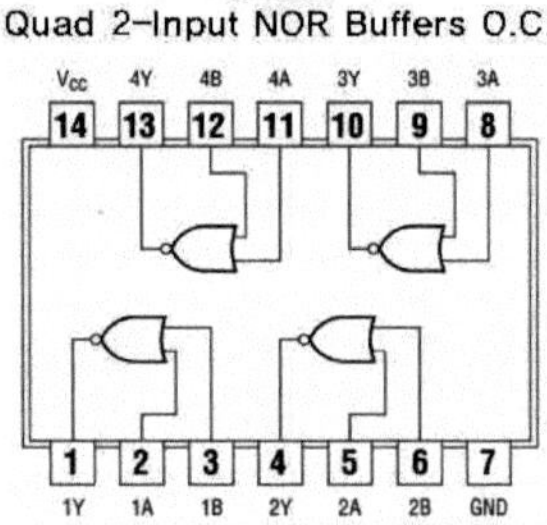

7437
Quad 2-Input NAND Buffers

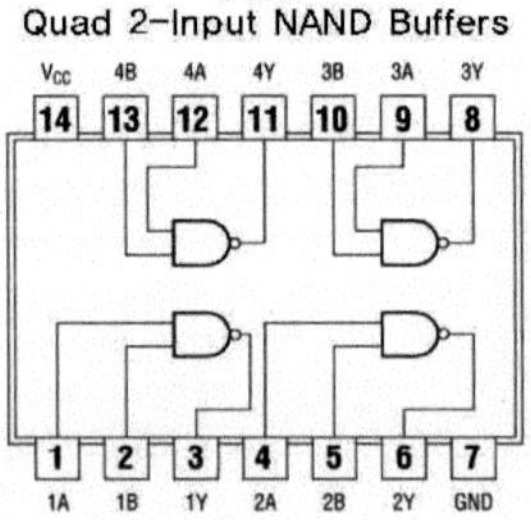

7438
Quad 2-Input NAND Buffers O.C.

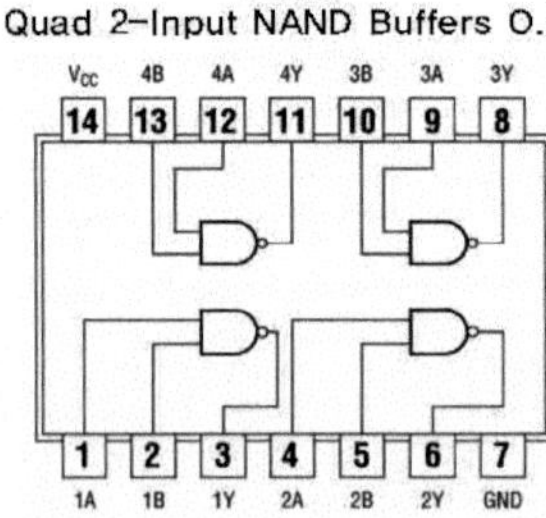

7440
Dual 4-Input NAND Buffers

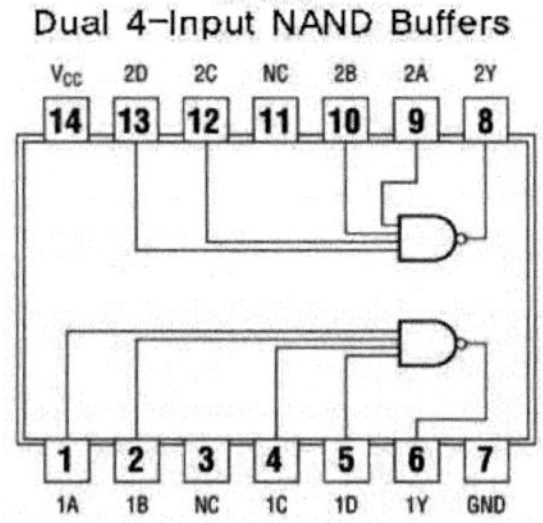

7442, 7443, 7444

4-Line to 10-Line Decoder, Excess-3 to Decimal Decoder, Excess-3 Gray to Decimal Decoder

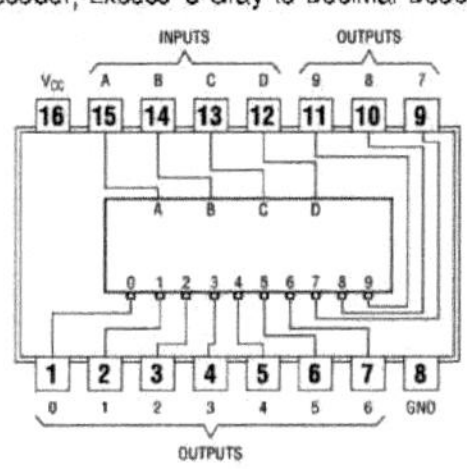

7445

BCD-to-Decimal Decoder/Driver 30V O.C.

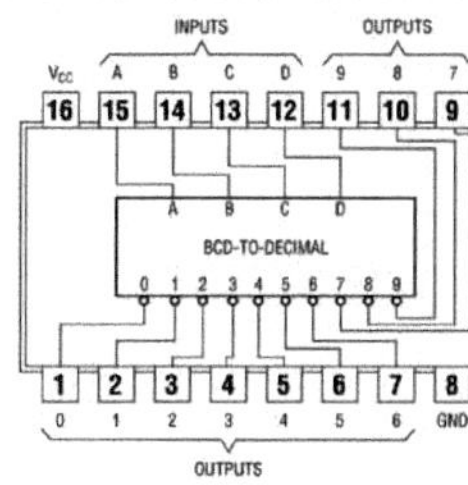

7446, 7447

BCD-to-Seven Segment Decoders/Drivers

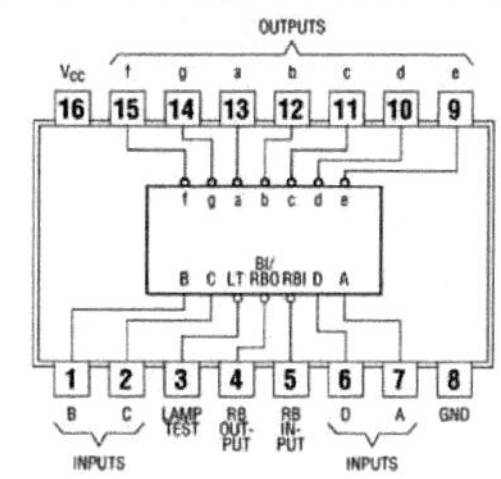

7448

BCD-to-Seven Segment Decoders/Drivers

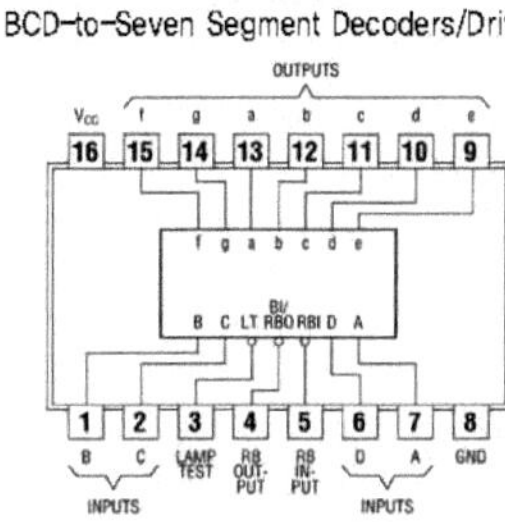

7449

BCD-to-Seven Segment Decoders/Drivers

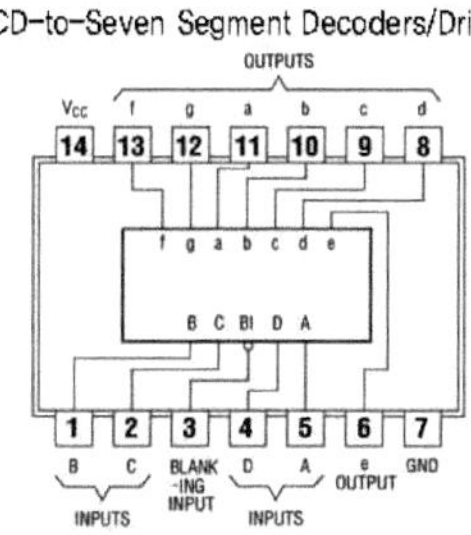

7450

Dual 2 wide 2-Input AND-OR-INVERT

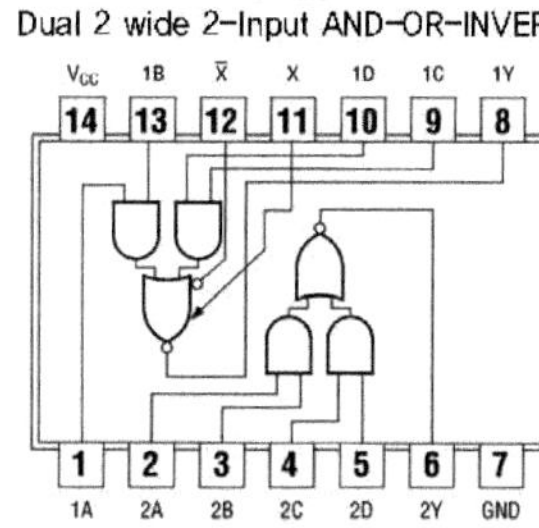

7451(7451, 74S51)

Dual 2 wide 2-Input AND-OR-INVERT

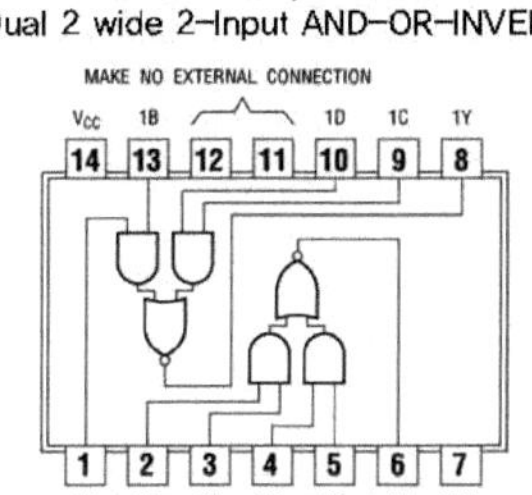

7451(74LS51, 74HC51)

Dual 2 wide 2-Input AND-OR-INVERT

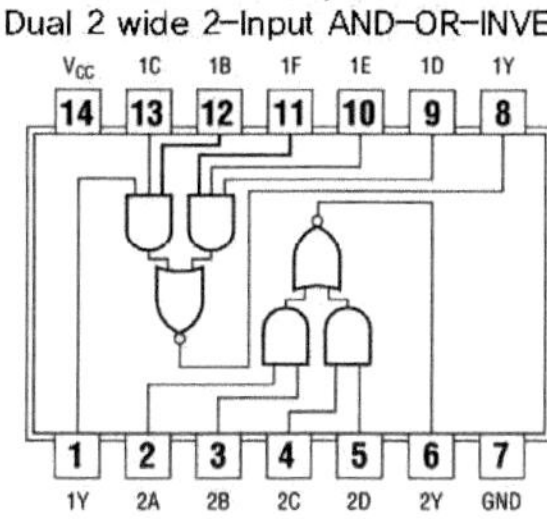

7453

4 wide 2-Input AND-OR-INVERT

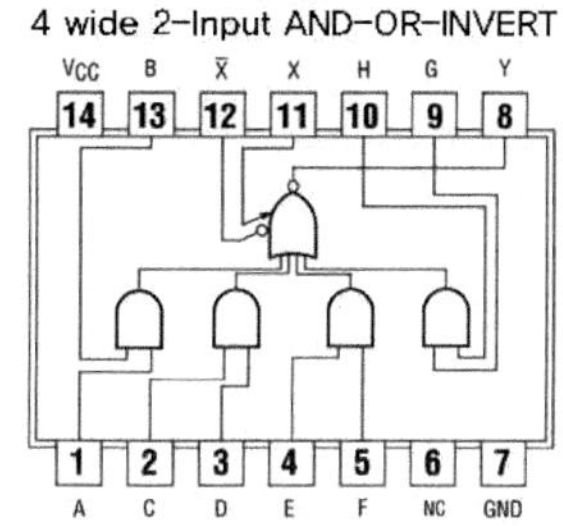

7454

4 wide 2-Input AND-OR-INVERT

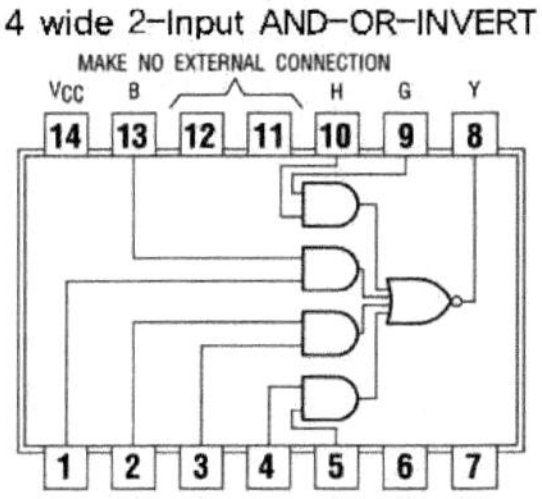

7454(74LS54)

4 wide 2-Input AND-OR-INVERT

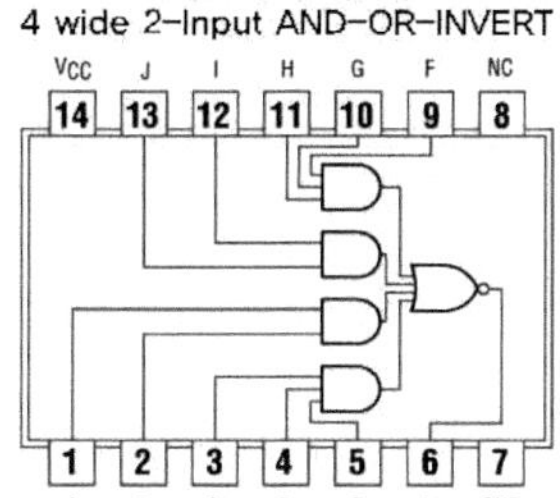

7455

Expandable 2 wide 4-Input AND-OR-INVERT

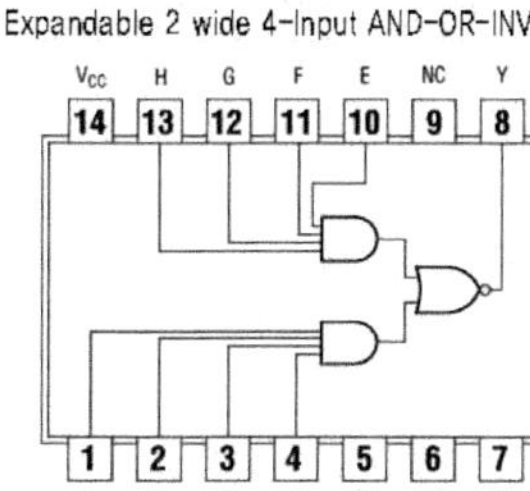

7456, 7457
50 to 1 Frequency Division
60 to 1 Frequency Division

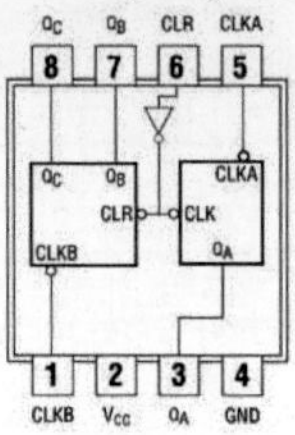

7460
Dual 4-Input Expanders

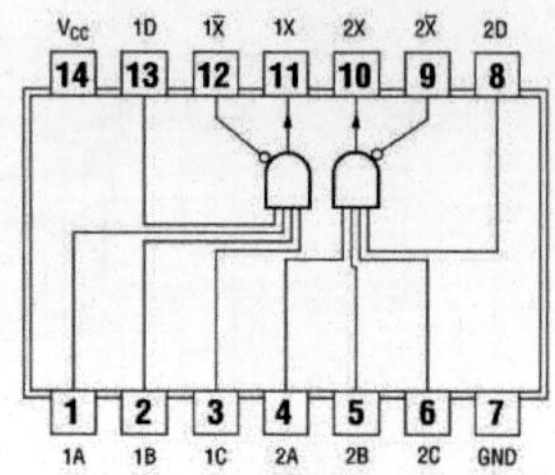

7463
Hex Current Sensing Interface Gates

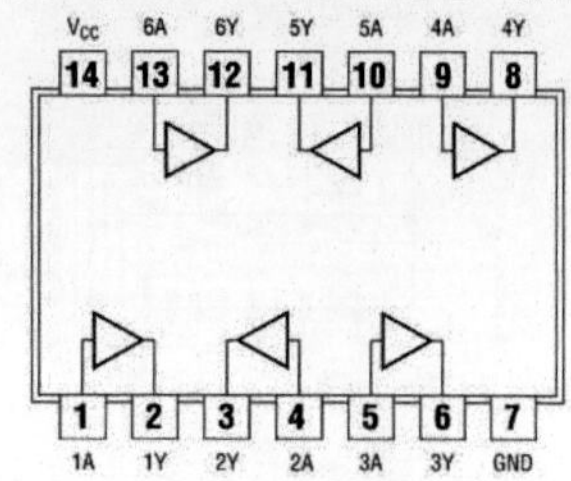

7464
4-2-3-2 Input AND-OR-INVERT

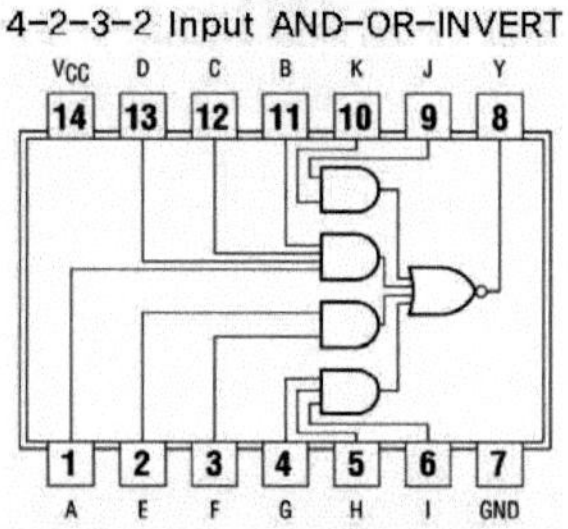

7465
4-2-3-2 Input AND-OR-INVERT O.C.

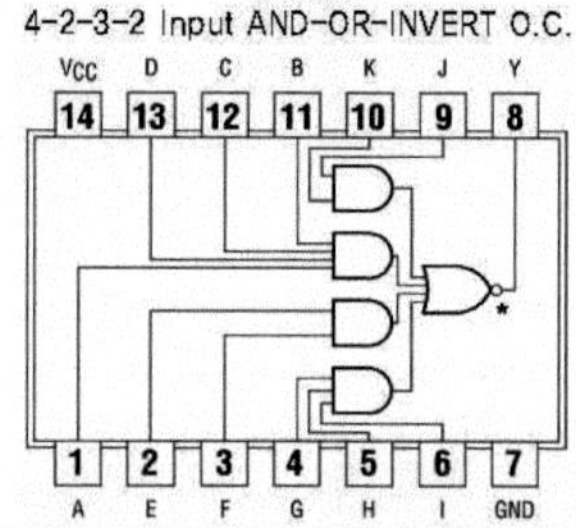

7468, 7469
Dual 4-Bit Decade Counters
Dual 4-Bit Binary Counters

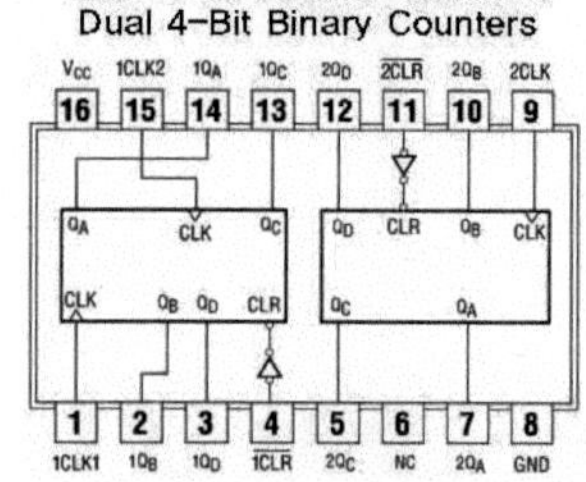

7470
AND-gated J-K Flip Flop with Preset and Clear

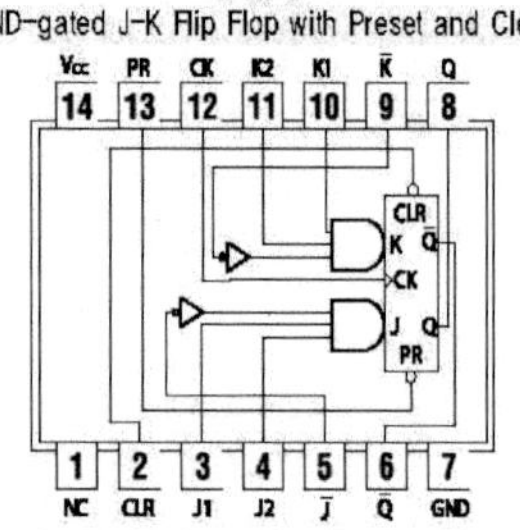

7472
AND-gated J-K Flip Flop with Preset and Clear

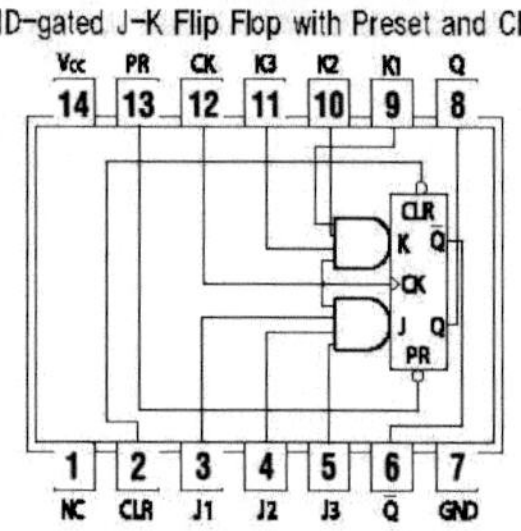

7473
Dual J-K Flip Flops with Clear

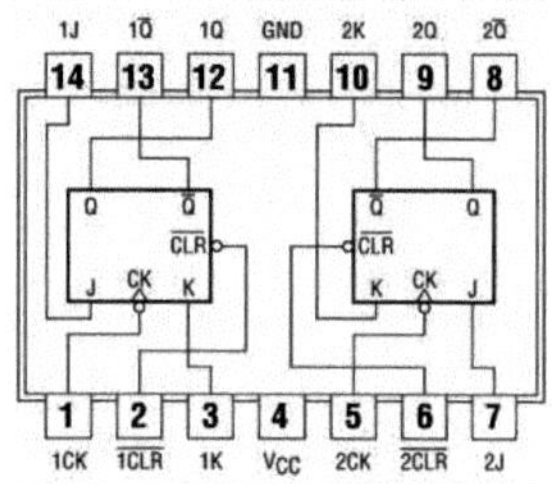

7474
Dual D-Type Flip Flops with Preset and Clear

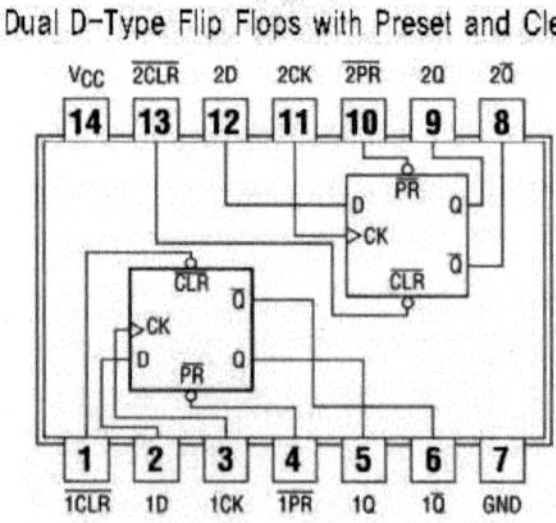

7475
4-Bit Bistable Latches

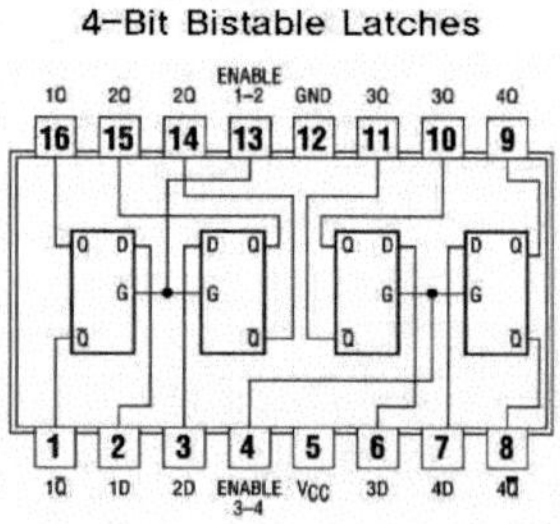

7476
Dual J-K Flip Flops with Preset and Clear

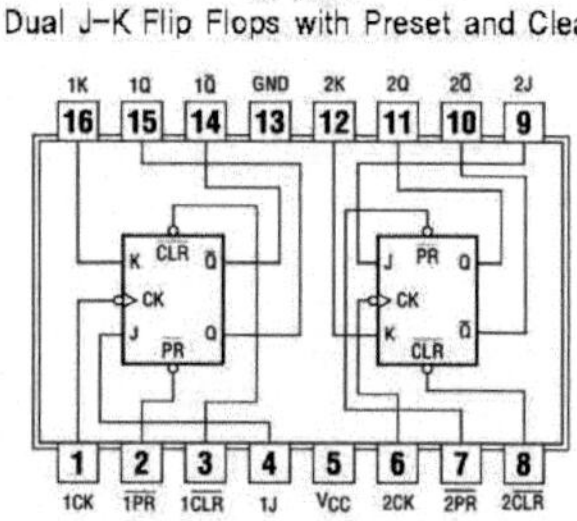

7477
4-Bit Latches

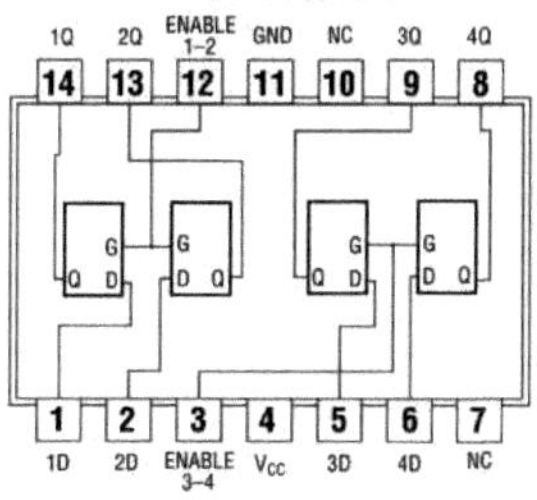

7478
Dual J-K Flip Flops with Preset and Clear

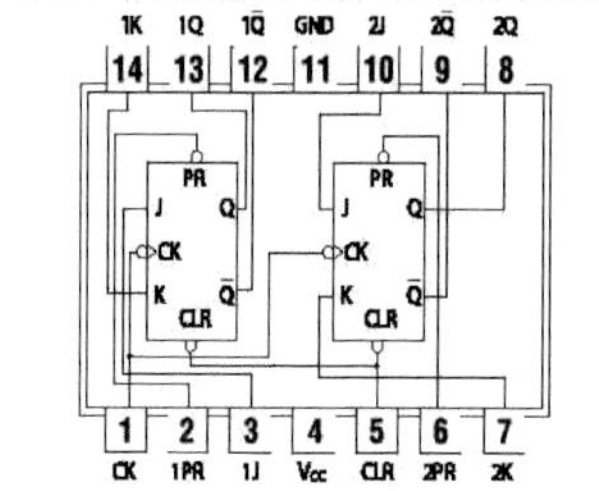

7480
Gated Full Adder

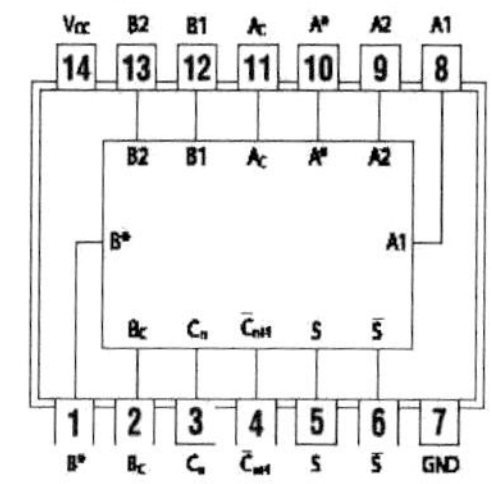

7481
16-Bit RAM(Open Collector)

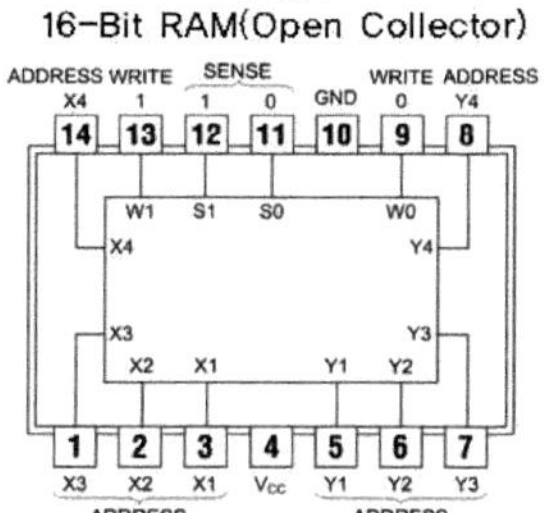

7482
2-Bit Full Adder

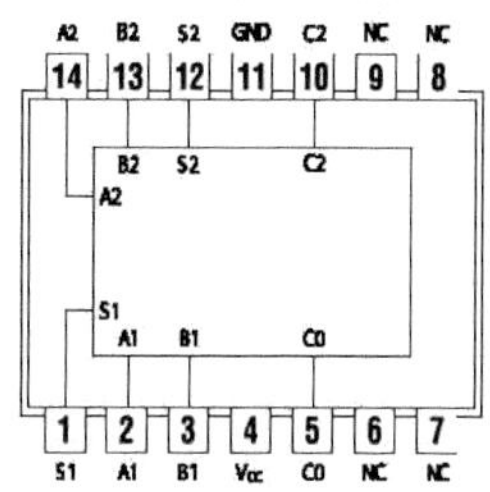

7483
4-Bit Binary Full Adder with Fast Carry

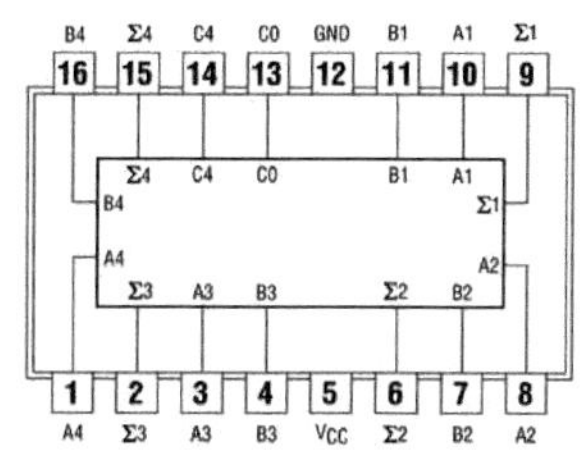

7484
16-Bit RAM(Open Collector)

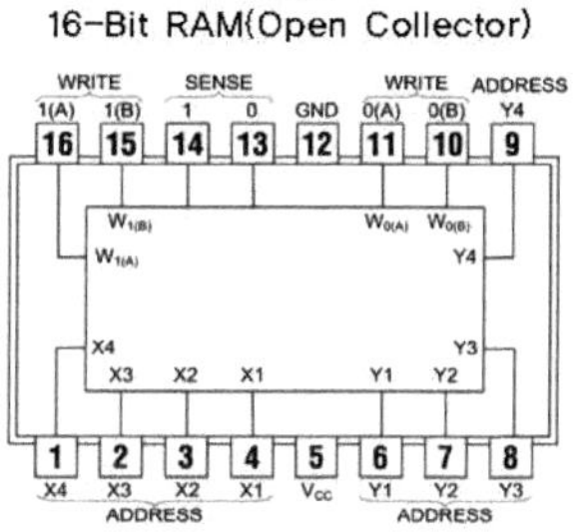

7485
4-Bit Comparator

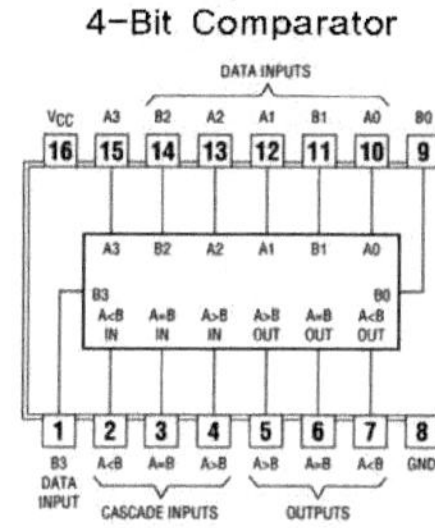

7486
Quad 2-Input Exclusive-OR

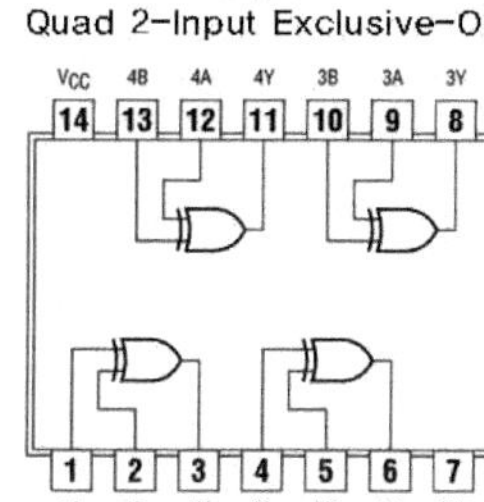

7489
64-Bit RAM(Open Collector)

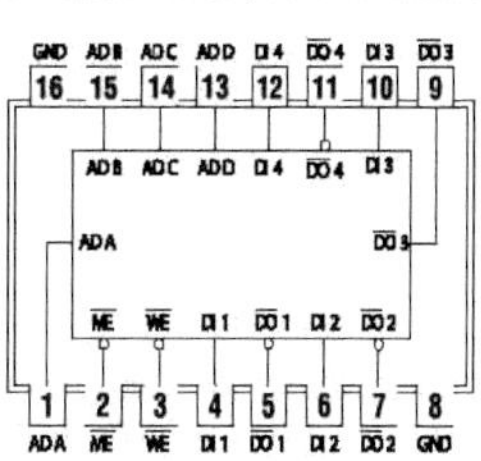

7490
Decade Counter

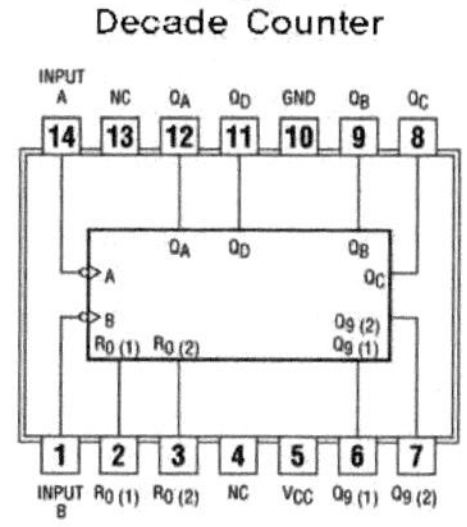

7491
8-Bit Shift Register

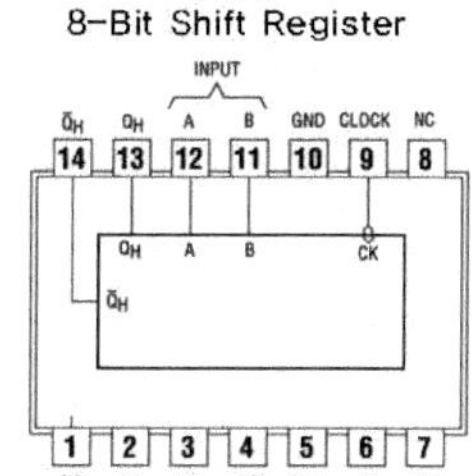

7492
Divide-by-12 Counters

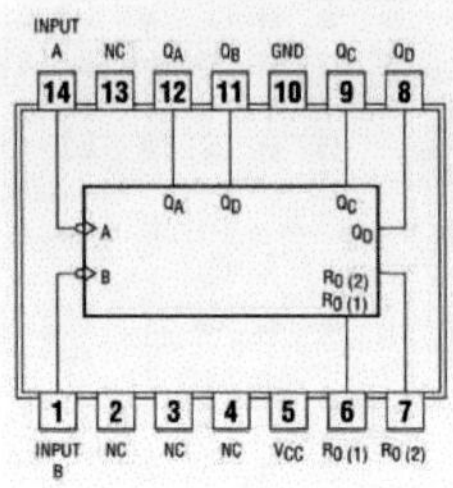

7493
4-Bit Binary Counters

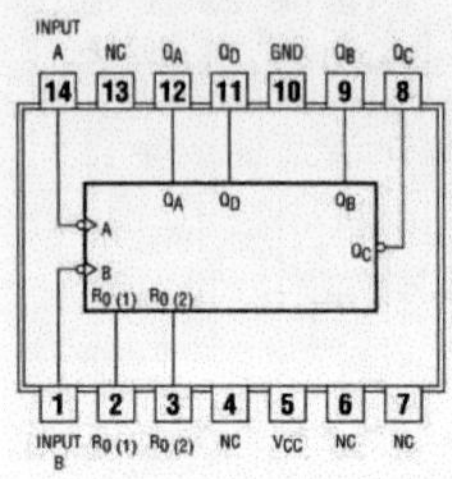

7494
4-Bit Shift Register

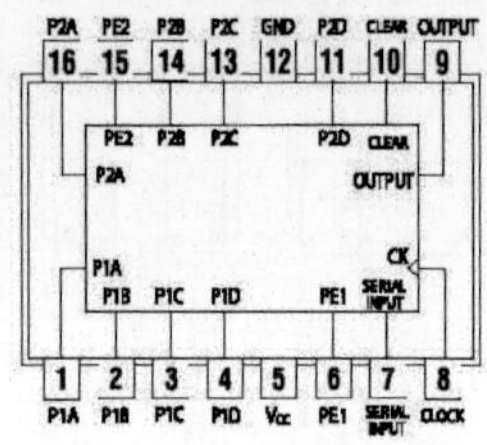

7495
4-Bit Shift Register PIPO

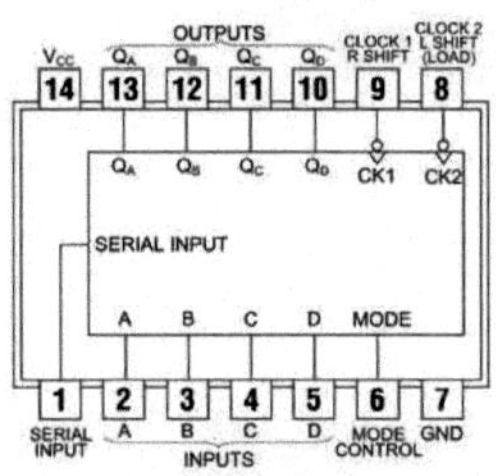

7496
5-Bit Shift Register PIPO

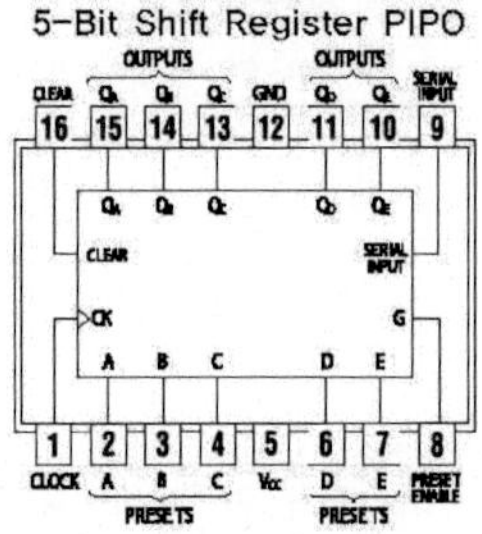

7497
6-Bit Synchronous Binary Rate Multipliers

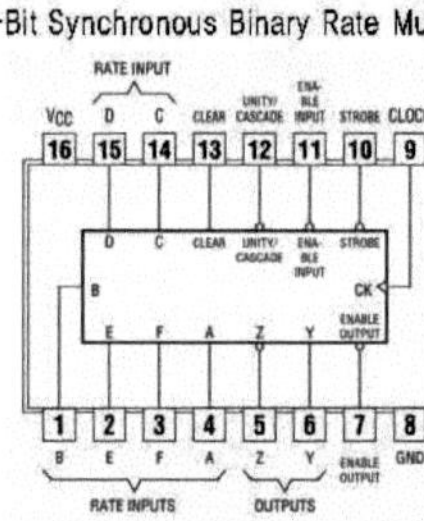

74100
8-Bit Latches

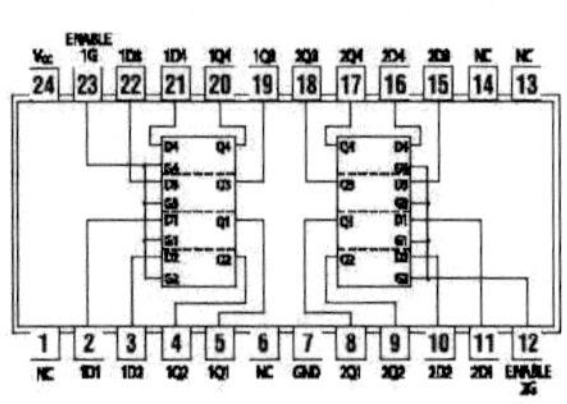

74107
Dual J-K Flip Flops with Clear

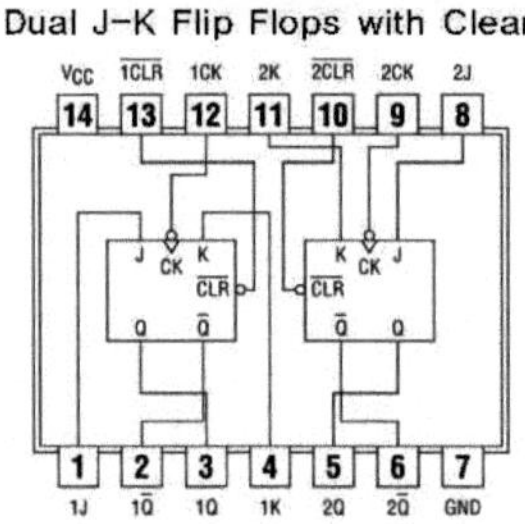

74109
Dual J-K Flip Flops with Preset and Clear

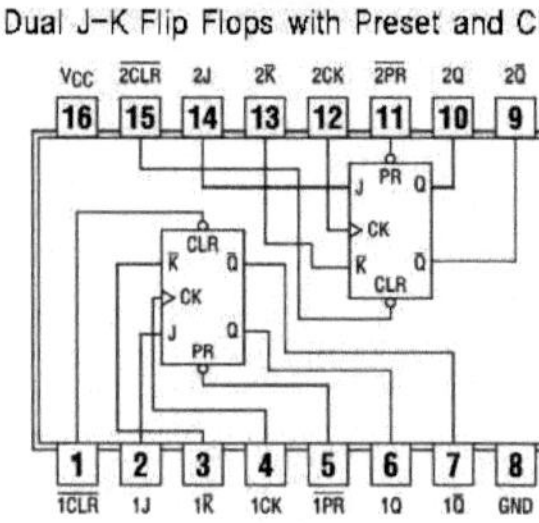

74112
Dual J-K Flip Flops with Preset and Clear

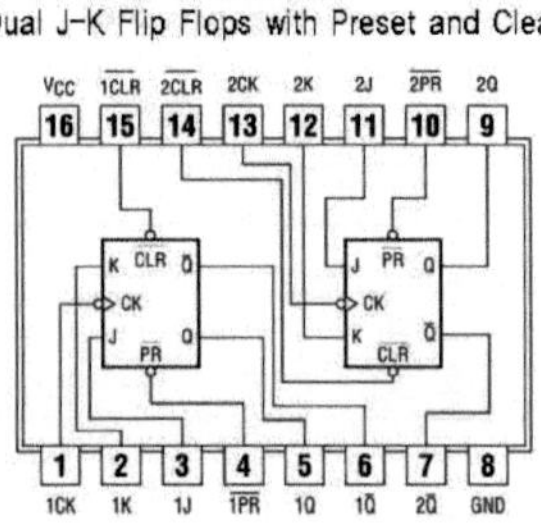

74113
Dual J-K Flip Flops with Preset

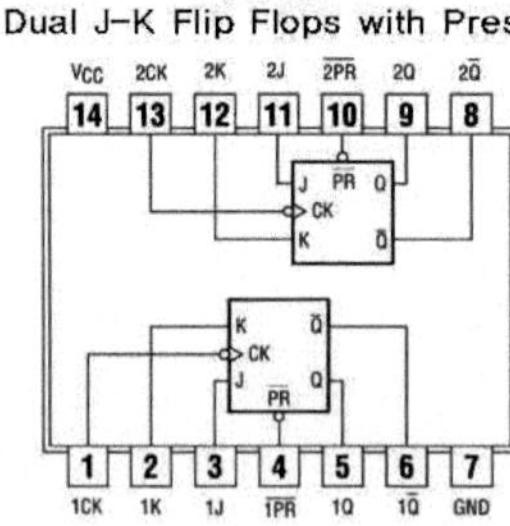

74114
Dual J-K Flip Flops with Preset and Clear

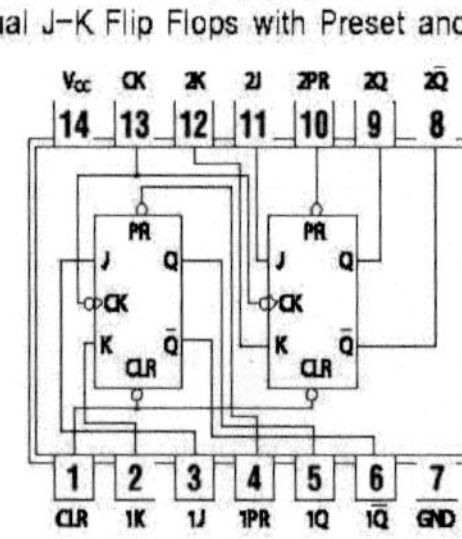

74121
Monostable Multivibrators

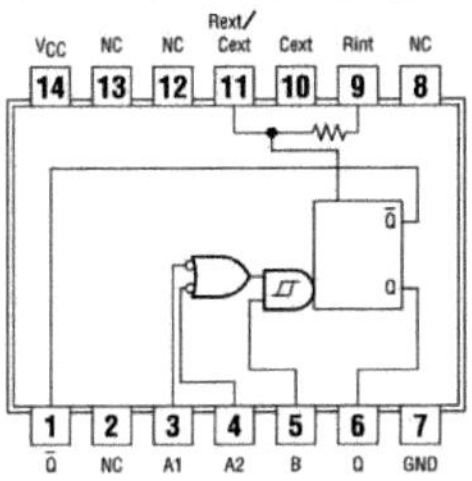

74122
Monostable Multivibrators with Clear

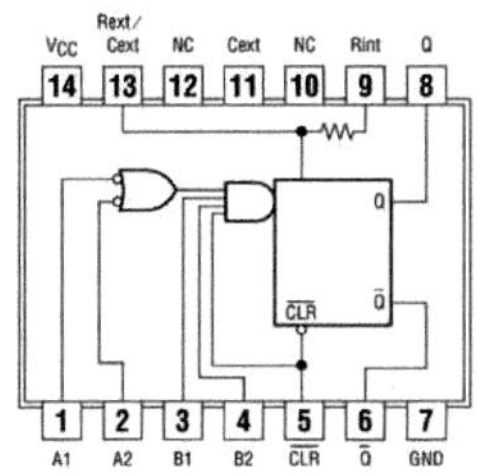

74123
Dual Monostable Multivibarators with Clear

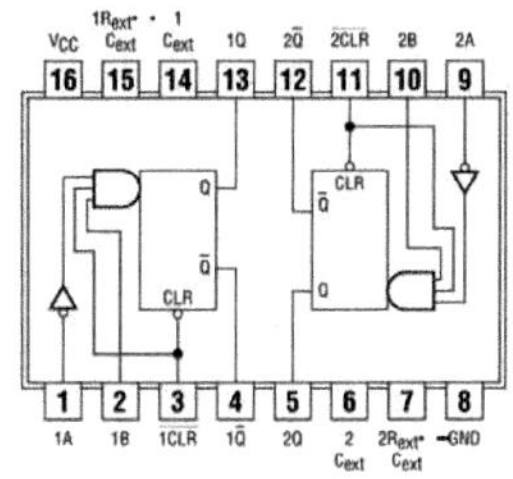

74125
Quad Bus Buffer Gates 3-State

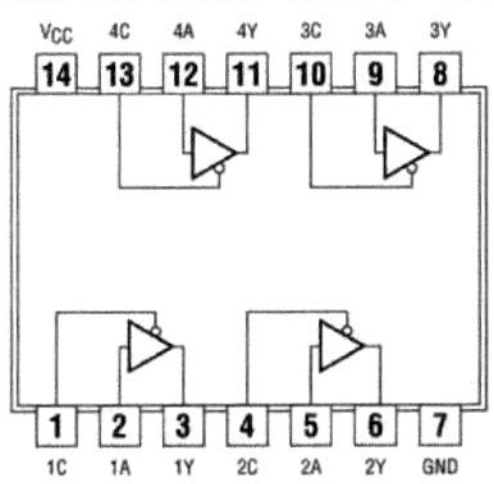

74126
Quad Bus Buffer Gates 3-State

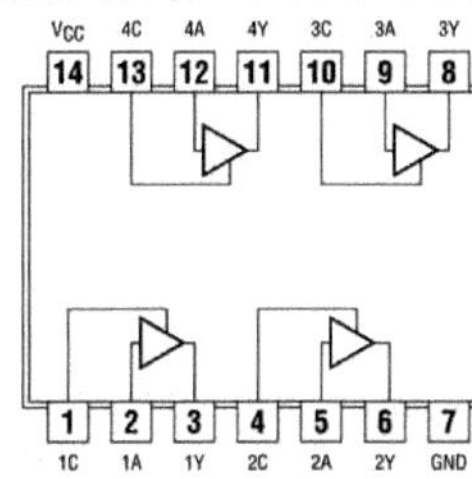

74132
Quad 2-Input NAND Schmitt Triggers

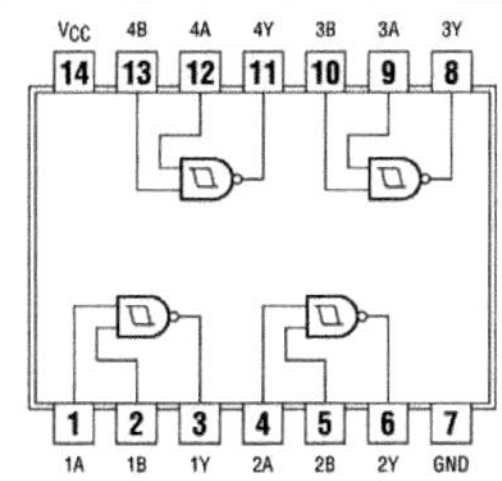

74133
13-Input NAND

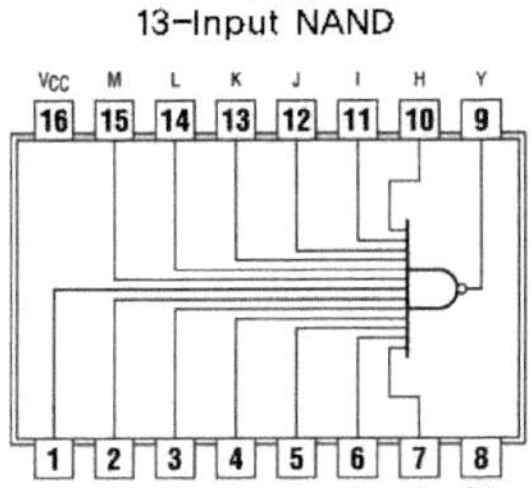

74134
12-Input 3 States NAND

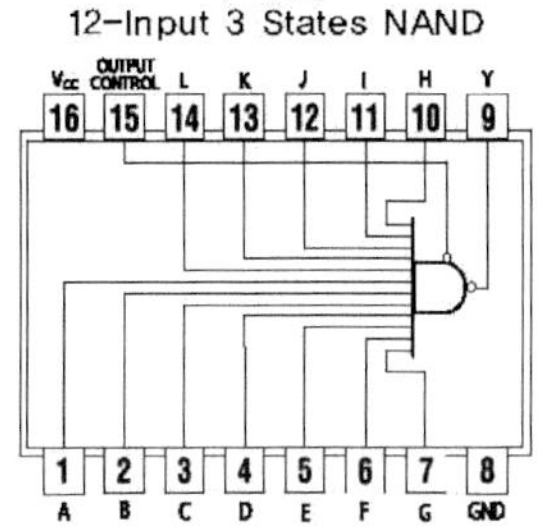

74135
Quad 2-Input XOR/XNOR

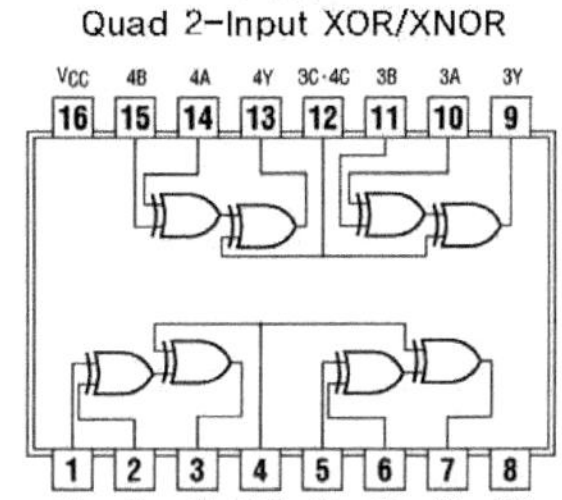

74136
Quad 2-Input XOR O.C.

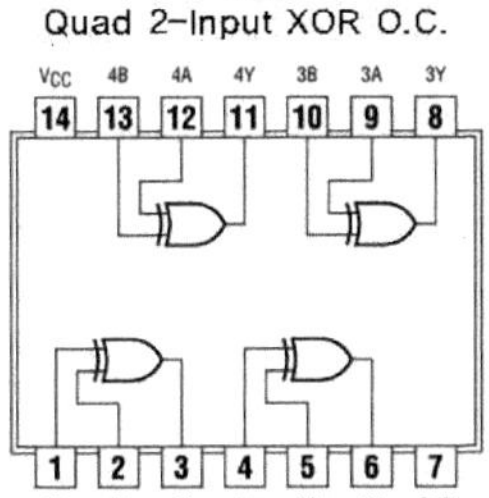

74137
3-to-8 Line Decoders/Demultiplexers Latch

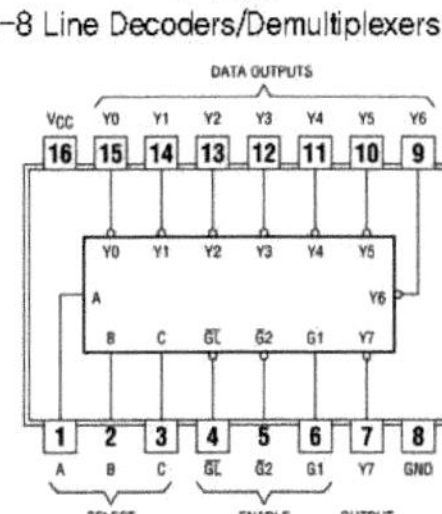

74138
3-to-8 Line Decoders/Demultiplexers

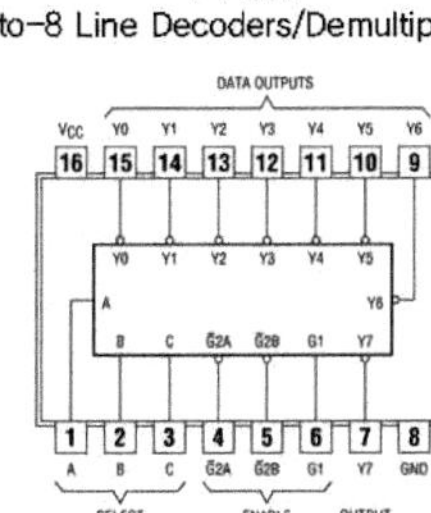

74139
Dual 2-to-4 Line Decoders/Demultiplexers

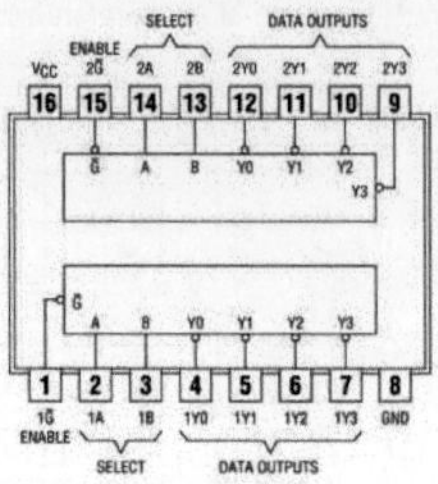

74140
Quad 4-input NAND Line Driver(50Ω)

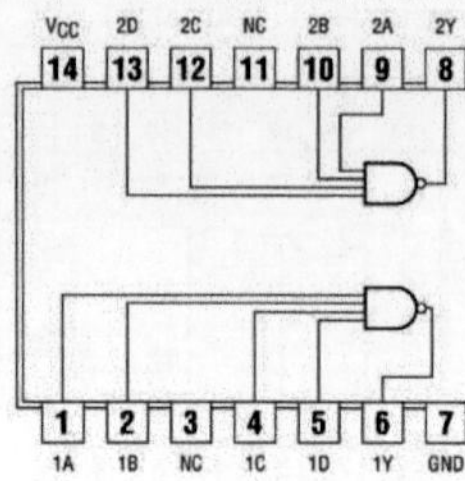

74145
BCD-to-Decimal Decoders/Drivers O.C.

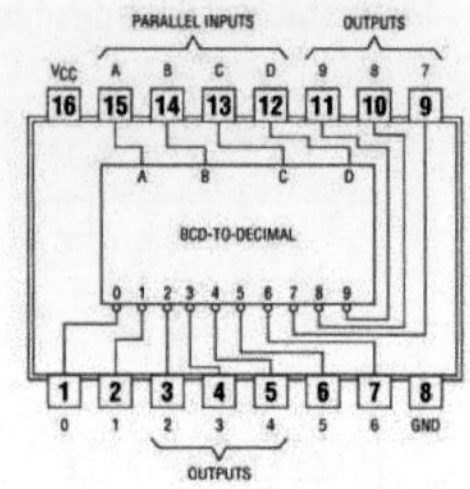

74147
10-to-4 Line Priority Encoder

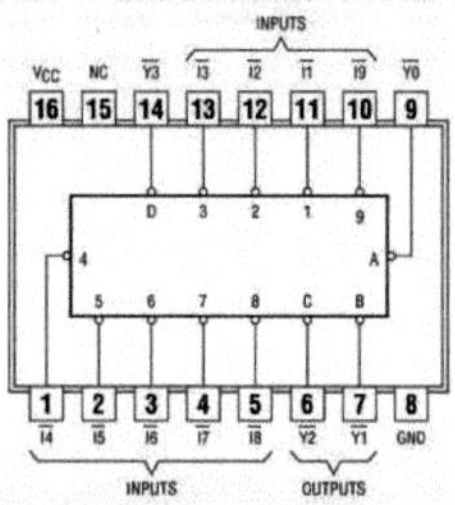

74148
8-to-3 Line Priority Encoders

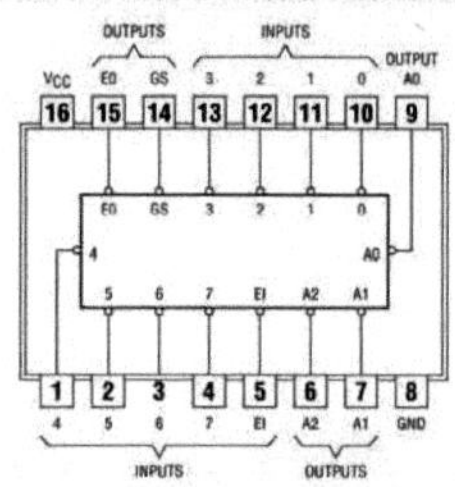

74150
16-to-1 Line Data Selector

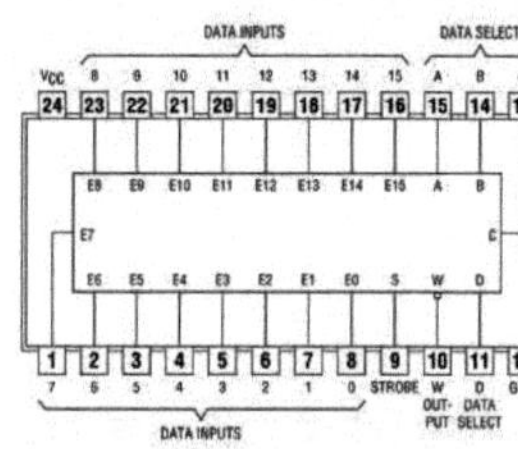

74151
8-to-1 Line Data Selectors/Multiplexers

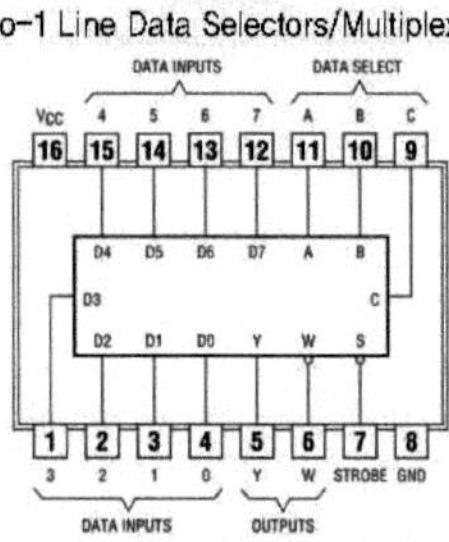

74152
8-to-1 Line Data Selector

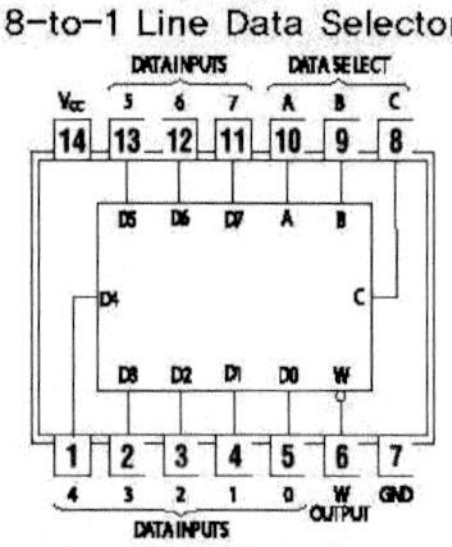

74153
Dual 4-to-1 Line Data Selectors/Multiplexers

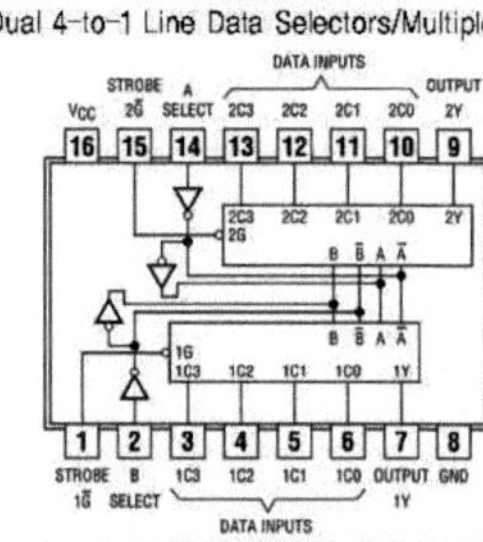

74154
4-to-16 Line Decoders/Demultiplexer

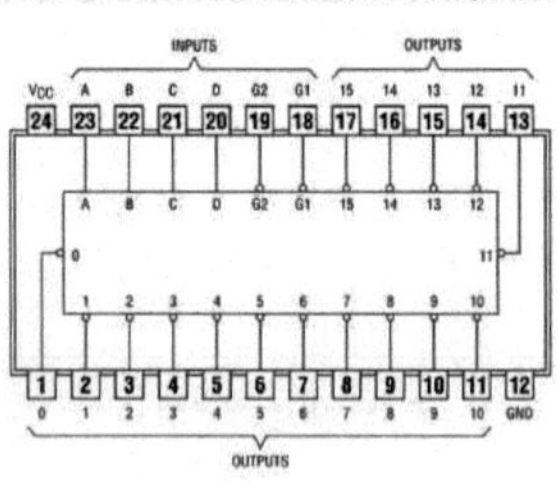

74155, 74156
Dual 2-to-4 Line Decoders/Demultiplexers

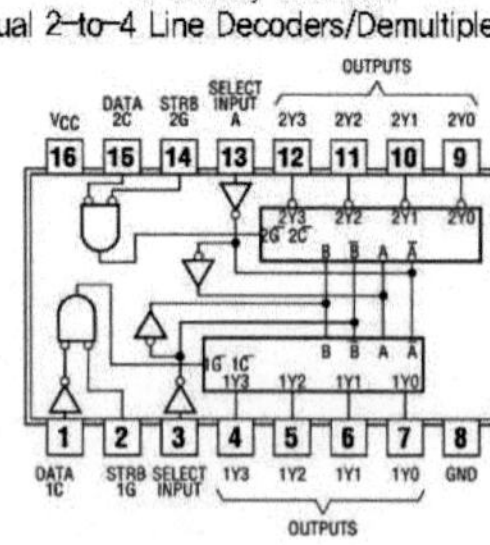

74157, 74158
Quad 2-to-1 Line Data Selectors/Multiplexers

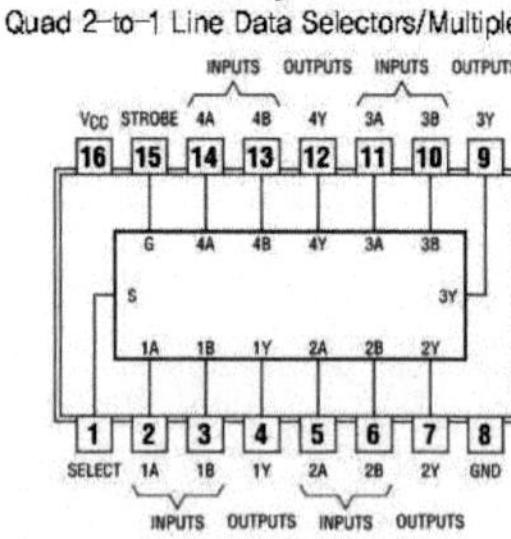

74160, 74162

Synchronous Presettable BCD Counter with Clear

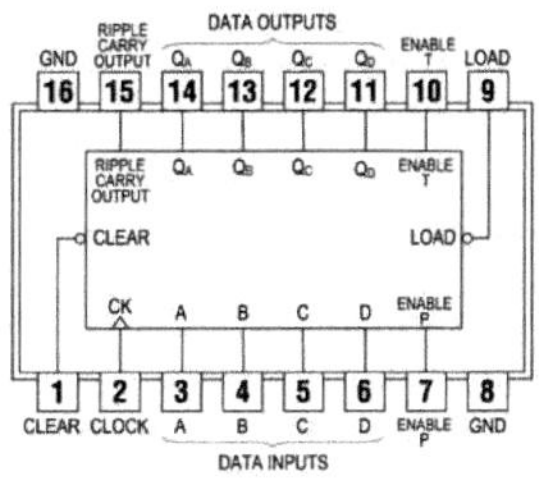

74161, 74163

Synchronous 4-bit Binary Counters

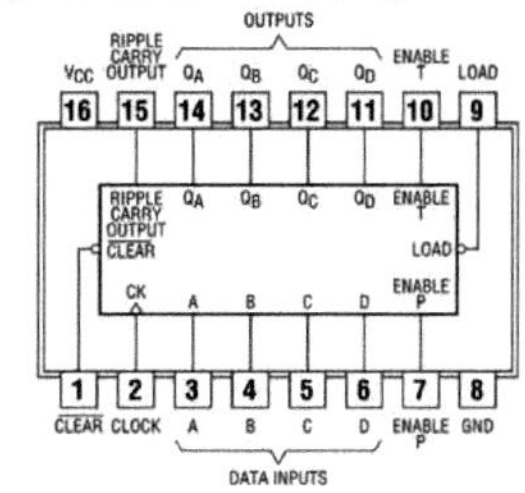

74164

8-Bit Shift Registers (P-Out Serial)

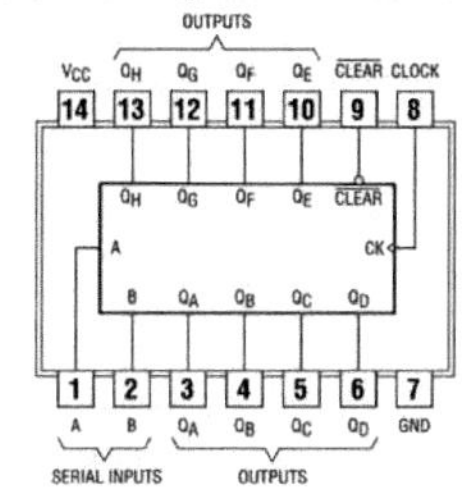

74165

8-Bit Shift Registers(P-Load)

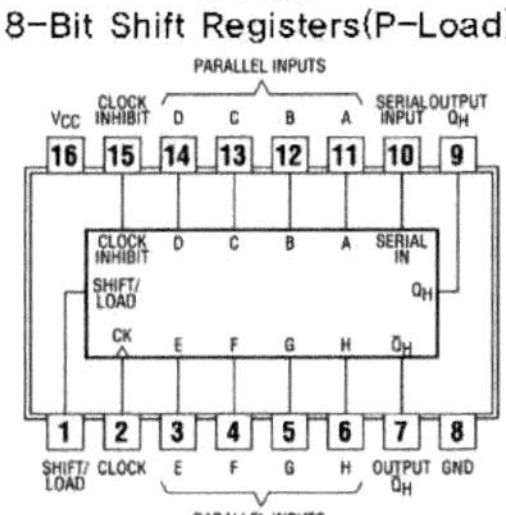

74166

8-Bit Shift Registers(P-Load)

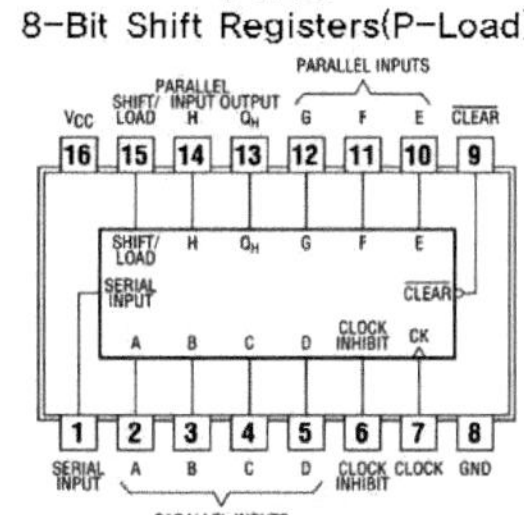

74168, 74169

BCD/Decade Synchronous Up-Down Counters

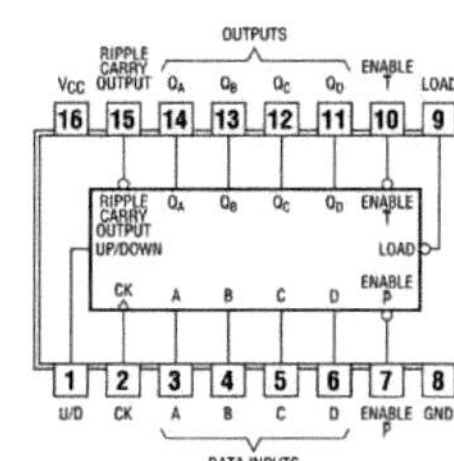

74170

4-by-4 Register Files

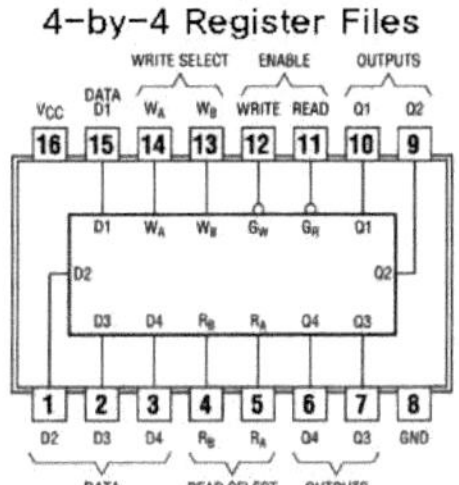

NC-ND internal connection

74173

4-Bit D-Type Registers

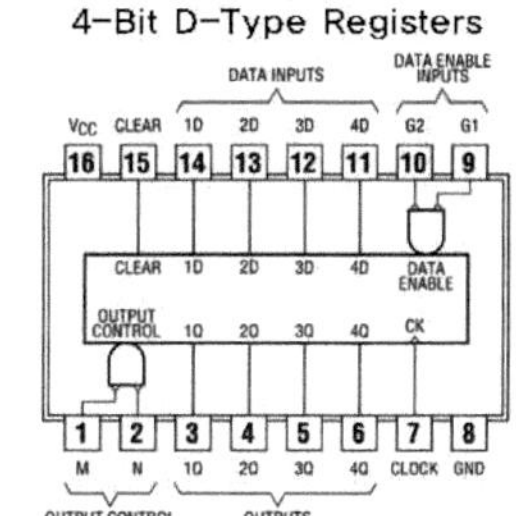

74174

Hex D-Type Flip Flops

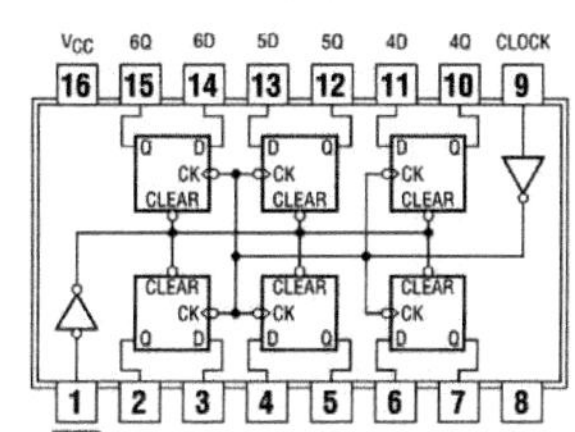

74175

Quad D-Type Flip Flops

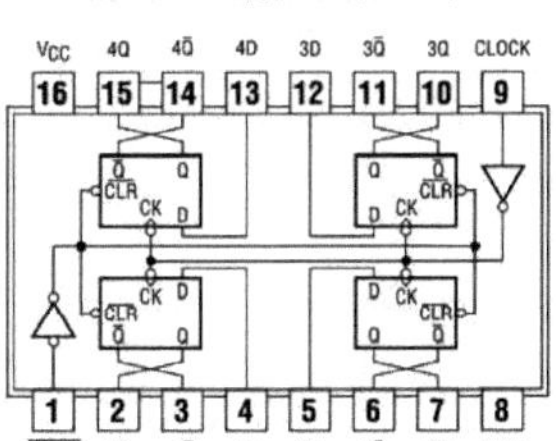

74176, 74177

Presettable Decade Counter

Presettable Binary Counter

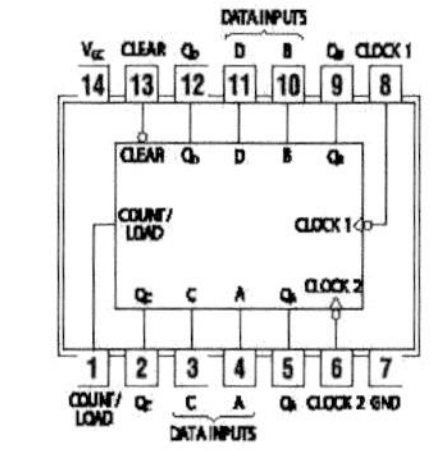

74178

4-Bit Register PIPO

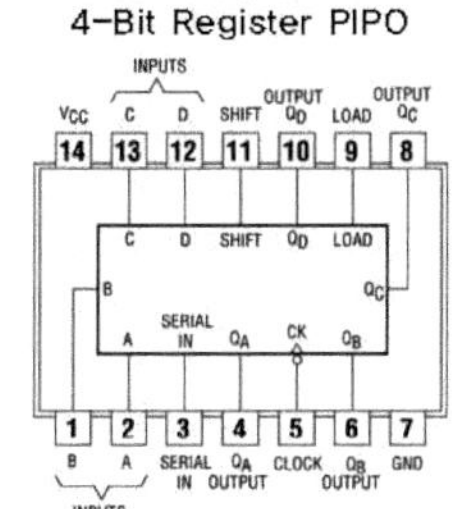

74179
4-Bit Shift Register PIPO

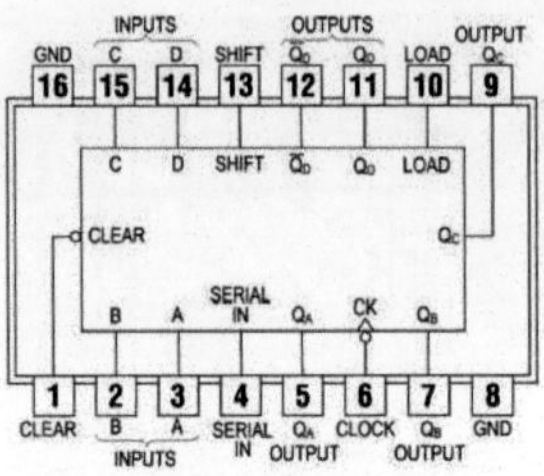

74180
8-Bit Parity Generator

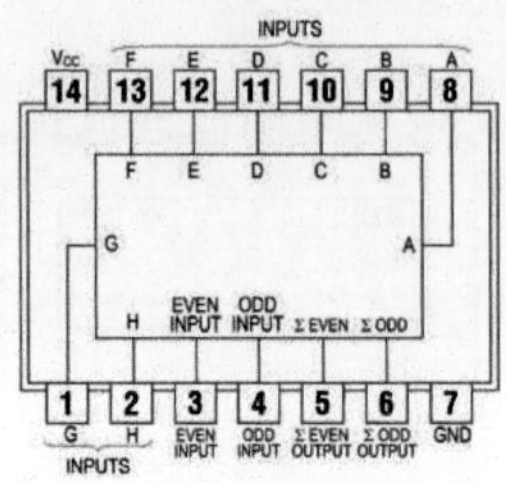

74181
4-Bit ALU/Function Generators

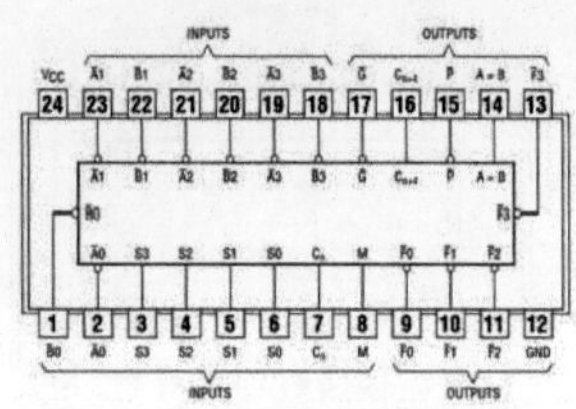

74182
Look-Ahead Carry Generators

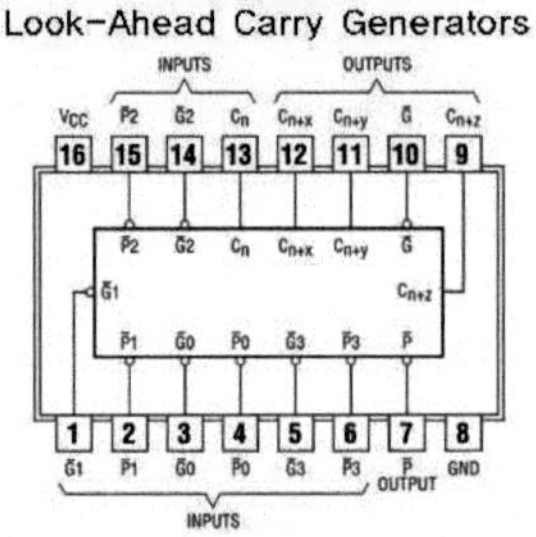

74183
Dual Carry Save Full Adders

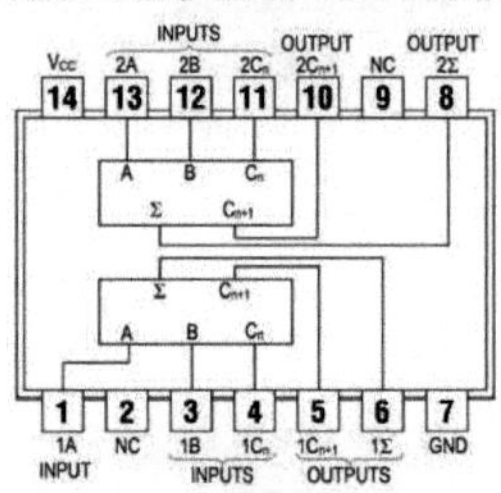

74190, 74191
Presettable Synchronous Up/Down Decade Counter

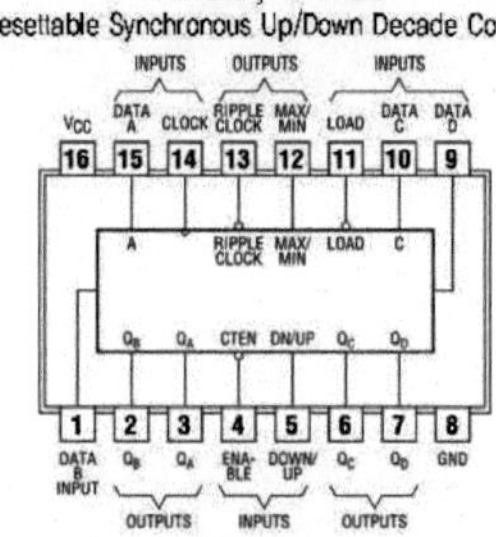

74192
Presettable Synchronous 4-Bit Up/Down Counters

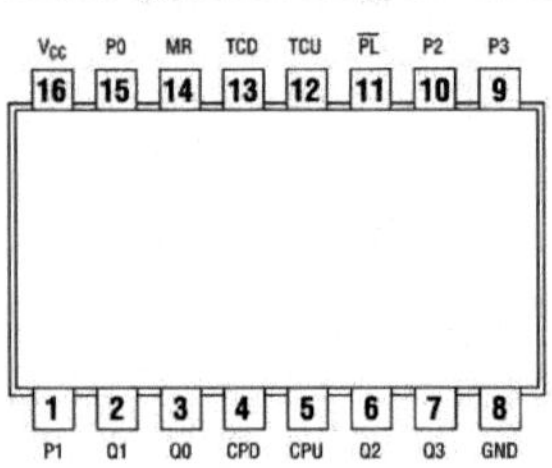

74193
Presettable Synchronous Up/Down Dual Clock Counters

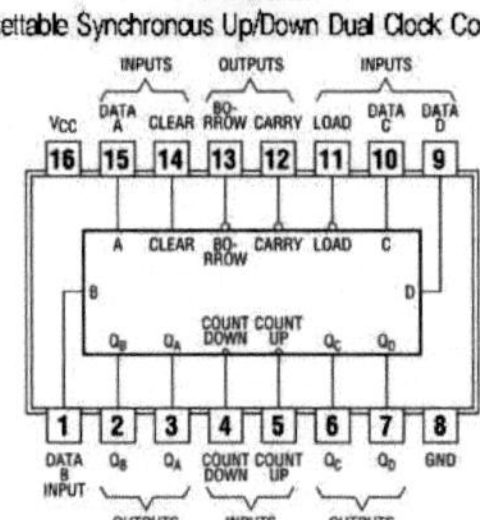

74194
4-Bit Bidirectional Universal Shift Registers

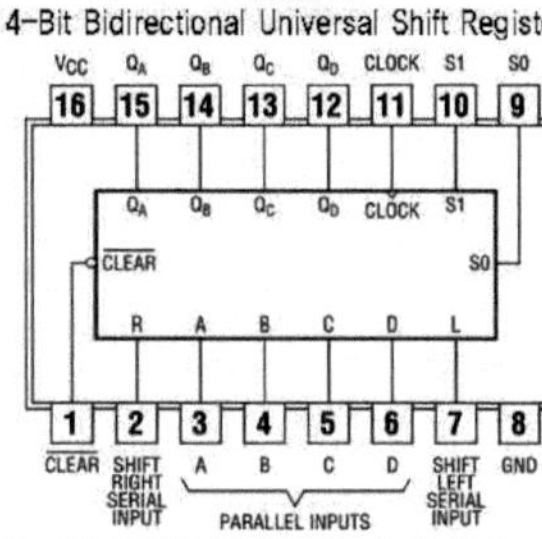

74195
4-Bit Parallel Access Shift Registers

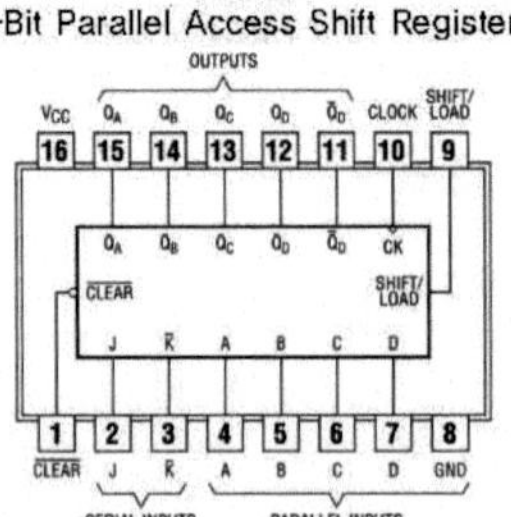

74196, 74197
Presettable Decade Counter
Presettable Binary Counter

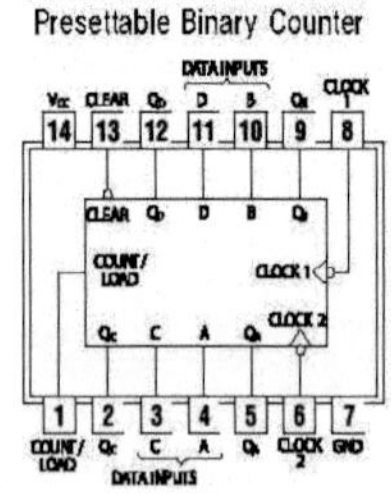

74198
8-Bit Bidirectional Shift Register PIPO

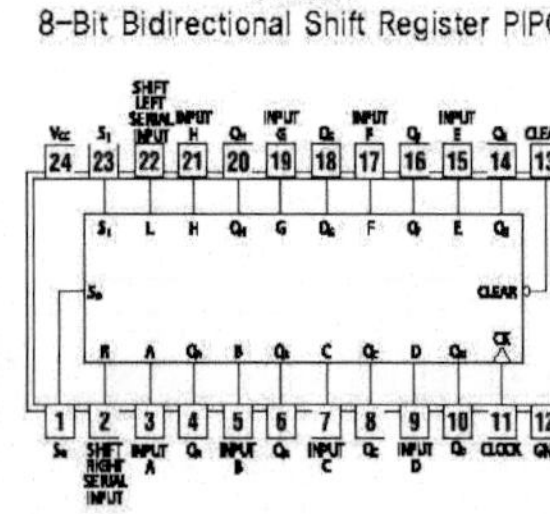

74199
8-Bit Shift Register PIPO

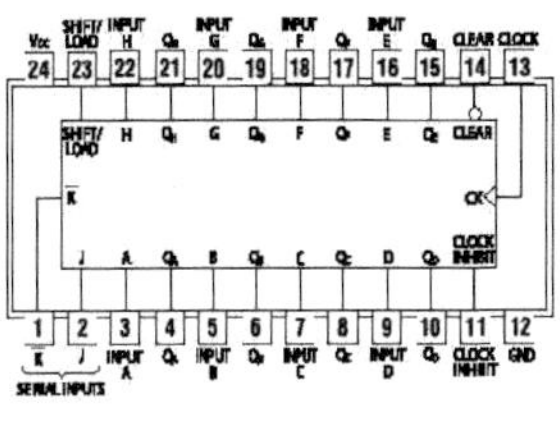

74221
Dual Monostable Multivibrators

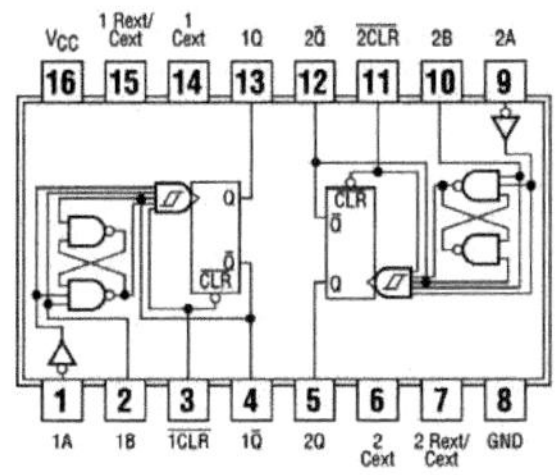

74224
16X4 Synchronous FIFO Memory with 3-State Outputs

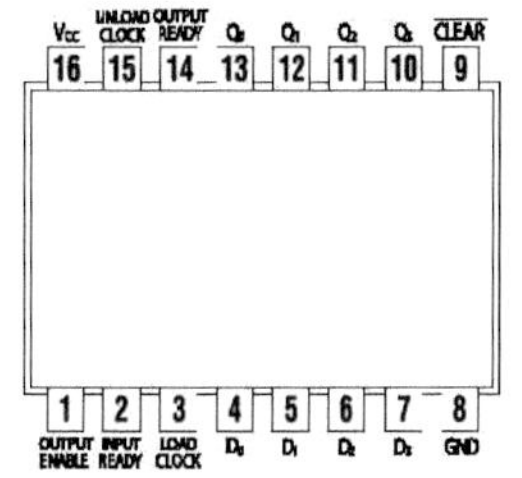

74238
3-to-8-Line Decoders/Demultiplexers

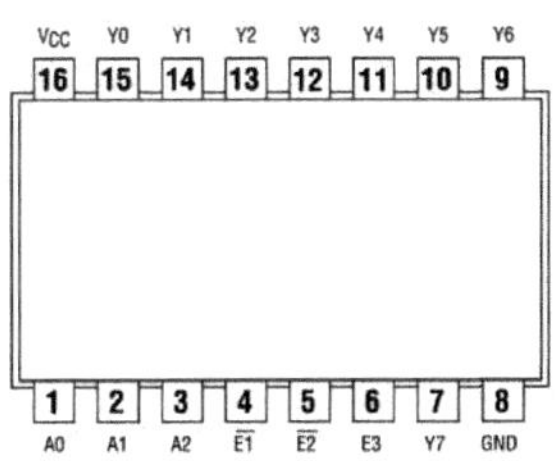

74240
Octal Bus Drivers 3-State

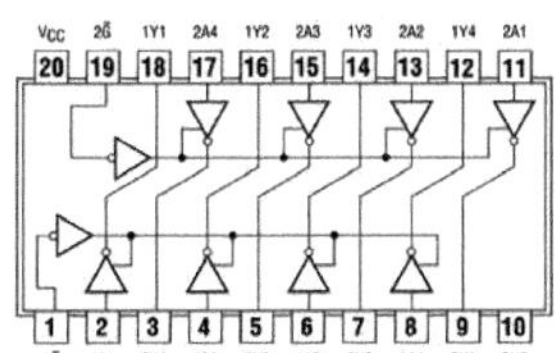

74241
Octal Bus Drivers 3-State

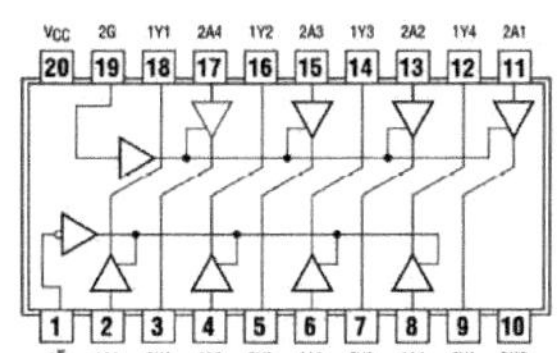

74242
Quad Bus Transceiver

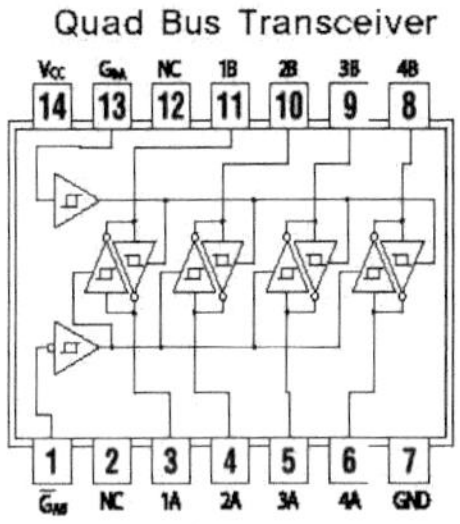

74243
Quadruple Bus Transceivers

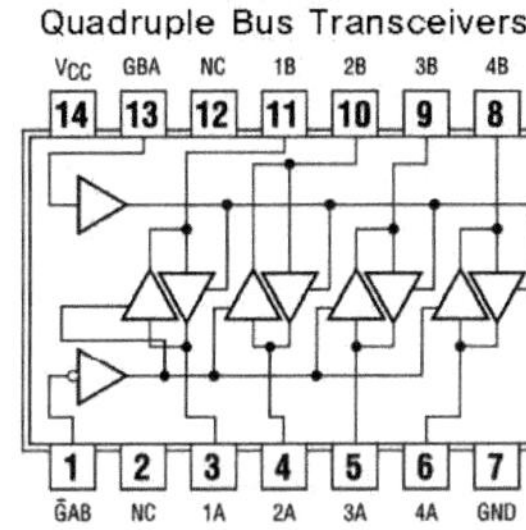

74244
Octal Bus Drivers 3-State

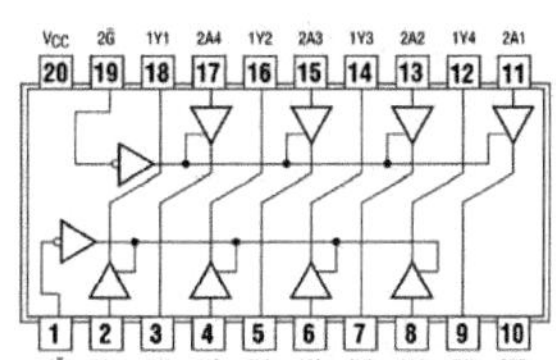

74245
Octal Bus Transceivers 3-State

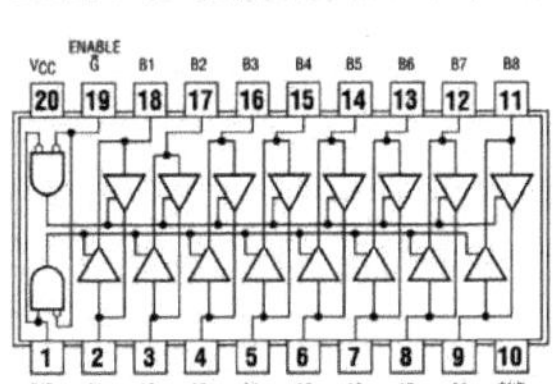

74246, 74247
BCD-to-Seven Segment Decoders

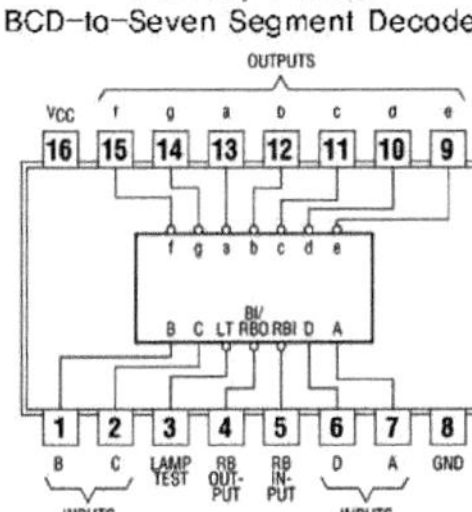

74248, 74249
BCD-to-Seven Segment Decoders

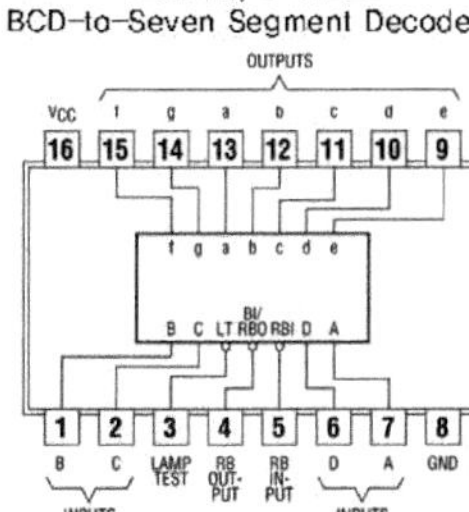

74251
Data Selectors/Multiplexers 3-State

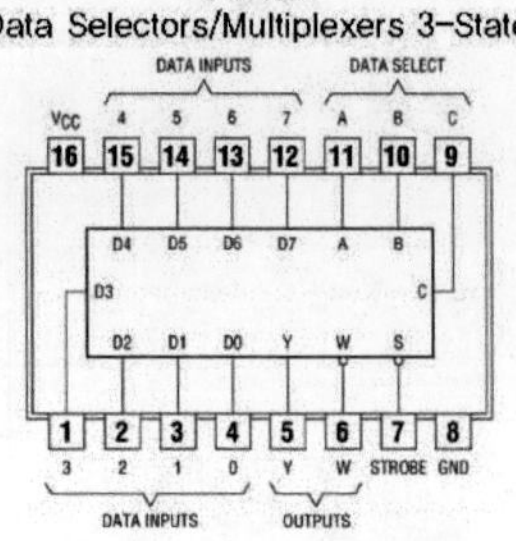

74253
Dual 4-to-1 Line Data Selector/Multiplexers 3-State

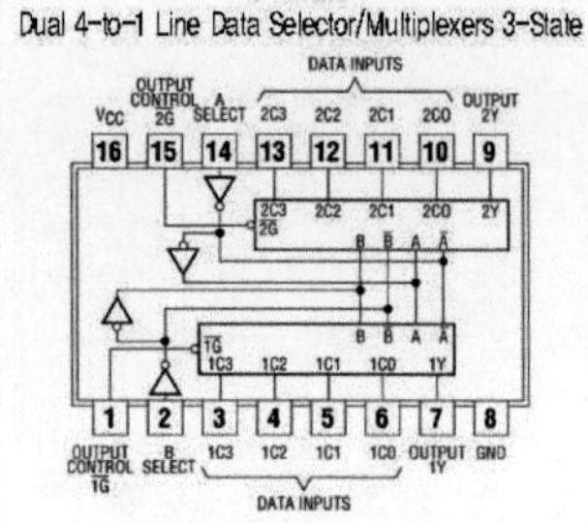

74256
Dual 4-Bit Addressable Latch

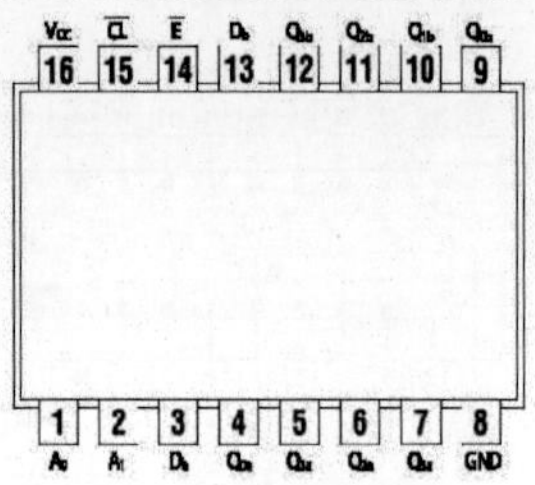

74257
Quad 2-to-1 Data Selector/Multiplexers 3-State

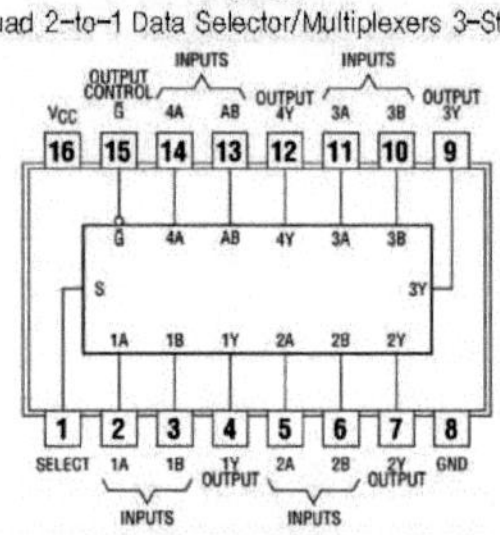

74258
Quad 2-to-1 Data Selector/Multiplexers 3-State

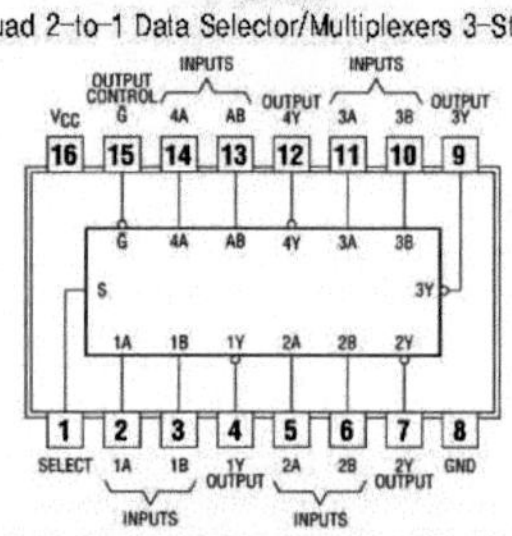

74259
8-Bit Addressable Latches

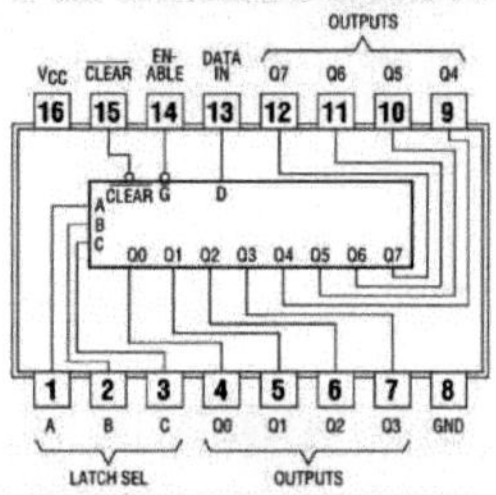

74260
Dual 5-Input NOR Gates

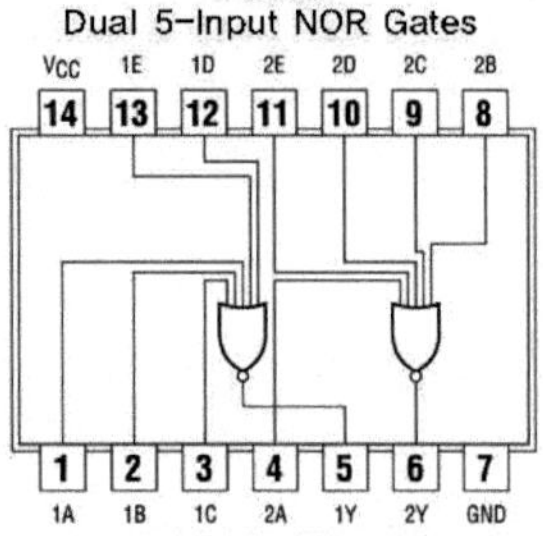

74266
Quad 2-Input XNOR O.C.

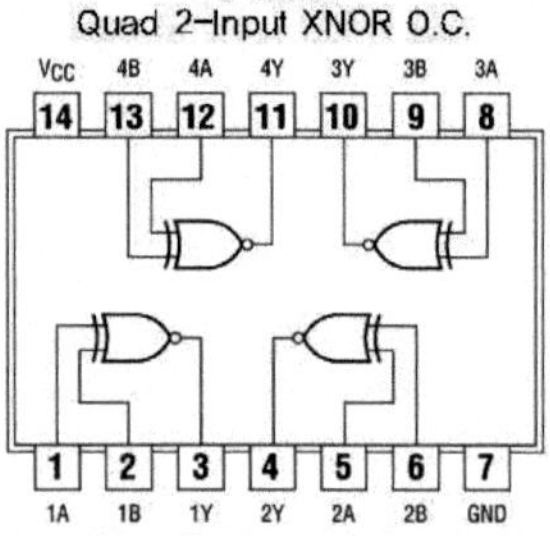

74273
Octal D-Type Flip Flops

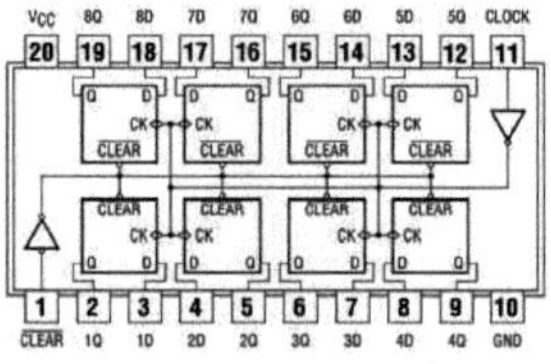

74276
Quad J-K̄ Flip Flops

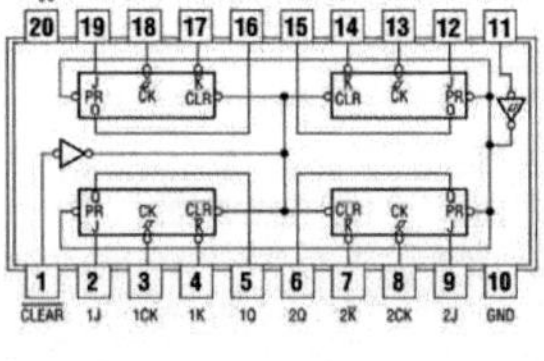

74279
Quad S̄-R̄ Latches

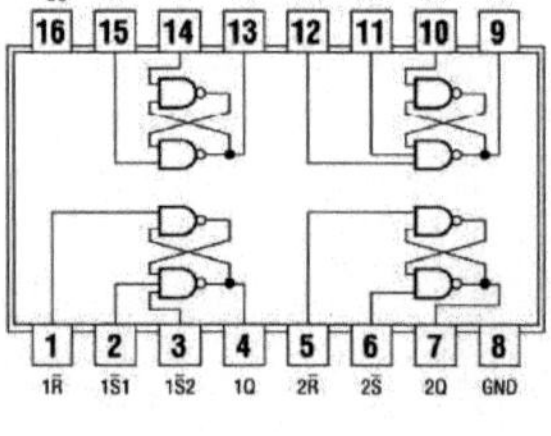

74280
9-Bit Parity Generators/Checkers

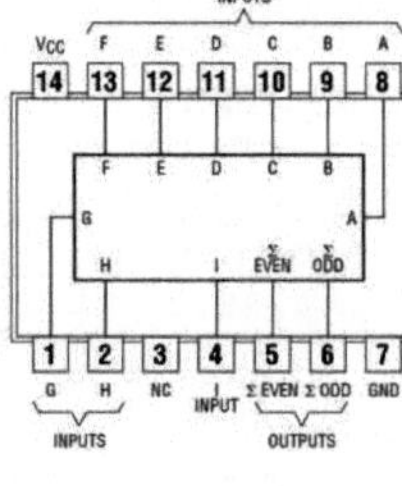

74283
4-Bit Binary Full Adders

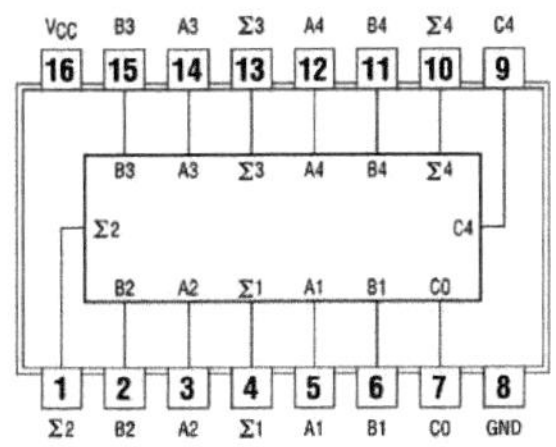

74286
9-Bit Parity Generators/Checkers

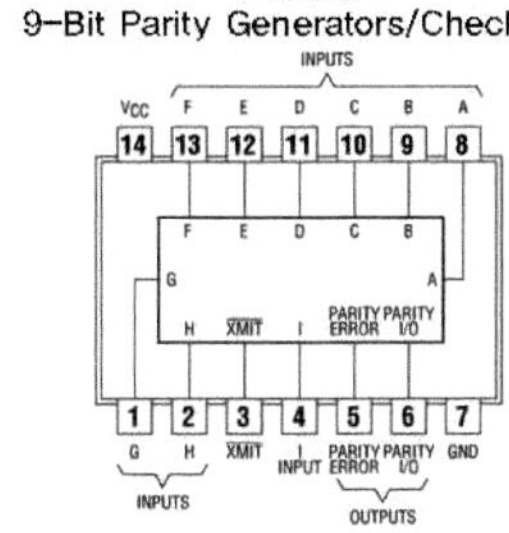

74290
Decade Counter

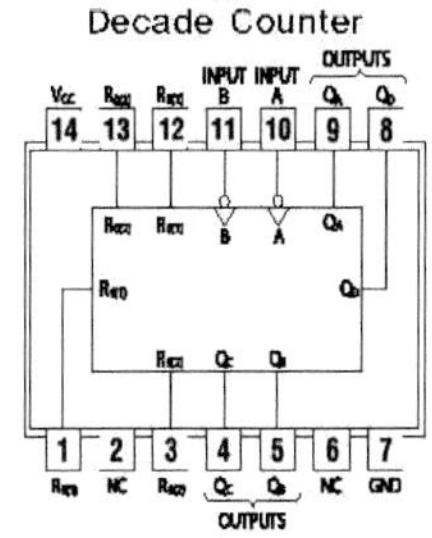

74293
4-Bit Binary Counters

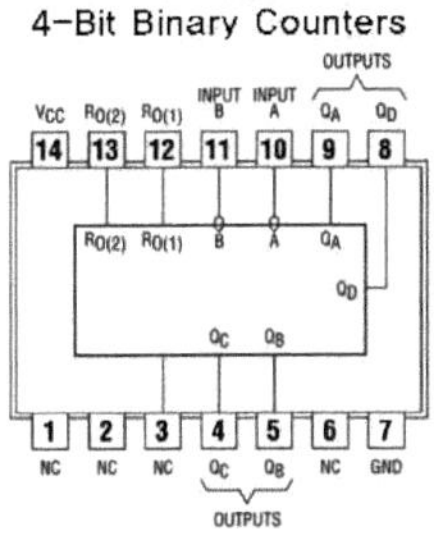

74295
4-Bit Shift PIPO 3-State

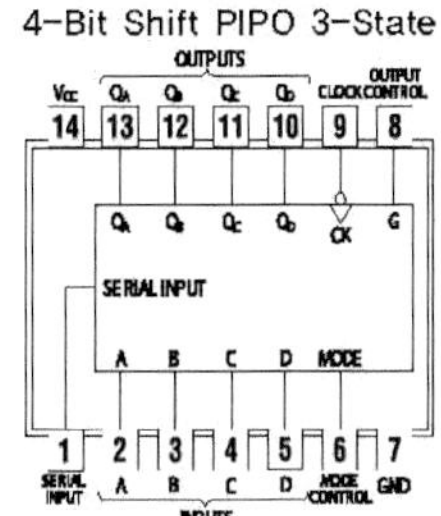

74298
Quad 2-Input Multiplexers with Storage

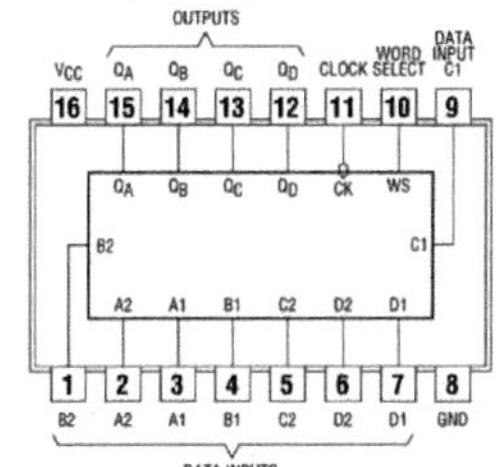

74299, 74323
8-Bit bidirectional Universal Shift/Storage Registers

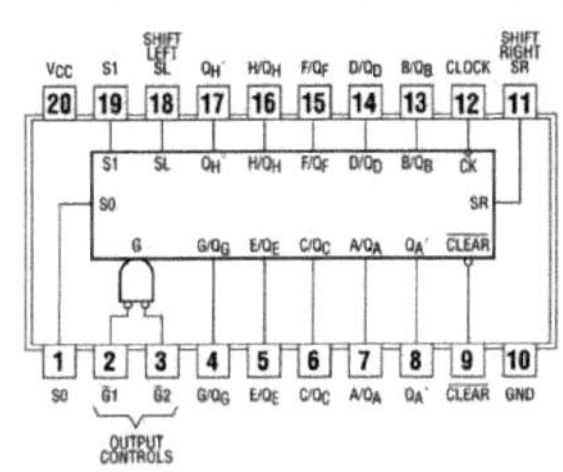

74322
8-Bit Shift Register with Sign Extend

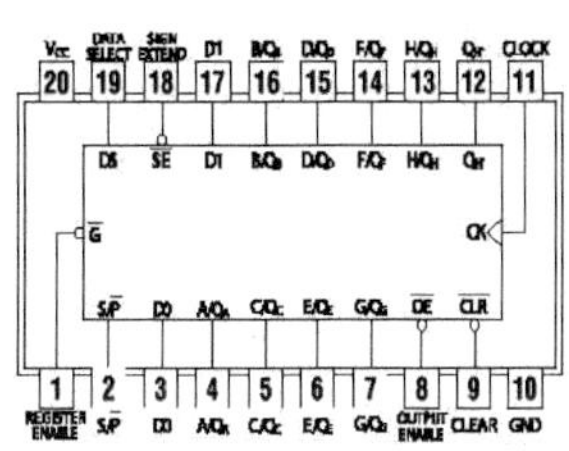

74348
8-to-3 Line Priority Encoder

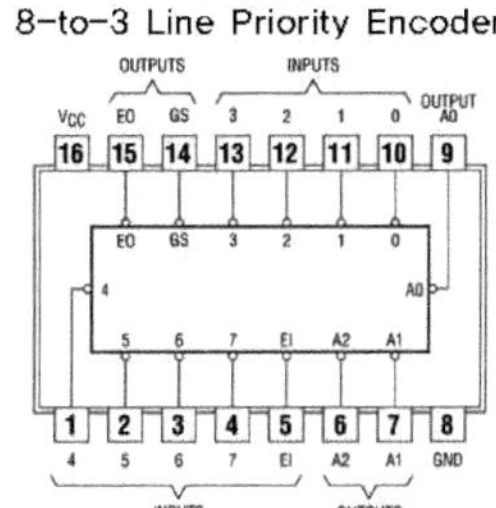

74352
Dual 4-to-1 Line Data Selector

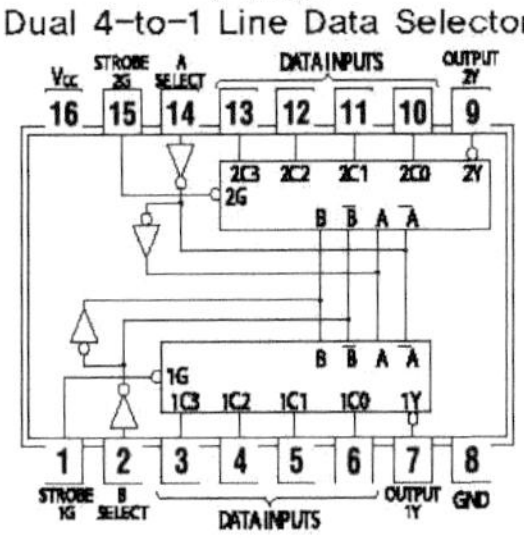

74353
Dual 4-to-1 Line Data Selector 3-State

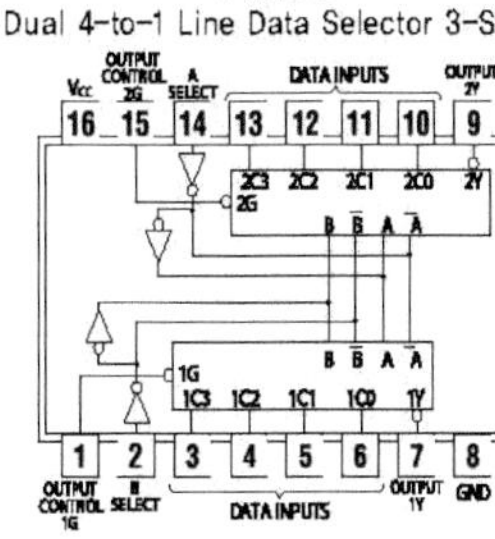

74365
Hex Bus Drivers Hex Buffers/Line Drivers 3-State

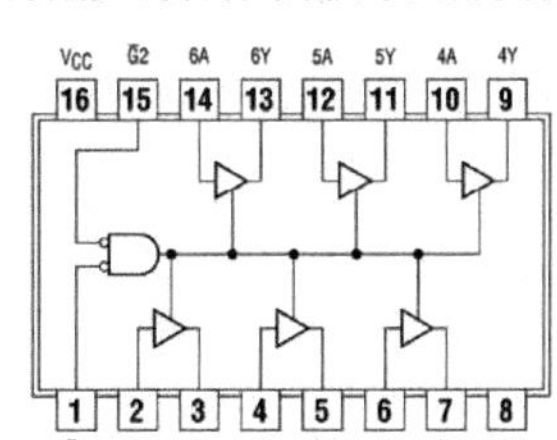

74366
Hex Bus Drivers Hex Inverters/Line Drivers 3-State

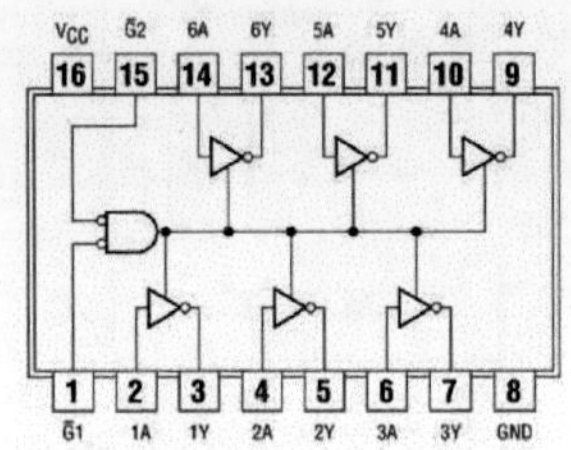

74367
Hex Bus Drivers Hex Buffers/Line Drivers 3-State

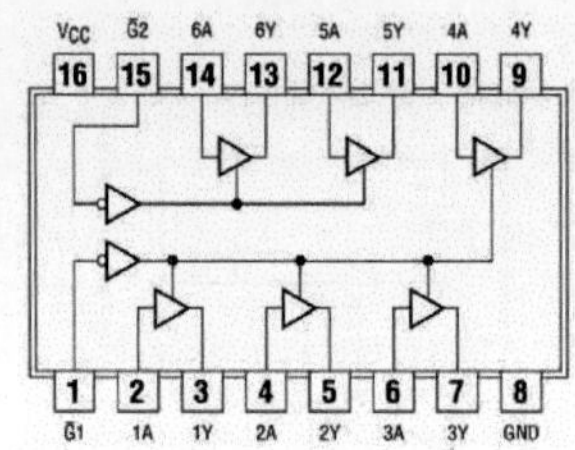

74368
Hex Bus Drivers Hex Inverters/Line Drivers 3-State

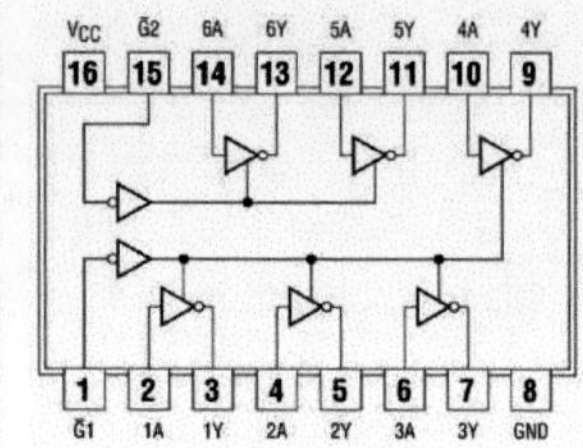

74373
Octal D-Type Latches 3-State

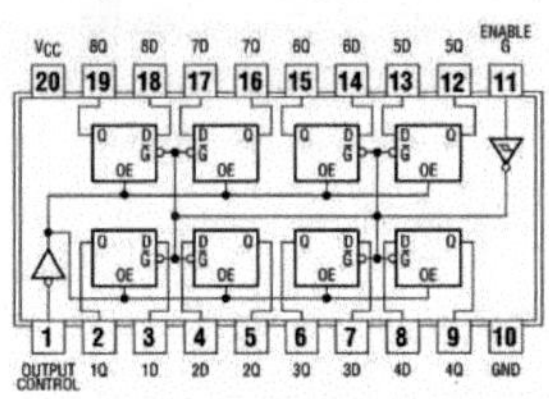

74374
Octal D-Type Flip Flops 3-State

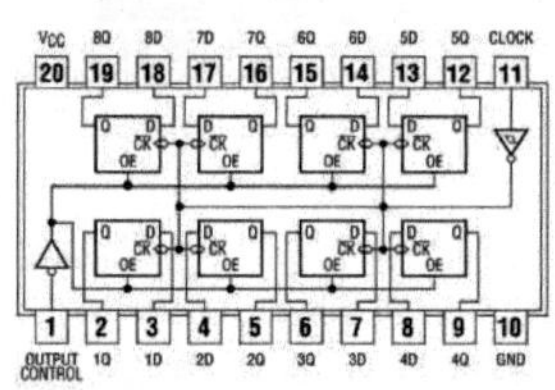

74375
Quad Latches

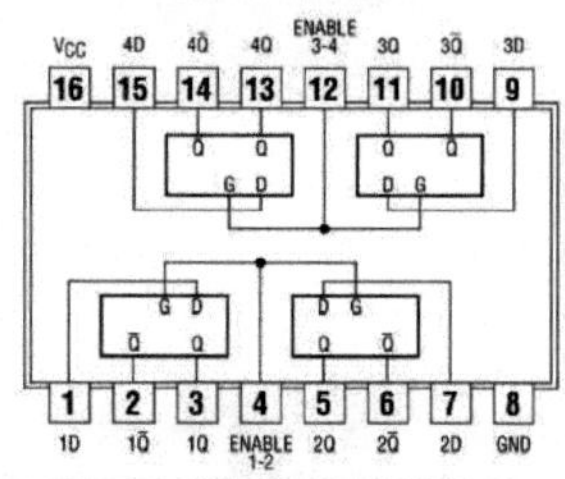

74376
Quad J-K Flip Flops

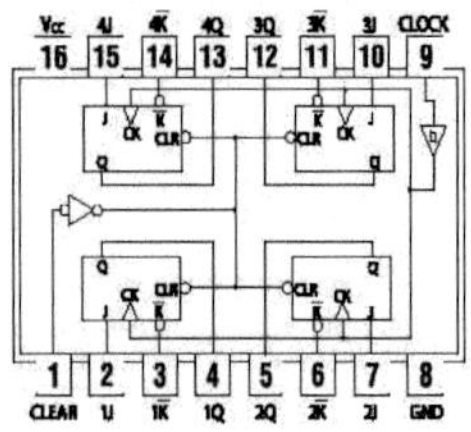

74377
Octal D-Type Flip Flops with Enable

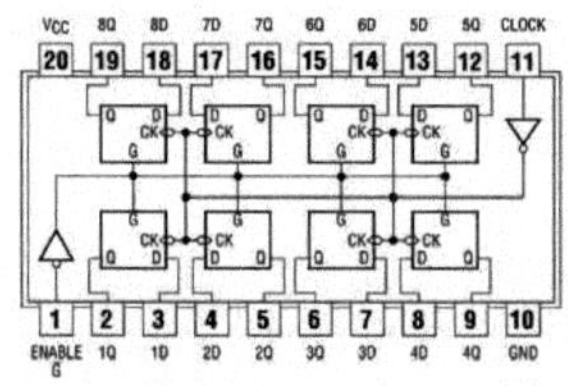

74378, 74174
Hex D-Type Flip Flops Clock with Enable

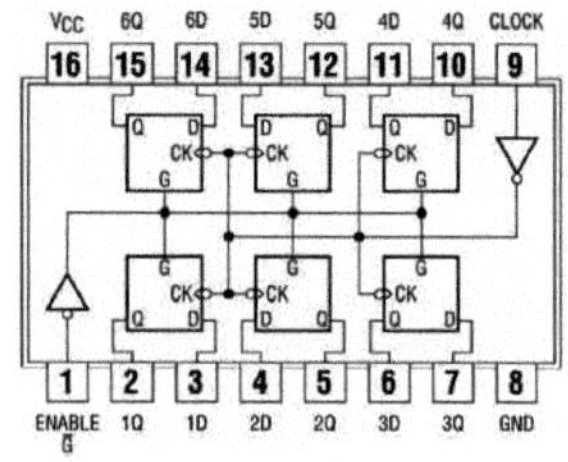

74379, 74175
Quad D-Type Flip Flops with Enable

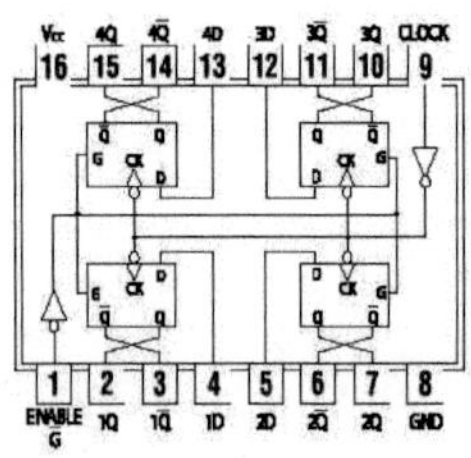

74381, 74382
ALU/Function Generator

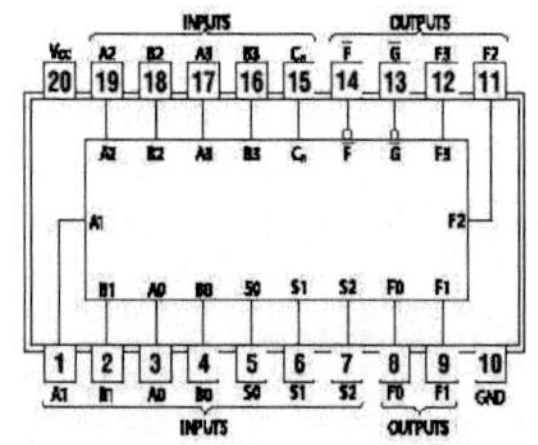

74386
Quad 2-Input XOR

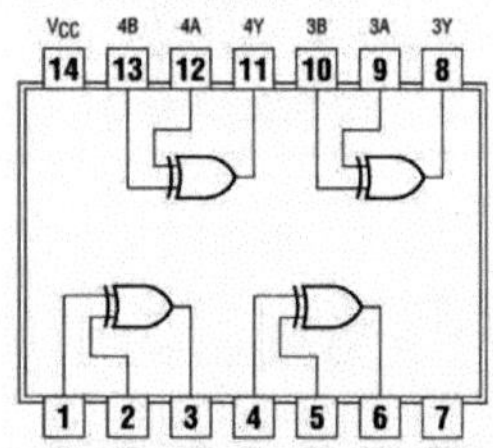

74390
Dual Decade Counters

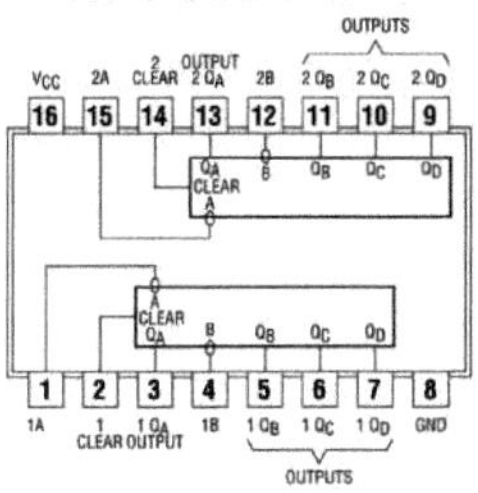

74393
Dual 4-Bit Binary Counters

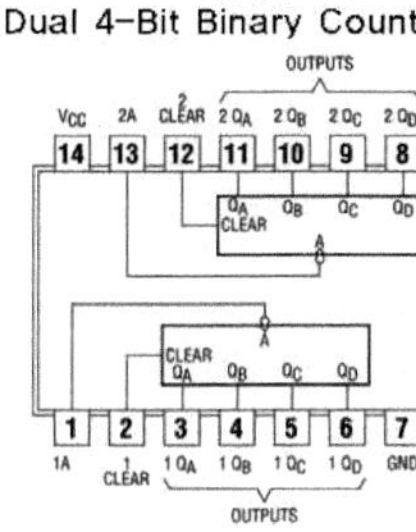

74395
4-Bit Shift Register PIPO

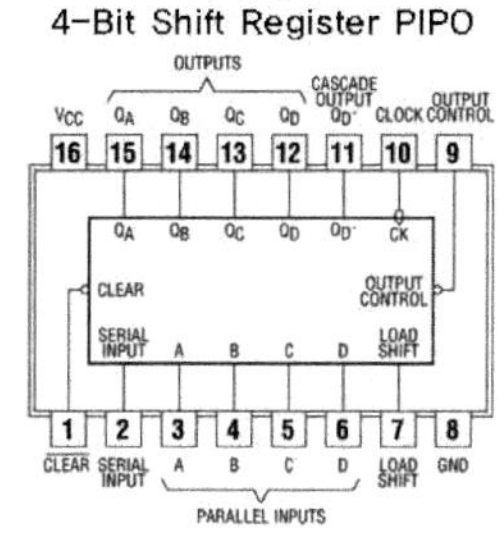

74396
Octal Storage Register

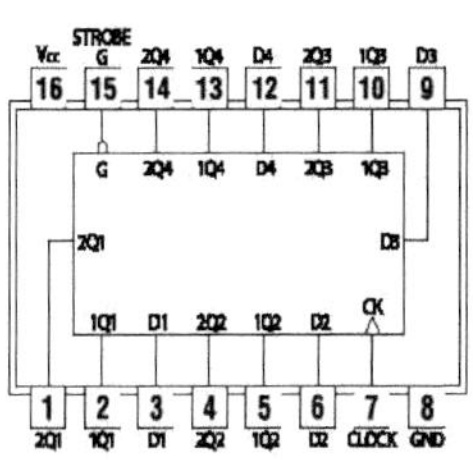

74398
Quad 2-Input Multiplexer with Storage

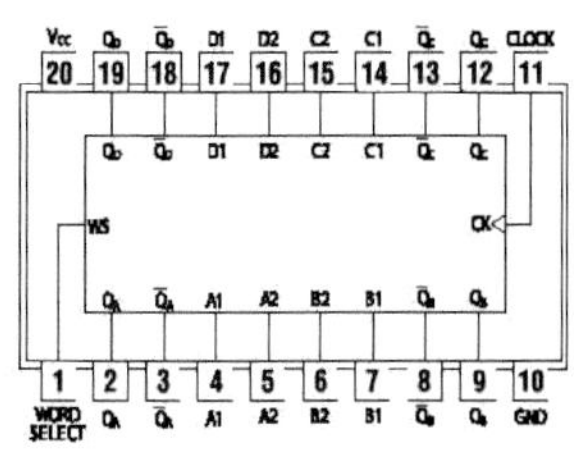

74399
Quad 2-Input Multiplexer with Storage

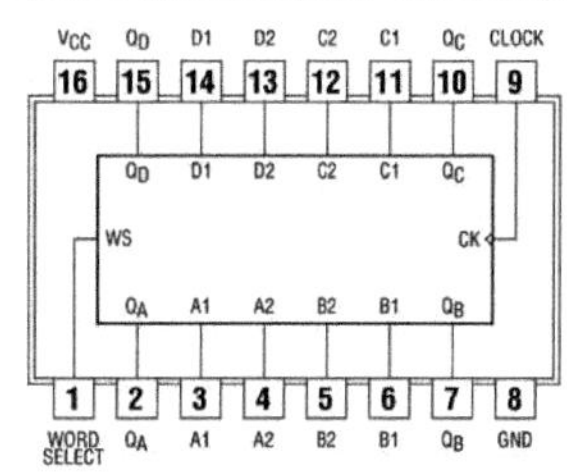

74422
Monostable Multivibrator

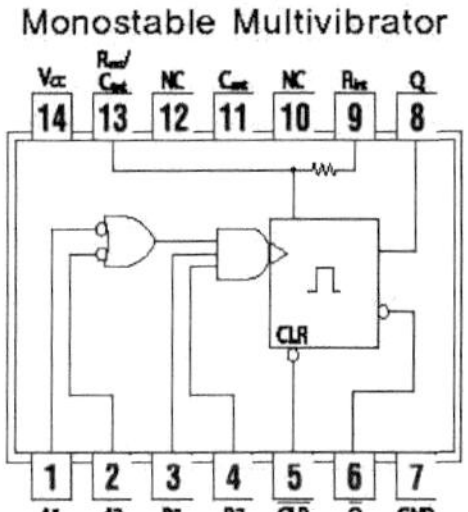

74423
Mono Stable Multivibrator

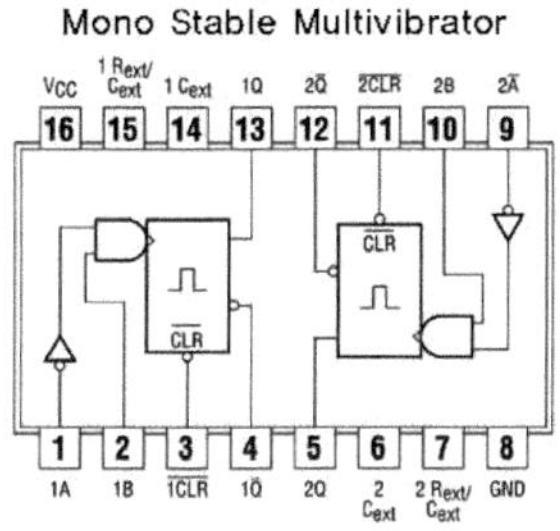

74425
Quad 3-State Buffers

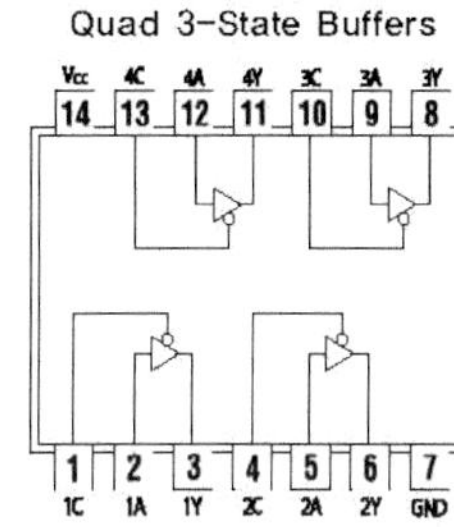

74426
Quad 3-State Buffers

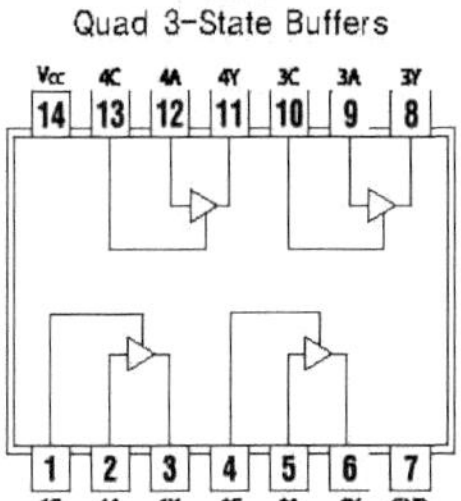

74440, 74441, 74442, 74443, 74444
Quadruple Tridirectional Bus Transceivers

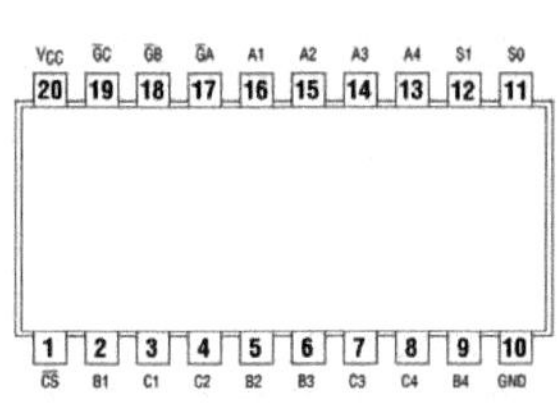

74490
Dual Decade Counters

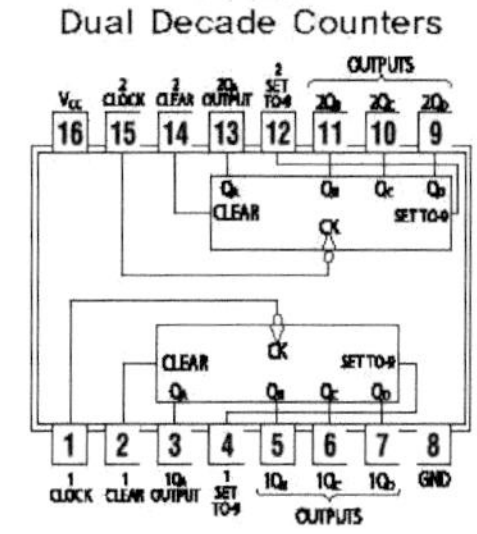

74520, 74521, 74688, 74689
8-Bit Identity Comparator

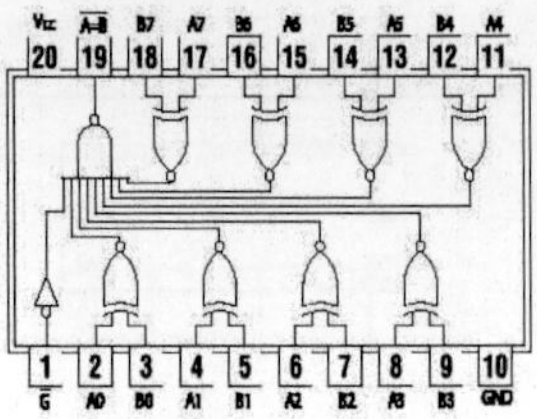

74534
Octal D-Type Edge-triggered Flip Flops

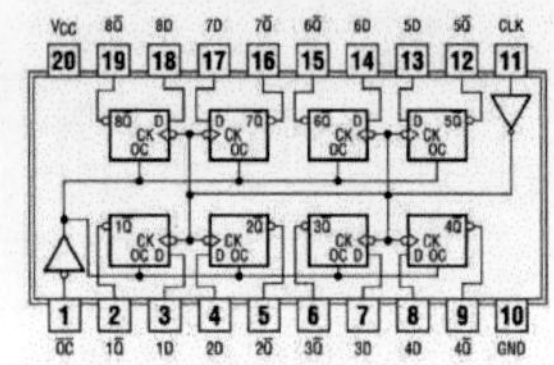

74540, 74541
Octal Buffers/Drivers 3-State

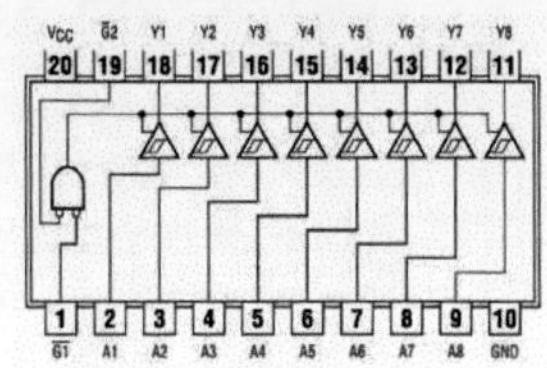

74543
Octal Registered Transceivers

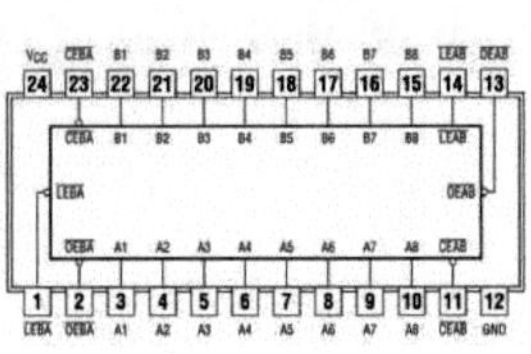

74564
Octal D-Type Flip Flops

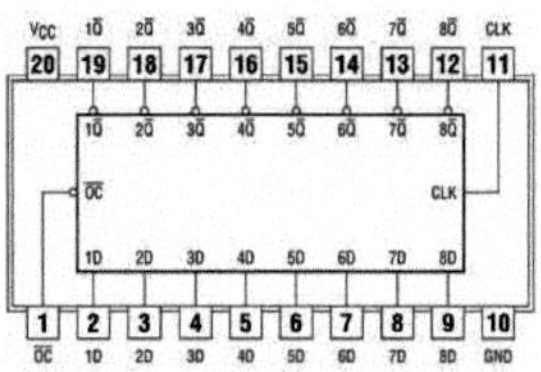

74569
Synchronous Binary Counter 3-State

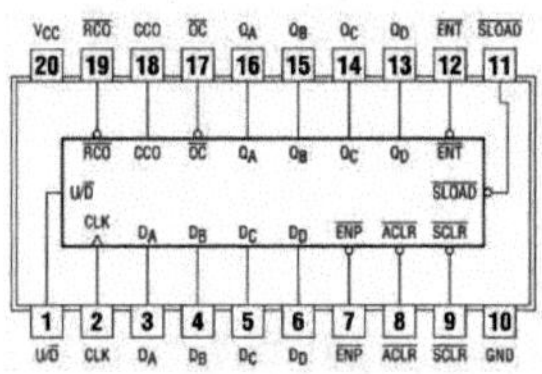

74573
Octal D-Type Latches

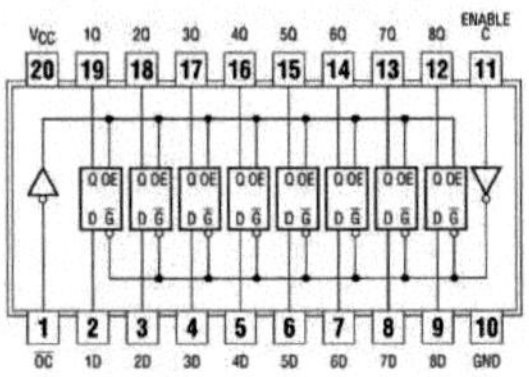

74574
Octal D-Type Edge-triggered Flip Flops

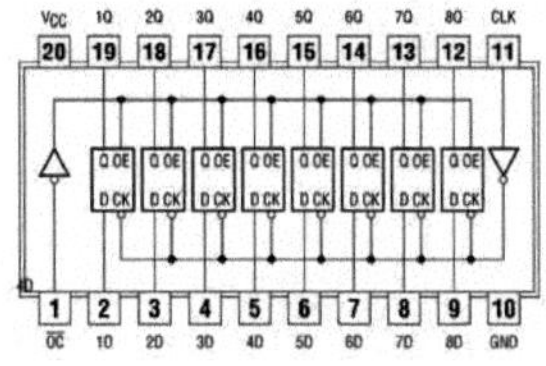

74575
Octal D-Type Edge-triggered Flip Flops

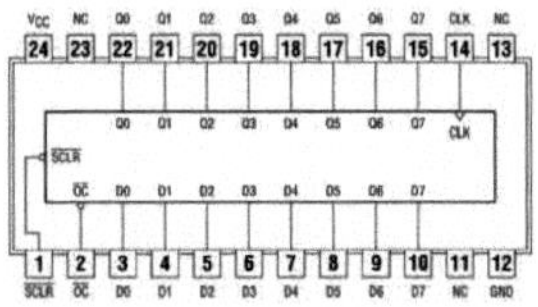

74595, 74596
8-Bit Shift Registers

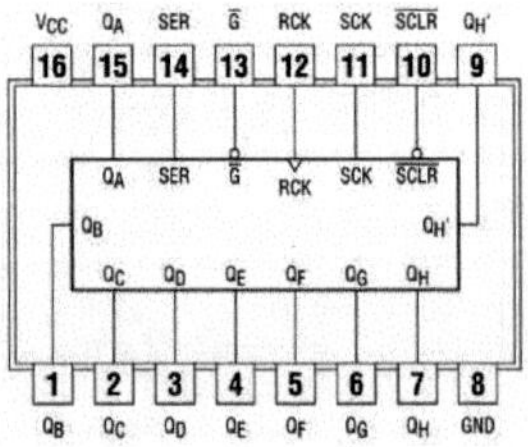

74597
8-Bit Shift Registers

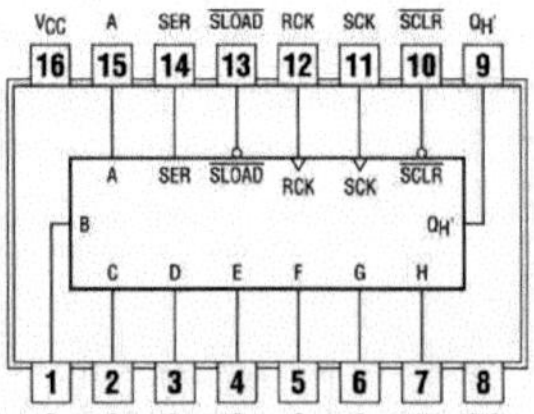

74620, 74621, 74623
Octal Bus Transceivers 3-State

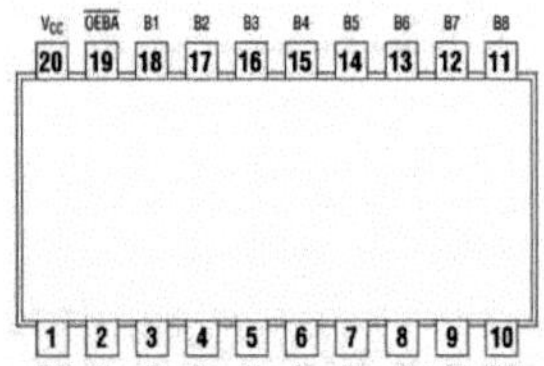

74622
Octal Bus Transceiver O.C.

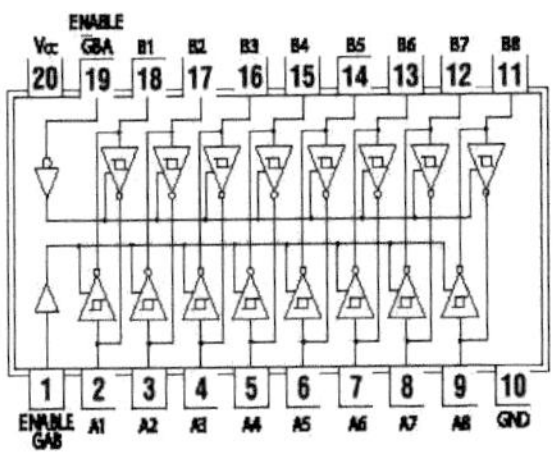

74638
Octal Bus Transceivers

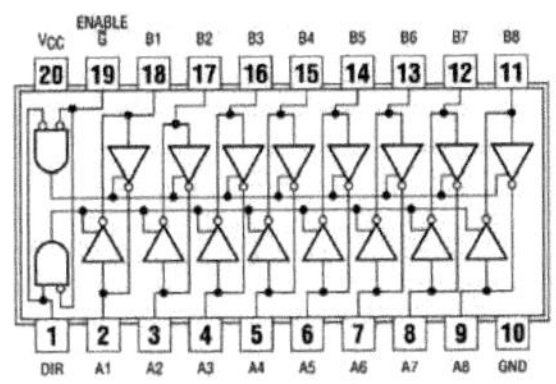

74639
Octal Bus Transceivers

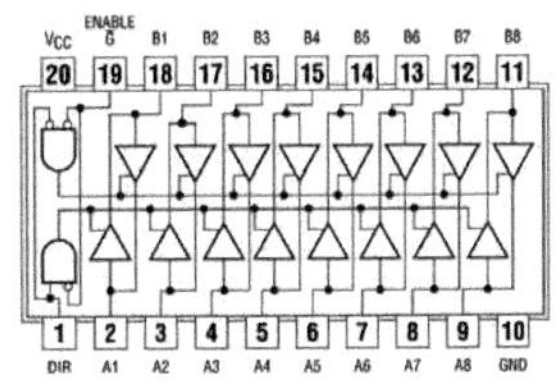

74640, 74642
Octal Bus Transceivers 3-State

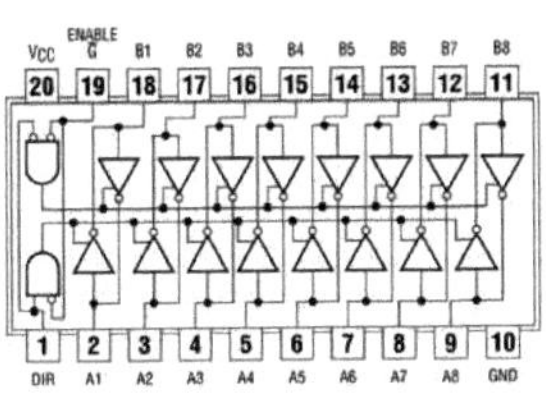

74641, 74645
Octal Bus Transceivers O.C.

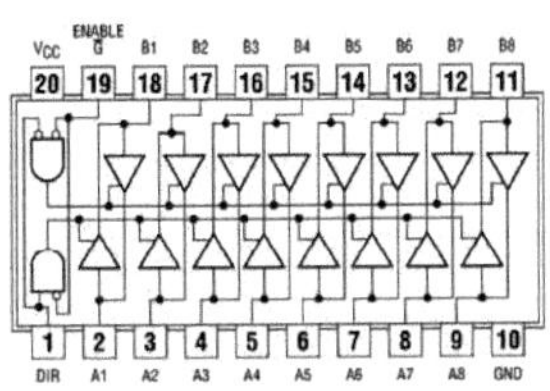

74643, 74644
Octal 3-State Bus Transceivers

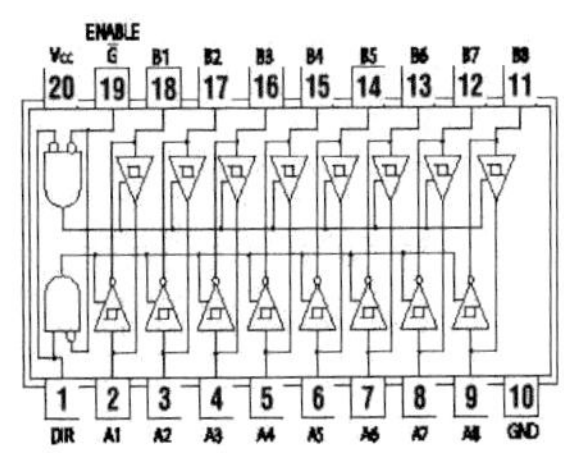

74646, 74647, 74648
Octal Bus Transceivers and Registers

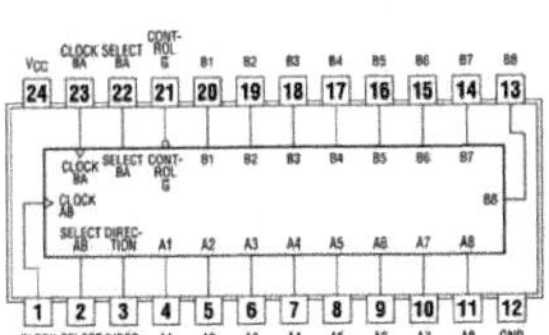

74651, 74652, 74653, 74654
Octal Bus Transceivers and Registers

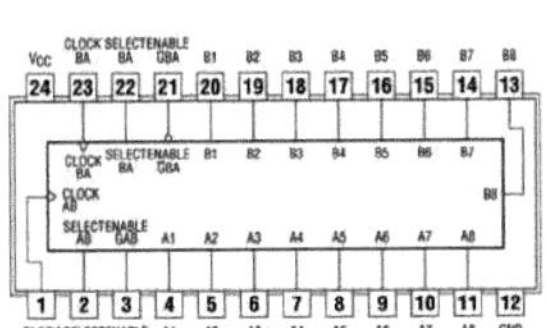

74668, 74669
Presettable Synchronous 4-Bit Up/Down Binary Counter

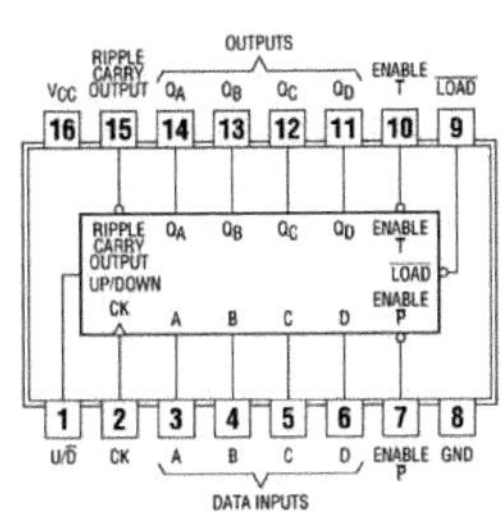

74670
4x4 Register File

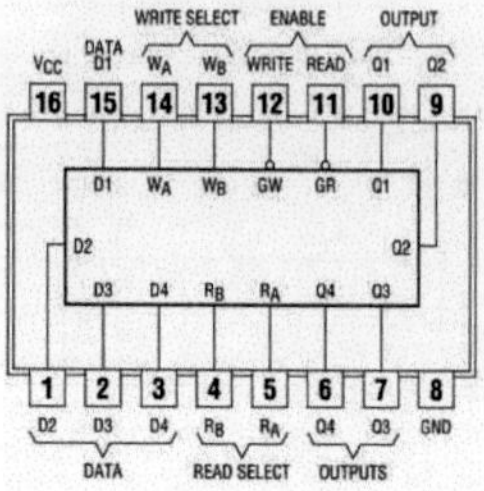

74673
16-Bit Shift Register

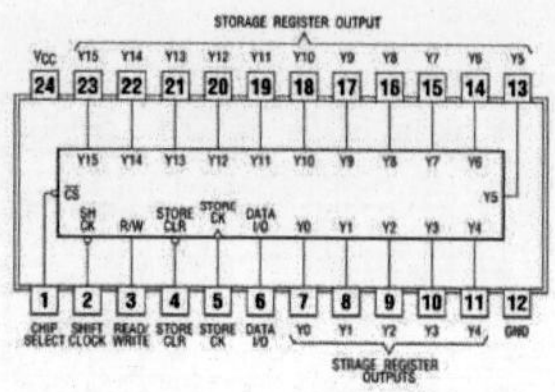

74688, 74689, 74520, 74521
8-Bit Equal-to Comparator

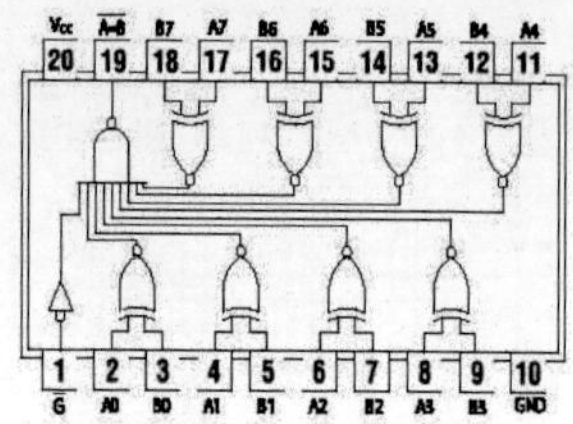

74843
9-Bit Bus Interface D-type Latches with 3-state Outputs

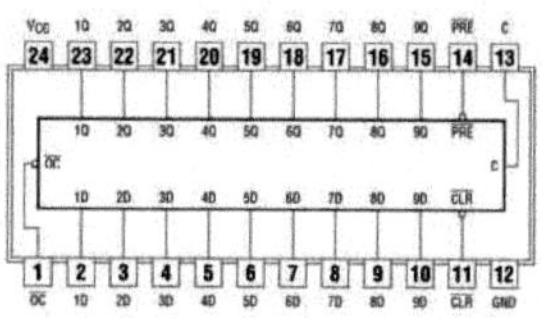